U0924746

百 年 南 开
日本研究文库

战后日本能源安全保障研究

尹晓亮 著

江苏人民出版社

图书在版编目(CIP)数据

战后日本能源安全保障研究 / 尹晓亮著. -- 南京 :
江苏人民出版社，2019.7(2020.4 重印)
(百年南开日本研究文库)
ISBN 978-7-214-23276-2

Ⅰ.①战… Ⅱ.①尹… Ⅲ.①能源—国家安全—研究
—日本 Ⅳ.①TK01

中国版本图书馆 CIP 数据核字(2019)第 043349 号

书　　名	战后日本能源安全保障研究
著　　者	尹晓亮
责任编辑	史雪莲　王保顶
装帧设计	刘葶葶
责任监制	陈晓明
出版发行	江苏人民出版社
出版社地址	南京市湖南路1号A楼，邮编：210009
出版社网址	http://www.jspph.com
照　　排	江苏凤凰制版有限公司
印　　刷	江苏凤凰数码印务有限公司
开　　本	652毫米×960毫米　1/16
印　　张	25.75　插页4
字　　数	339千字
版　　次	2019年8月第1版　2020年4月第2次印刷
标准书号	ISBN 978-7-214-23276-2
定　　价	96.00元

“百年南开日本研究文库”编辑委员会

"百年南开日本研究文库"出版说明

2019年南开大学建校百年校庆，作为中国教育史上的大事，当然是值得纪念的。

如何使纪念百年南开的活动具有历史意义？我们很早就开始谋划和筹备。早在2015年春节期间，南开大学日本研究院原院长、教育部人文社会科学重点研究基地南开大学世界近现代史研究中心主任杨栋梁教授，向江苏人民出版社王保顶副总编提起，想以集体展示日本研究院研究成果的形式来纪念南开百年校庆。这一提议得到了保顶同志的大力支持，也得到了研究院各位同事的积极响应。后来经过商讨，编委会一致同意以"百年南开日本研究文库"作为南开日本研究者纪念百年校庆丛书的名称，本文库由江苏人民出版社和南开大学出版社分别出版。与百年校庆相适应，"百年南开日本研究文库"也应该是百年来南开日本研究业绩的展现。为此，编委会确定本文库由以下几个方面的成果构成。

第一，从南开大学创立到抗日战争胜利时期南开的日本研究成果。刘岳兵教授搜集相关文稿四十余万字，编成了《南开日本研究（1919—1945）》。这是一本专题性的南开大学校史资料集，对于研究和总结包括南开大学在内的这一时段中国日本研究的状况和特点，具有重要的史料价值。

第二，新中国建立以来，南开大学成立的实体日本研究机构研究者的成果。实体研究机构包括 1964 年成立的日本史研究室、2000 年实体化的日本研究中心和 2003 年成立的日本研究院。

第三，1988 年组建的南开大学日本研究中心，是以日本史研究室成员为核心，联合校内其他系所相关日本研究者成立的综合研究日本历史、经济、社会、文化、哲学、语言、文学的学术机构。在百年南开日本研究的历史发展中，日本研究中心具有重要的意义。本文库也包括该中心成员的成果。

今后，如果条件成熟，还可以将日本研究院的客座教授和毕业生的优秀成果也纳入这个文库中，希望将本文库建设成为一个开放的、能够充分且全面反映南开日本研究水平的成果展示平台。

在中国百年来的日本研究中，南开占有重要的一席之地。历史的发展和南开的先贤告示我们：日本研究对于中国的发展至关重要。中日关系值得我们认真思考，其经验教训值得认真总结。百年来，南开大学的日本研究者孜孜以求，探寻日本及中日关系的真相，取得了一定的成绩。吴廷璆先生主编的《日本史》（南开大学出版社 1994 年），是南开大学与辽宁大学两校日本研究者倾注近 20 年心血合力打造出来的。杨栋梁教授主编的十卷本“日本现代化历程研究丛书”（世界知识出版社 2010 年）及六卷本《近代以来日本的中国观》（江苏人民出版社 2012 年），也几乎是倾日本研究院全院之力而得到了学界认可的标志性研究成果。另外，在日本国际交流基金的资助下，南开大学日本研究中心从 1995 年开始由天津人民出版社出版的“南开日本研究丛书”，展现了中心成员在日本研究各具体专题上的业绩，产生了积极的社会影响。这些成果都是南开日本研究者集体智慧的结晶。

“百年南开日本研究文库”是南开大学日本研究院和南开大学世界近现代史研究中心相关学术成果的集体展示。我们相信，本文库将成为南开大学日本研究和南开大学世界史学科"双一流"建设的又一项标志性成果,她将承载南开精神、贯穿南开日本研究学脉,承前启后,为客观地了解日本、促进中日关系健康发展做出新的贡献;我们也想以此为实现"发展同各国的外交关系和经济、文化交流,推动构建人类命运共同体"的理想,培养全民族的国际视野和情怀,提高广大人民群众的世界历史知识和认识水平,尽我们的一份绵薄之力。

"百年南开日本研究文库"编辑委员会

2019 年 3 月 19 日

目　录

导　论

“能源约束”①所导致的能源稀缺及最优配置问题是地缘政治格局演变、国际原油价格不断飙升、能源安全问题日益凸现的主要原因。“能源约束”分为“存量约束”和“流量约束”。“存量约束”是指当能源(化石能源)埋藏量因不断消耗日趋枯竭时的约束形式;“流量约束”是指在政治、技术、经济和环境等制约条件下,能源无法在“时空”上由潜在能源向现实能源转化,导致某区域或某时间内得不到能源安全的满足。“流量约束”是“柔性约束”,是可通过技术进步、制度安排和政策设计等手段逐渐规避和舒缓的,而“存量约束”在现有条件下是无法解决的,其对经济发展和民生享受的约束是“刚性制约”。

战后日本在能源约束问题上主要来自“流量约束”而非“存量约束”。即,虽然在完全封闭市场条件下,由于日本国内能源极度匮乏,根本无法支撑经济发展需求,但是在经济全球化语境下,其国内能源短缺所造成的“存量约束”则相应转化成了“流量约束”,并主要体现在以下五个方面。

---

① 有关“能源约束”的论述详见:1. 阿兰. V. 尼斯:《自然资源与能源经济学手册》,经济科学出版社,2007 年。2. 郭智:《突破经济发展中能源约束的思考》,《理论前沿》,2006 年第 1 期。3. 小野里庄次:《资源与能源的经济分析》,白桃书房,1983 年。

其一,能源"供给"约束。战后初期,日本的煤炭、石油与电力的供应不足是其经济复兴期亟须解决的首要命题。在煤炭方面,1945 年 8 月的供应量从 1940 年最高峰时的 6 700 万吨,跌至 167 万吨,①10—11 月更是锐减到 50 万吨左右。② 在电力方面,日本的 11 个火力发电站由于受到美国空袭,③致使其发电能力下降了 66 万千瓦,占战前发电能力(150 万千瓦)的 44%。在石油方面,日本在太平洋沿岸的 17 所炼油厂中未遭破坏保留下来的只有 2 所,④炼油厂的实际产油量只相当于空袭前生产能力的 4%。⑤ 可见,日本经济复兴亟须优先解决的是由能源供应不足所带来的"动力"约束问题。

其二,能源"结构"约束。在经济复兴期,日本的能源消费结构一直是以煤炭为主体。但进入高速经济增长期后,日本对石油的需求骤增。1952—1961 年间的经济增长率为 9.7%,而能源需求增长率为 9.3%,能源需求率和 GNP 增长率的比率为 0.96(能源弹性值)。⑥ 日本对石油制品的需求在 1952 年到 1960 年间,每年递增 22.7%左右,其中重油增长 35.1%,汽油增长 17.8%,煤油增长 37.8%,轻油增长 21.7%。⑦ 显然,"煤主油从"型的能源结构及其政策体系已经难以适应和支撑高速经济增长。

其三,能源"地缘政治"约束。自 20 世纪 50、60 年代石油取代煤炭成为人类第三代主体能源⑧后,全球经济就此进入石油地缘政治约束型

① 根津知好:《煤炭国家统制史》,日本经济研究所,1958 年,第 617 页。

② 日本经济研究所:《煤炭国家统制史》,日本经济研究所,1958 年,第 615 页。

③ "Electric Power Division of the United states strategic Bombing Survey (Pacific)", *The Electric Power Industry of Japan*, 1946, p. 79。

④ 石油联盟:《战后石油产业史》,石油联盟,1985 年,第 10 页。

⑤ 美国战略轰炸调查团・石油・化学部报告,奥田英雄、桥本启子译:《日本的战争和石油》,石油评论社,1986 年,第 83 页。

⑥ 能源产业研究会:《石油危机后的 30 年》,能源论坛,2003 年,第 13 页。

⑦ 依据通产省编发的"能源生产・需求统计"(1850—1969 年)相关年度的年报数据计算的数值。

⑧ 一般而言,人类使用的第一代主体能源是柴薪,第二代主体能源是煤炭,第三代主体能源是石油。

时代。特别是20世纪70年代爆发的石油危机，使日本认识到，支撑工业文明的石油等能源具有很强的脆弱性，世界资源不可能无止境地支持人类的可持续发展和肆无忌惮的消费，享受“稳定、安全的能源供应时代”已经过去。能源匮乏的日本亟须规避能源地缘政治带来的风险约束。

其四，能源“环境”约束。日本在经济快速增长中，石油、煤炭的消费比重在一次能源结构中占80%以上。由于日本相对忽视环境对“高能耗、高污染和高排放”的受容量和承受力，而一味追求经济利益和增长速度，导致了大规模公害的爆发。因此，“环境约束”风险迫使日本“非清洁”能源结构亟须向“清洁型”转型。

其五，能源“价格”约束。纵观国际石油价格变化史，原油价格总体呈上升趋势。1945年不足2美元/桶，第一次石油危机时为11.65美元/桶，第二次石油危机时为35.9美元/桶，到2008年却一度飙升至147美元/桶。由于日本的一次性能源自给率仅为16%，1973年几乎100%的天然气和煤炭、99.4%的石油都依赖进口。① 因此，日本亟须通过政策设计解决石油“价格”波动带来的诸风险。

从经验事实而言，尽管战后以来日本在不同阶段都遇到了不同形式的能源约束问题，但是都未成为其经济发展的长期约束“瓶颈”。换言之，日本在应对能源约束中，较为成功地进行了合理的、巧妙的政策设计和制度安排。②

① 资源能源厅长官官房综合政治课：《综合能源统计》，东京：通商产业研究社，2006年，第193页。

② 当然，日本在能源政策的制定与实施过程中也存在一定的教训，如石油储备政策等。

第一章 日本能源安全保障的历史系谱

能源瓶颈是一个事关国家发展、民族生存的重大课题。在现代社会，能源以各种方式影响经济发展，若无能源驱动，一切现代物质文明均将覆灭。如何通过能源政策确保稳定、持续的能源供应成为世界各能源消费大国的重要课题。为谋求能源安全、规避能源风险，作为人口众多、国土狭小、资源匮乏的日本，在优化配置政府、大学以及民间各自优势的基础上，从不同角度、不同层次在战后以来的不同时期，制定了诸多与能源相关的措施、政策和法规，并成功地破解了能源的“瓶颈约束”，解决了其在发展过程中出现的诸多问题。

第一节 战后初期的能源供应危机及其解决

战后初期日本所面临的煤炭、石油和电力等能源的供应危机问题，成为其经济复兴和发展的“瓶颈约束”，但是这种约束并不构成能源的“存量约束”，而是单纯的“流量约束”。① “如果不求根溯源，不研究制度

① 存量约束是指能源(化石能源)因具有稀缺性和不可再生性的特点，在存量资源有限而需求量大增的情况下，其持续供给能力将会下降或是枯竭，从而影响经济和民生。这种约束在某种意义上是一种硬约束。流量约束主要表现为受到技术或经济水平的限制，无法全面地将能源资源转化为可消费的现实能源。资源的存量约束从理论上而言是无法用公共政策手段解决和克服的。

建立的初始条件，许多现有的特点就无法解释清楚”①，因此，在考察和分析日本通过制度层面解决能源供应危机问题时，就应对造成战后日本能源“流量约束”的原因及其状况进行深度的探究和解读。

一、能源产业的战后遗存

日本为支撑对外侵略战争，将其国内主要物资的生产长期集中于军需领域，能源资源分配严重失调，国民经济畸形发展，加之美国空袭日本本土造成的损失，战后初期日本经济的生产水平明显下降，②煤炭、石油、电力等能源陷入严重不足的困境。能源部门“有形资产”的损失额按照1947年时价换算(当时的官定价格)为1兆8 200亿日元，其规模相当于当年GDP的1.3倍。③ 煤炭、电力和石油产业的生产条件、设备能力的损失情况如下所述。

其一，煤炭产业的战后遗存。从战时到战后初期，日本能源消费结构和供应结构始终是以煤炭为主。在1931—1940年期间，日本的钢铁产量从180万吨增加到了680万吨，④煤炭的总供应量从2 700万吨增加到了6 700万吨，⑤在一次性能源中煤炭所占比例为66.1%。⑥ 但是进入1941年后，煤炭产量开始下降，日本一次性能源总供给也随之下降(详见表1-1)。

---

① 青木昌彦:《政府在东亚经济发展中的作用——比较制度分析》，中国经济出版社，1998年，第381页。

② 关于战后日本经济起点的分析，杨栋梁是从“可量化的有形资本”和“以人的资质为中心的无形资本”两个方面进行论述的。详见杨栋梁:《日本后发型资本主义经济政策研究》，中华书局，2007年，第187—190页。

③ 经济安定本部:《我国在太平洋战争后的损失报告书》，经济安定本部，1948年，第1页。

④ J.B.约翰(音译)著、大内兵卫译:《战时战后的日本经济》上卷，岩波书店，1995年，第164页。

⑤ 日本经济研究所:《煤炭国家统制史》，日本经济研究所，1958年，第913页。

⑥ 现代日本产业发达史研究会:《现代日本产业发达史·石油》，交旬社，1963年，第23页。

表 1-1　日本一次性能源供给量的构成比例及其变化推移

年度	合计（千吨）	构成比（%）						
		水力	煤炭	褐煤	石油	天然气	木柴	木炭
1941	87 585	20.1	66.9	0.2	2.6	0.1	6.9	3.2
1942	81 071	19.9	69.1	0.4	1.6	0.1	5.6	3.4
1943	82 583	21.4	65.7	1.7	2.4	0.1	6.0	2.7
1944	72 250	25.6	62.9	1.6	0.9	0.1	6.0	2.9
1945	38 103	32.7	49	2.2	0.9	0.1	11	4.1
1946	42 730	40.6	42.2	2.8	2.1	0.1	8.6	3.7
1947	50 539	35.5	46.0	2.8	3.7	0.1	8.3	3.6
1948	60 284	33.6	48.9	2.1	4.5	0.1	7.7	3.0
1949	63 934	34.3	50.5	1.6	4.3	0.1	6.4	2.8
1950	69 350	32.7	51.1	0.9	6.3	0.1	6.2	2.7
1951	79 889	28.4	54.0	0.9	8.7	0.1	5.4	2.5
1952	82 479	28.9	51.2	0.9	11.4	0.1	5.1	2.3

资料来源：现代日本产业发达史研究会：《现代日本产业发达史・石油》，交旬社，1963 年，第 23 页。

战争初期，煤炭是被作为普通物资对待的，日本并未将其纳入战时主要军需物资的范围。但是，到 1940 年太平洋战争爆发前夕，日本因逐渐丧失了煤炭增产的条件，能源供应日显不足。在此情况下，为加强对煤炭的国家管制，使之更好地服务于战争，日本于 1941 年 11 月 26 日设立了"煤炭统制会"。① 该组织的成立标志着日本煤炭的生产、价格、分配、供应和消费等环节都受到了国家的监督和管理。至此，煤炭管理体制被完全纳入战时统制经济之中。尽管如此，这种战时统制方式并未有效地遏制煤炭产量急剧下降趋势，也未能挽救日本战败的历史命运。

二战结束后，作为日本能源消费结构主体的煤炭产量骤然下降，其

① 安藤良雄：《近代日本经济史要览》第 2 版，东京大学出版会，2003 年，第 136 页。

供求关系更是处于历史上最为窘迫的处境。在二战期间，煤炭供应在最高峰时为1940年的6 700万吨，到战后的1945年8月则跌至167万吨，11月更是锐减为55万吨，与最高峰值相比差了122倍。从煤炭的计划需求与实际生产比率看，在战争刚刚结束的8月、9月、10月、11月分别仅为46.2%、23.6%、39.6%、34.6%（如表1－2所示）。

表1－2　战后初期煤炭计划与生产情况　（单位：千吨）

月份	计划(A)	实际(B)	达成率B/A(%)	月份	计划(A)	实际(B)	达成率B/A(%)
1945年5月	4 301	3 677	85.5%	1946年1月	1 050	1 198	114.1%
6月	4 078	3 514	86.2%	2月	1 100	1 349	122.7%
7月	3 612	2 788	77.2%	3月	1 400	1 643	117.4%
8月	3 619	1 673	46.2%	4月	1 650	1 638	99.3%
9月	3 769	890	23.6%	5月	1 750	1 710	97.7%
10月	1 500	594	39.6%	6月	1 700	1 604	94.4%
11月	1 600	554	34.6%	7月	1 720	1 632	94.9%
12月	750	856	114.2%	8月	1 650	1 795	108.8%

资料来源：根津知好：《煤炭国家统制史》，日本经济研究所，1958年，第617页。

造成煤炭供应严重失衡的原因，除煤炭产业受到战争的破坏外，主要有以下四个因素：第一，劳动力锐减。劳动力不仅是生产力的要素，也是促进生产力发展的能动要素。战争期间，被绑架到日本的朝鲜、中国煤炭矿工高达13.4万人之多，约占日本煤矿总人数的34%，随着战争的结束这些熟练矿工也相继离开矿山。[①] 这就造成煤炭生产的劳动力严重不足，从而成为煤炭供给危机的主要原因之一。另外，因技术原因，直接参与矿井下挖煤的工人人数比重低，这也导致煤炭产量难以提高。第二，设备陈旧、生产条件恶化。日本发动对外战争，不得不把主要资本投

① 通商产业政策史编纂委员会：《日本通商产业政策史》第3卷，通商产业调查会，1992年，第73页。

入到军需物品上，而无暇顾及煤炭设备的更新，导致采煤设备日显破旧、效率低下。第三，运输能力不足，几乎处于瘫痪状态。由于商船建造能力不足，内航船舶漕和铁路干线被战争严重破坏，日本运输能力大幅下降，煤炭被堆积在矿山、码头和铁路沿线，滞运煤炭在1945年春就已超过400万吨。第四，战前和战时，日本能通过战争掠夺能源或从海外进口来保证煤炭的稳定供应(具体参见表1-3)。但到战后，战争掠夺侵略的途径已经断绝，日本的对外贸易处于盟军管制之下，进口权被剥夺，海外煤炭来源遭到暂时性的中断，这进一步加剧了煤炭供应危机。

表1-3　战前日本获取海外煤炭的方式及数量　(单位：千吨)

项　目		1938	1939	1940	1941	1942	1943	1944	1945	1946	1947
输入方式	战争掠夺	3 046	3 639	4 820	4 427	3 282	2 151	1 129	43	无	无
	海外进口	3 783	4 353	5 076	5 155	5 455	4 068	2 195	269	无	87
煤炭输入总量		6 829	7 992	9 896	9 582	8 737	6 219	3 324	312	无	87

资料来源：日本经济研究所：《煤炭国家统制史》，日本经济研究所，1958年，第913页。

综上所述，战后日本煤炭供应严重不足的原因来自多方面，而这些问题恰恰同时成为战后日本经济复兴所亟待解决的首要课题。当时以重工业、重化学工业为中心的日本经济，虽然遭受了空袭的破坏，但相当数量的机械设备仍旧得到了保存，只是由于煤炭、钢铁等基础物资供应不足等问题，一直处于闲置状态。可见，“以煤炭为中心的能源供应危机，则成为最大的难关”①。

其二，电力产业的战后遗存。战前，日本的电力管理体制是以“国有民营”方式对电力实施统一管理的。这种管理的依据是1931年4月颁布的《电气事业改正法》，该法的主要目的是强化国家对电力的管理。同年12月，根据该法又设立了“电力委员会”，专门负责对电价制定、费用分摊、发电计划等进行公共监督。次年4月，日本又组建“电力联盟”(由

① 宫崎正康、伊藤修：《战时战后的工业与企业》，《日本经济史(7)》，岩波书店，1989年，第181页。

东京电灯、东邦电力、宇治川电力、大同电力、电本电力5大电力股份公司组成）。日本的电力统一管理就是以组建“电力委员会”和“电力联盟”为两大车轮开始实施的。① 1942年4月，日本基本确立了由“日本发送电公司”承担发送电业务，9家配电公司（北海道配电、东北配电、关东配电、中部配电、北陆配电、关西配电、中国配电、四国配电、九州配电）负责全国配电业务的业务分担体制。②

在国家管制下，日本发送电公司和9家配电公司的成本与收益差额是由政府采取补贴方式予以调整的。③ 政府把补贴金直接拨发到日本发电公司，然后通过统一核算的方式再分配给9家配电公司。但是，这种体制在1942年10月实施统一全国配电费用标准之后，日本就脱离了电力资源与市场的有机结合，引发了10家公司（9家配电公司和1家发送电力公司）之间的内部对立，致使各家公司一味地热衷于经费核算而忽视了对客户的服务和加强公司自身的建设问题。这种不合理的电力管理体制作为电力行业的“战争遗产”一直存续到战后初期，并成为严重阻碍电力事业发展、造成电力供应不足的一大因素。

从1944年末至战争结束前夕，由于美国对日本本土进行了空袭，致使分布在城市周边的11个火力发电站的发电能力下降了66万千瓦，占原来发电能力（150万千瓦）的44%。各发电公司的供电设备、发电设备、配电设备等都受到了不同程度的损害，其受损额具体参见表1-4。1945年末，电力产业的水力、火力发电设备能力各自为584万kW、285 kW，但配电设备却受到了巨大的损失，其损失额几乎达到电力设备损失总额的60%。而且，战争中电力设备的过度使用，带来了设备的老化，电力损耗率在1945、1946年分别为30.8%、30.5%。加之，由于煤炭供应只能满足火力发电所

① 通商产业政策史编纂委员会:《日本通商产业政策史》第3卷，通商产业调查会，1992年，第317页。

② 同上书，第319页。

③ 粟原东洋:《现代日本产业发达史(3)电力》，交旬社，1964年，第356页。

需煤炭量的30%。① 电力供给在战后所面临的局面非常严峻。

表1-4 各电力公司的战争损失额 （单位：千日元）

公司名	发电设备	送电设备	配电设备	其他	合计
日本发送电	78 705	11 400	0	61 254	15 136
北海道配电	20	10	623	32	684
东北配电	0	38	2 252	823	3 112
关东配电	690	644	175 331	21 428	198 093
中部配电	0	625	22 521	9 785	32 931
北陆配电	0	8	2 083	1 424	3 515
关西配电	0	720	58 425	10 284	69 429
中国配电	1 780	124	9 319	8 376	19 598
四国配电	26	5	4 772	2 721	7 524
九州配电	152	186	13 893	10 362	24 593
合计	81 373	13 760	289 219	126 489	510 842

出处：Electric Power Division of the United states strategic Bombing Survey（Pacific），*The Electric Power Industry of Japan*，1946，p. 79。

从1945年到1951年，日本经济在复兴过程中的电力需求量日益增加，年增长率达到13.7%，其间的1949年超过了战前1931的最高水平。与此相比，发电设备能力在同期只从869万kW增加到了905 kW，年平均增长率停留在0.7%。为此，该时期日本几乎每年都发起限制电力使用的运动。② 另外，电费从1945年到1949年连续6次提价，此举旨在通过提高价格来限制电力需求，从而缩小电力需求和电力供应之间的“鸿沟”，显然，这一做法有悖于政府快速进行经济复兴的全局考量。

其三，石油产业的战后遗存。石油是现代战争必不可少的战略物资，日本的石油产业在对外侵略战争期间，被严格地控制在国家统制体制之下。日本对石油产业的统制，可以追溯到1934年颁布的《石油业

① 产业学会：《战后日本产业化史》，东洋经济新闻社，1995年，第1037页。

② 日本能源研究所：《战后能源产业史》，东洋经济新报社，1986年，第198页。

法》。该法的主要内容有：石油冶炼和进口业的分配销售数量要通过政府发放许可制的形式确定；政府要求石油精炼业者和进口业者负有“石油保存”义务，其保有量为年进口量的一半(6 个月)；在必要之时，政府拥有调节石油供需、变更价格的权利。① 该法的颁布和实施标志着国家对石油产业统制的开始。该统制体制②随着 1937 年 6 月作为中央政府直属单位——燃料局的设立而进一步得到了强化。同年 7 月 7 日，燃料局成立不到一个月时，日本便发动了全面侵华战争。这一蓄谋已久的侵略行径，加速了日本经济向战时体制的转变。商工省燃料局作为当时主管石油的行政主管部门，对石油产业的生产、流通、消费等所有环节进行了战时体制安排。至此，日本的石油产业几乎完全被控制在战时统制体制之下。

战时，日本的炼油能力高达约 1 700 桶/日，而战后炼油厂的实际产油量只相当于空袭前生产能力的 4%。③ 战争结束时，原油库存不过 9.9 万 kl，与开战时的 371.2 万 kl 相比，不到其 3%。④ 战争给日本的石油产业带来了严重的损失，受到破坏的石油冶炼设施跌落到战前生产能力的 51%。⑤ 在太平洋沿岸的 17 所制油所中，有 15 所遭到轰炸燃爆，未遭破坏残留下来的只有 2 所。⑥ 受到空袭破坏的炼油厂之永久损坏率为 75%，损坏金额是投资额的 32%；受到空袭破坏的人造石油工厂的永久损害率为 90%，损害额是投资额的 42%(参见表 1-5)。⑦

---

① 通商产业政策史编纂委员会：《日本通商产业政策史》第 3 卷，通商产业调查会，1992 年，第 395 页。

② 当时，还出台了与《石油业法》相配套的《人造石油制造事业法》(1937 年)、《石油资源开发法》(1938 年)、《石油垄断贩卖法》(1939 年)。日本通过上述四部法律，在石油开发、人造石油、精练、销售等各环节，完全确立了石油统制管理体制。

③ 美国战略轰炸调查团·石油·化学部报告，奥田英雄、桥本启子译：《日本的战争和石油》，石油评论社，1986 年，第 83 页。

④ 石油联盟：《战后石油产业史》，石油联盟，1985 年，第 4 页。

⑤ 田中纪夫：《能源环境》Ⅲ，ERC 出版社，2002 年，第 162 页。

⑥ 石油联盟：《战后石油产业史》，石油联盟，1985 年，第 10 页。

⑦ 美国战略轰炸调查团·石油·化学部报告，奥田英雄、桥本启子译：《日本的战争和石油》，第 84 页。

表 1-5　美军轰炸造成炼油厂及人造石油厂的损失情况

类别	公司名称	所在地	能力（桶/日）	投资额 A（千美元）	损害额 B（千美元）	损害率（A/B%）	永久损害率（%）
炼油厂	大协石油	四日市	1 400	1 500	80	5	0
	岩国陆军燃油厂	岩国	6 300	34 000	10 000	30	95
	兴亚石油	大竹	5 000	9 000	6 000	70	80
	丸善石油	和歌山	3 250	8 000	4 000	50	75
	三菱石油	川崎	4 000	1 200	5 000	40	75
	日本石油	鹤见横滨	6 500	10 000	5 000	75	85
	日本石油	下松	5 000	7 000	3 500	75	85
	日本石油	秋田	4 500	5 000	3 750	50	95
	日本石油	尼崎	4 000	7 000	5 000	50	80
	第 2 海军燃油厂	四日市	25 000	80 000	17 000	20	50
	昭和石油	川崎	4 700	4 500	2 250	50	80
	第 3 海军燃油厂	德山	10 000	27 000	5 500	20	90
	东亚燃料工业	和歌山	8 000	18 000	4 000	20	60
	小计		87 650	223 000	71 080	—	—
人造石油工厂	帝国燃料兴业	宇部	350	35 000	25 000	70	90
	日本油化工业	川崎	80	2 500	300	12	60
	日本人造石油	尼崎	400	12 500	10 000	80	95
	日本人造石油	大牟田	700	15 000	50	1	0
	日产液体燃料	若松	500	10 000	80	1	0
	东邦化学工业	名古屋	500	10 000	250	3	0
	宇部兴产	宇部	275	—	—	—	—
	小计		2 805	85 000	398	—	—
总计			90 455	308 000	106 760	—	—

注：1. 金额数据是根据美国建设的成本而推定的（美元与日元的换算率：1 美元＝4 日元）。

2. 永久损害率是指对炼油厂无法修复的设施、物资及劳动力，及与其修理不如更换更合理的设施、物资及劳动力。

出处：美国战略轰炸调查团・石油・化学部报告，奥田英雄、桥本启子译：《日本的战争和石油》，石油评论社，1986 年，第 84 页。

综上，日本为发动对外战争，把煤炭、电力和石油等能源产业都纳入为战争机器服务的“战时统制体制”之中，其各自的统制管理体制也作为“无形”的“遗产”留到了战后。

二、应对能源供应危机的增产体制

日本经济复兴面临诸多亟待解决的问题，其中能源生产不足、消费结构不合理、空间分配不集中等是最大的“瓶颈约束”。对此，日本有两条可供选择的路径。一是，用“无形之手”，通过市场和价格机制解决能源配置中的“经济效益”问题；二是，用“有形之手”，通过管制和计划手段解决能源配置中的当务之急“供需矛盾”问题。通过重点考察日本在应对煤炭、石油和电力等能源供应危机过程中的诸多政策措施，分析和总结其舒缓和规避能源“瓶颈约束”的路径选择、政策设计及其效果，能够进一步揭示日本在政策运用上的经济思想、制度框架及其路径依赖间的逻辑关系。

其一，应对煤炭供应危机的增产体制。二战的失败，使日本经济一度陷入积弱不振、乏善可陈的困境。经济复兴需要能源动力，故解决能源供给危机、确保能源供应成为战后日本经济重建的第一步。战后初期日本能源结构仍以煤炭为主，故增加煤炭产量成为政府最为优先的考量。

为增加煤炭的稳定供应，日本政府逐步从资本、劳动力、技术和管理等方面入手进行了一系列政策设计，确立了“官民一体”的煤炭增产体制。

首先，制定煤炭增产紧急对策。为应对煤炭产量的急剧下降，[①]日本政府先后于1945年10月、1946年10月、1947年10月，分别制定、出台了《煤炭生产紧急对策》、《煤炭紧急对策》和《煤炭非常增产对策纲要》三项政策。《煤炭生产紧急对策》主要包括紧急增加煤矿工人、确保煤矿用

① 日本经济研究所：《煤炭国家统制史》，日本经济研究所，1958年，第615页。

粮及生活必需品、提高矿工工资及煤炭价格、扩大煤矿融资等内容。由于矿工不足问题是当时最为严重的燃眉之急，故日本政府于 1945—1946 年间先后 5 次制定紧急招聘计划。① 通过上述紧急对策，日本渐趋完成了扩充煤矿工人的计划。但由于起初优先确保煤矿所需物资、资金、粮食等规定并未得到有效贯彻，导致煤矿工人斗争此起彼伏。为此，日本政府于 1946 年 6 月、10 月又分别制定了《煤炭紧急对策》②和《1946 年下半年摆脱煤炭危机对策》③，以确保矿工优惠措施的顺利实施。此后，煤炭产量日渐趋升，1946 年 10 月为 179 万吨，11 月为 202 万吨，12 月达到了 220 万吨，该产量已是战前水平的 71.3%。④ 然而，由于经济复兴所需能源大大超过增产量，煤炭供需矛盾依旧突出。对此，1947 年 10 月 3 日，日本内阁制定了《煤炭特别增产对策纲要》。该纲要的基本方针是在生产资料不足、技术水平不高的情况下，提高矿工劳动时间和强度，⑤ 以增加煤炭产量。

其次，设置煤炭厅，促进决策效率。日本根据 1945 年 12 月盟军最高司令部(General Headquarters，以下简称 GHQ)发出的指令，于当月设置了管理煤炭的行政机构——煤炭厅，隶属工商省。煤炭厅的设立标志着日本对煤炭增产的行政管理从原来的多元体制转变为一元体制，这不仅降低了行政管理成本，而且提升了煤炭增产政策的决策效率。

再次，实施倾斜生产方式。劳动力的确保及行政效率的提高可以促进煤炭的增产，但无法保障煤炭增产所需的生产资料与资金供给问题，从而也无法彻底舒缓煤炭供求紧张及其消费结构矛盾对经济复兴的瓶颈约束。

1946 年 12 月，日本决定实施“倾斜生产方式”，并确立了“煤炭增产

① 日本煤炭矿业联盟：《煤炭劳动年鉴》，日本煤炭矿业，1947 年，第 71 页。

② 内阁制度百年编纂委员会：《阁议决定内阁制度百年史 下》，内阁官房，1985 年，第296 页。

③ 综合研究开发机构(NIRA)战后经济政策资料研究会：《战后经济政策资料第 28 卷》，日本经济新闻社，1995 年，第 333—339 页。

④ 中村隆英：《战后日本经济政策构想》第 2 卷，东京大学出版会，1990 年，第 14 页。

⑤ 日本经济新闻社：《从社论看战后经济的历程》，日本经济新闻社，1985 年，第 60 页。

第一”的方针和“1947 年生产 3000 万吨煤炭”的目标。该政策的战略构想是把有限的资源集中于煤炭和钢铁行业。即，首先是倾斜性地把钢铁用于发展煤炭行业，扶植恢复煤炭生产，再把煤炭资源投入到钢铁行业，以扩大彼此的产量，最终达到提高其他行业产量的目的。倾斜生产政策主要包括物资倾斜分配、价格倾斜管理及资金倾斜使用。

对煤矿业的物资倾斜分配，是由政府根据《临时物资供需调整法》（1946 年 10 月 1 日）、《指定生产资料分配手续规程》（1946 年 11 月 20 日）和《指定配给物资分配手续规程》（1947 年 2 月 5 日）等三项法令，对生产资料和生活资料实行直接统制而进行的。统制生活资料的目的，是为了维持国民最低限度的生活需求，以防止出现更大的社会动荡，保障矿工的稳定生活。而对煤炭、焦炭、钢材等主要生产资料的统制则是为把极为有限的资源，通过政府的组织管理，集中用于恢复重要产业的生产。对煤矿业的物资倾斜分配政策实施后，煤矿业所需钢材和水泥的 80%—90%得到了供应保证，而其他行业的需求供给率则仅为 20%—30%，①可见日本对煤矿业的倾斜扶植力度是相当可观的。

对煤炭价格的倾斜管理，是以生产资料为重点进行物价统制。1946 年，片山内阁重点加强了生产资料的价格统制，将煤炭等基础物资指定为稳定性生产物资，当稳定性物资的生产成本超过稳定性价格时，其超过部分由国家实行财政补贴。1947 年，价格调整费在日本政府的一般财政支出中所占比例高达 13.2%。② 这种价格统制倾斜政策，缓解并改善了煤炭等重点产业的经营赤字，对恢复扩大再生产具有重要意义。

对煤炭增产的资金倾斜使用，是根据 1947 年 2 月日本政府制定的《关于产业资金调整措施纲要》进行的。该纲要把煤炭、钢铁、肥料确定为重点产业，并强调“为实现生产的均衡发展，极力限制对非急需产业的

---

① 杨栋梁：《日本后发型资本主义经济政策研究》，中华书局，2007 年，第 199 页。

② 经济企划厅：《战后经济史（经济政策编）》，大藏省印刷局，1960 年，第 46 页。

融资"①。另外,3月公布的《金融机关资金通融准则》及《产业资金贷款顺序表》中规定,政府金融机关的贷款必须按照政府指定的产业资金贷款顺序,优先对重要产业提供融资。关于产业资金贷款顺序,日本政府把产业分成甲、乙、丙三大类。甲类是倾斜生产所确定的重点产业,也是资金需求量最大、资金周转期最长的产业,在一般金融机关资金短缺的状态下,由复兴金融公库向这些部门提供长期融资。

"倾斜生产方式"作为一种产业结构调整政策,实施效果显著,它打破了煤炭和钢铁生产互为前提的怪圈,促进了战后日本经济的重建。

最后,开展民间煤炭增产动员运动。战后日本经济复兴是一项极其复杂的系统工程,其难度之深、问题之多、规模之大,已超出个人或某个组织所能解决的范围,需要动员全社会的力量共同解决。日本政府通过教育宣传等手段,巧妙地使"增加煤炭产量"成为举国的目标与口号,煤矿业及民间自发地开展了各种煤炭增产运动。② 日本通过报纸、电视等大众媒体及时、准确地向公众传达重建经济的迫切性,增加煤炭产量的必要性,对当时凝聚人心、激励国民开展煤炭增产运动起到了重要作用。

其二,应对石油供应危机的策略考量。石油在日本的能源结构中亦占有重要地位。战后初期,日本的石油产业由于遭到美国7%炸弹的集中轰炸而严重受毁。③ 太平洋沿岸的17所炼油厂中有15所遭到轰炸燃爆,④遭空袭破坏的炼油厂之永久损坏率为75%,损坏金额是投资额的32%,⑤导致石油冶炼设施的生产能力跌至战前的51%,⑥实际产油量仅

① 通商产业政策史编纂委员会:《日本通商产业政策史》第3卷,通商产业调查会,1992年,第201页。

② 煤炭增产协会:《煤炭增产协会要览》,煤炭增产协会,1948年,第96页。

③ 通商产业省:《商工政策史》第23卷,商工政策史刊行会,1980年,第242页。

④ 石油联盟:《战后石油产业史》,石油联盟,1985年,第10页。

⑤ 美国战略轰炸调查团·石油·化学部报告:《日本的战争和石油》,石油评论社,1986年第83—84页。

⑥ 田中纪夫:《能源环境Ⅲ》,ERC出版社,2002年,第162页。

相当于空袭前的 4%。[1] 而原油库存仅为 9.9 万 kl，不到战时 371.2 万 2 000 kl的 3%。[2] 总之，战后初期日本石油供应局势相当严峻。而美国主导下的占领当局 GHQ 却对日本的石油业采取了最为苛酷的管制政策。[3] 因此，日本在解决石油供应不足问题时采取了不同于煤炭的内向型政策，不仅致力于扩大国内原油生产和冶炼能力，而且采取了向 GHQ 申请石油进口权、引进国外冶炼技术和冶炼设备等外向型政策。

第一，努力争取石油进口权，以弱化石油供应危机。战争结束时，日本的石油库存量即便是民生所需都无法满足，更毋庸说支撑整个产业复兴。有鉴于此，日本政府向 GHQ 提出进口石油的申请。GHQ 对于该项要求的态度经历了一个转变过程。1945 年 10 月，GHQ 向日本政府下达《关于石油制品备忘录》，规定："包括废油在内的石油产品库存，要通过内务省向急需产业及消费者进行配给。其配给必须按照盟军最高司令官的指令，由法定机构实施。"[4]该备忘录实际上是要求日本通过内部努力解决石油供给问题。据此，商工省（1925 年设置）制定并实施了《石油配给统制纲要》，决定暂时由石油配给公司实施分配，以解决石油消费的空间配给问题。1946 年 1 月，GHQ 发布《关于原油进口的备忘录》，明确拒绝日本进口原油。

1946 年 5 月 21 日，GHQ 的态度发生转变，拟发了《关于石油配给及受领备忘录》，认可商工省临时统制机关——石油配给公司为唯一的石油配给机构，并指定其为贸易厅进口石油的代理机构，[5]日本临时获得石油进口权。1946 年 7 月，日本开始进口石油产品，该年度的进口量为 40 万 kl，1947、1948、1949 年分别增加到 117 万 kl、160 万 kl、2 009 万 kl。[6]

---

① 美国战略轰炸调查团·石油·化学部报告：《日本的战争和石油》，石油评论社，1986 年，第 83 页。

② 石油联盟：《战后石油产业史》，石油联盟，1985 年，第 4 页。

③ 通商产业省：《商工政策史》第 23 卷，商工政策史刊行会，1980 年，第 242 页。

④ 石油联盟：《战后石油产业史》，石油联盟，1985 年，第 6 页。

⑤ 通商产业省：《商工政策史》第 23 卷，商工政策史刊行会，1980 年，第 354 页。

⑥ 日本能源研究所：《战后能源产业史》，东洋经济新报社，1986 年，第 129—130 页。

1950年1月，朝鲜战争爆发在即，日本正式获得原油进口权，进口量迅猛增加。

第二，加大国内原油生产，缓解石油供应危机。GHQ在解决日本石油不足问题上，除了渐次放松对日本进口石油管制外，还加大了对日本国产原油生产、冶炼的扶持力度。GHQ以天然资源局（Natural Resources Section）为窗口，通过向日本植入新技术、投入新设备、派遣专家和技术人员，提高日本的石油勘探与采掘能力。[①] 1947年1月，日本设置"石油资源开发促进委员会（1949年5月改组为石油开发促进审议会）"，作为接受GHQ天然资源局提供技术援助的受理机构。由于从技术引进到吸收并发挥功效需要一定周期，1948年前，日本国产原油量依然呈现下降趋势，直到1949年，GHQ的技术援助才初显成效，国产原油达到2 066千桶（1948年是1 124千桶、1949年是1 368千桶）。[②]

第三，加强与国外石油公司的合作，提高石油生产率。战后经济复兴期间，日本通过与国际石油资本合作，解决了石油产业普遍存在的诸如技术落后、资本不足等问题。1948年，日本制定实施了《关于外国人取得财产的政令》，这标志着日本开启了引进外资的大门。1950年5月，规范外资引进标准的《外资法》出台，其中规定日本石油企业可用外汇（美元）向海外支付专利、技术等费用。上述两法的颁布和实施，标志着接受外国企业直接投资、技术转让等事宜得到了法律保障。[③]

1948年2月，东亚燃料矿业与standard vacuum缔结了包括资本、技术、原油供给、销售等内容的综合性合作协议。以此为开端，到1952年8月，东亚燃料工业、日本石油、三菱石油、昭和石油、兴亚石油、丸善石油

① 地方石油官员G-4。日本本土石油生产与炼油（1945年11月23日，第331记录组，盟军最高司令部最高司令记录）[R]，美国马里兰州斯特兰大的华盛顿国际档案中心收藏，登记号331，盒子号8347，案卷号8，第49页。

② 里奥·W.斯塔育（最高司令部、驻日盟军统帅部、天然资源部矿业及地质课）：《日本石油和国家可燃气生产工业》，石油工程，1951年，第53页。

③ 东亚燃料工业：《东燃十五年史》，东亚燃料工业，1956年，第972页。

等6家冶炼会社分别与外国公司缔结了合作协议。① 随之，日本顺利地移植了海外石油企业的先进技术与设备。

另外，进口原油在本国冶炼，比直接进口石油制品更能节约外汇，从而可以缓解外汇压力。因此，1950年初，9家太平洋沿岸炼油厂（大协石油、昭和石油、东亚燃料工业、日本石油、日本矿业、丸善石油、东亚燃料工业、三菱石油、兴亚石油）相继重新开工，②日本原油冶炼能力得到大幅提升。③

其三，应对电力供应危机的政策选择。战后初期，日本的电力供应形势极为严峻。电力设备由于战时的过度使用而老化，致使电力损耗率猛增，1945、1946年分别为30.8%、30.5%。战争破坏还导致全国各电业公司的供电、发电、配电设备受到不同程度的损坏，其中配电设备的损失额几乎达到电力设备损失总额的60%。④ 加之，煤炭供应只能满足火力发电所需煤炭量的30%，⑤使得发电能力更为捉襟见肘。而日本经济的逐步复苏，却对电力的需求呈现扶摇直上的趋势，1945—1955年间产业用电一直占据电力总需求的主要地位，1945年为71%，1947年为68%，1950年为66%，到1955年达到了69%。⑥ 电力设备能力的落后与电力需求的迅猛提升形成一大矛盾，并成为日本电力慢性不足的根本原因。没有稳定的电力供应，日本经济就不可能得到复兴和重建。因此，日本政府采取了如下政策以规避电力不足的瓶颈约束。

首先，改组电力管理体制，激活电力生产机制。战后初期的电力生产、供给管理大体沿袭了战时统制体制，国家管理色彩过于浓厚，因此电

① 日本石油、石油精制社史编纂史：《日本石油百年史》，日本石油精制社，1988年，第496—516页。

② 约瑟夫·K.凯尔塞：《日本太平洋沿岸石油冶炼厂报告》，1950年，第1页。

③ 口东铺：《现代日本产业发达史Ⅱ石油》，交旬社，1963年，第404页。

④ Electric Power Division of the United states strategic Bombing Survey(Pacific), The Electric Power Industry of Japan, 1946, p. 79.

⑤ 产业学会：《战后日本产业化史》，东洋经济新闻社，1995年，第1037页。

⑥ 日本能源经济研究所：《战后能源产业史》，东洋经济新报社，1986年，第334页。

力产业及其规制体系成为战后经济改革的重要一环。1946 年 9—10 月，日本在 GHQ 的指示下不仅废除了配电统一控制令和电力调整令，[①]而且对电力事业法做了大幅调整。1949 年 11 月，又在 GHQ 的指令下组建电力事业重编审议会。1950 年 11 月 24 日，日本公布了“电力事业改组令”和“公益事业令”。[②] 这些举措取得了一定的成效，但并未彻底改变国家管理电力的状况，国家统制的力度依然强大，[③]电力价格亦处于国家管理范畴之内。

其次，制定电力危机对策，加强电力资源开发。电力设备老化、战时电力设备的过度使用、维修滞后、输电线路及相关设备受到战争的严重破坏等是难以在短期内解决的问题。1947 年秋，日本发生前所未有的电力危机，使得电力不足问题更趋严峻。同年 11 月，日本又出现了异常的缺水状况，炭质下降与水、火力发电设备的过度使用造成电力输出能力的锐减。

维修滞后，也显现出来，随着战争的结束，电力需求从原来的军需工厂地带转向都市及地方，这种跨区域的大转移导致超负荷设备增多、事故多发及电力损失率趋重等问题，进一步加剧了电力供应短缺局势。因此，1947 年 11 月，日本政府制定了《电力危机突破对策纲要》，规定优先确保电力所需物资和资金、保障火力发电用煤、奖励自家发电等。[④] 在硬件方面，日本发电、输电及配电公司，为防止电力需求激增、控制电力消费、降低电力用量，加强了对发电、输电、变电及配电设备的管理与维护。1949 年 3 月，日本在经济复兴计划中，将电力产业列为重建经济、安定民生的重要基础产业，并为开发电力资源制定了《电力 5 年计划》，主要规定电力事业“新增水力发电 115 万千瓦、火力发电 42 万千瓦、自家用水

① 电力政策研究会:《电力事业法制史》，电力新报社，1965 年，第 241 页。
② 同上书，第 307 页。
③ 栗原东洋:《现代日本产业发达史》，交旬社，1964 年，第 369—370 页。
④ 内阁官房:《内阁制度九十年资料集》，大藏省印刷局，1976 年，第 1035—1036 页。

力发电 11 万千瓦”。[①] 日本以电力体制重组为契机，加快了电源的开发，曾一度严重缺电的局面也日渐趋缓，基本解决了经济复兴所需电力供应不足问题。

三、能源增产政策与经济复兴的路径结合

以政治经济学中“社会大生产”的一般原理而言，实物产品的广义生产包括狭义的生产及流通、分配和消费等环节。物品在生产领域被生产出来后，由其生产者投入流通领域进行交换，最后用于消费。以煤炭为中心的能源增产政策的制定和实施只是从“生产”环节对能源供应短缺问题进行“量”的补充。而事实上，物品的生产不是为生产而生产，而是为了消费而生产。因此，能源产品的生产只是完成了能源生产的第一个环节，生产出来的煤炭、石油、电力必定要按照生产、价格制定、流通、分配、消费的顺序进行运转，从而完成能源与产业的路径结合。在战后复兴期这一特殊的历史时期，日本的政策主体存在着“二元性”[②]，即美国政府及其对日占领当局和日本政府。在长达 7 年的占领时期日本丧失了对外主权，“美国及其对日占领当局是一种不可违抗的至高无上的存在，同时占领当局也推行了一系列改革，其中包括旨在改变战前旧经济体制的各种经济政策”[③]。“二元性政策主体”的关系是指美国对日本以“间接统治方式”掌握主导支配权，制定大政方针，而日本政府继续发挥行政职能。日本的能源管理机构主要是 GHQ，GHQ 的命令代替了战时统制的各种法规，对能源供需进行调节，1946 年 10 月，出台了《临时物资供需调整法》。日本政府在不违反占领方针的前提下，推行了包括能源增产政策在内的诸多重要的经济政策。煤炭、石油等能源产业的直接管理是由

---

① 通产政策史研究会:《产业政策史回忆录第 29 册》，通产政策史研究会，1985 年，第26 页。

② “二元性政策主体”的观点是由杨栋梁于 1994 年首次提出来的，本研究亦赞同、采用此观点。关于“二元性政策主体”观点的详细论述，参见杨栋梁:《日本战后复兴期经济政策研究——兼论经济体制改革》，南开大学出版社，1994 年，第 1—50 页。

③ 杨栋梁:《日本战后复兴期经济政策研究——兼论经济体制改革》，南开大学出版社，1994 年，第 11 页。

日本政府进行的，但在改变或制定重要政策时则必须要得到美国的许可。能源生产—价格制定—流通—分配—消费五大环节的具体管理机关是商工省、经济安定本部。

在出现经济危机、生产停滞的情况下，商工省（1925年4月—1946年8月）实施了煤炭、石油、电力相关的紧急政策以及应急性的生产对策。1946年8月12日，日本政府设置了作为统合经济的综合官厅——经济安定本部。经济安定本部作为战后经济复兴的统制机构，在片山内阁时期尤其发挥了强大的机能。经济安定本部是按照麦克阿瑟的指示成立的政府部门，负责策划和起草所有物资的生产、分配以及消费、物价、财政、运输、金融、建设等相关领域的经济政策，综合协调和监察政府各厅事务部门工作，拥有比其他政府部门更强大的权力。经济安定本部简称"安本"，素来被称为是经济政策的"总司令部"。① 1952年7月31日经济安定本部被废止，改组为经济审议厅。② 可见，日本经济复兴的政策体系是在"二元性政策主体"的框架下制定形成的。

从能源政策与经济复兴相结合的路径管理的实际状况来看，政府针对生产、价格制定、流通、分配、消费五个路径环节上的问题，都综合地运用了经济手段（经济计划、价格政策、财政金融政策）、法律手段、行政政策、文化手段（国民运动）等各种政策工具。进一步而言，在路径管理中使用的主要政策手段具体有：直接管制（价格、数量、设备的管制）；金融、税制上的政府扶植及优待措施；设定标准、目标；制定相关的法律；舆论宣传或行政指导③等。

一是生产环节上的管理手段。在煤炭生产环节，仅1946年9月—

① 综合研究开发机构：《战后经济政策资料》第1卷，日本经济评论社，1995年5月，第1—33页。

② 日本能源经济研究所：《战后能源产业史》，东洋经济新报社，1986年，第86页。

③ 行政指导不具有法律上的强制力，但是有基于事实上的引导性。政府可以通过行政指导引导或给对方施加 影响从而达到实现某一政策的目的。有关政策手段的论述可参见：松井贤一：《能源战后50年的检验》，电力新报社，1995年7月，第35—37页。

1947年12月,有关煤炭增产的各种措施、计划、纲要、法律就有33件。① 在有限的资金与物资中,作为推进倾斜生产的政策手段,除了强化物资配给(包括进口物资的分配)之外,还创设了"价格差补给金"制度(包含价格的统制)与"复兴金融金库"。"价格差补给金"是恢复了战时的制度,政府交付补助金将煤炭按照比原价低廉的价格引渡于钢铁产业,同样,钢铁业以比原价低廉的价格把钢铁引渡给煤矿。"复兴金融金库(简称复金)"设立于1947年1月,金融融资倾斜给了以煤炭、钢铁、电力、海运为中心的重点产业。② 金融复金最为重要的融资对象是煤炭产业。从复兴金融公库的成立到废止,煤炭产业共接受了复金融资总额的36%,其中,煤炭设备资金占98.1%,即煤炭业所需资金几乎全部来自于复金

---

① 1. 煤炭增产协议会设置纲要(1946年9月10日);2. 作为煤炭紧急增产对策一环的对于大藏省的要求事项(1946年9月27日);3. 1946年下半期煤炭危机突破对象对策(1946年10月4日);4. 1946年度第3季度煤炭供需计划要领(1946年10月4日);5. 为何必须增产3000万吨——经济重建与煤炭(1946年10月24日);6. 实现目标(3000万吨)的必要条件的分析(1946年10月24日);7. 煤炭对策主要措置(1946年11月14日);8. 金融机关所见的煤矿企业的资金状况等(1946年11月18日);9. 关于煤炭问题致经济化学部长膳大臣的公开通报(1946年11月27日);10. 煤炭对策中间报告(1946年12月12日);11. 关于煤炭的行政监察的第一次报告(1946年10月24日);12. 经济危机与重油进口(1946年12月20日);13. 关于应转用于煤矿的机器设备类别的调查事项(1946年12月20日);14. 关于煤炭问题的会谈要旨(1946年12月23日);15. 1947年度煤炭生产计划实施的必要措施事项(1946年12月26日);16. 1947年度生产计划制定要点(1947年1月29日);17. 关于1947年度出炭3 000万吨的条件(1947年1月29日);18. 实现1947年度3 000万吨出炭的基本方策(1947年1月29日);19. 1946年度第四季度煤炭供给计划制定要领(1947年1月30日);20. 关于煤炭分摊制度实施的事项(1947年2月17日);21. 1947年度煤炭藏产对策(方案)(1947年3月);22. 本年度煤炭增产计划的探讨(1947年4月8日);23. 22年度基础资财供给计划的整体性说明资料(1947年4月14日);24. 1947年度煤炭增产对策项目(1947年4月17日);25. 1947年度煤炭增产对策(方案)(1947年4月25日);26. 煤炭增产紧急措施纲要临时方案(1947年6月10日);27. 煤炭复兴会议上ESS巴托拉的口头演说概要(1947年6月10日)28. 煤炭特别增产对策纲要(方案)(1947年10月3日);29. 有关煤炭非常增产对策纲要内阁决议了解事项(1947年10月3日);30. 关于煤炭运输对策协议会(1947年10月9日);31. 煤炭生产事项(1947年12月3日);32. 关于煤炭增产特别调查团(1947年12月3日);33. 关于煤炭分配计划制定手续一事(1947年12月3日)。参见:综合研究开发机构:《战后经济政策资料》第28卷,日本经济新闻社,1995年,第327—611页。

② 佐佐木隆尔:《昭和史的事典》,东京堂出版,1995年6月,第211页。

融资。[①] 另外，1948 年 1 月 15 日，日本政府为确保增加煤炭生产所必要资金，在配炭公团中设置了生产奖励金特别账目。[②]

二是定价环节中的管理手段。战时统制体制时期的各种法规随着日本战败和以美国为主导的 GHQ 对日占领政策的实施而被废止。但是，1946 年 10 月成立的《临时物资供求调整法》又成为占领时期新的统制方式，即经济安定本部在得到 GHQ 指令或许可的基础上，对煤炭、电力、石油等主要物资的生产、价格、流通、配给等环节的实施计划进行企划，由物价厅负责对包括煤炭、电力、石油在内的主要物资实施价格统制。另外，在必要的情况下还可以实施价格补正措施。

三是流通环节上的政策手段。在日本战后经济复兴的过程中，在煤炭、石油等紧急物资的流通领域存在着混乱的问题，对此日本政府主要运用经济手段与行政手段谋求流通秩序的改善。在强化物资的流通秩序方面，经济安定本部利用中央驻地方检查机构，赋予经济监察官以及经济监视官以行政警察所具有的现场检查、检验的权限，从经济、行政两方面加大了对流通物资的监察力度。[③]

四是分配环节上的政策手段。分配环节中的政策手段主要采取了法律手段与行政手段。政府按照《临时物资供求调整法》，于 1946 年 11 月 19 日、1947 年 2 月 10 日分别颁布了内阁训令第 10 号《指定生产材料分配手续的规定》、内阁训令第 3 号《指定配给物资手续的规定》。前者是以政府制定生产材料为对象，根据需求申请进行分配的制度；后者是以不适用于需求申请的消费物资及个别需求者的生产材料为对象，对于具备一定条件的物资进行平均分配的制度。[④] 基础性生产材料、重要的生活物资、主要粮食等需要完全统制的重要物资则通过公团方式来确保

① 日本能源经济研究所：《战后能源产业史》，东洋经济新报社，1986 年，第 289 页。

② 大森德子：《战后物价统制资料》第 1 卷，日本经济评论社，1996 年，第 121—122 页。

③ 大藏省财政史室：《昭和财政史——从战后到媾和》第 17 卷，东洋经济新报社，1981 年，第 330 页。

④ 综合研究开发机构：《战后经济政策资料 · 经济统制(1)》第 4 卷，日本经济评论社，1994 年，第 725—736 页。

配给。[①] 在战后日本物资缺乏的时代,煤炭、石油等重要物资采取的分配制是以发放票据的形式进行的,物资分配的票据由商工省发行,但其前提需要有经济安定本部的认可。

五是消费环节中的政策手段。能源消费环节中的管理手段,主要表现为行政性的计划指导和舆论宣传、道德说教等方式。经济计划是在能源消费过程中,为有计划地分配人、财、物,而制定的相应的措施、规定和政策等。为了突破和缓解电力供应危机,日本政府以"节约用电、较少用电"为目标,在全国范围内号召展开国民运动。[②] 为了配合全国范围内的国民运动并使之有序进行,政府在商工省还设置了"电力危机突破对策本部",负责开展"突破电力危机"的国民运动。开展国民运动的内容主要包括以下活动:厉行电力节约消费与防止电力的不正当使用;指导国民进行电力的合理化使用;举办讲演会或展览会;散发传单、小册子;通过收音机、小学生进行舆论宣传。应该特别指出的是,日本为了彻底地使广大国民了解电力危机的实际情况及其严重影响,在电力合理化使用方面,实施了严格的奖惩制度。[③]

最后,还需说明的是,随着日本战败,在战时体制下制定的与电力事业相关的法律、命令,或是废止,或是被修改(1946 年 4 月 1 日《国家总动员法》被废止后,《配电统制令》与《电力调整令》也于同年 9 月 30 日失效)。但是,战后经济恢复和社会转型期间的新电力体制尚未形成,为此,亟须解决缺失电力的矛盾。于是,1946 年 10 月 1 日,日本重新修订了《电气事业法》。然而,在这一修订过程中,关于电力事业的监督体制,仍然大量地吸收了战时体制下制定的《配电统制令》的内容。战时体制下的《配电统制令》与《电力调整令》虽然形式上失效了,但诸多内容仍被

① 大藏省财政史室:《昭和财政史——从战后到媾和》第 17 卷,东洋经济新报社,1981 年,第 96－97 页。

② 河原俊雄:《从电力事业的创始到公益事业体制的确立——九大电力公司的诞生》,参见:http://www.kcat.zaq.ne.jp/ynakase/rept3/r3den.htm。

③ 内阁官房编:《内阁制度九十年资料集》,大藏省印刷局,1976 年,第 1035—1036 页。

战后的电力体制继承了下来，而战时体制下的《电力管理法》与《日本发送电株式会社法》则原封不动地被继承下来。由此可见，战后初期电力的"国家管理体制"实质上与战时电力体制是一脉相承的。

四、能源政策的绩效评析

战后初期日本能源物资的紧缺性与经济重建的紧迫性，导致了具有计划性质的统制体制成为日本最佳的能源配置选择手段。进一步而言，是因为考虑到与自由放任的市场相比，统制体制能够通过政府的调控对能源进行有效、合理的配置，这种方式更能够在短期内取得巨大的成效。当时，日本政府与企业的关系具有"强政府弱企业"的特征，可以说包括能源在内的产业政策都是"在官僚主导之下，以浓厚的管制形式实施的"。①

日本政府综合运用行政手段、法律手段、经济手段、文化手段（国民运动），来分别管理煤炭、石油、电力等能源的生产、价格制定、流通、分配、消费五大环节，以谋求解决产业复兴中能源供应严重不足的困境。综合而言，生产环节中的倾斜生产方式②解决的是能源"量"的不足问题；价格环节中由政府制定价格，解决的是能源配置的"资金"不足问题；流通环节中的优先运输政策，用以提高能源流通的速度与效率；分配环节中的指定分配政策决定了能源供给对象，解决了急需能源产业的能源供应不足问题；消费环节中的计划消费，谋求的是提高能源消费的"有序性"。市场机制难以解决的严重问题，选择统制经济的手段可以得到更好的解决。

其一，突破能源"瓶颈约束"。③ 日本本国能源极为匮乏，加之战后的

① 小宫隆太郎、奥野政宽、铃村兴太郎:《日本产业政策》，东京大学出版会，1988 年，第28 页。

② 这里需要指出的是，"倾斜生产方式"虽然专指煤炭和钢铁，但石油和电力的生产也采取了类似的做法。

③ 突破能源"瓶颈约束"是指能源的供应量基本满足了经济恢复中的能源所需。换言之，决定经济恢复速度的快慢、经济发展水平的高低不再是取决于能源投入量的多少。

特殊情况，致使日本在经济重建中首先面临的是能源供应不足的“瓶颈约束”。对此，日本对煤炭、石油和电力的管理沿袭了战时统制体制，以谋求通过能源增产达到经济复兴之目标。从实施能源政策的最终结果而言，日本很快突破了能源对经济复兴的“桎梏”，并在不到十年的时间内，各项生产指数均达到或超过了战前的最高水平。

在煤炭产业方面。日本通过煤炭增产政策的制定和实施，煤炭产业、钢铁生产分别从 1947 年度后半期、1946 年第四季度开始明显恢复。[①] 从煤炭的产量来看，如表 1－7 所示，1946 年煤炭产量不足 2 300 万吨，比战败时的 1945 年下降了约 100 万吨。但是，1947 年煤炭产量增加到了 2 900 多万吨，到 1948 年则大大超过了“年产 3 000 吨”的目标，并达到 3 600 万吨，到 1951 年已超过 4 600 万吨，约是 1945 年的 2 倍。从煤炭生产率角度来看，1951 年的生产率从 1946 年的 5.6 吨/人·日增加到 11.0/吨/人·日，增幅约两倍多。从粗钢产量看，1946 年为 56 万吨，1947、1948 年分别为 95 万吨、172 万吨，两年间增长 207%。[②] 至此，煤炭、钢铁的生产迅速得到了恢复。

表 1－7　战争前后煤炭供给量及人均生产率

年度	总供应量(千吨)	国内生产量(千吨)	进口量(千吨)	生产率(吨/人·天)
1942	62 916	54 179	8 737	战前生产最高值为 17.6 吨/人·天
1943	61 758	55 539	6 219	
1944	52 659	49 335	3 324	
1945	22 647	22 335	312	6.1
1946	22 523	22 523	—	5.6
1947	29 422	29 335	87	5.6

① 冈崎哲二:《倾斜生产方式和日本经济的复兴》，原朗编著:《复兴期的日本经济》，东京大学出版会，2002 年，第 93 页。

② 经济企划厅:《现代日本经济的展开——经济企划厅 30 年史》，大藏省印刷局，1976 年，第 593 页。

续表

年度	总供应量(千吨)	国内生产量(千吨)	进口量(千吨)	生产率(吨/人·天)
1948	36 268	34 793	1 475	6.4
1949	38 513	37 296	1217	7.3
1950	40 327	39 330	997	9.1
1951	49 119	46 490	2 629	11.0

资料来源:1. 根津知好:《煤炭国家统制史》,日本经济研究所,1958 年,第 913 页。
2. 水沢周:《煤炭 昨天 今天 明天》,築地书馆,1980 年,第 199 页。

煤炭、钢铁得以迅速增产的主要原因是日本把扩大煤炭、钢铁两大产业作为优先发展产业,对于应该复兴的产业进行优先顺序排列,并按照优先顺序来投资。从这种意义上来说,当时把煤炭集中用于钢铁业的路径管理不是追求能源产业与钢铁产业的利益最大化,而是追求两者产量的最大化。"倾斜生产方式"作为一种产业结构调整政策,实施效果很明显,它打破了煤炭和钢铁生产互为前提的怪圈,促进了战后日本经济的飞速发展。可以说,煤炭、钢铁两大产业生产量的提高是"倾斜生产方式"构想中的既定计划和目标。这一构想的实现也使日本经济在快速恢复过程中摆脱了煤炭不足的"瓶颈约束"。

在石油产业方面。战争结束后不久,日本对石油产品的消费量大幅度下降,1945 年的消费量不及战前的最高水平,仅为 1937 年和 1938 年消费量的 1/10。此后,石油产品的消费量虽逐年上升,但直到 1952 年,年消费量才基本超过了 1937 年和 1938 年的水平(参见表 1－8)。

表 1－8 石油产品消费量的推移 (单位:1 000 千升)

年度	汽油	煤油	轻油	重油	润滑油	其他	合计
1937	1 301	180	143	3 046	333	—	5 003
1938	1 007	149	207	2 579	351	—	4 292
1945	55	38	19	90	54	—	256

续表

年度	汽油	煤油	轻油	重油	润滑油	其他	合计
1946	157	44	76	381	92	—	750
1947	234	44	129	649	112	20	1 188
1948	297	57	205	958	153	28	1 699
1949	319	63	171	973	171	40	1 737
1950	413	77	208	1 111	199	80	2 089
1951	746	134	350	1 837	247	89	3 404
1952	1 443	117	414	3 121	287	132	5 514

注：其他代表的是沥青、干油、石蜡等。
资料来源：井口东铺：《现代日本产业发达史 · 石油》，交旬社，1963 年，第 28 页。

另一方面，日本的石油产品供应量与消费量呈同步变化。二战结束后，石油产品的供应量开始迅速下降，1945 年石油产品的供应量只有 284 万千升，到 1952 年恢复到战前最高水平达到 5 731 万千升。另外，在 1946—1948 年间，石油供应量中进口比例远远大于本国自产比例，之后，国内加工生产的石油产品迅速增加（详见表 1 - 9）。其主要原因在于，冷战开始后，美国逐步放松了对日本进口石油的限制，被关闭的太平洋沿岸制油所也得到了开工和恢复生产的许可。而且，日本的各石油公司，与美国、英国的石油公司进行资本、技术合作，在生产能力得到提升的同时，也逐渐形成了今天日本石油产业的“骨架”。① 太平洋制油所的复原工程完成之际，日本原油处理能力在日本海沿岸达到 16 327 桶/日，在太平洋沿岸达到 52 405 桶/日，总计 68 732 桶/日。再加上兴亚石油、横滨的两个制油所的 3 123 桶/日，总计 71 855 桶/日。1945 年 12 月末，以日本海岸制油所为中心的原油处理能力只不过约 1.9 万桶/日，此时，日本的原油处理能力一举增加了近 4 倍，得到了显著的增强。②

① 松井贤一：《能源战后 50 年的验证》，电力新报社，1995 年，第 13—14 页。
② 日本石油：《日本石油史》，日本石油，1958 年，第 366 页。

表 1-9 石油产品供应量的推移 (单位:1 000 千升)

年次	汽油	煤油	轻油	重油	润滑油	其他	合计	生产/进口
1937	1 440	253	135	3 103	333	109	5 372	39/61
1938	1 328	345	115	3 104	393	121	5 406	37/63
1945	39	43	16	107	61	17	284	91/9
1950	473	84	296	1 345	206	109	2 512	66/34
1951	808	124	489	2 324	320	130	4 196	72/28
1952	1 521	111	454	3 162	259	222	5 731	82/18

注:“其他”代表石蜡、沥青、干油、LPG、石脑油等。
资料来源:井口东铺:《现代日本产业发达史·石油》,交旬社,1963 年,第 26-27 页。

在电力产业方面。战后初期,日本电力主要是通过水力发电来供给的,而水力发电站并没有像石油产业那样遭到战争的严重破坏,故在煤炭不足的情况下,水力发电便成为重要的能源供给源。但是,仅依靠原有的发电设备依然不能满足经济发展的需求,所以电力供给基础的扩建及其体制整备成为电力行业的当务之急。“从战后电力行业重组至今,以日本经济迅速复兴和增长为背景,在电力供求平衡上,为满足激增的电力需求而履行供电责任所应做的不懈努力,堪称一部电力供求紧张的历史。”①由于战前电力产业的垄断性极强,因此战后电力产业也成为经济改革中集中排除法的适用对象。1950—1951 年日本对电力产业进行了进一步的改组,形成了新的电力体制。与此同时,日本也加大了电源开发的力度。事实上,电力的生产量真正大幅度的提高是在电源开发后实现的,而电源的真正开发是在民间 9 家电力公司体制正式运行之后进行的。

从实际效果看,以电力体制重新组合为契机,日本加快了电源的开发,曾一度严重缺电的局面也日渐趋缓,基本解决了经济复苏和发展所

① 通产省公益事业局:《电力行业的现状与电力重新组合 10 年的经历》,日刊工业新闻,1961 年,第 81 页。

需电力供应不足的问题。发电设备能力日益增加，在电力行业重新组合的 5 年间，日本发电设备能力增加了 468 万 kW，成效显著(参见表 1－10)。日本的总发电量也屡创历史新高，1955 年达到了 652 亿 kWh，比 1945 年增加 2 倍多(参见表 1－11)。

表 1－10　新电力体制下的发电设备能力变化推移

(单位：1 000 kW)

年度	电气事业用			自家用			发电设备能力合计		
	水利	火力	小计	水利	火力	小计	水利	火力	合计
1950	6 126	2 897	9 023	637	1 111	1 748	6 763	4 008	10 771
1951	6 134	2 912	9 046	640	1 154	1 794	6 774	4 066	10 840
1952	6 324	2 974	9 298	732	1 239	1 971	7 056	4 213	11 269
1953	6 910	3 288	10 198	831	1 355	2 186	7 741	4 643	12 384
1954	7 440	3 603	11 043	899	1 380	2 279	8 339	4 983	13 322
1955	8 039	4 146	12 185	870	1 457	2 327	8 909	5 603	14 512
1956	8 714	4 367	13 081	888	1 482	2 370	9 602	5 849	15 451

资料来源：依据能源厅企划调查课《综合能源统计》(1949—1957 年版)的相关数据制作而成。

表 1－11　电灯电力需求量年度变化推移　(单位：10^6 kWh)

年度	事业用电			自家用			用电量总计(水利和火力)
	水利	火力	小计	水利	火力	小计	
1951	33 317	7 146	40 283	3 995	3 076	7 071	47 354
1952	35 297	8 812	44 109	4 464	3 402	7 856	51 965
1953	38 247	10 227	48 474	4 752	4 229	8 981	57 455
1954	40 478	9 667	50 145	5 242	4 646	9 889	60 034
1955	42 946	11 638	54 584	5 556	5 101	10 657	65 241

资料来源：依据能源厅企划调查课《综合能源统计》(1950—1956 年版)的相关数据制作而成。

最后，从经济恢复的主要指标看，最严重的危机局面已经过去，日本基本上结束了“剥笋生活”。① 特别是在实施倾斜生产方式的两年里，煤炭、电力和石油等能源的增产，相应地带动了钢铁、化肥等产量的增加，国民经济的恢复速度明显加快，能源供应危机得到了很好的纾缓和释放。煤炭、钢铁等基础产业的恢复速度大大超过其他产业的生产水平，并渐次实现了带动其他相关产业、搞活全盘经济的复兴构想。从工业生产和国民生产情况而言，1947、1948年的工业生产分别比上年度增长18%和34%；②1948年的工矿业和制造业的生产指数(相对于1934—1936年平均)已由1947年的37.4%、35.1%分别上升到了54.6%、52.5%；③同期，国民生产总值也比两年前增长了23%。④ 如表1-12所示，日本工业生产、实际国民总生产、实际设备投资、实际个人消费、实际就业者的人均生产率等指标，在1951年就已超过了战前平均水平(以1934—1936年的平均值为标准)。

表1-12 日本战后主要经济指标超过战前水平的年份

指数	超过战前水平的年份	超过战前水平2倍的年份
工业生产	1951	1957
实际国民总生产	1951	1959
实际设备投资	1951	1956
实际个人消费	1951	1960
实际人均生产率	1951	1962
实际人均国民总生产	1953	1962
实际进口支出	1956	1961
实际出口金额	1957	1963

资料来源：稻叶秀三、大来佐武郎、向坂正男：《讲座日本经济》(1)，1965年，日本评论社，第5页。

---

① 杨栋梁：《日本战后复兴期经济政策研究——兼论经济体制改革》，南开大学出版社，1994年，第118页。

② 大岛清、榎本正敏：《战后日本的经济过程》，东京大学出版会，1968年，第31页。

③ 安藤良雄：《近代日本经济史要览》，第2版，东京大学出版会，2003年，第158页。

④ 经济企划厅：《现代日本经济的展开——经济企划厅30年史》，大藏省印刷局，1976年，第352页。

另一方面，日本政府从能源生产到能源消费的统制管理方式，尽管起到了迅速增加能源产量、促进经济复兴的作用，但同时也带来了诸多负面影响。

一是加剧了通货膨胀。复兴金融公库融资与价格差补给金，作为支撑战后初期能源增产的政策成效显著，但该政策也成为通货膨胀的重要因素。日本政府通过封锁存款、兑换新日元等措施，减少通货的流通量，抑制了过度性膨胀，但倾斜生产方式开始之后，复兴金融金库向钢铁产业与煤炭产业提供大量资金，结果反而导致与克服通货膨胀的目标背道而驰，加剧了通货膨胀。另外，在倾斜生产的过程中，设定包括煤炭、石油、钢铁在内的重要物资的消费价格为公定价格，对于其消费价格与生产价格的差额是由政府财政支出以"价格差补给金"的形式进行补助的，此举进一步扩大了财政规模。而复兴金融公库的融资财源本身就源自日银接受复兴金融债券，所以这也导致了通货膨胀的进一步恶化。

二是拉大了不同企业之间的差距。为了实现能源增产，复兴金融金库以及美国的对日援助，都将巨额的资金倾斜提供给了煤炭、钢铁等重要产业，毋庸置疑，这些政策手段，对于日本经济摆脱混乱、恢复生产、走向复兴发挥了无可替代的重要作用。从另一方面看，这也带来了大企业与中小企业在资本能力方面的巨大差距，资本能力的差距带来了生产力的差距，生产力的差距又带来了工资的差距，这成为不同规模的企业、不同产业的企业在生产能力及工资等方面存在显著差距的一个主要原因。①

三是阻碍了电力技术的迅速提高。从 1945 年到 1951 年，电力需求以 13.7%的年增长率迅速增加，故此政府对每年的电力使用进行了限制。② 从供需角度而言，限制的目的是减少电力的需求量，从而达到供需平衡。但是，此举对于战后日本经济复兴而言，似乎并不是明智之举，因

① 《厚生白皮书》(1960 年版)：http://wwwhakusyo. mhlw. go. jp/wp/index. htm/。

② 日本能源研究所：《战后能源产业史》，东洋经济新报社，1986 年，第 198 页。

为限制消费就会减缓经济恢复速度、制约扩大再生产，所以，从长远角度来考虑应该从增加供应角度入手，才能进一步促进经济恢复和发展。另外，1945—1948年间的通货膨胀率不断升高，日本通过行政管制把电力价格控制在了较低水平，这致使电力产业的资金严重不足，经营不断恶化，成为导致当时日本电力技术开发落后、电力慢性不足的主要原因。

四是激化了社会矛盾。为解决能源供应不足，尽快实现经济恢复，劳动者被强行进行超负荷的劳动，设备也被最大限度地运转，致使人为灾害不断发生。1948年的灾害件数与罹灾人数都比1946年增加近3倍。仅煤矿产业，在1950年重大灾害[①]的发生次数为30次、死亡124人，1955年为23次、死亡154人。同期，重大灾害以外的死亡人数分别为660人、512人。[②] 许多工会为了摆脱近乎无法忍受的劳动强度、提高工资水平、确保劳动安全，组织了多次游行罢工行动，并在1948—1950年期间，发动了两次波及全国性的罢工事件。另一方面，由于政府一味地重视煤炭产量、增加劳动强度，却忽视了煤炭生产技术，从而导致了采煤技术的停滞。

综上，战后初期日本为应对能源危机出台了一系列政策，其中包含了对过度管制的战时统制经济进行改革，但由于完全放任于市场自由支配难以解决规模空前的能源危机，故以“倾斜生产方式”为代表的一系列政策实质上体现了显著的国家权力强度介入经济领域的特点。从能源配置的制度框架而言，日本选择了在具有“国家统制”和“行政计划”特征的制度框架下，对能源供应危机进行政策安排和机制设计；从政策目标而言，日本优先选择的是确保和加强能源“量”的生产和供应，而不是注重和追求能源产业的“利润”和“效益”；从政策手段而言，日本虽然运用了多元化的手段，但都带有国家统制经济体制的色彩和性质，其目的也是通过行政管制有效集中全国的人力、物力、财力，解决当时能源配置中

---

① 日本对重大灾害制定的标准是同时死亡3人以上的灾害。

② 通商产业省布局公害局：《矿山保安年报》，1972年度，第21页。

关键产业和能源间的“最大供需矛盾”。因此，可以说战后初期日本的能源政策“路径依赖”于战时统制经济。而且，正是得益于这种能源管制体制，日本方才在短期内舒缓和规避了能源“瓶颈约束”，从而为经济复兴和高速发展提供了“能源动力”。

第二节　高速增长期的综合能源政策

战后日本的经济复兴与明治维新共同构成了近代以来日本资本主义发展的两大里程碑。1945—1955 年的 10 年间，日本通过制定和实施“官民一体”的能源增产政策，对严重的能源供应危机进行了成功的纾缓和释放，并突破了能源供应不足对经济复兴的“瓶颈约束”，使日本走上经济高速增长之路。然而，随着日本经济的持续、高速增长，现有的“煤主油从”的能源结构及其政策体系很难得以维持和存续。日本在国内经济高速增长和世界能源革命的“内生”与“外压”影响下，不得不探索和追寻适应经济新形势的能源政策。经济高速增长时期日本能源政策的特点是能源供应和消费结构初步形成以石油为主导、多种能源并存的态势。日本通过确立以石油为主的综合能源政策，在能源产业结构中既培育和发展石油产业，同时也加大对天然气的进口，增加对原子能的投入和利用。

一、高煤炭价格的原因及其治理

战后日本煤炭价格一直居高不下，主要体现在与自身价格的纵向比较以及与石油价格的横向比较两个层面上。[①] 从自身价格变化而言，1950 年 1 月的煤炭价格是战前（以 1934—1936 年为标准）煤炭价格的 341 倍，电力价格为 95 倍，石油价格为 157 倍，其中煤炭价格的上涨率最高。因此，1949 年在以煤炭为主要燃料的生铁业、水泥业、电解苛性钠、

---

① 从战后到石油危机爆发前的时期，日本煤炭一直处于高价位阶段。

硫安业等产业部门,煤炭成本在其生产成本中的比率分别从 1935 年的 30.5%上升到 58.4%、从 1940 年的 33.3%上升到 22.3%、从 1935 年的 12.2%上升到 22.3%、从 1935 年的 25.6%升至 40%,煤炭成本的上升,成为制约国际能源竞争力的重大障碍。① 与原油价格相比而言,在 1957 年前原油成本因为受开采技术、产量等因素的影响略高于煤炭。之后,伴随着许多中东大油田的发现以及世界"能源革命"的爆发,石油得到广泛普及,其价格也迅速下降,降到每桶 2 美元左右。②

战后以来,造成日本煤炭一直处于高价位的根本原因主要在于日本对能源制度的安排,其主要表现有以下三个方面。第一,政府对煤炭的行政管制过死。日本从战后经济恢复时的倾斜生产方式,到第一个五年经济计划的完成,在能源政策上都是以"煤主油辅"为核心的能源政策,国家对煤炭进行严格管制。当煤炭产业不景气时,这种能源政策体制就决定了日本政府必须对煤炭产业进行扶持和保护,而恰恰因为政府的扶持和保护才助长了煤炭产业懈怠于结构改革。比如,1953—1954 年间的暂时经济萧条,导致了煤炭库存增加和价格的暴跌,加之廉价石油进口的急剧增加,煤炭工业出现了严重的经营危机,对此,日本政府仍把保护国产能源的煤炭作为重要的政策课题,而忽视了国内外整个能源形势的变化。第二,市场价格体制尚不完善。在煤炭产业的价格体制方面,日本并未充分发挥市场机制在资源价格形成中的基础性作用,其价格体系也未能充分反映资源的稀缺程度与市场的供求关系。伴随着日本经济的高速发展,煤炭资源的有限性和能源稀缺的高预期进一步助推了煤炭价格的上涨,致使日本的煤炭价格可以有短期波动但无法改变长期处于高价位的态势。第三,煤炭成本的增加。由于劳动生产率低、采煤条件日趋恶化等直接因素的影响,日本的煤炭生产成本基本呈上升趋势(参见表 1-13)。

---

① 经济安定本部资源调查会事务局:《日本的能源问题》,资源调查会资料第 30 号,1951 年 3 月 31 日,第 60—61 页。

② 松井贤一:《能源——战后 50 年检验》,电力新报社,1995 年,第 16 页。

表 1－13　日本生产成本的变化推移　　　单位　日元/吨

项目	1950 年	1951 年	1952 年	1953 年	1954 年(上半年)
物品费	625	983	1 143	1 022	767
劳务费	1 580	1 851	2 215	2 260	2 097
经费	674	866	1 072	1 113	1 014
扣除费	76	82	101	117	122
矿山成本费	2 803	3 617	4 329	4 278	3 753
总公司费	87	122	158	182	171
支付利息费	146	127	111	143	152
出煤总成本	3 036	3 866	4 603	4 603	4 076
运煤可能成本	3 154	3 984	4 723	4 755	4 174

注:制作本表过程中有些数据进行了四舍五入。

资料来源:依据通产省煤炭局:《煤矿业合理化临时措施法》,煤炭局,1955 年 6 月 1 日的附件资料而制作。

对高煤价问题,通产省的基本方针是通过煤矿的合理化予以解决,但是合理化改革阻力大、力度弱,效果甚微,成本价格依旧(对高煤价问题的具体阐述将在本章第三节进行详细说明)。另外,对高煤价问题日本在早期阶段存在认识上的误区,比如由朝鲜战争引起的经济繁荣导致对煤炭需求的增大,致使煤炭价格上涨,当时日本认为高煤价主要是因为经济发展和繁荣所致,与煤炭产业本身关系不大,这一认识不但掩盖了煤矿业开采条件的恶化情况,而且导致了日本在推进煤炭产业合理化方面的滞后。可见,日本煤炭价格偏高并不是单纯因为供需矛盾(供应不足和需求旺盛的矛盾)引发的,其主要原因在于煤炭产业本身的生产成本过高,而导致煤炭成本过高的更深层次原因则是源于日本的煤炭体制。在生产成本过高的情况下,煤炭的市场竞争力相应降低,而能源需求者则把目光投向了成本相对较低的石油,这就造成了煤炭库存量不断增多,矿场经营状况日益恶化并日渐萧条。

总之,尽管日本政府处心积虑地想保护和扶植煤炭产业的发展,但事实上国际能源形势的变化，国内煤炭产业暴露出的诸多问题以及对石油需求的旺盛增长，再加之电力结构已完成了从“水主火从”向“火主水从”的转变，因此，日本政府也不得不重新审视曾经为经济复兴作出主要贡献的“煤主油辅”的能源政策。

二、综合能源政策的形成及原则

日本转变能源消费和供应结构，推行以石油为主的综合能源政策（下简称“综合能源政策”）的过程，并不是一蹴而就的，而是通过1960年制定《国民收入倍增计划》、1961年向欧洲派遣能源政策调查团、1960年开始实施“贸易外汇自由化”、1962年成立“能源讨论会”和“综合能源部会”等方式分层次、渐进地推进的。

《国民收入倍增计划》从确保经济高速增长的角度出发，确立了以石油为主的综合能源政策的基本方向。1960年12月27日，日本政府制定了在日本经济发展史上具有深远影响的《国民收入倍增计划》。该计划可以说既是宏伟的经济性纲领，也是日本全力推进高速经济增长的“灯塔”。其基本目标是“在国民收入倍增计划制定后的10年内（1961—1970年间），国民生产总值达到26万亿日元（按1958年度的价格为标准）。在计划的初期，鉴于日本具备支撑增长的诸如技术革新迅速发展、劳动力充足等因素，通过国民合作以及运用适当的政策，最初三年可望能实现年平均9%的经济增长，即1960年度为13.6亿日元（1958年为13万亿日元），到1964年度实现17.6万亿日元”①。

为了确保能源的稳定供应以支撑经济高速增长，该计划对10年后的能源需求进行了预测，认为一次能源的供应量在1970年将达到2.832 3亿吨（按7 000千卡/千克煤折算），比1959年增长1.1倍（1959

① 通商产业政策史编纂委员会：《日本通商产业政策史》第8卷，通商产业调查会，1991年，第25页。

年为 1.337 3 亿吨)。① 据此,现有煤炭、电力等能源的设备生产能力,②很难达到满足经济发展所需的能源量,因此,该计划明确地提出了为了保证经济高速增长要把“油主煤从”作为今后日本能源政策的基本方向,要尽快取消对重油的进口管制并实施自由化。

《欧洲能源政策调查团报告》不仅是促使日本能源消费结构转变的催化剂,也为日本怎样制定能源政策、制定什么样的能源政策提供了参考物。1961 年 2 月,通产省派遣以土屋清为团长、稻叶秀三为副团长的欧洲能源政策调查团③,意欲通过对欧洲各国能源政策的考察,为制定日本能源政策提供参考和借鉴。同年 7 月,该调查团提交了题为“欧洲能源政策的要点”的研究报告,报告的主要内容可归纳为以下五点:(1) 50 年代末期,在欧洲主要国家中,因为大量进口丰富而廉价的石油以及天然气、核能等新能源的发展,导致煤炭在能源消费结构中的比率急剧下降。(2) 在欧洲,主要能源消费国政府都尽可能向消费者提供廉价能源,并提倡消费者自由选择能源。(3) 作为政府不能强制消费者使用特定的能源。(4) 在欧洲,随着煤炭保护政策的削弱,其煤炭工业最终将受到煤炭和石油两者价格关系的支配。(5) 明确指出当前日本“煤主油从”的能源政策缺乏综合性的考虑,为此,建议政府成立能统筹兼顾能源与经济的“综合能源研究机构”,组建综合能源审议会作为综合协调行政政策咨询机构。④

报告团通过考察欧洲主要能源消费国而提交的这份报告,让日本深刻认识到世界能源形势的大潮流是由消费者自由选择能源,作为能源匮

① 通商产业政策史编纂委员会:《日本通商产业政策史》第 8 卷,第 34 页。

② 当时,日本虽然对煤炭产业进行了合理化改革,但仍未改变其萧条状态,而且生产能力几乎达到了极限。

③ 土屋清、稻叶秀三当时都是煤炭矿业审议会委员,对能源领域与政府相关的信息和知识都很精通。

④ 有关《欧洲能源政策的要点》的详细内容可参考:(1) 欧洲能源政策调查团:《欧洲能源政策的要点》(调查报告),1961 年 7 月 6 日。(2) 土屋清、稻叶修三:《能源政策的新展开》,钻石社,1961 年 10 月。

乏国的日本也应尽早采取综合能源政策。事实上，以石油为主的综合能源政策的决策过程就是日本在参考了欧美能源政策和具体措施的基础上，通过专家学者组成的恳谈会和审议，进行充分讨论之后决定的。①

"贸易外汇自由化"的实施为日本进口石油扫清了制度上的障碍，开辟了广阔的道路。日本在 60 年代以前，政府实施贸易进口管制政策，外贸中进口商品的自由化率仅有 16%。② 日本之所以坚持贸易外汇管理，除了保持外汇平衡外，还出于保护和扶持幼稚产业、萧条产业和夕阳产业以及稳定产品价格等产业政策问题的考虑，所以，要想让日本真正地走向国际化，还有待于国际舆论的进一步施压。③ 当时，国际货币基金组织多次要求日本扩大贸易和外汇自由化，其原因是该组织认为"日本经济在复兴的基础上又有了相当的实力，并开始追赶欧洲各国了。但与此相对，日本目前仍以国际收支平衡为口实采取进口限制措施，并将之运用到产业政策上。此举显然违反了国际货币基金组织的精神"④。

在此背景下，日本通产省在 1960 年 6 月公布了《贸易和外汇自由化计划大纲》，次年 9 月 26 日，在原有计划大纲的基础上，又制定了《贸易外汇自由化促进计划》。日本政府出于谨慎考虑，在实施贸易外汇自由化过程中采取了分阶段提高自由化率的渐进方式。《贸易外汇自由化促进计划》还明确规定石油进口的自由化要在 1962 年 10 月 1 日前开始实施。《贸易外汇自由化大纲》和《贸易外汇自由化计划》的制定和实施打破政府对商品进口的限制，取消原来的外汇配给制，为大量进口石油、重油等能源解决资金问题，扫清了制度上的障碍，标志着日本对外贸易体制由原来的保护型向自由化贸易体制过渡。

能源讨论会的设置为制定综合能源政策提供了智力支持。日本政

① 通商产业政策史编纂委员会:《日本通商产业政策史》第 10 卷，通商产业调查会，1990 年，第 425 页。

②《人民日报》，2002 年 01 月 10 日，第 2 版。

③ 吉村正晴:《自由化和日本经济》，岩波书店，1961 年，第 81—82 页。

④ 山中富太郎:《贸易外汇自由化的由来和过程》，《化纤月报 13(2)》，1963 年，第 17 页。

府相当重视石油自由化问题，认为“石油进口自由化问题不仅关系到石油产业的生存和发展，还对与能源有关的煤炭产业产生重大影响。另外，对既是石油的重要消费者，又是能源产业的电气事业和煤炭事业，也会带来各种问题”①。为此，日本政府于 1961 年 7 月设置能源讨论会，该会主要成员由能源专家、与能源相关的业内人士组成，其主要职能是以石油的进口自由化为前提，以集思广益的方式，讨论和研究日本的综合能源政策，确立石油进口自由化之后的对策。

此后，在煤矿业日渐萧条、石油进口自由化势在必行的情况下，1962 年 5 月通产省接受了参众两院的建议，在产业结构调查会中新设立以有泽广巳为部长的综合能源部会。该部会的主要职能是系统地研究审议并制定以石油为主的综合能源政策。该部会的成立标志着日本以石油为中心的综合能源政策思想的确立。可以说作为通产省的咨询机构而设立的综合能源部会，为综合能源政策的制定和实施提供了组织保障。该部会到 1962 年 12 月末共召开了 9 次会议，在从各方面审议了能源问题的同时，还听取了相关行业的建议和意见。1963 年 12 月，综合能源部会首次发表研究报告，该报告阐释了在能源革命下的综合能源政策、石油政策的地位等问题。②

综合能源部会的报告明确提出综合能源政策的三原则是低廉、稳定和自主，③即在开放经济的体制下，为了加强日本产业的国际竞争力，必须要在确保廉价能源供应的同时，还应该尊重消费者对能源的自由选择权；从经济安全的角度出发，考虑到日本能源进口依存度会日益增高，因此，必须要确保能源供应的稳定性；因为石油是进口的主要能源，为了确保其廉价、稳定的供应，在保证石油精炼业对国际石油资本自主性的同

① 通商产业政策史编纂委员会：《日本通商产业政策史》第 10 卷，通商产业调查会，1990 年，第 426 页。

② 综合能源部会：《综合能源部会报告书》（内部文件），1963 年 12 月 1 日，第 1—5 页。

③ 松井贤一：《能源——战后 50 年检验》，电力新报社，1995 年，第 20 页。

时，必须加大进口能源供应地的分散化和海外原油的自主开发率。①

从上述三原则可看出，日本能源政策的目标就是以低廉、稳定的能源供应为中心，以确保国民经济的持续快速增长和民众福祉的提升。“贯彻能源政策的基本态度应尊重自由经济的原则，但是，由于能源工业具有基础产业和公益事业的特点”②，因此，在贯彻落实“三原则”过程中，仅仅依靠市场机制的作用是很难维持能源价格的低廉和稳定的，政府还要制定更为具体的能源政策及其相关规划。

三、石油主导地位的确立及实施

在石油产业方面，日本制定石油政策的目标是促进能源消费主体从煤炭转向石油，确立以石油为主体的能源消费结构，并在相对开放的经济体制下培育和发展新型石油产业。对此，日本从政策、法律等层面制定了以下诸措施。

第一，颁布实施《石油业法》。1962 年 5 月 11 日，日本颁布《石油业法》，该法的颁布标志着日本能源政策的基本发展方向是以石油为主的综合能源政策。《石油业法》的基本理念是：“通过调整石油精炼业的企业活动，确保石油稳定而廉价的供应，以此发展国民经济和提高国民收入。”③为了实现该目标，《石油业法》还做了以下五点规定：(1) 通产大臣确定石油供应计划；(2) 允许购买石油精炼业以及新建“特定设备”④；(3) 石油制品生产计划、石油进口业以及石油进口计划要提前申请；(4) 设定并公告石油制品的销售价格标准；(5) 设置石油审议会。⑤ 从上述内容看，日本政府想通过《石油业法》达到如下目的：在完全自由化

① 日本能源经济研究所：《战后能源产业史》，东洋经济新报社，1986 年，第 104 页。

② 通商产业政策史编纂委员会：《日本通商产业政策史》第 10 卷，通商产业调查会，1990 年，第 433 页。

③ 石油联盟：《战后石油产业史》，石油联盟，1985 年，第 163 页。

④ 所谓“特定设备”是指由通产省确定的石油蒸馏设备及精炼石油设备。参见《石油业法》第 2 条第 3 项。

⑤ 通产省资源能源厅：《日本能源政策的历程和展望》，通商产业调查会，1993 年，第100 页。

的状态下，石油市场很可能发生混乱，国际石油资本将趁机占领日本的石油市场，从而损害石油供应的自主性，对石油的稳定供应带来重大的障碍。为规避上述不利后果，就需要通过《石油业法》对能源市场的无序性进行限制（行政指导和管理）。同时，为了避免过度竞争，可通过《石油业法》限制新的国外资本进入，保护和培育民族石油工业。另外，《石油业法》为国产原油、自主开发原油的交易制定了某种框架。①

《石油业法》实施后不久，日本结合石油市场的实际情况，调整了石油生产计划。根据《石油业法》第 10、12 条的规定，石油精炼企业、石油进口企业向通产省大臣提交了石油制品生产计划和石油进口计划。与此同时，1962 年 7 月 25 日通产省根据该法的第 3 条公布了 1962—1966 年度的石油供应计划。但是，石油精炼业界和石油进口业界提出的石油产品生产计划比通产省公布的供应计划多 20％。造成上述差距的主要原因是，1962 年以后，以石油进口自由化为背景，石油产业界展开了激烈竞争，导致石油企业占领市场的强烈愿望和过度担心政府干涉而虚报生产计划量。② 对此，日本政府对石油企业界提出的石油计划进行了调整，其调整方法是实施生产配额制，生产配额量的计算标准则依据每个石油公司的生产实际业绩、销售能力（销售实际业绩）、设备能力三个指标来进行判断，对中小企业则要保证其最低开工率的 58％。③ 此外，日本还根据该法对石油价格、精炼石油设备的标准作了调整。

可见，《石油业法》并不是不加任何限制地完全开放石油市场，而是为了增强本国能源供应的自主性，采取了一些防止国际石油资本占领本国石油市场的政策方针。因此，从该意义上说，《石油业法》也是对“原油进口自由化”的匡正和定位。事实上，日本通过《石油业法》的颁布和实施，明显地提高了海外自主开发石油的比率（从 1961 年的 3.9％增加到

① 松井贤一：《能源——战后 50 年检验》，电力新报社，1995 年，第 143 页。

② 通商产业政策史编纂委员会：《日本通商产业政策史》第 10 卷，通商产业调查会，1990 年，第 515 页。

③ 松井贤一：《能源——战后 50 年检验》，电力新报社，1995 年，第 145 页。

了1970年的9.8%），在一定程度上满足了能源供应的“自主”和“稳定”。

第二，组建共同石油公司。日本石油政策的最大目标就是在确保经济高速发展所必需的石油量的同时，培养本国的石油资本，合并、重组中小规模企业，组建联合石油销售公司。① 1963年12月，产业结构审议会综合能源综合部会明确强调“没有采油部门，想仅仅通过精炼、销售部门来确立我国的石油精炼产业基础，就需要实施‘推进集约化、加大财政资金的投入、创办民族企业’的石油政策”②。次年11月，综合产业结构审议会综合能源专门委员会的中间报告指出：“受国际环境的影响，我国石油产业的生产流通秩序明显混乱，特别是中小规模的石油企业出现了经营恶化的状况，进而因资金难以周转而导致了恶性循环，因此，民族企业的当务之急是推进体制改革，实现联合化和集约化。”③政府出于对能源供应方面的安全保障、改善石油流通秩序和原油进口自由化等方面的考虑，对亚洲石油、东亚石油、日本矿业三家公司合作重组进行了积极引导和斡旋。1965年8月，三家公司的销售部门合并，组建成了共同石油公司，其出资比率分别为日本矿业34%、亚洲石油23%、东亚石油23%、金融机构20%。④ 1966年2月，日本完成了配油部门的合理化，7月实现销售部门的集约化。1968年12月，以共同石油为基础，三家精炼公司组建了共同石油集团。

为了保护和扶植共同石油公司，通产省采取了一系列的优惠措施。首先，在财政投融资上对其进行扶持，开发银行给其6.5%的特殊利息率贷款，1965—1969年间各年份分别提供了40亿日元、60亿日元、80亿日元、110亿日元、140亿日元的贷款。其次，在新建加油站的制度框架内，放宽对共同石油公司的限制。再次，在批准石油精制设备方面，对共同

① 当时，日本本国的石油企业有：出光兴产、丸善石油、大协石油、亚细亚石油、东亚石油和日本矿业等，这些企业从资本和技术上都稍逊外国石油资本企业。

② 产业学会：《战后日本产业史》，东洋经济新闻社，1995年，第1023页。

③ 1964年11月，综合产业结构审议会综合能源专门委员会的中间报告书。

④ 石油联盟：《战后石油产业史》，石油联盟，1985年，第189页。

石油公司给予特殊关照。①

上述扶持共同石油集团政策的实施，使共同石油集团的精炼能力、销售能力的市场占有率均有明显增加，并一跃成为继日本石油公司、出光兴产公司之后的第三大石油公司。② 尽管通产省为确保石油的稳定供应，改善石油市场上的流通秩序，不遗余力地对共同石油集团加以保护和扶持，但是，共同石油集团毕竟有拼凑组建的性质，资源整合及其凝聚力并不理想，真正实现集约化的道路也并不平坦。

第三，扶持自主开发原油。石油消费量的与日俱增，逐渐成为主要能源，且其在日本经济发展中的地位也不断上升，因此，如何确保石油的廉价和稳定就成了日本亟须解决的重要课题。一直以来，日本政界认为不能依赖外国的石油公司，而应由民族资本在海外自主开发和生产石油。为此，日本政府制定了如下措施作为政府手段予以贯彻。

首先，设立石油资源开发股份公司。1955 年 12 月设立了石油资源开发股份公司，该公司成立初期的资金为 10.2 亿日元，其中除民间资本 4.439 88 亿日元外，主要由帝国石油的 13 家石油精炼企业共同出资，政府提供资金 5.760 12 亿日元。政府在资金问题上的做法是把政府持有的帝国石油股份公司的股份，以实物出资的形式转让给石油资源开发股份公司，其售价就充作政府提供的资金。该公司的主要职能是在国内外有计划地承担对新油田、可燃性天然气的勘探、开发以及销售等工作，对现有的油田及天然气的再开发和勘探则依旧由帝国石油负责。③ 石油资源开发股份公司成立以后，在新潟、秋田、北海道等地区进行了陆上和海上勘探，1955—1960 年间发现了 15 处油田和天然气，产量也从 1959 年的 5.8 万千升，升到 1960 年度的 38.6 万千升。1958 年在秋田县发现的

① 松井贤一：《能源——战后 50 年检验》，电力新报社，1995 年，第 147—148 页。

② 通商产业政策史编纂委员会：《日本通商产业政策史》第 10 卷，通商产业调查会，1990 年，第 526 页。

③ 石油矿业联盟：《石油矿业联盟 20 年的历程》，石油矿业联盟，1982 年，第 2—5 页。

见附油田产量为22万千升,成为日本最大的油田。①

其次,积极加强与海外石油公司的合作。经过政府、产业界的不懈努力,1957年3月,日本和沙特就沙特和科威特间的中立地带沿岸的石油开采权事宜成功达成协议。次年2月,拥有35亿日元资金并具有日本法人资格的阿拉伯石油股份公司成立,从此,日本拉开了在海外大规模开采石油的序幕。1960年4月,日本与印度尼西亚签订了以"生产分成"方式为基础的北苏门答腊石油油田开发协议。1961—1965年日本无偿从北苏门答腊石油合作开发公司获得的原油进口量为142万千升,而1966—1970年的5年间合计达到290万千升。阿拉伯石油股份公司、北苏门答腊石油合作开发公司的相继成功,改变了日本石油业界以往一直认为海外石油开发风险大并敬而远之的态度。② 随后,日本在海外又相继成立了阿布扎比股份公司、中东石油股份公司和阿拉斯加丸善石油股份公司、卡塔尔石油股份公司、沙巴海洋石油股份公司、北坡石油股份公司等。

再次,成立石油开发公团。开发海外石油需要庞大的资金,而且这是一项冒险性极大的事业,各企业很难独立负担。故此,日本政府不但需要投入大量财政资金,而且需要设立一个能够充分利用这笔资金的新机构。与日本能源情况类似的法国、意大利、西德都以国家企业为主体,采取了积极促进石油开发的政策。与之相比,日本还相当落后。为了进一步推动海外石油开发,确立不亚于上述国家的强大的开发体制,日本就有必要设立作为推进石油开发主体的公司,而现有的机构、体制和机能尚不足以充当推进石油开发的主体。1955年设立的石油资源开发公司虽然是独立法人,但其性质是企业,是以盈利为目的的股份公司,所以该机构不适合从事公益性极强的政策性事业的工作。另外,海外经济合作基金、日本进出口银行等都是以促进经济合作、进出口贸易为目的的设

① 通商产业政策史编纂委员会:《日本通商产业政策史》第7卷,通商产业调查会,1991年,第525页。

② 石油联盟:《战后石油产业史》,石油联盟,1985年,第105页。

立的，显然，其目的和职能均不适用于具有公益性的能源政策执行机构。特别是像海外探矿这种风险性极高、所需资金极大的行业，就更难以依靠现有的政府机构进行。[①] 可见，设立专门的“石油开发公团”既是对原有石油开发公司能力不足的补充，也是为了谋求石油开发的“自主”和“稳定”，并在此基础上，为经济高速发展提供“丰富”和“廉价”的石油。

鉴于上述情况，日本学术界和理论界为了促进海外石油的开发、提高石油产业的自主性、稳定石油供应、确保廉价石油，提出了设立“稳定石油供给基金”的构想。受此影响，日本在 1967 年 7 月 29 日制定并颁布了《石油开发公团法》。[②] 该法规定公团的宗旨是“为了能够顺利地提供石油以及可燃性天然气的勘探、开发所需资金，通过必要的业务，促进石油资源的开发，确保石油的稳定并低价供应”。该法规定了石油公团的主要业务如下：为海外石油勘探企业所需资金进行出资或提供贷款；为海外石油勘探及冶炼企业提供债务担保；出租石油勘探所需的机械设备；为石油勘探及冶炼提供技术指导；为国内石油及可燃性天然气的勘探，进行地质结构调查。[③] 该法的颁布和实施标志着促进石油开发的主体——石油开发公团正式成立，原来在 1955 年作为国营企业而运营的石油资源开发股份公司被解体，石油开发公团接替了其业务。

在经济高速成长时期(1955—1972 年)，由于有低价且稳定的能源供给做支撑，能源供给实现了从煤炭到石油的转换。具体来讲，就是在推进原油进口自由化的同时，从确保石油产品安全供给的观点出发实施消费精制的原则，将石油精制能力和石油生产计划等置于政府的监督之下，从而谋求石油产业的健全发展。值得一提的是，1962 年石油首次超过煤炭成为日本首要的能源消费品。

总之，日本通过制定和实施“以石油为主的综合能源政策”，不但逐

① 通商产业政策史编纂委员会：《日本通商产业政策史》第 10 卷，通商产业调查会，1990 年，第 533 页。

② 石油矿业联盟：《石油矿业联盟 20 年的历程》，石油矿业联盟，1982 年，第 53 页。

③ 通产省资源能源厅：《日本能源政策的历程和展望》，通商产业调查会，1993 年，第 102 页。

步形成了能源供应和消费多元化的局面，而且突破了能源短缺对经济增长的约束，成功地满足了日本经济高速发展所需的能源，为日本在不到30年的时间中，跃居世界经济大国行列提供了稳定、丰富的“动力源”。但是，当时日本煤矿的高死亡率和高事故率，也让煤炭成了带“血”的动力。而经济高速增长所消耗的大量化石能源排放的大量有害气体，则造成了日本国内严重的环境污染，这不得不让日本人深深反思发展经济的目的究竟“何在”。恰值此际，第一次石油危机的爆发不仅给日本经济发展带来“危机”、为高速经济增长打上了“句号”，同时也为日本迅速改变能源政策、转变产业结构提供了很好的“契机”。

四、原子能、天然气政策的展开

日本经济的高速增长，致使能源需求量与日俱增。若维持单一的石油消费结构势必会影响能源的安全。对此，日本除大量进口石油外，还加强了对原子能与天然气的重视程度，并逐渐使之成为能源消费结构的重要成员。

1955 年在世界范围内开始的能源液体革命，形成促进能源主体结构从煤炭向石油转变的浪潮，这一浪潮影响和波及了每个国家。在此期间，日本经济持续高速增长的态势日渐清晰，海外能源的高依赖度也日益突出，因此，日本亟待确保“能源的稳定供应和价格的低廉”。日本结合国内外能源状况，认识到原子能发电是确保未来 10—20 年后能源安全的主要手段之一。为此，从 1955 年起，日本为促进核电站建设精心地进行了政策设计，并使之呈现“层层递进”的特点。

第一，加强国际交流和合作。日本为了尽快发展原子能，从 20 世纪50 年代初期，就开始不断向海外派遣“考察团”“调查团”。与此同时，还积极谋求加强与美国的合作关系，希望得到美国在技术上的支持和帮助。1955 年 1 月 11 日，美国向日本提交了内容涉及建立核反应堆学校、同位素讲座以及其他相关技术和资料等八个援助项目的备忘录。[①] 日本

① 《朝日新闻》，1955 年 4 月 16 日。

为了进一步深化与美国的合作关系，于 1955 年 11 月 4 日在华盛顿签署"日美原子能研究协定"。该协定的签署，意味着日本发展原子能的技术性障碍已经基本解决，问题的关键在于日本国内需要尽快地制定和筹备发展原子能的"软环境"和"硬环境"。①

第二，颁布"原子能三法"，设立原子能的组织机构。1955 年 12 月，日本制定并颁布了《原子能基本法》和《原子能委员会设置法》，修改《总理府设置法》，这三部法律被称作"原子能三法"。《原子能基本法》是在原子能方面的基本法律，从框架上规定了开发、提取原子能的矿物、核燃料物资管理、核反应堆的管理等涉及原子能行政的主要事项。其中还明确强调，日本发展原子能的基本方针是"原子能的研究、开发和利用仅限于和平目的，贯彻民主、自主、公开三原则"②。《原子能委员会设置法》规定了设置原子能委员会的目的和任务。依据该法，1956 年 1 月 1 日，日本成立了原子能委员会。该委员会作为内阁大臣的咨询机构被设置在总理府。时任首相的鸠山一郎任命国务大臣正力松太郎为原子能委员会第一任会长，委员有财界的经团联会长石川一浪、学界京都大学教授汤川秀树、东京教育大学教授藤冈由夫、东京大学教授有泽广巳等。日本修改《总理府设置法》的目的在于为增设原子能行政机构"原子能局"提供法律依据。新成立的"原子能局"负责统一管理经济企划厅原子能室、工业技术院原子能课以及科学技术行政协会等事务。至此，推进原子能发展的法律框架、组织机构已成雏形。

第三，设立原子能研究所、核燃料公社，促进原子能发展。原子能委员会成立后，为了组建原子能研究开发实施机构和改组行政机构，1956 年 3 月 31 日，日本颁布了《科学技术厅设置法》，4 月 30 日又颁布了《日

---

① "软环境"是指为发展原子能在制度层面的政策法规；"硬环境"是指基础建设等。

② 资源能源年鉴编纂委员会：《2003—2004 资源能源年鉴》，通产资料出版会，2003 年，第 657 页。

本原子能研究法》以及《核燃料公社法》。①

依据《原子能研究所法》，1955 年 11 月成立的财团法人日本原子能研究所被改组为永久性的机构。需要指出的是，为了便于接受民间出资，随时吸纳或补充有用的人才，建立官民一体的体制，同时考虑到资金预算及使用上操作便利等问题，日本原子能研究所在改组后，其性质由原来的“财团法人”转变成“特殊法人”。但是，为了避免民间出资者拥有类似股东权的权利，原子能委员会规定出资者无权干预原子能的业务发展和人事变动。因此，日本对原子能研究所的职能、权限以及与国家关系作了界定，即在预算、资金计划、行动计划等方面，需要由内阁总理大臣的认可和审批，而具体业务操作方面则根据原子能委员会来决定。②由此可见，日本原子能研究所采取“特殊法人”形式不仅为加快发展原子能提供了“智力支持”，而且还做到“用民间的钱办国家的事”，真正实现“官民一体”。另外，日本依据《核燃料公社法》，1957 年 8 月 27 日成立了核燃料公社，成立该公司的目的是为了“开发、生产及管理核原料物质”。

第四，制定扶植原子能产业的政策。为了研究制定原子能发电的长期预测计划和振兴、扶植原子能产业，1960 年 4 月，通产省在“产业合理化审议会”内设立了“原子能产业部会”。12 月 14 日，原子能产业部会在向通产大臣提交的报告中，提出了对原子能发电的长期需求的认识，即“10 年后的 79 年左右，原子能发电与重油发电的经济性将不相上下”。另外，报告还提出在最近 10 年间，要把扶植振兴原子能产业放在重要位置，为此，政府应该在核反应堆设施、核燃料加工制造方面，“采取加快技术研究、引进国外技术、提高生产效率等措施，确立能培养具有国际竞争力的国产化体制”③。为此，通产省通过开发银行，对原子能发电设备的购买、机械制造、燃料加工、实验证明用的设备等提供了长期低息贷款和融资。

---

① 详细内容参见：日本 1956 年 3 月 31 日颁布的法律 49 号、1956 年 5 月 4 日颁布的法律 92 号和 94 号。

② 原子能开发研究 10 年史编纂委员会：《原研 10 年史》，日本原子能研究所，第 15—17 页。

③ 松井贤一：《能源——战后 50 年检验》，电力新报社，1995 年，第 104 页。

在此基础上，1964 年 2 月 26 日，“原子能产业部会”又提出“在原子能发电成本较高的阶段，作为国家重要政策，应该大量投入财政资金，以此减轻建设企业的负担”。在核燃料方面为了抵消发电成本居高部分，报告中制定了诸多扶持政策：减免浓缩铀租赁费，收购过渡阶段的燃料余料费，尽早确立属于核燃料公社业务范围内的燃料再处理体制。[①] 另外，日本国内资源中缺少核发电中必不可少的铀，为了确保从海外进口铀，1968 年 3 月，综合能源调查会原子能部会做了题为《关于确保核燃料的政策》的中间报告，报告认为铀的进口业务“应以民间企业为主”，但需要国家先采取扶植民间企业的做法。扶持民间企业的具体措施是建立国家资料信息网，从资金和技术上支持民间企业对产铀地区进行基础性调查，为采矿业者提供低息贷款，提供开发资金和债务担保。[②]

综上所述，通产省从发展原子能发电角度制定的一系列产业扶植政策，促进了更多的企业参与核电站建设，进而为此后原子能发电的兴起开辟了道路。

第五，积极引导电力公司建设核电站。在欧洲，1966 年经济合作组织(简称 OECD)发表了题为“能源政策——问题与目标”的报告，报告指出，70 年代初期，核发电基本上可以同煤炭火力发电竞争，70 年代后期可以同石油火力发电竞争。同年，日本的原子能产业审议会和计划开发委员会发表了题为“对电力需求和核发电的展望”的报告，报告认为“在成本方面，国产核发电将在 1970 年代最迟不超过 1975 年，与重油火力发电不相上下，甚至超过后者”。核发电的长期目标确定为，“到 1975 年达到 484 万千瓦，1985 年达到 4 270 万千瓦，2000 年达到 16 445 万千瓦”，根据该目标，日本核发电占总电力设备的比重将由 1975 年的 7%提高到 1985 年的 27%，到 2000 年则要达到 47%。[③] 显然，当时包括日本在内

① 产业合理化审议会(原子能产业部会)咨询报告，1964 年 2 月 20 日。

② 综合能源调查会原子能部会：《关于确保核燃料的政策》(中间报告)，1968 年 3 月 6 日。

③ 通商产业政策史编纂委员会：《日本通商产业政策史》第 10 卷，通商产业调查会，1990 年，第 478 页。

的世界各主要发展原子能的国家对核发电的前景都持乐观的态度。

对原子能扶植政策的展开以及对核发电的乐观预期，使得日本诸多大企业都参与到核电站的建设中来。日本第一座核电站（东海一号）是于 1962 年 11 月开工建设的。1964 年，东京、关西、中部三大电力公司率先发表了建设核电站的计划。不久，四国、北海道、中国（以日本地区名命名的电力公司）、东北、九州等各电力公司也紧跟其后制定了建设计划。

进入 20 世纪 60 年代初以后，都市煤气的使用量每年以 10%的速度递增，到 1970 年底，日本煤气需求用户超过了 1 000 万家。当时，日本面临着解决城市煤气的供求矛盾不平衡以及由于煤气的大量使用而带来的严重的空气污染问题。作为解决上述问题的方法，日本决定改变城市单一能源消费结构引进天然气，使之朝着多样化方向发展。

天然气主要有以下优点：首先是安全可靠。天然气的气体密度是空气密度的二分之一，比空气轻，极易挥发，不易爆炸，天然气中所含的甲烷、乙烷、丙烷等本身是无毒性的。其次是经济实惠。经济实惠是天然气的优势之一，也是管道天然气得以在全国范围迅速普及的原因之一，使用管道天然气在目前与其他燃料市场价格比较：在同等使用量（热值）的条件下比较使用瓶装液化石油气每月节约费用至少为 25%—35%，管道天然气不仅会省去购买钢瓶和钢瓶定期检验费用支出，更会省去日常生活中搬运、更换液化气所带来的费用和烦恼。再次是清洁环保。天然气的 98%成分是甲烷，甲烷是由一个碳原子与四个氢原子所组成的（CH_4）。在燃烧时天然气只产生少量二氧化碳与水蒸气（$CH_4+2O_2 \longrightarrow CO_2+2H_2O$），无残液、无污染、无硫化物产生，推广和普及天然气能改善城市环境，美化家园。天然气作为一种优质、清洁性、高效的绿色能源，是各国推广和普及的能源品种。四是，方便生活。天然气通过天然气管道可以直接进入城市的千家万户，没有断气和更换钢瓶的烦恼，亦不需要在现场储存或添加。对于工业用户而言，天然气设备比燃烧煤及其他矿物燃料的设备简单、容易操作、方便保养，而且燃烧后无须处理固体废料或灰烬。①

天然气的诸多优势成为日本解决城市煤气问题的最佳选择。1971 年 10 月 25 日，公益事业局成立了大城市对策调查会，开始调查和审议引进液化天然气事宜。该调查会于同年 12 月 10 日，提出了题为“关于大城市煤气事业对策”的中期报告，报告就积极引进液化天然气作为城市煤气提出了以下建议。“近年来随着首都圈、近畿圈、名古屋圈等大城市人口的急剧增长以及生活水平的提高，城市、近郊对煤气需求也日益增加……液化天然气是满足城市内外日益增长的需求量，稳定提供充足燃料的理想原料。”②受此影响，1972 年，大阪煤气公司、东邦煤气等公司相继开始使用液化天然气。③ 由于液化天然气的使用，城市煤气原料进一步多样化。1972 年度日本城市生产和采购量中，石油原料占 45.6%、煤炭原料占 28.5%、天然气占 9.2%，消费结构发生了很大的变化（参见表 1-15）。

表 1-15　城市各种燃气消费结构情况一览表

（单位：百万立方米/1 万 kcal）

	生产消费量				构成比			
	1960 年	1965 年	1970 年	1972 年	1960 年	1965 年	1970 年	1972 年
煤炭煤气 石油燃气	1 401	1 417	1 919	1 767	85. 5	46.9	37.7	30.1
天然气	176	1 284	2 403	3 235	10. 7	42.5	47.2	55.1
煤气罐	—	—	297	324	—	—	5.8	5.5
其他	—	—	9	8	—	0.1	0.2	0.2
合计	1 639	3 022	5 090	5 869	100.0	100.0	100.0	100.0

资料来源：依据 1.《煤气事业便览》；2. 通商产业政策史编纂委员会：《日本通商产业政策史》第 10 卷，通商产业调查会，1990 年，第 586 页中相关数据制作而成的。

综上所述，日本制定“综合能源政策”中的“综合”的内涵主要体现在

① 中国气体分离商务网：http://www. cngspw. com/。

② 通商产业政策史编纂委员会：《日本通商产业政策史》第 10 卷，通商产业调查会，1990 年，第 593 页。

③ 松井贤一：《能源——战后 50 年检验》，电力新报社，1995 年，第 206 页。

两个层面，能源与政治、社会、经济的关联性盘根错节、错综复杂，日本在制定能源政策时要对其加以“综合”考虑；在能源消费结构中突出从煤炭转向以石油消费为主的同时，还兼顾利用原子能、天然气、煤炭等能源，使其消费结构趋向多元化和分散化。日本在确定以石油为主的综合能源政策之后，便迅速提升了培育、扶植石油产业的力度，加快了对原子能、天然气等能源的投资建设，与此同时，还对处于萧条境况下的煤炭产业也作了相应的调整和制度性的安排。

第三节　石油危机期的能源结构转型

能源结构转型是提升能源效率、减少能源消费、改变增长方式的路径选择和关键环节。如何在转型过程中，规避和舒缓能源环境双约束、践行“节能减排”、实现经济可持续发展则是资源约束型国家的最大利益诉求。在理论界，尽管对产业结构已有深度研究，其相关成果亦在“经验研究”层面为探究产业结构的发展、演进、成因等问题提供了关键性的前提与基础。但是，无论是威廉·配第对产业结构演进的开拓性研究、费希尔对产业结构的分类界定，还是克拉克对产业结构变动的规律阐释、赤松要雁行形态理论，都相对淡化了在能源结构转型进程中日趋凸显并起重要作用的两个因素变量——资源约束与环境约束。而且，这些理论范式及其理论教条，忽略了对真实转型经验的总结和概括。事实上，日本的能源结构转型过程中，①并未受到传统产业理论范式的操纵和逻辑引导。而且在资源环境双约束的困境中成功地实现了经济稳定增长，并渐趋走上“能源安全、经济发展和环境保护”(简称“3E”②)协调发展之路。以下从转型背景、转型动力、转型内容、转型

---

① 本书的研究时限选择在了1970年代，其主要原因是：该时期日本能源结构转型中所面临的诸如能源风险、环境污染、贸易摩擦、货币升值、产业结构调整等国内外经济环境压力问题恰恰与当前中国大有相似之处。日本的经验和教训为资源约束型国家可提供借鉴功效。

② 所谓3E是能源安全(Energy Security)、经济发展(Economic Growth)和环境保护(Environment Protection)的首位英文字母。

手段、转型效果等方面，探讨在能源环境双约束下，日本能源结构转型过程中与高能消耗脱钩的践行路径，挖掘政府在转型过程中的功能定位及其政策设计。

一、转型背景和转型动力

人类自20世纪中期石油取代煤炭成为人类第三代主体能源后，石油价格的波动、石油地缘政治格局的衍变以及能源供应的不确定性与世界经济产生了黏着性关联。尤其是1970年代先后爆发的两次石油危机，把世界经济拉进了“能源约束”型时代。另外，由于人性的贪欲与追利的本质属性，人类在享受经济高速增长的同时，也渐趋蒙受着大自然的回馈惩罚，可持续性发展遭遇“环境约束”的梗阻。

其一，“能源约束”驱动日本能源结构亟须向“安全型”转型。“能源约束”所导致的能源稀缺及最优配置问题是能源地缘政治格局演变、国际原油价格不断飙升、能源安全问题日益凸现的主要原因。日本在两次石油危机期间的能源约束属于流量约束，其约束形式主要体现在供应风险、价格风险和心理风险等层面。三者的关系是一个高度相关的风险链条，因中东战争所导致的石油减产则诱发了油价飙升。第一次石油危机时，日本原油进口CIF价格较1972年12月上涨了2倍有余；①第二次石油危机时的最高价格为35.9美元/桶，涨价前为12.9美元/桶，每桶增幅23美元。② 石油业界仅1974年1—3月间的赤字达到3 230亿日元。③ 加之民众缺乏对石油风险的心理准备，石油价格的暴涨很快通过“价格联系”传导到了其他产业，1973年平均全国消费物价指数比1972年度上升了11.7%，④造成了对日本经济整个基本面的冲击。因此，作为世界上资源匮乏的国家日本，若不规避和舒缓能源约

① 石油联盟:《战后石油产业史》，石油联盟，1985年，第242页。

② 资料来源:经济产业省:《能源白皮书2007年》，行政出版社，2007年，第3页。

③ 共同石油公司:《共同石油20年史》，共同石油公司，1988年，第271页。

④ 总理府统计局:《消费者物价指数年报》，总理府统计局，1973年，第1页。

束，毋庸说是经济快速增长，就连国民的正常生活也会因失序而难以维持。

其二，“环境约束”风险迫使日本“负外部性非清洁”能源结构亟须向“清洁型”转型。“环境约束”是工业经济的高速发展、化石能源的过度消费，所释放出的废水、废气、废物，超出环境受容量，这不仅导致工业生产无法持续进行，而且破坏了人类生存的基本条件。

日本在高速经济增长中“摒弃了‘形而上’的陈腐观念，接受了‘形而下’的‘实学思想’”①，这使日本忽视了环境资源及其自净能力的有限性。1960 年代，“公害”概念在日本广泛流传，街头巷尾竟然还出现了“该死的 GNP”“见鬼去吧，GNP”等带有怨恨的口号。1970 年发生了全国规模的反对公害运动。日本片面追求经济增长导致的环境状况恶化主要集中体现在水污染、废物污染和大气污染三个层面。可见，能源消费量的增大和公害事件的发生呈现很强的关联性(参见图 1－1)。四日市大气污染、熊本县和新潟县的水俣病、“痛痛病”是日本公害史上最有代表性的事件。

其三，煤炭产业的发展瓶颈迫使日本加强能源结构调整。日本为了满足经济发展所需能源，煤矿矿工长期处在超负荷、超强度的环境下作业，再加上煤炭的生产和采掘条件日渐恶化，这就造成了经常发生起因于塌方、瓦斯爆炸、坑内搬运、坑内透水等的重大事故。其中 1956—1960 年间，死亡人数高达 3 088 人，受伤人数竟达到了 28.84 万人。之后，从 1960—1970 年间，死亡人数和受伤人数才逐渐下降(参见表 1－16)。造成矿难事故屡次发生的原因虽然有大自然的不可抗力，但更多的是日本为了经济发展，一味追求煤炭“产量”而忽视开采条件所致。

① 杨栋梁、江瑞平:《近代日本经济体制变革研究》，人民出版社，2003 年，第 9 页。

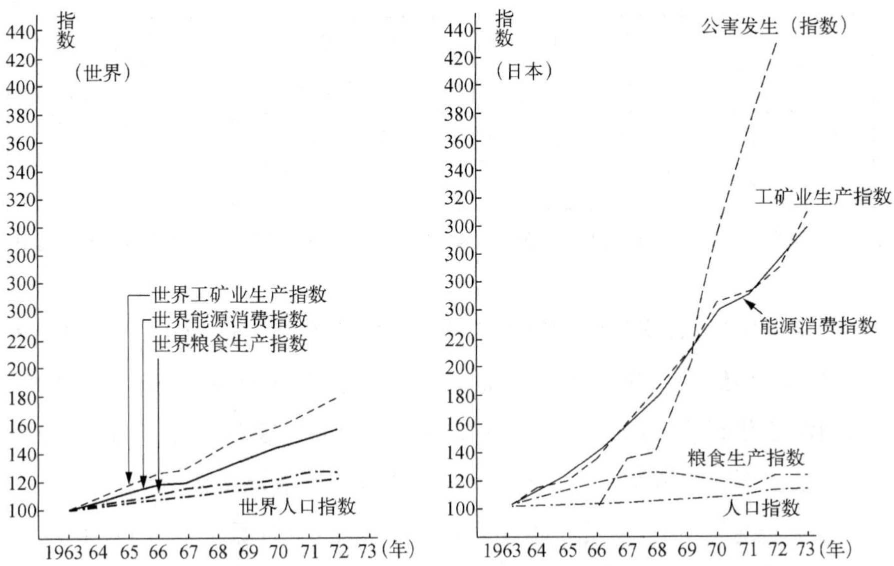

图 1－1　能源消费与公害、工矿业的变化推移(日本和世界比较)

资料来源:此图是依据联合国编《世界统计年鉴 1971—1975 年版》、日本资源能源厅编《综合能源统计》、日银统计局编《以日本经济为中心的国际比较》等相关资料制作而成。

表 1－16　日本煤矿因各类事故造成的死亡、受害者情况一览表

(单位:人)

项目		1956—1960 年		1961—1965 年		1966—1970 年	
		死亡	受伤者	死亡	受伤者	死亡	受伤者
坑内	塌方	1 439	830 605	1 060	82 172	492	46 215
	搬运	651	34 214	485	25 341	286	14 219
	爆炸	232	638	905	1 911	128	267
	透水	153	168	23	39	7	31
	工作中碰撞	28	43 208	15	49 563	5	32 687
	滚石	10	22 770	18	23 344	11	14 647
	其他	370	82 033	370	75 276	236	47 740
	小计	2 883	266 636	2 876	257 646	1 165	155 086

续表

项　目	1956—1960 年		1961—1965 年		1966—1970 年	
	死亡	受伤者	死亡	受伤者	死亡	受伤者
坑外	205	21 811	121	11 945	59	3 935
合计	3 088	288 447	2 997	269 591	1 224	159 741

资料来源：此表根据通商产业省公害局编《矿山保安年报》1956—1970 年度统计数据制作而成。

综上所述，日本的“能源约束”和“环境约束”既有“内生”型约束，亦有“外压”型约束。换言之，日本高速经济增长受制于“双约束”的深层原因则源于化石能源的过度消费及其消费结构的过度单一性。因此，在双约束条件下要想取得经济增长，亟须加快“驱动”能源结构转型。

在上述背景下，驱动日本能源结构转型的动力源主要来自“利益驱动”、“风险驱动”和“政府驱动”三个层面。“利益驱动”是指日本为追求能在“双约束”条件下获得经济可持续增长，而对能源结构调整产生的驱动作用。“风险驱动”是指日本为了弱化和舒缓能源危机、环境危机，减少化石能源的过度利用，而对能源结构调整产生的驱动作用。“政府驱动”是指政府为谋求“3E”协调发展而对能源结构转型产生的驱动作用。从驱动功能上看，利益驱动是日本能源结构转型的“价值取向”动力，风险驱动是“外生压力”动力，而政府驱动则是匡正、协调风险驱动和利益驱动并与之形成“合力”的“规制动力”。

二、转型内容和转型手段

传统产业结构理论认为，产业结构的高变换率会导致经济总量的高增长率，而经济总量的高增长率也会导致产业结构的高变换率。因此，在现实中许多国家为了追求经济增长，“主动地”进行转方式调结构。然而，第一次石油危机后日本的能源结构转型是在产业结构调整的大框架下，以牺牲经济高速增长为代价，以追求“3E”协调发展为目标，“被动地”进行的。而且，从转型内容上看，日本是在政府主导下，通过改变“能源供应”和“能源消费”两个基本面进行的。

其一，能源供应结构转型。导致日本能源环境双约束的根本原因，在于日本能源结构过度倚重化石能源。20 世纪 70 年代初，石油和煤炭分别在日本一次性供应能源中的比重高达 77.4%、15.5%，而原子能、天然气、水利及新能源仅占 7.1%。① 因此，为舒缓和规避能源环境的双约束，日本在能源供应层面进行了以下调整。

一是促进能源供应源和能源种类的多元化，以期分散和防范能源风险。“分散、防范”能源风险主要体现在进口能源环节上的两个层面②：一是实施能源进口渠道多元化，二是促进进口能源多样化。前者是为了建立蛛网式的供应链，改变单一进口源的脆弱性，其价值取向在于分散风险；后者是为了改变进口能源品种的单一性，其价值取向在于防范风险。

从石油进口源看，日本日平均石油进口量在 430 万桶左右，其中来自中东的占 89%左右（阿联酋占 24.5%、沙特占 29%、伊朗 13%、科威特 7%、其他 15.5%）。③ 石油危机后，日本能源投资的重点逐渐从海湾地区转向俄罗斯、中亚、非洲、东南亚、南美等国家和地区，以促进进口能源的多元化，降低能源进口源过度集中带来的风险性。从能源进口种类来看，减少石油进口量，加大其他能源种类的供应，也会相应防范石油风险。

二是提升化石能源清洁化能力，减少和降低环境污染。化石能源的清洁化是指对煤炭、石油等能源进行技术处理，在其消耗时通过高科技尽可能地减少高污染、高排放和高废弃。把清洁能源等同于“新能源”的提法是一个误解，因为清洁能源不仅仅是“原生态”的和可再生的，也包括可以被清洁化的那些“不洁能源”——传统的化石能源。日本深知能

① 日本能源古经济研究所计量分析部：《EDMC/能源·经济统计要览 2005 年版》，节能中心，2005 年，第 30 页。

② 尹晓亮：《日本构筑能源安全的政策选择及其取向》，《现代日本经济》，2008 年第 2 期，第 20—26 页。

③ 日本能源研究所：《能源经济统计要览》，财团法人节能中心，2007 年，第 162 页。

源结构不可能一蹴而就得以解决。因此，在 20 世纪 70 年代初的“综合能源政策”中明确规定，要加强对煤炭、石油等化石能源的清洁化处理，以便减少和减低因高能耗带来的高污染。

三是大力研发可再生能源技术，谋求舒缓和规避能源环境双约束。在能源资源有限性、环境不断恶化的情况下，让日本痛感到在能源供应方面，在提升化石能源清洁化、能源进口多元化、能源种类多样化的同时，还必须要提升新能源的科技创新能力，以便“舒缓和规避”能源环境风险的双约束（参见表 1 - 17）。

表 1 - 17　日本能源技术研究开发的主要课题

研究开发课题		负责部门
原子能开发	铀的生产及转换技术、离心分离法的铀浓缩技术、放射性废弃物的处理技术、轻反应堆的安全技术、新型转换炉技术、高速增值炉技术、多用途高温炉技术等	科学技术厅
自然资源开发	地热能源技术、太阳能发电技术及光发电系统、波浪发电技术、太阳能发热技术等	
能源有效利用	电磁流体发电技术（MHD）、高效燃气轮机技术、氢能源发电技术、高温还原气体直接炼铁技术、能源再生利用技术、废热利用技术系统；节能住宅技术系统等	通商产业省 建设省
能源环保	减少废气物的排放技术、脱硫脱硝技术等	通商产业省

资料来源：《昭和 50 年科学技术白皮书》和《昭和 53 年科学技术白皮书》中的相关内容编制而成。

其二，能源消费结构转型。能源消费结构转型倚重产业结构调整和优化。以石油危机为契机，日本为降低能源消耗污染、减少石油进口依存度、弱化石油风险对经济安全的冲击，开始大幅调整产业结构。事实上，调整产业结构的过程也是能源结构转型的过程，换言之，能源消费结构转型是在产业结构调整的大框架下并与之同步实施的。

一是限制高能耗、高排放的产业。此类产业主要指钢铁、有色金属、化工、纺织、造纸业等。石油危机的爆发，加之国内环境亟须解决，从 20

世纪 70 年代中期以后，日本大幅度缩减了对重化学工业的投资和经营规模。如：在钢铁业，[①]日本放弃在经济高速增长时期的竞争体制，减量经营，努力推进产业结构的战略性转化，并以节能增效为目标进行改造。从 1973 年到 1977 年，仅粗钢生产量就由 1.2 亿吨锐减到10 065吨。在制铝行业，[②]日本通过新工业和新技术减少对能源的消耗，发展高附加价值的产品。对于能耗大的普通电炉业和铁合金业进行产业调整，冻结、废弃过剩的设备约 300 万吨，推进集约化发展，扶植大型企业集团。[③]

二是大力推进加工组装产业。第一次石油危机后，受国际油价攀升的影响，日本在对经济高速增长起主导作用的重化学工业、原材料型工业进行限制的同时，大力推进加工组装业。[④] 加工组装业不仅是能源消耗较低的产业，而且具有受石油危机冲击和能源价格上涨影响小的有利条件，便于提升产品的国际竞争力。

三是确定扶植低能耗的新产业。日本在 70 年代，通过“产业结构审议会”对当时日本经济结构的分析和研究，选择确定了以下四个重点发展领域作为产业发展、结构调整的基本方向：[⑤](1)以电子计算机、IC、产业机器人、汽车、新材料等为代表的研发集约型产业；(2)以通信设备、办公机械、数控机床、环保机械及大型建筑机械为代表的装备产业；(3)以高级服饰、高级家具和住宅用具等为中心的时尚产业；(4)以信息服务、教育、软件、系统工程、咨询等为中心的知识产业。

其三，转型的规制手段。从日本战后到 1980 年代的整个产业政策看，其规制手段经历了从战略性产业政策(倾斜生产方式、集中生产方式等)向补充性产业政策(产业限制政策、产业培育政策)的转移过程。若从 1970 年代的能源结构转型过程看，日本主要采取了以“柔性”和“刚

---

① 白雪洁：《当代日本产业结构研究》，天津人民出版社，2002 年，第 39 页。

② 桥本寿朗著、戴晓芙译：《现代日本经济》，上海财经大学出版社，2001 年，第 174 页。

③ 李凡：《战后日本对中东政策研究》，天津人民出版社，2000 年，第 90 页。

④ 所谓的组装工业主要是指日本的电子工业、半导体、精密仪器、家电等。

⑤ 魏晓蓉、师迎祥：《日本产业结构转换的运行机理及其对我国产业结构优化升级的启示》，《甘肃社会科学》，2006 年第 4 期，第 65 页。

性”结合并行的规制方式。

一是政府的行政规制。一般而言，行政规制是国家以行政权为运作基础，将权力机制移栽入经济活动的措施。日本在行政规制方面是世界上最为成功的发达国家，其创新之处在于成功地制定并实施了“指导式”的行政规制。日本在能源结构转型过程中的指导式行政规制主要是由政府在各种“能源审议会”①和“产业结构审议会”②提出的论证、分析的基础上，发布劝告、展望和计划。自1970年代以来，日本几乎每10年都制定一个长期产业发展目标，而且每年根据上年的具体实施情况和国内外发展趋势，出台各产业、各地区的发展指南，以此对产业结构进行相应的调整。从行政指导纲领内容而言，日本已经确立了以高能耗、高污染、高排放为主的重工业向低污染、低排放、低能耗的节能型产业结构转型。如：1975年、1980年分别制定了《产业结构的长期展望》《80年代通商产业政策》，前者确立了增加对尖端技术的投入政策，后者确立了建立以尖端技术领域为中心的产业结构。③

二是政府的经济性规制。日本在能源结构转型中的经济性规制主要有价格规制、投资规制、财务会计规制、投资规制等，其目的是为了限制和淘汰“三高”产业，激励和扶植新能源产业。20世纪60年代，日本通过财政、金融和税制等手段加大对重化学工业进行资源配置，到了70年代，特别是石油危机后，日本政府“逐年”加大对节能技术、能源替代技术和新能源开发技术在财政预算上的倾斜，具体数据参见表1-18。此外，第一次石油危机后，日本为做大做强石油产业，提高国际竞争力，在预算、税制方面采取了一系列新的措施。如：对石油精制设备废弃给予经济补偿，对加油站的关闭、集约化带来的设备拆除等给予费用补助，对加

① 主要包括：石油审议会、石油供需审议会、煤炭矿业审议会、电力事业审议会和产煤地区振兴审议会。

② “产业机构审议会”成立于1964年5月6日，隶属于通商产业省产业政策局产业政策课，主要任务是调查分析与产业结构相关的事宜。

③ 通商产业结构审议会：《80年代通商产业政策的展望》，通商产业调查会，1980年，第3页。

油站集约化、业务多样化经营的资金和设备等给予利息优惠。在鼓励民间技术开发方面，日本主要是采取了税收优惠、财政补贴、低利率贷款等方式。

表 1-18　通产省部分推进项目的预算推移　　（百万日元）

项　目		1975 年	1976 年	1977 年	1978 年	1979 年
综合能源政策的推进	石油政策的推进	49	44	55	58	69
	原子能政策的推进	385	529	738	823	1 020
	电力对策的推进	1 093	1 410	703	727	868
	节能政策的推进	128	130	134	319	343
	确保资源安全对策	22 037	24 970	27 395	24 930	24 456
新产业及技术的开发	强化培育新产业	3 531	5 470	11 868	13 712	16 583
	强化新技术的基础开发	50 357	55 108	57 398	60 552	78 610
	阳光计划	3 704	4 626	4 888	5 502	7 059
	月光计划	437	500	1 016	1 978	2 771
	环境保护和废气物利用	4 829	5 027	5 366	5 674	6 299

资料来源：通商产业行政研究会《通商产业 I》，行政出版社，1983 年，第 57—58 页。

其三，国家的法律规制。法律规制是国家倚重自己的政治权力，以法律、法令、条例、规则等形式，限制、约束和规范产业经济中的行为准则。石油危机后，日本与能源产业相关的立法，主要包括两种类型。一是限制性的立法。日本为了加大节能技术和高技术开发，发展节能产业和“高加工化”产业制定了《公害损害健康赔偿法》《自然环境保护法》。对石油危机之后陷入萧条和衰退的一些行业①，为了防止过度竞争，日本政府于 1978 年 5 月制定了《特定萧条产业安定临时措施法》（“特安法”），允许成立“萧条卡特尔”，帮助停产转产，鼓励海外转移。二是扶植、保护性的立法。日本通过制定各种振兴法、产业结构改善法等直接

---

① 当时日本政府所指的“陷入结构性萧条行业”主要包括：平炉、电炉钢材制造业、炼铝业、合成纤维制造业、造船业、化肥、棉纤纺织业、瓦楞纸制造业等。

影响产业调整、培育新产业发展。如《航空工业法》《机械电子工业振兴法》《工业布局促进法》《纤维工业结构改善法》,等等。1978 年制定的《特定机械产业振兴临时措施法》明确规定了加强对集成电路、电子计算机、飞机等产业的扶持,对尖端技术领域的开发提供政策补贴、税收和金融优惠。

三、转型效果及其启示

人类经济发展史上,日本曾经创造诸多奇迹,其中“比发达国家更为顺利地渡过第二次石油危机”最令人折服。日本通过能源结构转型和技术创新,不仅在外界能源风险的干预和冲击中保持了较强的“适应性”和“恢复力”,还成功地实现了在不破坏环境中的经济增长,逐步使能源结构日趋低碳化,并走上了“3E”协调发展之路。

其一,能源结构日趋多样化。第一次石油危机后,日本能源供应结构渐趋多样化,新能源、可再生能源的供应比重不断增加。在 1970 年初,石油在日本一次性能源中的比重高达 75%—80%。在 1980 年代初,降至 60%,到 2001 年则跌至 50.4%。[①] 从一次性能源供应的总量看虽在不断加大,但石油供应量却并未发生大幅度变化,相反清洁煤炭、天然气、原子能以及一些新能源的比重有明显上升。石油危机后,日本加大对核电的投入,修建了 52 座核电站,年发电 4 574.2 万 kW,在总发电量中所占比例由 2%上升到 33.8%,大大减少了对石油发电的依赖。日本能源供应结构凸显多样化,石油消费的快速增长得到有效遏制,并趋于稳定。

其二,能源利用效率显著提升。制造业、钢铁业、原材料加工业、化

① 日本经济能源研究所计量分析部:《能源·经济统计要览 2003 年版》,节能中心,2003 年,第 276—279 页。

学工业、烧窑业、纸业等部门的能源消耗原单位①，都呈现明显下降的趋势，在1973—1986年的13年间，年平均增长率为－14%。② 从能源消费结构③上看，石油在产业部门的消费得到有效控制。第一次石油危机爆发前，日本能源消费主要用于以制造业为主的产业部门④，仅制造业就占最终能源消费的60%以上。但石油危机以后，产业部门的消费量并未明显增加，相反石油消费的比例却急剧下降。⑤ 从与能源相关的实际GDP、人均GDP、人口、原油价格及能源消耗量看，能源消耗与1973年相比，虽然在总量上略有上升，但不如实际GDP、人均GDP的增长速度。这说明日本的能源消耗率在逐渐提高，投入较少的能源就能达到较高经济增长。

其三，环境污染得到有效治理。日本大气中NO_x浓度仍然保持在70年代的0.025 ppm水平，基本得到控制。全国污染控诉案件1982年比1972年减少60%。而大气污染控诉案件所占比例也由1972年的16.3%下降到1982年的14.2%。⑥ 另外，因为日本的脱硫、脱酸技术的创新以及产业结构的调整，从1970年代开始，大气中SO_2含量急剧下降，到1990年这20年间减少到了原来的1/5左右。但是，二氧化碳的排出量因为在当时重视不足，1985年后仍缓慢上升。⑦

通过日本政府主导型的能源结构的转型及效果，可折射出能源环境双约束型国家可以通过政府手段的合理运用，使之与市场机制共同

① 衡量能源消费效率通常采用的指标是能源消费原单位。能源消费原单位是指每生产1单位GDP所消费的能源量。能源消费单位的值越小，能源消费的效率越好。目前我国能源利用效率约为32%，比先进国家约低10个百分点。

② 经济产业省：《能源白皮书2004年版》，行政出版社，2006年，第144页。

③ 能源消费结构指产业部门、交通运输部门和民生部门对能源的需求结构，它是体现能源效率的主要指数。

④ 日本的产业部门包括制造业、农林水产业、矿业、建筑业，不包括能源产业本身。

⑤ 日本能源经济研究所计量分析部：《能源·经济统计要览2004年版》，节能中心，2004年，第34—35页。

⑥ 张光华：《日本的能源污染与对策》，《世界环境》，1986年第2期，第11页。

⑦ 吉田恒昭：《日本基础整备的经验和开发合作》，《特集：创造21世纪发展中国家的社会资本》，第72—74页。

作用，从而渐次实现“能源安全、经济发展和环境保护”三者协调平衡发展。按照西方传统经济理论而言，在转型中应首先倡导“市场机制”，直到它力所不及时再由政府来弥补。但是，日本能源结构转型的实例表明，在以市场机制为基础的能源配置框架下，存在着政府与市场重合的区间，而且二者都能在这一区间同时发挥作用。进一步而言，只要规制手段与实现路径得当，政府行为就能规避“行政权力与市场机制”间的矛盾，而且它还能发挥市场功能不可企及的优势。因此，日本政府在主导能源结构转型中的功能定位、方式选择及政策设计很值得借鉴。

一是准确的“功能定位”。“功能定位”是指政府在能源结构调整中所要担负的职能和所要发挥的功效。日本政府主导型的能源结构转型并非政府决定一切的统制形能源体制，政府对能源产业决策的直接影响，也不是绝对的行政强制，而是在以市场机制为基础的能源配置框架下，直接和强有力的诱导和说服，以此调节能源供应结构和能源消费结构。

二是合理的“转型方式”。从日本能源结构转型的实际过程看，日本既追求舒缓和规避能源环境双约束，又不放弃发展经济。因此，这决定了日本在能源结构转型方式上，在不同领域、不同层次、不同阶段采取“硬转型”和“软转型”两种既交叉又并行的方式。“硬转型”是激进式转型，指日本能源结构在转型中实施强制而快速的措施，在尽可能短的时间内进行尽可能大幅降低化石能源的使用量(如对高能耗萧条产业处置、石油替代法等)。“软转型”是渐进式转型，指通过部分的和分阶段的能源政策改革，在尽可能不影响经济发展的前提下循序渐进地实现新能源的开发和利用(如原子能、生物能等)。日本通过上述两种转型方式，顺利地推进了能源结构的战略转型。

三是科学的“审议论证”。日本在政府规制方面是世界上最为成功的发达国家，特别是行政规制方面的“指导式规制”颇具功效。其原因是在能源结构转型中，规制手段与实现路径因为达到了“契合”，所以即使行政规制（建议、劝告和展望等）是软约束性质，但其效果也是刚性的。在日本，能源转型决策信息的依据主要是由石油审议会、石油供需审议会、煤炭矿业审议会、电力事业审议会和产煤地区振兴审议会等各种审议会提供的，而审议会提供的信息则是根据学者、产业界、消费者三方代表共同审议和论证所决定的。正因如此，日本保证了能源审议会论证的综合性和科学性，力求在能源结构转型中既确保能源稳定供应，又能促进环境保护和经济发展。

第四节　能源稳定期的新能源政策

伴随着经济全球化的发展，能源市场化、投机化、全球化趋势也进一步加快，随之能源安全问题也日益成为国家安全的重要内容。各国在发展经济的过程中，其“能源消费”潜在地要求人类采取与生存的环境价值一致的价值取向。因此，能否准确认识经济、能源、环境三者之间的相互作用和辩证关系，关系到一个国家能否持续发展。如果处理不好能源与环境保护之间的关系，能源消费将会加剧业已存在的环境问题，进而阻碍可持续发展的路径。为此，20 世纪七八十年代以来，各国都开始从经济、文化、资源、环境和人口等角度综合思考，并研究能源政策与经济可持续发展、环境保护间的结合点和平衡点。石油危机让日本不仅失去了在高速经济增长时期“廉价、稳定”的石油供应环境，而且还使诸多能源问题日渐凸显。因此，日本在继续加强能源危机管理基础上开始摒弃传统的能源观，树立“能源与经济、环境”协调发展的新能源观。

传统能源的开采、生产以及其消费所造成的环境污染、资源约束瓶颈等一系列问题，让今天的人类无法继续承受巨额代价。特别是化石能源排放出大量的二氧化硫造成了酸雨问题、大量排放温室气体导致了全球变暖海平面升高，整个能源系统和生态环境系统同时陷入恶性循环。

因此，人类需要超越传统能源的桎梏，突破“增长的极限”[①]约束，在能源问题上另辟新径，灵活运用多种新的能源转换形态，建立多个新的能源供应系统，来解决支撑人类文明发展中的动力问题。

石油危机在影响日本高速经济增长的同时，也为日本提供了开发新能源的契机。进入80年代中后期，以化石能源为主体结构的日本，在环境领域，不仅要面临国内大气污染问题，还要面临全球性的温暖化问题。对此，日本为了弱化和规避能源环境问题带来的负面影响，在确保能源安全、经济发展的基础上，制定了以协调为特征的新能源政策。

一、“3E”协调发展政策的理念

进入80年代后期，伴随各种全球性环境问题的凸显，人类不得不开始重新审视自己的发展方式及目标。日本从国内外能源、经济和环境等实际情况出发，以可持续发展为指导思想，以“3E”协调发展为最高目标，开始对能源政策进行综合性的调整和创新。1992年11月，日本产业结构审议会、综合能源调查会、产业技术审议会及各能源环境特别部会共同召开会议，讨论并确定了“三位一体”的“3E”协调发展的能源政策。[②]具体而言，所谓“3E”能源政策就是把能源安全（Energy Security）、经济发展（Economic Growth）和环境保护（Environment Protection）三者有机地整合在一起协调发展，既不偏重发展一方，也不偏废一方。之后，随着国内外能源形势的进一步变化，2002年6月14日，日本制定并颁布了《能源基本法》，该法把“3E”协调发展确定为日本能源政策的基本纲领和

① 1972年，罗马俱乐部成员美国麻省理工学院丹尼斯·米都斯（Dennis L. Meadows）等四位年经科学家撰写了一份研究报告《增长的极限》。该报告的核心思想是：由于世界人口增长、粮食生产、工业发展、资源消耗和环境污染这5项基本因素的运行方式是指数增长而非线性增长，全球的增长将会因为粮食短缺和环境破坏于下世纪某个时段内达到极限。有关“增长的极限”的论述详见：[美]德内拉·梅多斯（Donella H. Meadows）等著，李涛、王智勇译：《增长的极限》，机械工业出版社，2006年6月。

② 通商产业省资源能源厅：《能源政策变迁和展望》，通商产业调查会，1993年，第210—211页。

指导方针。[①] 至此,对以"3E"协调发展为核心的能源政策完成了从行政指导向法律约束的转变。

能源安全、经济发展和环境保护三者的关系是相互影响、相互关联的,"3E"协调发展就是在经济持续发展中确保所需的能源,在经济发展中保护环境,在环境保护中加强化石能源的技术开发和有效利用(参见图1-2)。

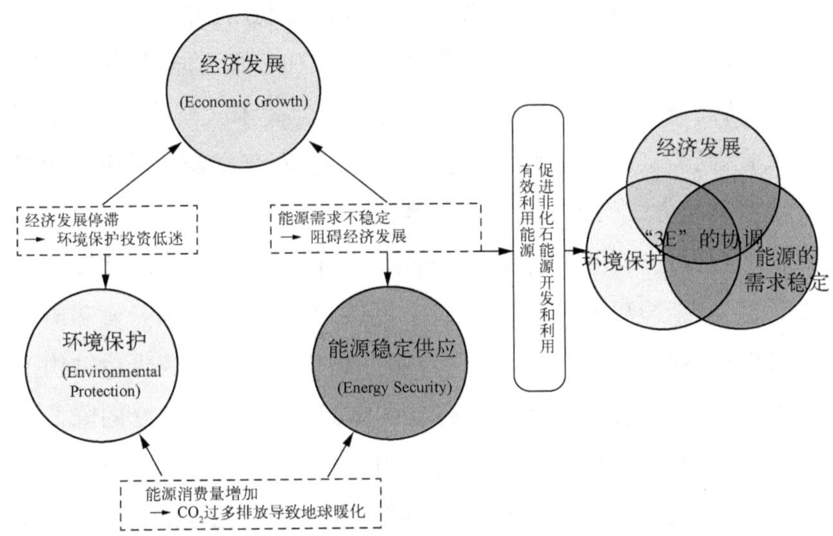

图1-2　同时实现"3E"能源目标的概念图

资料来源:根据1996年12月综合能源调查会政策小委员会的中间报告编制作成。

在能源安全的基础上谋求经济发展与环境保护的共生已经成为一个世界性的难题。环境污染和生态破坏已经成为危害人类健康、制约经济发展和社会稳定的一个重要因素,因此对经济发展和环境保护的共生展开深入的研究是十分必要和迫切的。外部性理论、环境库兹涅茨曲线(EKC),以及近代以后发展起来的生态经济学中的理论,都为经济发展与环境保护的共生提供了有力的理论支撑,在具体实践中,日本协调能源安全、经济发展与环境保护的成功经验也从实践上证实了"3E"可以实现协调发展。

① 经济产业省:《能源白皮书2004年版》,行政出版社,2004年,第256页。

二、导入新能源的意义及其政策

在动力能源发展史上，人类经历了蒸汽机代替牲畜、内燃机代替蒸汽机的时代，当前正处在新的能源体系和由新技术支撑的能源利用方式，以及新的能源利用理念替代传统的能源利用方式的时期。国际上普遍认为"新能源"是指以新技术为基础系统开发利用的能源，即人类新近才开发利用的能源，包括太阳能、潮汐能、波浪能、海流能、风能、地热能、生物能、氢能、核聚变能等，是一种已经开发但尚未大规模使用，或正在研究试验，尚需进一步开发的能源。① 由此可见，新能源的关键是相对于传统能源利用方式的先进性和替代性。

加强和促进新能源的利用，对日本的积极意义主要体现在以下四个层面。首先，新能源的资源约束性小，可持续性能强，加强开发和应用有利于确保日本能源安全供应，可以克服并弱化日本在能源供应结构上的脆弱性特点，从而有利于能源的稳定供应、石油海外依存度的降低。其次，新能源具有环境负荷小、清洁等特点。与常规化石能源相比，新能源是清洁、可再生的，在利用和开发中不会追加二氧化碳的排放，NOx 和 SOx 的排放也很少。再次，新能源是新兴产业，可以创造出更多的就业机会。另外，风力发电和废弃物发电等地域分散型能源的导入，也可振兴本地区的经济以及增加更多的就业机会。最后，具有分散性的新能源电力既可以缩短送电距离，减少电损，也可被运用于应急发电，而且，还能起到对电力平谷削峰的作用。②

日本新能源政策体系，主要由《促进石油替代能源的开发以及导入的法律》（简称《能源替代法》）、《长期能源供求展望》以及《促进新能源利用的特别措施法》（简称《新能源法》）三部分构成。《新能源法》是《能源替代法》的延伸和发展，二者是新能源政策贯彻实施的法理依据，《长期

① 国际能源网：http://www. in-en. com/newenergy/zhishi/2006/08/INEN_28469. html。
② 资源能源厅：《我国的能源——超越环境制约》，经济产业调查会，2001 年，第 229 页。

能源供求展望》是新能源政策的指南、方向和目标。

日本新能源政策是以石油危机为契机，以“能源安全”为初期目标开始制定并实施的。两次石油危机后，日本为降低石油依存度、增加石油替代能源的使用量、摆脱过度依赖石油的困境，于 1980 年 5 月 30 日制定《促进石油替代能源的开发和导入法律》（简称《能源替代法》），同年 11 月 28 日内阁会议上确定了 10 年后的“石油替代能源供应目标（1990 年）”。[①] 当时只是对石油替代能源的种类（主要包括煤炭、原子能、天然气、水利、地热以及太阳能、废弃物、余热等）进行了说明，并没有对“新能源”概念进行清晰的诠释和界定。

1994 年 12 月，日本内阁会议又通过了“新能源推广大纲”，该纲要第一次正式宣布日本要发展新能源及再生能源。该大纲在国家层面上，要求政府全力推进新能源和再生能源；在地区层级上，要求当地县市政府全力配合宣传，使私人企业、一般民众了解该政策。随后，1997 年 4 月 8 日，日本又颁布了《新能源法》。该法是在海外能源供应基础脆弱，国内能源消费又迅速激增[②]以及国内外环境问题凸显的背景下，为确保能源持续稳定供应，应对环境恶化，积极地促进国民开发、利用和普及新能源而制定的。该法把“开发、生产和消费替代石油的、但因经济方面的制约未得到充分普及且对替代石油有特别必要的能源”定义为新能源。[③] 可见，日本对新能源的定位，是指技术上虽达到了实用化阶段但仍受经济条件制约的石油替代能源。因此，已经达到了实用化阶段的水力发电和地热发电，正处在研究开发阶段的波浪发电和海洋温度差发电，虽然是

① 供应目标主要包括：（1）开发、利用石油替代能源的种类；（2）各种替代能源的供应数量和目标；（3）其他石油替代能源（太阳能、液化煤炭）的说明。参见：通商产业政策史编纂委员会著、日本通商产业政策史编译委员会译：《日本通商产业政策史》第 13 卷，通商产业调查会，第 179 页。

② 两次石油危机后，日本的能源需求量特别产业部门的需求大量减少。但进入 20 世纪 80 年代中期，受国际原油价格暴跌以及生活方式的改变等因素影响，日本的运输部门和民生部门的能源消费量增长迅速。

③《日本关于促进新能源利用的特别措施法》，1997 年 4 月 18 日，法律第 37 号，第 2 条。

清洁的自然能源，但不属于日本所定义的新能源范畴。[①] 有关新能源的定位及其分类详见图 1-3。

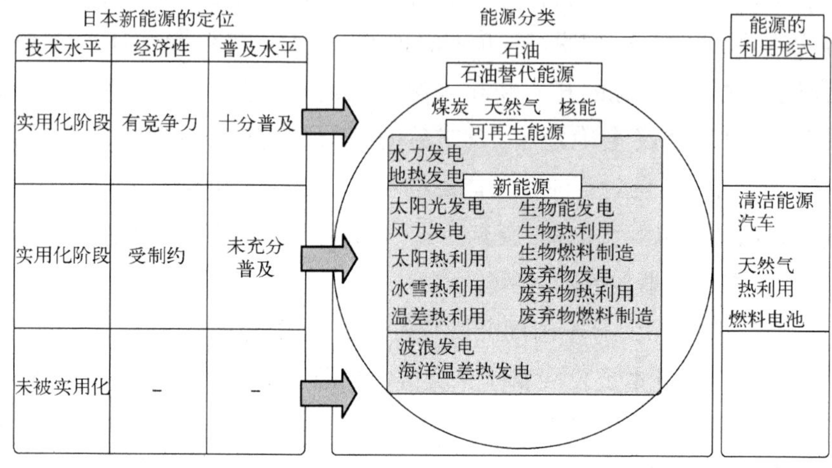

图 1-3 日本新能源的定位及其分类

注：生物能发电、生物质热利用、生物质燃料制造、冰雪热利用、清洁能源汽车、天然气热利用、燃料电池等是在 2002 年 1 月 25 日公布实施的促进新能源利用的政令中追加进取的。

资料来源：资源能源厅：《能源 2004》，能源论坛，2004 年 1 月，第 134 页。

《新能源法》共 3 章 14 条[②]，基本框架主要是由新能源相关的“基本方针”、“指导和建议”[③]以及“促进企业对新能源利用”三大部分构成。经济产业大臣在注意保护环境的前提下，负责根据能源需求的长期前景、新能源利用的特性、新能源相关技术水平等相关事宜，制定促进新能源利用的基本方针，并予以公布。该法明确了新能源的需求侧、供应侧、政府及地方公共团体等各主体所应具有的职能和范围。新能源的需求侧

① 联合国开发计划署（UNDP）把新能源分为三大类：大中型水电、新可再生能源（包括小水电、太阳能、风能、现代生物质能、地热能、海洋能）、生物质能。

② 1997 年 4 月 18 日制定后，迄今又做了 4 次修改（1999 年 12 月 3 日，1999 年 12 月 22 日、2001 年 12 月 22 日、2001 年 12 月 28 日）。这几次修改只是对内容进行了细化、微调，其基本方针并未改变。

③ “指导和建议”的内容是“为促进新能源利用，主管大臣在必要时就制定新能源利用方针事宜对能源使用者予以指导和建议”。参见：日本法律第 37 号《促进新能源利用的特别措施法》第 6 条，1997 年 4 月 18 日。

主要是指企业界、国民、政府以及公共团体。对于企业界而言要尽可能地加强对新能源的利用，并结合自身情况制定新能源导入计划；对于政府和公共团体而言，要尽最大可能为新能源创造和扩大初期需求，积极推进新能源相关设施的建设和利用；对于国民而言，要尽可能消费新能源。新能源供应侧主要是指新能源的制造者以及新能源相关设备的进口者。对于制造者而言，要千方百计地为促进导入新能源加强基础设施建设；对于设备制造者和进口者，要积极开发和提供优质、低廉的新能源设备(参见图 1－4)。

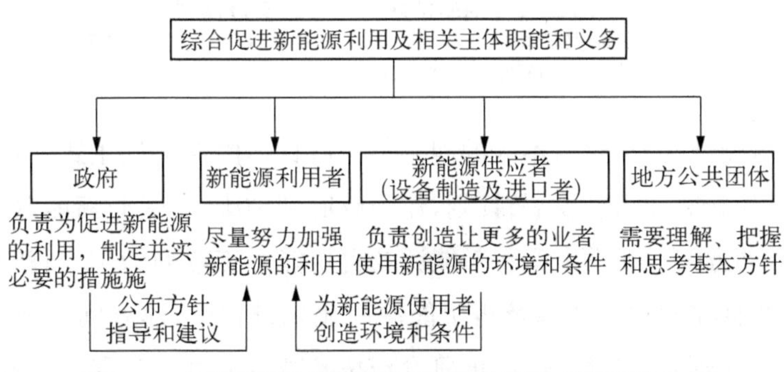

图 1－4　《新能源法》"基本方针"的体制构成及职能分工

资料来源：根据日本法律第 37 号《促进新能源利用的特别措施法》中第 3、4、5 条内容制作而成。

《新能源法》通过"促进企业对新能源的利用"的有关规定，确立了对新能源利用者的支援制度。当企业欲使用新能源时，需制定新能源利用计划(简称"利用计划")，并提交主管大臣审批、认定。利用计划中必须要填写的事项有：新能源利用目标；新能源利用的内容和实施时间；新能源利用必要的资金和筹资方法。用户在主管大臣对利用计划认定后方可享有援助待遇。① 援助体制主要由来自 NEDO 的债务保障、放宽对中小企业融资的条件以及新能源利用者补助三大要素构成(参见图 1－5)。

① 1997 年 4 月 18 日颁布的日本法律第 37 号：《促进新能源利用的特别措施法》中的第 8、10、13 条。

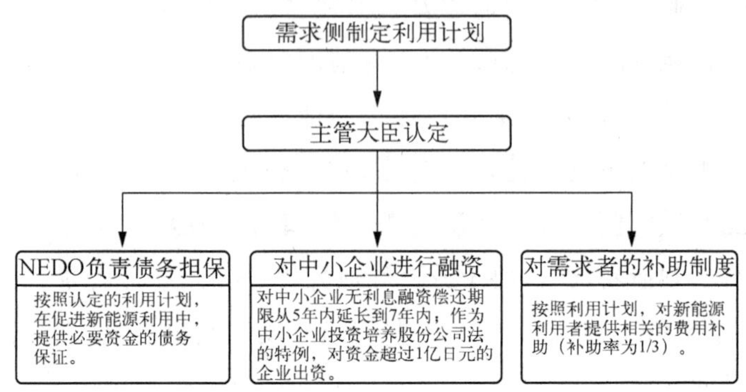

图 1－5　对新能源利用者的支援体制

资料来源：根据日本 1997 年 4 月 18 日法律第 37 号《促进新能源利用的特别措施法》中第 8－13 条内容制作而成。

《新能源法》出台后不久的同年 12 月，日本内阁决议正式通过了"环境保护与新商业活动发展"计划，作为政府到 2010 年实施新能源和再生能源行动方案。行动方案将新能源及再生能源工业列为 15 项新兴工业之一，并且在构建新能源及再生能源商业化过程中，建立问题反馈追踪系统，采取刺激市场需求、积极研发新技术减少成本、降低手续费用和放宽限制、制定和完善市场规则和制度、培养大众的认知程度①、促进降低成本等积极措施推进新能源和再生能源的发展。

《长期能源供求展望》是通商产业大臣的咨询机构综合能源调查会从长期能源需求的角度，对日本能源的供需状况以及安全进行预测和总结，是"日本能源政策的指南"。② 综合能源调查会自 1965 年设置以来，分别在 1967 年、1975 年、1990 年、1994 年、1997 年、2000 年总结并提交了《长期能源供需展望》。

进入 20 世纪 80 年代，随着地球环境问题的凸显，为了人类免受气候变暖的威胁，1994 年签署了《联合国气候变化框架公约》，1997 年 12 月，在

① 《日本新能源政策及发展现状与趋势》，发展改革委员会官方网站：http://www. sdpc. gov. cn/default. htm。

② 茅阳一：《能源的百科事典》，丸善株式会社，2001 年 9 月 25 日，第 415 页。

日本京都召开的《联合国气候变化框架公约》缔约方第三次会议上又通过了旨在限制发达国家温室气体排放量以抑制全球变暖的《京都议定书》(COP3: The 3rd Conference of Parties to The United Nations Framework Convention on Climate Change,也称“防止地球温暖化的京都会议”)。

日本综合能源调查会提交的《长期供需能源展望》在内容上从重视“节能和提高能源效率”的能源安全政策转移到了“既重视能源安全又重视环境问题”的新能源政策。

2001年6月28日,日本综合能源调查会公布了到2010年的《长期供求能源展望》报告书。该展望认为日本的民生部门对能源需求会继续增加,在供应方面,如果不导入原子能和非化石能源,相对廉价的煤炭、石油等化石能源将会增加,这样因消费能源而排放的 CO_2 量,到2010年就会达到30.7亿吨,比1990年增加20亿吨。显然,若维持现行的能源政策就无法达到2010年度 CO_2 的排放量控制在1990年度水平的目标。① 为此,该报告书中制定了日本“新能源导入的目标”,即到2010年,官民尽最大努力争取使新能源的利用率达到日本一次性能源供应量的3%(参见图1-6)。

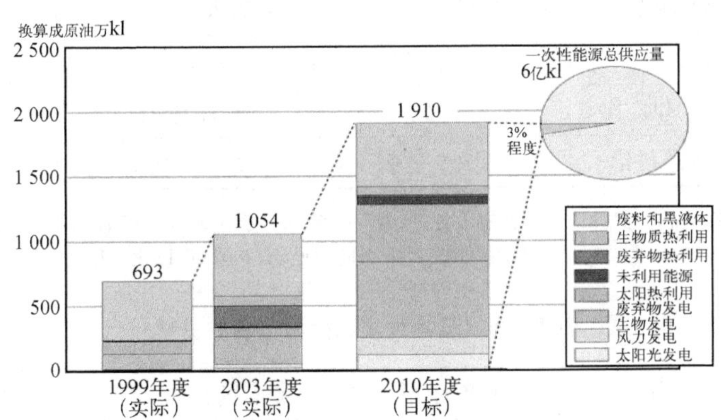

图1-6　日本新能源导入的实际与目标

资料来源:依据综合资源能源调查会部会/供需部会的中间报告(2001年7月)、综合资源能源调查会部会/供需部会的中间报告(2004年10月)、资源能源厅编《综合能源统计(1998—2003年度)》以及资源能源厅编《能源2002》等资料制作而成。

① 资源能源厅:《能源2002》,能源论坛,2001年,第15页。

在对每种新能源进行导入目标设定时，日本参考了1999年的实际业绩。诸如太阳能、风能、废弃能、生物能等新能源的目标设定值参见表1－19。另外，在促进新能源需求方面，也设定了相应的目标(参见表1－20)。

表1－19　日本导入新能源的现状及目标

		1999年度实际		2010年度目标		2010/1999
		换算原油	设备容量	换算原油	设备容量	
发电领域	太阳光发光	5.3万kl	20.9万kl	118万kl	482万kW	约23倍
	风力发电	3.5万kl	8.3万kl	134万kl	300万kW	约38倍
	废弃物发电	115万kl	90万kl	552万kl	417万kW	约5倍
	生物质发电	5.4万kl	8.0万kl	34万kl	33万kW	约6倍
热利用领域	太阳热利用	98万kl	—	439万kl	—	约4倍
	未利用能源(冰雪冷热利用)	4.1万kl	—	58万kl	—	约14倍
	废弃物热利用	4.4万kl	—	14万kl	—	约3倍
	生物质热利用	—	—	67万kl	—	—
	黑液体和废液	457万kl	—	494万kl		约1.1倍
合计		693万kl		1910万kl		约3倍
占一次能源总供应比重		(1.2%)		(目标是3%)		
一次能源总供给		约5.9亿kl		约6.0亿kl		

注：此表中的数据进行了四舍五入处理；带“—”的部分是代表日本没有相关统计或没有找到该数据。资料来源：资源能源厅：《能源2002》，能源论坛，2001年12月，第157页。

表1－20　日本设定新能源需求的目标

能源分类	2001度的实际	2010年的目标	2010/2001
清洁能源汽车	11.5万台	348万台	约30倍
天然气多功能热利用	190万kW	464万kW	约2.5倍
燃料电池	1.2万kW	220万kW	约183倍

资料来源：根据综合资源能源调查会新能源部会编写的报告书《关于今后新能源对策的展望》(2001年6月)的相关数据制作而成。

三、推进新能源政策的主体机构

1980年10月1日，根据《石油替代能源法》日本成立新能源综合开发机构（NEDO，即 New Energy Development）。该机构设立的主要原因是：在开发、利用石油替代能源时，只靠民间力量很多能源技术是难以开发的，因此需要集中各方面的知识和技术，综合地进行石油替代能源的开发和利用的机构和组织。另外，当时现有的能源管理机构对地热发电事宜很难管理，为制定对地热发电的资助措施，也需设立这样的核心机构。① 1998年10月，该机构追加了产业技术研究开发业务，并将其改称为"新能源・产业开发机构"，这是日本最大的开发、普及新能源技术的专门机构。

在推进新能源开发和产业技术开发中，新能源综合开发机构一方面得到了日本研究机构的大力支持，另一方面还通过设立由民间有识之士组成的民间运营委员会，集中整合政府、产业界、大学等资金、人才和技术能力，形成官民合作开发体制。新能源综合开发机构不仅在研究开发中发挥着管理、协调、系统化的功能，而且，这种开发体制的运行方式、组织方式在世界上也是很新颖的（参加图1-7）。②

新综合能源开发机构（NEDO）在新能源开发及普及方面的业务主要有：③（1）新能源技术开发（煤炭液化、煤炭气化、地热热水利用发电、太阳光发电、燃料电池等）；（2）开发海外煤炭资源（海外煤炭矿藏勘探贷款、海外煤炭开发及相关地理数据调查等）；（3）收集及提供石油替代能源信息；（4）促进地热开发调查；（5）氢能源技术开发；（6）燃料电池、超导技术开发；（7）新能源利用的普及；（8）能源环境国际合作等。

---

① 通产省：《替代石油能源法的解说》，通商产业调查会，1980年，第23—27页。

② 新能源、产业技术综合开发机构：《新能源・产业技术综合开发机构概要》，新能源、产业技术综合开发机构，1991年，第64页。

③ 参见：（1）通商产业政策史编纂委员会：《日本通商产业政策史》第13卷，青年出版社，1996年，第174—177页。（2）新能源、产业技术综合开发机构：《新能源、产业技术综合开发机构概要》，1986年，第2—5页。

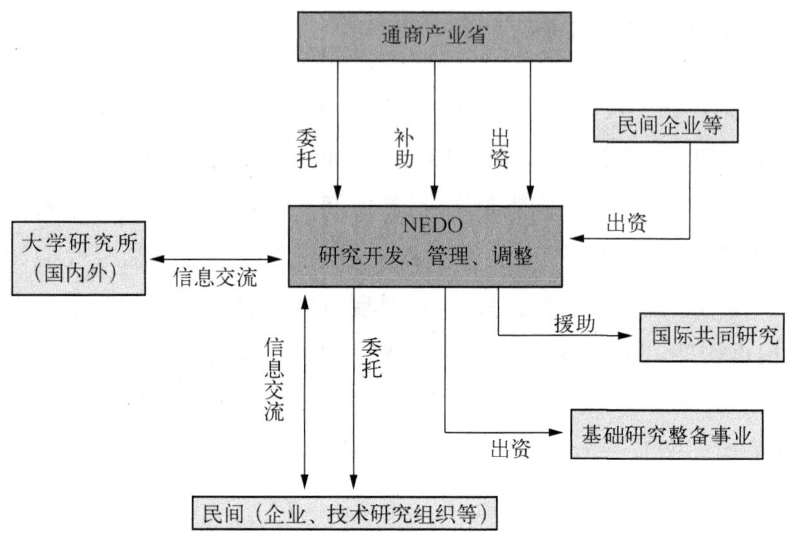

图 1-7 NEDO 在促进新能源研究开发体制中的功能

资料来源:新综合能源开发机构:《新能源、产业技术综合开发机构概要》,1991 年 7 月,第 64 页。

2002 年 12 月 11 日,日本颁布《日本独立行政法人新能源、产业技术综合开发机构法》,对上述开发体制和主要业务进行了规定。该法明确规定,NEDO 的资本金是指"政策"及"政府以外"的出资金额的合计。政府在认为必要之时,可在预算制定的金额范围内,对其追加出资。① 另外,该法还规定:"NEDO 可以用发行出资证券的方式筹资,出资证券实行记名方式,但与出资相关的必要事项要由政令进行规定。NEDO 对出资者持有的证券不能实行赎买,也不能获取出资者持有的证券或者以设定特权为目的接受该证券。"②在业务范围上,该法明确规定要"通过发挥民间能力,实现对新技术开发的有效利用"③。

日本各类企业以日本新能源机构为桥梁和纽带,积极就新能源

① 该机构在 1984 年,资本金达到了 1656 亿日元,到 2003 年达到了 1437 亿日元。

② 2002 年 12 月 11 日法律第 145 号:《日本独立行政法人新能源、产业技术综合开发机构法》中的第 6—8 条。参见:日本国会图书馆:http://www. ndl. go. jp/jp/data。

③ 2002 年 12 月 11 日法律第 145 号:《日本独立行政法人新能源、产业技术综合开发机构法》中的第 16 条。参见:日本国会图书馆:http://www. ndl. go. jp/jp/data。

合作开发展开了合力攻坚的各种活动。日本各行各业的大企业几乎都是这个机构的赞助会员，赞助企业会员遍及汽车、数码家电、钢铁、电信、银行、商社等日本各主导产业的龙头企业。在这种体制下，合力攻坚的成果为赞助会员优惠享用，而由于赞助会员面非常广，因而其成果能够在较短的时间内迅速地为各行各业所共享，从而惠及整个国家。①

综上所述，日本在新能源开发、推广和普及等方面非常注重“官民一体”的运作模式，精心打造这一模式的策略手段不仅是巧妙地把政府、大学(研究部门)、产业界三大资源通过业务范围和资金流向“粘合”到一起，而且还通过相关“立法”规范三者的职能，保护三者的利益，以确保“官民一体”更稳固、更有效、更合理地进行。另外，这种运作模式，可以防止三方出现懈怠的现象，能够达到“主观为己、客观为人”的目的。

四、强化新能源利用的援助手段

为了促进新能源利用、实现上述对新能源供应及需求所设定的目标值，日本分别在导入、技术开发以及宣传教育等层面上，综合采取、实施了政府补贴、优惠税收、技术支持、示范项目、绿色采购以及强制管理等一系列扶持措施。

第一，新能源导入方面的扶持措施。为了扩大对新能源的利用，实现“2010 年新能源导入的目标”，即换算成原油为 1 910 万 kl，日本从能源的供应、需求和价格三方面入手，扩大和培育新能源市场。政府通过有目的、有意识地积极引导并扶持新能源在初期阶段的设备引进以及示范项目来扩大新能源的“供给”②，通过颁布《新能源利用特别措施法

① 钟沈军:《解读日本新能源战略》,《中国石化报》,2007 年 8 月 23 日,第 1 版。

② 以太阳能为例,1994—1996 年间示范立项 3 590 件(约 13.3 MW),从 1997—2001 年间的基础设备整备达到了 73 913 件(约 226.7 MW)。参见资源能源厅:《能源 2004》,能源论坛,2004 年,第 137 页。

(RPS)》(2001年)①增加新能源的利用量,扩大新能源的"需求"。另外,日本政府和公共团体依据《购买清洁能源法》(2001年4月制定)率先配置了新能源的相关设备,以谋求新能源消费的扩大。《购买清洁能源法》颁布后,日本决定在一定的财政范围内,在各省官厅行政机构、都市开发、道路整备、河川整改等公共设施上积极、率先地导入新能源设施,以增加扩大新能源的"需求"。② 此外,日本还加大了政府绿色采购的力度和投资。

新能源价格与现有的能源相比成本过高(参见表1-21)。价格过高,显然不利于新能源的市场化。为此,日本采取了对新能源用户补助的措施。日本在太阳能发电方面,实施住宅太阳能发电系统补助计划,以及电力公司净电表计量法,以鼓励民众使用太阳能发电系统。日本对住宅用太阳能发电系统进行补贴,补贴标准为设备及其他费用的1/2-1/3,约合1 000美元/千瓦。日本明确规定,太阳能发电系统用户与所有者可与电力公司签订契约,将系统剩余电量卖给电力公司。据统计,1994—2000年,日本政府补助费用支出7亿多美元。根据日本太阳能发电实行的递减补助政策,到2004年已将补助金额调降50%,但是申请补助的系统用户并未减少。目前,日本的太阳能发电市场已凸显规模,太阳能发电居全球前列。2004年,日本太阳能发电容量约为320万千瓦,到2010年预计可达到4 800万千瓦,增长15倍。为保证"新阳光计划"的顺利实施,日本政府每年要为该计划拨款570多亿日元,其中约362亿日元用于新能源技术开发。在培育新能源市场方面,通过对新能源消费者实施补助政策,太阳能发电用户越来越多,市场价格也随之大幅下

① 《RPS法》就是强制利用新能源发制度。2004年度新能源电网36亿千瓦时,占总发电量的0.46%。2010年的利用目标是160亿千瓦时,占总发电量的1.63%(不包括核能和水力发电)。参见:大野木升司:《日本清洁能源与能源政策》,于2007年9月15日"首届中国科技创新国际论坛"的发言文稿。

② 资源能源厅:《能源白皮书2004年度》,行政出版社,2004年,第75页。

降，由此新能源市场进入良性循环阶段。①

表 1－21　日本新能源与现有能源的成本比较

	新能源成本	和现有能源的成本比较
太阳能光发电	70—100 日元(4.9—7 元)/kWh	2.5—6 倍(电费)
太阳能热利用(供暖系统)	约 23 日元(1.61 元)/Mcal	约 2 倍(都市燃气费)
风力发电	16—25 日元(1.12—1.75 元)/ kWh	2—3 倍(火力发电单价)
废弃物发电	9—15 日元(0.63—1.05 元)/ kWh	1—1.5 倍(火力发电单价)
废弃物热利用	20—40 日元(1.4—2.8 元)/ Mcal	1.5—3 倍(都市燃气费)
温度差能源利用等	30—50 日元(2.1—3.5 元)/ Mcal	2.5—4 倍(都市燃气费)

资料来源：综合能源调查会供需部会中间报告参考资料(1998 年 6 月)，第 58 页。

第二，在技术开发和试验阶段的扶植措施。为了导入、普及新能源，日本加强了对有关新能源性能、降低成本的开发试验的扶植力度。具体而言，日本从长远规划角度，对各种新能源的研发目标、实现前景、经济效应、便利性以及安全性进行了全面、综合的分析和考察，并确立了优先对燃料电池、太阳能等重点项目和基础项目进行技术研发和普及的扶植制度。

在“燃料电池”方面，为发展新能源，2001 年日本经济产业省在以“产官学”合作的框架中，提出了指导氢能和燃料电池技术发展的国家行动纲领，并明确了燃料电池实用化的目标。日本投资 110 亿美元组织研发，计划到 2010 年使燃料电池总装机容量达到 220 万千瓦，到 2030 年建成 8 500 个加氢站，燃料电池汽车达到 1 500 万辆，占汽车拥有量的 20%。② 目前，燃料电池在技术和可靠性方面已达到或接近实用水平，但成本相对过高。有关专家预计只有成本下降至 2 000 美元/千瓦，燃料电

① 具体参见：《日本新能源政策及发展现状与趋势》，发展改革委员会官方网站：http://www.sdpc.gov.cn/default.htm。

② 具体参见：《日本新能源政策及发展现状与趋势》，发展改革委员会官方网站：http://www.sdpc.gov.cn/default.htm。

池才有可能与商用电力竞争。为此，2000年8月，“燃料电池使用化战略研究会”确立了“固体高分子行燃料电池/氢能源利用技术开发战略”①，日本以此为指南加大了对新能源研发的投入力度。

在太阳热利用方面，最初阶段因太阳热利用系统成本过高、耐久性差，无法做到产业化和市场化，因此，普及率并不很高，仅仅发挥示范作用。对此，日本从1990年代初，就加大了对太阳能的投入、开发以及试用的扶植力度，并明确了太阳热利用的发展方向是太阳热利用系统取代屋顶建材，或者与太阳光发电系统混合利用。目前，随着技术进步和政府补助的增强，太阳能价格逐渐下降，居民太阳能利用系统数量也随之增加（参见图1－8）。

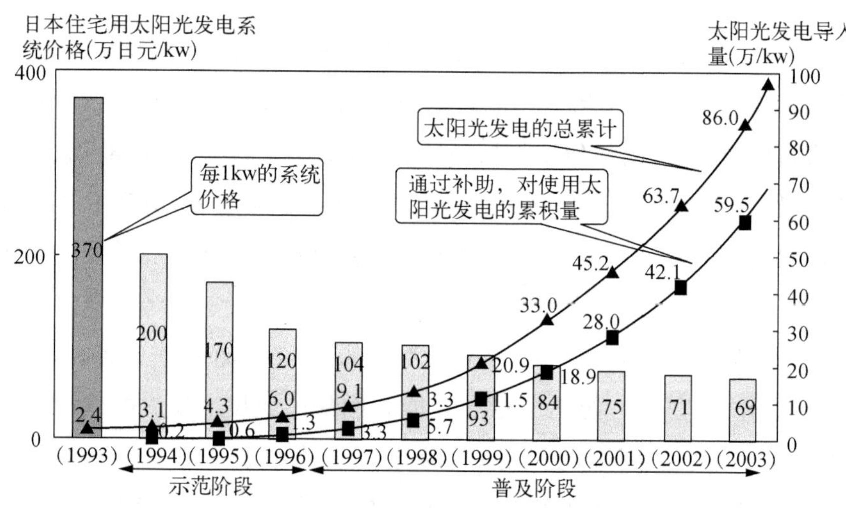

图1－8　日本太阳光发电量的推移

资料来源：日本资源能源厅官方网站：http://www. enecho. meti. go. jp/energy。

另外，在生物能、垃圾发电、生物质能发电、地热发电、洁净能源车等方面日本也有相应的扶植政策，并取得了相应的进展。

第三，加强宣传教育。日本认为导入新能源工程，是全体国民应

① 资源能源厅：《能源白皮书2004年度》，行政出版社，2004年，第74页。

负有的责任，只有全体国民共同努力，才能促进新能源的消费和利用。因此，日本通过各种广播影视、新闻出版、广告活动把导入新能源的意义、现状及其经济、技术等方面的信息传达给国民，使全体国民形成导入新能源的共同意识，努力建立全社会促进新能源利用的长效机制。2000 年 10 月，日本以一般电气业者为中心制定了“清洁电源制度”，该制度强调，国家、民间应该系统地、有计划地加大对新能源的宣传力度。日本新能源综合开发机构的主要职能之一就是为进行多种多样的新能源开发提供基础性的调查研究情报，同时，为新能源普及的各种支援活动展开各类宣传。① 日本各地方自治体及居民，从建设美好家园、废弃物有效利用的角度，也加强了新能源利用的教育宣传。此外，日本为了促进新能源及其相关设备的开发、利用，对内加强了农业行政、废弃物行政的协调和沟通，对外加大了技术合作与交流。

第五节　复合风险期的能源安全政策

近年来，国际能源形势剧变、原油价格不断飙升，“能源安全”问题日益凸显。对此，无论是能源输出国还是能源进口国，都在选择、调整应对能源新形势的发展战略。然而，各国能源战略的调整不仅催生了新的国际地缘政治关系，也悄然改变着国际能源格局。能源消费和进口大国的日本，为谋求能源安全与世界政治关系之间的平衡，对本国的能源战略也进行了重新审视，并颁布了新国家能源战略(下简称新战略)。下面通过对新战略衍生的触发机制的分析，论述日本在当今世界能源新形势下的战略选择及其主要内容，并以此为基础，探析新战略对中国的波及影响及其应对方略。

① 钟沈军:《解读日本新能源战略》,《中国石化报》,2007 年 8 月 23 日,第 1 版。

一、新战略衍生的触发机制

新战略衍生的触发机制是多层次、多维度的，既有内生的，也有外压的；既有来自经济领域的，也有来自安全和政治领域的。这些触发机制作为新战略衍生的催化剂，其作用的发挥主要源于三个影响因素的互动，即范围、强度和时间。[①] 日本新战略的出台的触发机制主要是以下六个方面。

（1）地缘政治风险的凸现。从阿富汗战争，到伊拉克战争，从沙特的石油产业遭到恐怖破坏到非洲尼日利亚的部族战争，从伊朗核问题到朝鲜核问题，不仅给本地区带来了风险的变数，也给能源的稳定供应带来难以规避的风险。特别是“9·11”事件成为美国推行全球能源战略和建立21世纪世界霸权的口实，美国开始加大对中国西部、南部特别是借反恐之机加强对中亚地区的渗透。美国通过发动“阿富汗战争”和“伊拉克战争”实现了驻军中亚梦想，并渐次地完成着控制海湾、里海这两大世界能源中心的夙愿。

（2）国际原油价格的飙升。21世纪初，日本曾一度认为当时的原油价格只是一时走高，但事实上，2002年、2003年的国际原油每桶平均价格分别超过25美元、30美元，2003年的3月上旬，突破每桶37美元大关，创1990年来的最高纪录。[②] 到2004年，国际原油平均价格超过41美元/桶，达到了历史上的最高水平，2005年的4月1日，突破了57.27美元/桶；[③]到2006年新战略出台前的4月，一度攀升到了67.29美元/桶。[④] 显然，20世纪石油危机后出现的油价稳定局势已经不再，开始进入一个新的高油价时期。

---

① 时间是指新战略的触发机制所产生的时间，范围是指受触发机制影响的区域，强度是指日本对触发机制的态度反映。

② 资源能源厅长官官房综合政策课：《综合能源统计》，通商产业研究社，第523页。

③ 经济产业省：《能源白书2004年版》，行政出版社，2005，第1页。

④ 同上书，第2页。

（3）能源供需结构的变化。从能源的需求结构看，能源消费中心向经济发展速度较快的亚太地区转移。1970—2000年，北美、欧洲、苏联地区能源消费在世界所占比重分别由36.7%、27.2%、15.6%下降至30.1%、20.8%和10.5%，分别下降了6.6、6.4和5.1个百分点。而同期亚太地区则由14.7%增至26.9%，上升了12.2个百分点，拉丁美洲、中东和非洲增加了6个百分点。近年来，我国的进口石油进口量以每年15%的速度递增，已引起国际社会的关注。① 1993年是中国从石油纯输出国变为石油进口国的"分水岭"，且石油进口的增长速度在世界上是最快的。2003年，中国的石油消费第一次超过日本而仅次于美国，居世界第二位。印度在2006年已经成为世界第四大能源消费国，70%的石油依靠进口。

从能源的供应结构看，世界能源供应源日趋多元化。"20世纪50—60年代石油生产国只有20多个，70—80年代增至30个多个，而90年代则超过50个。"②目前，俄罗斯、中亚和西非等非欧佩克产油国的石油产量不断增加，世界石油市场日趋多元化。自1999年起，俄罗斯的石油产量持续出现大幅反弹，到2004年俄罗斯原油产量达到880万桶/日，比2003年增长了近10%，比1998年时的产量增长近40%。在2003年，俄罗斯已成为仅次于沙特阿拉伯的全球第二大原油生产国。③

（4）资源民族主义的抬头。伴随世界能源安全问题的凸显，主要能源输出国对本国资源加强了管理，对外资的进入设置了政策上的软制约，资源民族主义倾向日渐抬头，具体参见表1-22。目前，上游能源的投资和开发近乎停滞，能源流通基础设施的不到位，造成了能源的流通不畅。

---

①《人民日报》，2006年9月14日，海外版第1版。

② 中国现代国际关系研究院经济安全研究中心编：《全球能源大棋局》，时事出版社，2005年，第18页。

③ 中国行业研究网：http://www.chinairn.com/readnews.asp?id=23723。

表 1－22　世界主要资源生产国的投资限制及国家管理政策概要

国家	政策概要
沙特	规定国营 Saudi Aramco 公司拥有全部的石油权益，天然气可对外开放。
UAE	政府（国营 ADNOC 公司）可持有石油股份的 60%，但天然气要由政府 100%持有。
伊朗	政府（国营 NIOC）拥有探矿、开发和生产的权利，民间企业只能以购买方式参与。
卡塔尔	政府（国营 QP）公司和民间企业通过 PS 合同（无分配比率限制），开发石油天然气。QP 公司至少要持有 LNG 项目股份的 60%以上。
俄罗斯	2005 年，向议会提出地下资源法，该法规定要限制重要油田向海外拍卖，俄罗斯国有企业要拥有 51%以上的股份。
哈萨克斯坦	2002 年，改变了以前外资可拥有 100%的宽松政策，规定政府（国营 Kazmunaigaz 公司）必须持股 50%以上。2004 年，修改地下资源法，赋予该公司优先购买权。
尼日利亚	政府在 1999 年收回了国内石油企业对大水深 16 矿区的所有权。到 2005 年，对国际石油资本持有的 24 个矿区实施国有化。
印度尼西亚	伴随着生产量的减少，通过改善 PS 合同谋求扩大生产的同时，在新 PS 合同中规定，把天然气产量的 25%供给国内，以满足国内需求的增加。
委内瑞拉	规定在石油领域，要与国营石油企业进行合资，政府要持有资本的 60%以上。石油企业的所得税从 34%提高到 50%。对于天然气项目，允许民间企业可持股 100%。
玻利维亚	政府在 2006 年 5 月发表了碳氢化合物资源的国有化（政府的收益配额大幅度提高，国家在主要企业中持有股份达到半数以上）

资料来源：经济产业省：《新·国家能源战略》，2006 年 5 月，第 5 页。

（5）国内环境的变化。石油危机后，日本通过制定、实施一系列能源政策，在谋求能源安全方面取得令人瞩目的成绩。但与此同时，在国际资源市场的竞争中，从能源输出国的角度而言，日本的国内市场并不具很大的魅力，其能源购买力在渐次地相对下降，因此，这成了日本确保能源安全的软制约。另外，20 世纪 80 年代的能源体制改革，虽然在一定程度上降低了高成本的能源结构，但在能源体制自由化的环境下，能源安全供应体制却没有相应的得到加强。[①] 因此，日本不仅要应对要世界能源形势的变化，还要应对国内在能源领域衍生出的许多新变化和新课题。

（6）各国能源战略的重构

围绕国际能源形势的变化，不论是发达国家还是发展中国家，不论是能源输出国还是能源进口国，都把能源问题提到国家战略地位，参见下表 1－23。能源需求国以强化国内能源供需结构和增加海外股份为重点，能源输出国则以强化能源资源的国家管理为重点，制定和调整能使本国利益最大化的能源战略。

表 1－23　主要国家和地区能源政策的新变化概要

项目	能源政策的新变化
美国	确定从核能、石油、天然气和新能源等多角度，强化美国的能源安全。在 2006 年 1 月，大胆提出到 2025 年从中东减少 75%的石油进口的“脱中东战略”。同年 2 月，动议组建旨在推动既扩大核能发电又能强化核不扩散的国际原子能伙伴关系（GNEP）。
欧洲	EU 委员会在 2005 年 6 月决定，到 2020 年的能源消费减少 20%，大力推进节能政策。法国在 2005 年 7 月制定了能源政策“指针法”，规定要抑制能源需求、保持核能发电、加大可再生能源发电的比例等政策。EU 委员会在 2006 年 3 月，再次探讨了核能在一次性能源供给结构中的增加比例的问题，并制定了强化能源安全保障政策。在此基础上，2006 年 3 月的欧洲首脑会议就欧洲共同能源政策事宜达成一致。
中国	大力推进节能政策，目标是到 2010 年单位 GDP 的能源消耗降低 20%；增加核能发电量，原子能发电容量预计到 2020 年，从现在的 900 kW 提高到 4 000 kW（新建 30 座 100 万 kW 的核能发电站），大力推进煤炭的开发与清洁利用；实行“走出去”战略，积极加强海外能源开发。此后的 5 年内，对约 30 个国家进行 125 亿美元以上的能源开发投资。
俄罗斯	强化对能源产业的管理监督的同时，致力于提高能源供给能力，成为世界上重要的石油、天然气出口国。特别是，在地下资源法的修改、尤克斯问题中，俄罗斯政府对能源产业的参与姿态甚是明显。

资料出处：经济产业省：《新・国家能源战略》，2006 年 5 月，第 14 页。

① 经济产业省：《新・国家能源战略》，2006 年 5 月，第 10 页。

可见，日本新战略的出台既受中国、印度等发展中国家影响，也受欧美发达国家影响，既有来自能源输出国的压力，也有来自能源消费国的压力。上述六大触发机制在范围、时间和程度上的互动影响，不仅催生了日本新战略的衍生，且隐性地决定了新战略的目标及内容。

二、新战略的主要内容

日本新战略的指导思想是“整体规划、宏观有序、目标明确、整体最优”。从宏观结构上看，新战略是由许多独立运行的诸如核能系统、节能系统、新能源开发系统、能源储备系统等子系统组成的复杂巨系统；从微观运行机理上看，每一个子系统都按时空序次，从不同角度运行。新战略的主要内容是为对应世界能源形势的新变化，通过叠加组合实施各种政策、措施，实现“能源安全”这一最高目标。

（1）新战略的目标

日本认为能源风险主要来自三个方面：一是能源需求旺盛和高价位会长期并存；二是影响中长期稳定供应石油天然气的变数增加；三是能源市场上的风险因素的多样化和多层次化并存。为此，日本制定了以能源安全为核心，以“实现日本国民可信赖的能源安全保障”“通过解决能源环境问题，构筑可持续发展的基盘”“为解决亚洲和世界的能源问题做贡献”为基本目标的新战略。新战略对这三大基本目标细化了五个子目标值。①

（2）实现目标的立足点

为达到上述目标，日本立足于“实现世界上最优的能源供求结构、综合强化能源外交和能源合作、完善能源危机管理”这三个方面。

其一，实现世界上最优的能源供求结构。日本是能源消费大国中能源安全形势最严峻的国家之一，是继美国、中国的第三大能源消费国。

① 五个子目标分别是：（1）节能目标。（2）降低海外石油依存度目标。（3）降低运输部门石油依存度目标。（4）核能发电目标。（5）提高海外资源开发目标。

日本能源进口结构特点是对石油进口的依存度高，且地点比较集中。为了应对能源供应中存在的多样化的风险因素，最有效的对策是提高能源利用率，分散能源进口源，保持能源充足供应，扩大核能利用，确立世界上最优的能源供求结构。

其二，综合强化能源外交和能源环境合作。新战略认为，以前日本的能源政策是大力推进节能政策、能源自主开发、石油替代政策和石油储备政策。但是，在世界能源需求结构的急速变化下，能源供需中的潜在风险比石油危机时更高。为此，在积极推进海外能源开发、提升能源购买力和增强与能源输出国的全方位合作关系的同时，积极推进以节能技术为中心的国际合作，为国际能源市场的稳定及世界环境作贡献。

其三，完善能源危机管理。日本以石油危机为契机，逐步确立了官民一体的石油储备体系，并通过制定石油储备法和节能法，进行法制上的完善。1990 年的海湾战争期间出现的石油供应波动，成为检验日本石油储备是否具备应对危机的试金石。但是，2005 年，受美国“卡特里娜”飓风影响，炼油设施及交通严重受损，导致石油和天然气供应一度出现紧缺，并引起石油产品供应不足。日本认为以前以石油为中心的紧急对应体制是否符合当今时局的变化，需做进一步的验证，需要强化对能源危机的管理。

(3) 实现目标的具体措施。①

其一，提高能源利用率。为了提高能源的利用率，日本制定了四大能源计划。一是节能领先计划。目标是到 2030 年，能耗效率通过技术创新和社会系统的改善，至少提高 30%。为达到此目标的具体措施是，大力推进节能技术战略，制定不同部门的节能标准并实施评价管理。二是未来运输能源的计划。该计划旨在通过制定客车燃料消耗的新的燃料效率标准、改建生物转化燃料供应的基础设施、加大对国内生物甲醇生产方面的支持、推广使用的电动汽车・燃料电池汽车、大规模开发新

① 经济产业省:《新・国家能源战略》,2006 年 5 月,第 27—63 页。

一代电池和燃料电池卡车等措施，使运输部门到2030年，对石油的依赖降至80%。三是新能源创新计划。该计划到2030年，将太阳能发电需要的成本降至与火电相同的水平，通过生物能源和风力在当地发电、当地生产，促进区域能源自给率的提高，促进该地区对能源供应的自足率，将市场销售的新卡车转为混合卡车，促进采用电动卡车和燃料电池卡车。其四是核电立国计划。新战略规定到2030年后，日本的核能发电量要占到总电量30%—40%。将系统和全面处理各种与核能相关的问题，诸如根据目前的轻水反应堆和较早应用的快再生反应堆，持续促进核燃料循环，促进研究和开发熔融能源技术。

其二，推行亚洲能源和环境合作。日本认为能源需求迅速增长的中国和印度等亚洲国家，是世界能源供求紧张的主要原因，也是本地区环境不断恶化的"始作俑者"。对此，新战略确定要积极利用和开发亚洲地区的ASEAN＋3多边框架，推动亚洲能源及环保的合作。日本推行亚洲能源和环境合作主要通过以下三个方面进行。一是以降低亚洲能源消耗量为目标，促进能源节约。具体措施是：鼓励有技术能力的公司把能源技术向海外转让，支持建立和实施亚洲国家的能源节约系统；加强与国际能源机构和国际组织的合作。支持国际核动力组织制定能源效率标准；利用诸如亚太合作组织、亚太经合组织和ASEAN＋3等国际框架，促进能源保护。二是亚洲新能源合作。具体措施是：支持亚洲国家建立新能源的开发、利用体制，并通过接受受训人员和派遣专家，支持该体制的建设；支持日本企业在亚洲开展环境保护、节能技术开发等商业活动。三是在亚洲推广煤炭的洁净利用、生产和安全技术。具体措施：通过接受受训人、派遣专家和支持技术开发和试验证实，促进和推广亚洲煤炭的洁净利用、生产和安全技术；通过示范试验和人力资源开发，进行煤炭液化技术的合作；通过接受受训人和派遣专家，推广煤炭生产和安全技术。

其三，加强紧急情况应对。诸如飓风、水灾、地震、战争和恐怖主义等安全问题，是诱发能源市场混乱的因素。另外，近年能源市场中涌入投机资金的现象，愈演愈烈，这也是使市场混乱的要素。为应对上述突发因素，新战略明确规定要加强应急措施。一是强化以石油制品为中心的石油储备制度，二是加强天然气的紧急对应体制。促进国内以民间为主的天然气管道的建设，利用对资源枯竭的天然气田的改造，增加井下储备设施。在2008年前，要求对各能源企业的紧急应急机制进行全面检查，并强化企业与企业间在能源危机管理发生时的互助机制。

其四，制定能源技术战略。日本认为，安全问题和环境问题的解决必须要通过科技创新才能解决，而科技创新必须要依靠官民合作完成。故此，新战略提出以政府和私营企业的共同努力为基础，在以节能为中心的能源相关技术领域，成为世界的领先者。使该目标得以实现的具体措施是：一是提出能源技术战略，即从2100年、2050年超长期视角出发，抽取出到2030年应该解决且能够解决的技术课题，并将其课题的开发战略以流程图的方式予以展示。二是强化对能源相关技术开发的支援，即有重点地支援与能源相关的技术开发，积极探讨和研究推动对以产学提携合作为代表的、有效的能源技术开发体制。

三、新战略对中国的影响

(1) 新战略对中国的波及影响

新战略在实现“能源安全”这一最高目标的过程中，不可避免地会影响到与日本在能源对外依存度上具有近似性、地缘政治经济上具有相关性、进口油气资源具有同源性的中国。

其一，“提升海外能源自主开发率”将会加激诱发中日间的竞争。提升海外能源自主开发比率是新战略五个子目标之一。拥有产权和股权的日本公司在海外生产的原油占日本进口的全部原油中比例，从1973年的8%增加到目前了15%。在全球对自然资源竞争激烈的情况下，新战略把海外能源的自主开发目标值设定为“到2030年，增加到大约40%”①。

① 经济产业省：《能源白书2007年版》，行政出版社，2007年，第71页。

在此目标的驱使下，日本必将加速推进在世界各地找油、采油、买油的速度。而这一速度的提升过程，也必将与能源消耗大国、能源进口大国的中国发生摩擦、诱发竞争甚至碰撞。从俄罗斯远东石油管道的铺设方案，到东海油气田的开发合作，再到泰国的克拉底峡谷项目，无不折射着中日间的竞争与矛盾。“能源问题既是亚洲各国间进行多边合作的助推器，亦是诱发利益冲突及摩擦的导火线”①。显然，日本与中国在能源开发及供应渠道的激烈竞争，极大地带动了东亚地缘政治形势的演变。

其二，设定高节能目标将引发新一轮的产业转移。单位 GDP 能耗的短期增加是高耗能产品同时大量生产叠加产生的结果，而单位 GDP 能耗的下降一方面与节能、科技进步有关，另一方面产业结构向高端升级，亦是导致发达国家单位 GDP 能耗从上升转为下降的主要原因。日本之所以从石油危机时单位 GDP 能耗率 159，短短经过 30 年，降到 2003 年的 100，降幅为 37%，其原因除上述外，与重厚长大型产业的海外移植不无关系。

日本在石油危机后的产业调整和升级的过程，亦是高能耗型产业向诸如中国、泰国、印度、印尼等发展中国家转移的过程。特别是 80 年代后，发达国家全球经济结构进入了新一轮以“信息技术为核心的新技术广泛采用”为特征的结构调整期，日本、美国和欧洲发达国家从劳动密集型产业、技术密集型产业上升到发展知识密集型产业，亚洲一些欠发达国家和地区为了实现经济的发展，借助国际产业转移的机遇实现本国工业向高端的升级，积极引进和接纳发达国家所淘汰的高能耗产业。

新战略制定的目标是到 2030 年，单位 GDP 能耗率再下降 30%，达到 70%。日本为实现此目标，不仅要进一步进行科技研发和创新，还要进一步提升产业结构向知识密集型方向转化，把相对于本国的高能耗、高污染产业进一步向中国等亚洲发展中国家转移。作为世界工厂且为能源消耗大国的中国，还向 20 世纪 80、90 年代那样积极、毫无选择地引

---

① Chietigj Bajpaee. Energy: The catalyst for conflict. Asia Times Online, Oct 18, 2005.

进、吸收那些高污染、高能耗的产业吗？

其三，日本提升与产油国的国际合作考验中国外交。新战略出台后，日本加强了与中亚资源丰富的国家之间的对话。2006 年 6 月上旬在东京召开“日本+中亚”会议①，此后不久，卸任前的小泉又访问了中亚四国，此举是日本首相首次访问中亚国家。2007 年 4 月 27 日，安倍首相展开了对沙特阿拉伯、阿联酋、科威特、卡塔尔和埃及等五国的访问。与此同时，经济产业大臣甘利明率领的约 20 人的访问团于 4 月 30 日出访铀储量位居世界第二的哈萨克斯坦。另外，日本石油企业已陆续投入在北冰洋、利比亚和埃及等地的石油开发。现在，日本拥有在海外开采权益的油田主要集中在阿联酋、科威特、俄罗斯和印尼等国。

显然，日本加强与中东国家的合作，旨在稳固能源进口源，急于加强与中亚国家的合作，旨在谋求加强与中亚四国在能源领域的合作与开发，打通“南方路径”②，开辟新能源通道。日本积极开展能源外交，强化与产油国关系的主要手段是：灵活利用 ODA、EPA 等援助手段，配合产油国的需要，与产油国加强科技、经济、教育、医疗、人才培养等方面的合作。日本提升与中亚、非洲等能源输出国的合作及实践，不仅给中国外交提出了新挑战、新课题，同时也是验证“上海合作组织”是否稳定的试金石，考验中非传统友谊是否真的既历久也弥坚。

（2）中国的应对

中国作为一个能源生产和消费大国，对全球的能源安全体系产生越来越重要的影响，因此必须关注新的能源安全观和当今世界的能源安全体系及安全环境，更要深入研究比邻而居的日本为实现新能源安全战略所采取的对中国有影响的相关行动，并以此为基础，做好应对准备。

① 出席国是日本、吉尔吉斯斯坦、塔吉克斯坦、乌兹别克斯坦、阿富汗和哈萨克斯坦。日本认识到在中亚地区资源外交的起步落后于中国，开始了奋起直追。日本的资金和技术优势对于中亚各国具有不小的吸引力。

② “南方路径”是指日本想把乌兹别克斯坦、吉尔吉斯、塔吉克斯坦、哈萨克斯坦和土库曼斯坦等中亚国家的石油、铀及稀有金属等资源通过南方阿富汗、巴基斯坦后接入海港，通过海运输往日本。

1. 意识上的应对

中国需要全面地、客观地、动态地、历史地审视中日关系中的能源因素,既不能把中日间的矛盾和冲突过于“情绪化”,也不能过于“简化”和“淡化”,既要密切关注和警惕,更需要沉着、冷静地应对。日本立足于本国利益,在新战略的实施中与中国在能源领域进行正当竞争,应视为其权利,但是恶意的竞争和挑拨应另当别论。可以说,中日经贸关系的“连带”效应已初见端倪。换言之,中日两国之中的一国的衰退,必然会波及和影响到另一国的发展。因此,中日在能源领域的博弈中,如何协调和缓解对抗式、排他式的恶性竞争,避免传统的“零和博弈”是中日两国需要共同探寻的重要问题。

但必须看到,中日间在能源领域既有竞争也有合作。中国必须抓住新战略中“加强国际合作特别是对东亚节能的援助”的机遇,在双边和多边框架间、企业与企业间,通过加强交流与合作,积极吸收引进日本先进的节能技术和管理制度。

2. 战略行动上的应对

面对经济发展和新的能源需求趋势,中国在立足国内能源资源开发的基础上,必须要继续大胆地实施“走出去”战略,认真构筑中国的能源安全版图。积极参与资源国的勘探开发和生产,中国的石油企业只有“走出去”,才会真正参与国际资本市场和油气市场竞争,企业唯有通过竞争才能真正发展和壮大,因此,大胆实施“走出去”战略才可能让中国的能源更有安全保障。为配合“走出去”战略,政府除为石油企业跨国经营提供外交、法律、制度和政策层面的支持外,还应建立、健全企业境外投资管理制度,设立海外油气风险勘探专项基金,鼓励石油企业进行国际融资。

中国要有效发挥与中亚国家的地缘优势、“上海合作组织”的机制,进一步加强合作的力度和广度;在保持历久弥新的中非传统友谊的基础上,继续提升合作的空间;定期与中东产油国加强交流与合作,以谋求能源的稳定供应。为此,政府、科研单位及石油企业必须加强对海外投资环境及消费国情况的研究，在充分认识和理解当地的法律法规、产业政策、投资环境以及政情趋向的基础上，通过灵活多样的方式加强与油气生产国、消费国和国际能源组织的沟通协调，为中国石油企业跨国经营创造宽松、良好的国际环境。

第二章　日本的能源危机管理

20 世纪 70 年代，先后爆发的两次石油危机使人们清醒地认识到，支撑经济现代化和社会文明化的资源载体迅速地接近枯竭，世界资源不可能无止境地支持人类的可持续发展和肆无忌惮地消费，享受“稳定、安全的能源供应”时代仅仅是暂时的。但是，熵定律①为人类活动规范了一种行为界线，人类虽然无法逆转熵的方向，但是可以减缓熵增加的速度和过程，通过对人类自身的行为规范、科学技术、社会观念和生活方式的调整和约束，来减缓能量的耗散速度，弱化能源危机的影响，这已经成为一种新的世界能源观。因此，美、日、法等“世界经济大国”，在第一次石油危机爆发后，就把关注的目光不约而同地投向如何通过制度安排加强能源危机管理、如何通过政策设计预防和规避能源危机。

① 熵定律是科学定律之最，这是爱因斯坦的观点。能源与材料、信息一样，是物质世界的三个基本要素之一，而在物理定律中，能量守恒定律是最重要的定律，它表明了各种形式的能量在相互转换时，总是不生不灭、保持平衡的。在等势面上，熵增原理反映了非热能与热能之间的转换具有方向性，即非热能转变为热能效率可以 100%，而热能转变成非热能时效率则小于 100%(转换效率与温差成正比)，这种规律制约着自然界能源的演变方向，对人类生产、生活影响巨大；在重力场中，热流方向由体系的势焓(势能＋焓)差决定，即热量自动地从高势焓区传导至低势焓区，当出现高势焓区低温和低势焓区高温时，热量自动地从低温区传导至高温区，且不需付出其他代价，即绝对熵减过程。参见百度百科：http://bk. baidu. com/。

第一节　第一次石油危机时的应急管理政策

世界经济的现代化和人类社会的文明化，都得益于诸如石油、天然气和煤炭等化石能源的广泛投入和应用。然而，自 20 世纪 60 年代石油取代煤炭成为人类第三代主体能源后，石油逐渐成为国际关系中政治化的工具载体，人类享受"稳定、安全的石油供应"时代渐行渐远，全球经济进入能源约束型时代。两次石油危机爆发期间，能源消费国为最大限度地抑制、弱化和规避石油危机给国民经济运行及社会秩序的正常运转所造成的危害，都采取了诸多紧急应对措施。

从应对石油危机的时间序列而言，可以分为事前管理和事后管理。事前管理可视为预防性的政策，属于体制性管理，事后管理可视为应急性的对应，属于无预防性管理。日本应对第一次石油危机属于事后应急性管理，①而对第二次石油危机的管理既有事前预防性管理也有事后应急性管理。必须指出的是，日本紧急应对第一次石油危机时所采取的诸措施虽具临时性、应急性的特点，但对石油危机的辐射影响范围及规模不仅起到了抑制作用，而且也给日本从无预防性的紧急应对转向居安思危、未雨绸缪的预防性应对提供了宝贵的政策性经验和财富。

一、应急管理机构的设置及其成员

日本在处理第一次石油危机时，首先考虑的是设置应急性的行政机构。因为应急行政机构的缺失，会导致错失处理突发能源危机的良好时机的恶果，造成应急处置的被动局面，从而影响应急管理体制整体功能的有效发挥。日本政府的应急措施都是以"紧急石油对策推进本部""国

① 本书第一次石油危机的应急管理时间是 1973 年 10 月 6 日石油危机爆发到 1974 年 9 月 1 日。伴随着 OPAEC 对日本供应限制，石油供求得到了缓解，1974 年 6 月石油公司的石油库存量超过了石油危机发生时的数量。故此，1974 年 8 月 30 日，日本决定从法律限制转为行政指导，9 月 1 日以后解除了《紧急事态宣言》。

民生活安定紧急对策本部”“以资源和能源为中心的运动本部”这三大行政机构作为应急平台制定、实施的。

鉴于对石油危机危害的认识,为把石油危机对国民经济的影响减少到最低限度,1973 年 11 月 16 日,日本成立了以内阁总理大臣为本部长的紧急石油对策推进本部。同年 12 月 18 日设置国民生活安定紧急对策本部替代紧急石油对策推进本部。1974 年 8 月 30 日,又设置了以资源和能源为中心的运动本部。如表 2-1 所示,三个本部中的前两者都是由内阁总理大臣担任本部部长,成员构成由所有国务大臣及内阁法制局长官组成。后者是内阁官房长官担任本部部长,成员由各事务次官等构成。显然,政府内阁主要的部门都被纳入到了紧急管理的机构中,主要部门领导大都成为该系列机构的主要成员。

表 2-1　第一次石油危机时期的应急行政机关概要

项目	紧急石油对策推进本部	国民生活安定紧急对策本部	以资源和能源为中心的运动本部
时间	1973 年 11 月 16 日	1973 年 12 月 18 日	1974 年 8 月 30 日
人员构成	本部长:内阁总理大臣 副本部长: 内阁官房长官、通商产业大臣、大藏大臣、经济计划厅长官 本部成员: 所有国务大臣及内阁法制局长官①	本部长:内阁总理大臣 副本部长: 内阁官房长官、通商产业大臣、大藏大臣、经济计划厅长官、外务大臣、总理府总务长官、农林水产大臣、运输大臣、自治大臣 人员构成: 所有国务大臣及内阁法制局长官	本部长:内阁官房长官 副本部长: 副内阁官房长官、经济计划事务次官、贸易产业事务次官 本部干事: 内阁审议主管、内阁宣传长、内阁总理官房管理主管、经济计划厅国民生活局长、资源能源厅次长

① 包括:法务大臣、外务大臣、教育部部长、卫生部部长、农林水产大臣、运输大臣、邮政大臣、劳动大臣、建设自治大臣、总理府总务长官、国家公安委员会委员长、首都范围维修委员会委员长、行政管理厅长官、北海道开发厅长官、防卫厅长官、科学技术厅长官、环境厅长官、内阁法制局长官、冲绳开发厅长官、公平交易委员会委员长。

续表

项目	紧急石油对策推进本部	国民生活安定紧急对策本部	以资源和能源为中心的运动本部
时间	1973 年 11 月 16 日	1973 年 12 月 18 日	1974 年 8 月 30 日
设置目的	为了高效、综合地推进紧急石油对策，加强各行政机关间的信息及事务的紧密联系，在内阁府内设置紧急石油对策推进本部，以便应对因中东战争造成的石油供应削减。	为了确保国民生活稳定和国民经济的平稳运行，在内阁府内设置国民生活本部，以便应对因石油供应的削减而带来的经济混乱局面。	在能源及资源的世界性的限制下，为了日本经济的发展和国民福祉的提高，在民间以石油紧急事态为契机已形成了节约能源的意识和氛围，作为政府必须以长远的眼光、在产业活动及国民生活等方面大力推进节约资源、节约能源的各项政策。

注：以资源和能源为中心的运动本部成立后的第二天，日本虽然解除了“紧急事态宣言”，但是从设置目的和其后的措施上看，既起到了应急效果又具有预防作用。

资料来源：本表依据 1973 年 11 月 16 日、12 月 8 日以及 1974 年 8 月 30 日的“内阁决议”编制而成。

可见，日本政府快速、及时、高效的应对，是建立在具有综合性决策功能的“危机应急管理机构”基础之上的。紧急石油对策推进本部、国民生活安定紧急对策本部、以资源和能源为中心的运动本部是作为应急管理行政机构而设置的，享有并行使应急性行政权力的载体，它被赋予了应急性的行政权力。

二、应急管理措施的制定及其实施

上述的应急行政机关通过行使应急性权力，在短短 6 个月内，先后制定并实施了一系列的紧急对策，以应对第一次石油危机带来的影响。①

① 其主要应急对策主要有以下七项：1973 年 11 月 9 日，制定了为在民间节约使用石油及电力的行政指导要领；1973 年 11 月 16 日，制定了石油紧急对策纲要；1973 年 11 月 16 日，制定了政府机关对石油、电力等节约使用的实施纲要；1973 年 12 月 22 日，制定了“石油二法”；1973 年 12 月 24 日，制定了关于限制汽车使用的条例；1973 年 12 月 28 日发布关于当前的紧急对策的说明；1974 年 1 月 11 日颁布石油及电力的节减要领，等等。

就应急措施内容而言，主要是从石油供应、消费限制、价格控制、行政分配等角度制定、实施的；从性质而言，上述措施主要有政府号召及行政指导性措施、政府政令、法律法规措施以及外交斡旋，下面将按照性质分类对上述诸项措施进行论述。

（一）制定具有号召、行政指导性的措施

因形势严峻，日本为了顺利推进应对石油危机的对策，在内阁成立了由总理大臣任部长的紧急石油对策本部。1973 年 11 月 8 日田中内阁总理大臣就节能、限制石油消费等事宜与中曾根通产大臣进行会谈。16 日召开的日本政府内阁会议，正式决定要制订能针对石油危机的“石油紧急对策纲要”、“政府部门实施石油、电力等节约对策纲要”和“在民间节约使用石油、电力的行政指导纲要”。

措施一，制定和实施《石油紧急对策纲要》。①

《石油紧急对策纲要》是石油危机爆发后，日本政府为应对石油危机的第一个纲领性文件，其核心思想是“通过实施紧急措施，既能减少能源消费，尽量确保能源供应，又能尽量把对国民生活的影响降到最低限度”，而该纲要的核心思想主要表现在以下四个方面。

号召举国一致、共同应对。日本认为应对紧急事态的关键是全国各级政府、企业及个人的通力合作、举国一致。为了确保石油供应，以官民合作为基础，最大限度地开展能源外交。

提倡大力开展节能运动。纲要大力提倡并推进开展“各级机关要最大限度地减少对石油的使用，产业界、一般国民等要让室内温度控制在20℃以下，停止使用广告牌用的装饰照明灯，尽量不使用自家轿车，在高速公路上不要开快车，尽量不要外出旅游，提倡一周两休制”等全国性的运动。另外，要求石油销售业者、电气事业者及其他团体，进行开展与具体节能方法有关的各种广告宣传活动。

---

① 内阁决议：《石油紧急对策要纲》，1973 年 11 月 16 日，http://www. eccj. or. jp/gov_pr/shiryo_0101. html#top。

实施行政指导。为了紧急减少石油和电力的使用，日本从 1973 年 11 月 20 日开始，实施强制性的行政指导。行政指导的能源节约目标为“在考虑到对国民生活和经济社会的影响的基础上，决定一般企业的节约率从现在到 12 月末节减 10%”。为了确保实现该目标，日本又进行了以下辅助性的政策规定：对大量使用石油的产业及与之有关的产业，对用电超过 3 000 kW 以上的用户进行特殊管理和指导；为了尽量减少和抑制石油需求量增加，在缩短大店铺和小零售商的营业时间、减少在深夜播放电视节目、减少观光旅游、加油站节假日休息等方面进行相应的行政指导。与此同时，为了防止石油价格的直线上升，日本政府还采取了强有力的措施制止非法所得。行政指导的基本原则是，在限制石油使用的同时，应尽力确保一般家庭、农林渔、铁道等公共运输机关、医院等公共设施所需的石油供应。

纲要明确建议紧急立法。纲要指出为抑制因石油供应过度不足而带来的经济混乱，使国民经济尽快走上健康运行的轨道，在下次国会召开时必须要向国会建议紧急立法。在物价对策方面，纲要强调为抑制石油危机带来的物价暴涨，需紧急制定相关措施及法律，抑制物价上涨。另外，还要求加强抑制总需求的措施，并扩大禁止囤积、惜卖生活相关物资的范围，讨论制定防止非法牟利及经济社会混乱的措施。另外，为了能得到能源资源的长期持久稳定的供应，纲要还提倡积极开发核能、太阳能等清洁的新能源技术。

措施二，《政府部门实施石油、电力等节约对策纲要》。①

日本在政府内阁会议上还制定了《政府部门实施石油、电力等节约对策纲要》。“纲要”的初衷是旨在使政府部门在节约石油资源运动中起到率先垂范的作用，并以此号召产业界、一般国民大力开展节约消费运动。其具体要求是：室内温度不超过 20 度以上、政府用车减少 20%、白天电灯照明减少 30%、电梯运转减少 20%、克制开自家车上班、尽量不

① 石油联盟：《战后石油产业史》，石油联盟，1985 年，第 239 页。

在晚上加班等等。

措施三，紧急制定《在民间节约使用石油、电力的行政指导纲要》。

日本政府为更好地在民间实施、贯彻节约用电用油措施，11 月 19 日制定了《在民间节约使用石油、电力的行政指导纲要》，并决定 20 日起开始强制实施石油消费限制。其主要内容：(1) 大量需求户削减消费的 10%。所谓减少 10%，即“72 年 12 月的消费量/72 年 10 月的消费量×1973 年的消费量×90%”。其对象行业为钢铁业、汽车制造业、石油化学工业、重型电机、家电制造器、化学纤维、汽车轮胎制造业、水泥制造业、铝精炼业、纸及纸浆制造业等 11 个行业；(2) 一般消费者假日不得在高速公路驾驶兜风，加油站假日停业，日常营业至下午 6 时止。①

如上所述，应对第一次石油危机的紧急对策，是以限制石油消费为基轴展开的，根据《石油紧急对策纲要》，以行政指导为中心的石油消费管制，即称“第一次石油管制”。② 上述措施作为石油危机的紧急对策，为减少石油消费，抑制石油总需求，最大限度地确保能源供应，综合地采取了与石油等能源相关的节约运动、行政号召与指导等措施。

措施四，设置“石油产品协调洽谈所”。

1973 年 11 月 20 日通产大臣向石油联盟会长、资源能源厅长官、各石油公司社长，以书面形式提出以合作、协调方式紧急应对石油危机。12 月 10 日，在石油联盟内部成立了以“谋求密切与通商省及有关需求业界的联系，实现在石油产品顺利上市、相互通融、协调等合作措施”为目的的“石油产品供求对策临时本部”。在石油业界，由于协调石油产品的制度性条件已经具备，故于 12 月 12 日，资源能源厅长官与中小企业厅长官联名发出《关于成立石油产品协调洽谈所》的通知，在各都、道、府、县的石油商业工会及通商产业局成立了协调洽谈所。17 日，中小企业、农林、渔业、医院等公共设施及事业进行了石油产品的协调。

---

① 石油联盟：《战后石油产业史》，石油联盟，1985 年，第 239 页。

② 通商产业政策史编纂委员会：《日本通商产业政策史》第 13 卷，通商产业调查会，1991 年，第 54 页。

石油联盟在 12 月 10 日，为了提高效率，在本系统内部开设了临时石油产品需求对策本部，在石油联盟的全国支部，设立对策本部支部。对策本部及其支部的主要职责是：(1) 加强与通产省在石油产品供求方面的沟通和协调。(2) 与需求业界进行信息交换。(3) 按照通产省的监督指令，协调和帮助各石油产品业界。(4) 把握、协调不同地区石油产品的供需关系。(5) 了解石油需求方的状况。(6) 协助各县石油产品洽谈所，化解石油供需矛盾。①

石油产品的协调是从 1973 年 12 月到 1974 年的 7 月实施的。其间，对每一件轻油的申请，可提供 2 kl，C 重油则规定上限为 10 kl，每月准备 25 万 kl 左右，协调的件数以 1974 年 1 月的 16 万升为最高峰。之后，随着石油供给情况的好转而减少。协调的总件数达 17.5 万件，提供的石油量达 26.8 万kl(参见表 2－2)。此后由于石油供求缓和、需求量减少，7 月份以后已无申请协调者，11 月底该项制度被废除。②

表 2－2　石油斡旋所的实际情况

日期	斡旋件数	斡旋数量(kl)
1973.12	67 036	73 104
1974.1	100 069	162 492
1974.2	6 083	15 259
1974.3	441	1 726
1974.4	865	5 002
1974.5	605	3 168
1974.6	22	44
1974.7 以后	0	0
合计	175 121	260 795

资料来源：全石油联盟调查：《石油业界的推移》，石油联盟，1974 年，第 69 页。

① 石油联盟：《战后石油产业史》，石油联盟，1985 年，第 242 页。

② 通商产业政策史编纂委员会：《日本通商产业政策史》第 13 卷，通商产业调查会，第 63 页。

措施五,“对石油制品进行行政定价”。

为应对石油危机,日本还制定实施了“对石油制品进行行政定价”制度。该制度的目的是抑制因“物资短缺”而引起的“狂乱物价”。1973 年 12 月,日本原油进口 CIF 价格较 1972 年 12 月上涨了 2 倍有余。① 1973 年 12 月石油产品平均批发出售价格为 14.357 日元,其原油价格每千升为 8 840 日元,而这种原油价格到了 1974 年 1 月每千升已经超过了 1 万日元,2 月即已接近 2 万日元。② 另外,加上受日元贬值的影响,③石油业界的产品成本上涨。当时,石油界推算,受原油价格大大超过石油产品的批发价格的影响,1974 年 1—3 月间的赤字将会达到3 230亿日元,若此状态持续不变,也不提高现有产品价格,日本石油产业必将遭受毁灭性打击。④ 因此,将石油成本上涨部分转嫁于石油产品,成为石油产业的当务之急。另外,石油危机最初阶段,“在已实施大幅度涨价的主要消费国中,唯有日本强行将国内价格固定在较低水准,从国际商品的角度看,这将会减少石油的使用量,但可能造成日本经济的畸形发展”。⑤

日本政府的行政指导必然要产生双重效果,因此,必须要从两个不同方面考虑,即不但要抑制物价上涨,最大限度地确保国民生活稳定,而且还要最大限度地保护石油产业的发展,将石油产品的升幅降到最低水平。

对此,日本政府在石油危机初期,主要采取了抑制物价上涨率、延缓物价上涨时间的高强度的行政指导,即政府以政令形式,要求在 1973 年下半年乘势涨价并遭社会舆论谴责的石油行业交出抢先涨价所得收益;10 月 10 日冻结了家庭用灯油的销售价格,接着 11 月 28 日,向社会通报了“为稳定供应家庭用灯油的紧急对策”,家庭用灯油零售的指导上限价

---

① 石油联盟:《战后石油产业史》,石油联盟,1985 年,第 242 页。

② 通商产业政策史编纂委员会:《日本通商产业政策史》第 13 卷,通商产业调查会,第 81 页。

③ 1973 年初日元开始渐次贬值,到石油危机爆发后的 11 月上旬,达到 1 美元兑换 275 日元左右。

④ 共同石油公司:《共同石油 20 年史》,共同石油公司,1988 年,第 271 页。

⑤《关于石油产品价格的指导》,引自《石油月报》,1974 年 3 月号,第 30 页。

格为每罐(18L)380 日元;又根据 1973 年 12 月末的原油价格基准,冻结石油产品的批发销售价格,暂时制止将原油价格上涨部分向产品价格转嫁的做法。[①] 直到 1974 年 2 月,从石油稳定供应的角度,通产省才不得不开始了新价格体系的准备工作。

3 月 16 日经过内阁会议批准,日本政府决定了改定石油产品价格及与此相并行的有关稳定物价对策的新的行政指导方针。决定以 1973 年 12 月的平均价格为准,许可每千升涨价 8 946 日元,平均批发销售价格定为每千升 23 303 日元。各石油公司以此行政指导为依据自 18 日起并开始涨价(具体参见表 2-3)。

为了既能保护石油产业的发展,又能确保国民经济的正常运行、最大限度地稳定国民生活,政府在决定涨价幅度同时,又做了以下政策安排。其一,对于趁机随意涨价的个人和单位,要严肃处理,努力做到合理公正。其二,对石油产品各油种的价格做了明确规定,家庭用煤油及液化丙烷气的价格保持不变,轻油及 A 重油的上涨幅度尽可能控制在最低限度,从政策上予以照应。[②] 其三,在流通零售阶段,要求石油产品的上涨幅度控制在批发价格上涨幅度内,同时,对与国民生活关系密切的汽油、轻油、A 重油等设定了指定上限价格。进而,对于石油产品尤其是为稳定物价得到许可有必要采取特殊措施的 53 种物资,要求有关企业在一定时期内不得涨价,规定如若涨价必须事先得到主管省厅的批准。[③]

但事实上,原油的 CIF 价格,从 1973 年的 12 月的 8 848 日元/kl,到 1974 年 3 月涨到了 18 976 日元/kl,涨幅为 1 万日元/kl。因此,指导价格毋庸说获利,即使与当时石油公司的实际成本尚有一定的差距。关于价格上涨幅度,石油行业和通产省最初的意见是不一致的,石油行业

① 通商产业政策史编纂委员会:《日本通商产业政策史》第 13 卷,通商产业调查会,第 81 页。
②《关于石油产品价格的指导》,引自《石油月报》,1974 年 3 月号,第 30 页。
③《关于当前伴随石油价格上涨的物价对策》,引自《石油月报》,1974 年 3 月号,第 28—29 页。

表 2－3　标准价和行政指导时期的物价上涨幅度

单位(日元/千升)

适用时期 各种油类	第一次标准价格 (1962 年 11 月到 1966 年 2 月 15 日)			行政指导价 (1974 年 3 月 18 日到 8 月 16 日)			第二次标准价格 (1975 年 12 月 1 日到 1976 年 5 月 13 日)		
	① 实施前	② 实施后	③ 涨幅	④ 实施前	⑤ 实施后	⑥ 涨幅	⑦ 实施前	⑧ 实施后	⑨ 涨幅
汽油(高级) (一般) (平均)	— — 8 900	— — 11 300	— — 2 400	31 500 26 700 —	51 600 43 800 —	20 100 * 17 100 * —	— — 51 200	— — 53 700	— — 2 500
喷气飞机燃料油	12 000	—	—	13 000	215 000	85 000 *	27 500	30 000	3 700
灯油(家庭用) (其他) (平均)	— — 11 500	— — 13 000	— — 1 500	12 900 16 900 —	12 900 27 500 —	* 0 * 10 600 —	30 100	32 000	2 500
轻油	12 000	12 500	500	16 400	25 300	* 8 900	30 000	32 500	2 500
A 重油	10 000	11 400	1 400	16 400	25 300	* 8 900	29 300	31 800	2 500
B 重油	7 500	8 300	800	11 200	18 500	* 7 300	22 100	24 600	2 500
C 重油(含硫磺 0.3%) C 重油(含硫磺 3%) C 重油平均	— — 6 300	— — 6 800	— — 500	— — 11 800	— — 19 400	— — 19 400 *	29 300 18 900 22 000	29 700 21 900 24 700	400 3 000 2 700

续表

适用时期 / 各种油类	第一次标准价格（1962年11月到1966年2月15日）			行政指导价（1974年3月18日到8月16日）			第二次标准价格（1975年12月1日到1976年5月13日）		
	① 实施前	② 实施后	③ 涨幅	④ 实施前	⑤ 实施后	⑥ 涨幅	⑦ 实施前	⑧ 实施后	⑨ 涨幅
各种油平均销售价格	8 733	9 850	1 117	14 357	23 303	8 946	28 300	31 000	2 700
纳税前盈利	—	—	—	—	250	—	—	—	—
各种油平均精炼价格	—	—	—	—	23 053	—	—	—	—
进口原油 CIF 价格	—			3月份 18 976			—		

注:1. 带有*是指涨价幅度在行政指导下的涨价限幅。

2. ——是指未作统计的标识。

3. ① 是1962年各种油类在涨价以前的销售价格。② 是实施标准价以后的新价格。③ 是由② —① 的计算得出的结果。④ 是1973年12月时的销售价格。⑤ 是行政指导后的价格。⑥是⑤—④的计算结果。⑦ 是1975年各种油类在涨价前的销售价格。⑧ 是实施标准价以后的新价格。⑨是⑧—⑦的计算结果。

出处:1. 日本石油:《石油便览》,石油时报社,1962—1977年度的相关数据。

2. 共同石油:《共同石油20年史》,共同石油公司,1988年,第280页。

3. 日本石油:《日本石油百年史》,1988年,第784页。

方面认为涨价幅度及其方法都存在问题，对指导价格持批判态度。[①] 其一，认为指导价格是被作为控制物价的最重要的课题而将其涨幅控制在最低限度，正如通产省预测的那样，由于各石油公司的原油成本存在较大差距，库存较少的企业在经营上亦可能发生较为严重的事态，远不能弥补各石油公司实际成本的增长。其二，分担向各油种转嫁的成本，以迄今在涨价时所采用过的等价比率方式(涨价率等同方式)为基础计算，对价格悬而未决的家庭用煤油、液化丙烷气为主的轻油、A重油在政策上予以优惠，使其与以汽油和C重油为主的其他油种之间的价格差距比以往加大。[②] 这种价格指导有利于汽油使用率较高的外资企业，而对民族资本企业则不利，尤其是对以生产石脑油、C重油为主体的联合精炼企业打击相当惨重。并且，石油产业在收益方面较大程度依靠汽油，因此这进一步加剧了汽油出售方面的不正当竞争。[③]

（二）颁布实施具有强制性的法律法规

日本为了尽可能地弱化、规避石油危机的影响，除了制定上述号召、行政指导性措施外，还颁布了许多强制性的法律法规。石油危机前的1972年7月，田中内阁提出的日本列岛改造计划，加剧了日本经济的通货膨胀。对此，日本虽然采取诸如提高存款准备金、限制对商社的贷款等手段，[④]但仍不能扭转物价上涨的势头。于是，1973年7月6日，日本又制定并公布了《囤积惜售防止法》，决定通过法律手段限制物价上涨。该法共由11条组成，[⑤]第一条明确规定，防止囤积惜售生活相关物资的目的在于稳定国民生活，确保国民经济健康运行。而且，该法还对“生活

① 石油产业部门要求以1973年12月为标准，每千升上涨1.2万日元左右，而通商产业省的意见最初是每千升上涨9 146日元。之后，通产省又作修改，并提出三个方案，即每千升上涨9 118日元、8 946日元和8 746日元。参见：《石油新价格体系的计算依据》，《日本经济新闻》，1974年3月17日以及“石油产品价格上涨62%”，《石油文化》，1974年4月号，第6—9页。

② 石油联盟：《战后石油产业史》，石油联盟，1985年12月，第244页。

③ 通商产业政策史编纂委员会：《日本通商产业政策史》第13卷，通商产业调查会，第84页。

④ 垣水孝一：《“防止囤积法”的概要》，《法律广场》第26卷，第8号，第18页。

⑤ 参见1973年7月6日日本法律第48号。该法分别在1999年7月16日、11月22日，2006年6月7日进行过修改。

相关物资”的概念进行了界定，即“与国民生活密切的物资或国民经济中重要的物资”。① 第一次石油危机的爆发，进一步助推了日本通货膨胀的上涨，使之越发难以收拾，对此，通商产业省依据该法共分五次逐步扩大适用商品的种类，具体指定的商品的日期及物资参见表 2-4。

表 2-4　《防止囤积惜售法》的指定商品一览表

商品名称	所管官厅	指定日期	解除日期
手纸	通商省	1973 年 11 月 22 日	1976 年 5 月 1 日
印刷用纸	通商省	1973 年 11 月 22 日	1976 年 5 月 1 日
汽油	通商省	1973 年 11 月 22 日	1976 年 5 月 1 日
A 重油	通商省	1973 年 11 月 22 日	1976 年 5 月 1 日
液化天然气	通商省	1973 年 11 月 22 日	1976 年 5 月 1 日
合成洗涤剂	通商省	1974 年 1 月 14 日	1976 年 5 月 1 日
酱油	农林省	1974 年 2 月 1 日	1974 年 5 月 1 日
精制白糖	农林省	1974 年 2 月 1 日	1974 年 5 月 1 日

注：本表所列出的指定商品不包括石油危机前的指定部分。
资料来源：经济企划厅物价局物价政策课：《近期的稳定物价政策》，1978 年。

尽管在 1973 年 10 月石油危机爆发后，日本政府扩大了制定物资的种类，但是，其效果并不理想。仅仅通过《囤积惜售防止法》来限制产品的物价上涨，达不到稳定国民生活的目的。于是，日本又不得不制定更全面、更权威、更有效的法律。

日本政府根据《石油紧急对策纲要》，在 1973 年 11 月 30 日阁议决定了通产省提议案——《石油供需合理化法案》②、经济企划厅提议案——《国民生活安定紧急措施法案》，两法案在 12 月 1 日向国会提请审议，同

① 1973 年 7 月 6 日，日本法律第 48 号：《生活相关物资囤积以及惜买的紧急措施法律》中的第 1 条。

② 该法实施后，因日本国家行政组织、石油储备法、行政诉讼法的变化，先后修订过五次。时间分别是：1983 年 12 月 2 日、1999 年 7 月 16 日、1999 年 12 月 22 日、2001 年 6 月 20 日、2004 年 6 月 9 日。

月 21 日获得国会通过，次日公布实施。[①] 像如此短时间内在参众议院集中审议，并很快被通过的法律，在日本尚属首次，这体现了石油危机对日本经济影响的深刻性，同时也折射出了日本想尽快化解石油危机的强烈心态。上述两法一般称之为“石油二法”，都是作为石油紧急对策的一环，以应对石油危机而颁布实施的。

《石油供需合理化法》是以“在对我国石油供应大幅度不足的状态下，为了使国民生活稳定、国民经济顺利运行及确保石油的公平供应，通过减少使用石油的措施，谋求石油供求的适当化”为目的制定实施的。[②]《国民生活安定紧急措施法》的目的是，“为了应对物价上涨以及其他国民经济的非常事态，对于国民生活的紧要物资以及国民经济的重要物资，制定有关价格以及供求调整的紧急措施，以确保国民生活的安定与国民经济的顺利运营”[③]。《石油供需合理化法》的适用对象只是石油，即为了确保石油的合理供给和节约使用而制定的强制性措施。而《国民生活安定紧急措施法》的适用对象不但是石油，而是包括整个国民生活所需的紧缺物资以及国民经济所需的基础物资。[④]

《石油供需合理化法》主要从石油生产计划、石油用量限制、发挥性油用量消减、石油存量指示、石油供应斡旋及石油分配等方面为确保石油的合理供给和节约使用而制定的措施，其具体内容主要有：[⑤](1) 经内阁成员会议决定后，由内阁总理大臣发布为应对石油供应不足而实施的政策；(2) 经内阁成员会议决议，由通商产业大臣制定石油供应标准；(3) 由通产业大臣要求石油业者履行对石油生产、进口、销售计划制定报告的义务，并在必要时发出变更要求指示；(4) 石油业者用油不得超出政令所定数量；(5) 为节约使用发挥油，通产大臣可发出实施销售的指示；

---

① 产业学会：《战后日本产业史》，东洋经济新闻社，1995 年，第 1026 页。

②《石油供求合理化法》，1973 年 12 月 22 日法律第 122 号，第 1 条。

③《国民生活安定紧急措施法》，1973 年 12 月 22 日法律第 122 号，第 1 条。

④ 植草益：《能源产业的变革》，NTT 出版，2004 年，第 300 页。

⑤《石油供求合理化法》，昭和 48 年 12 月 22 日法律第 122 号，第 1—14 条。

(6) 为确保国民生命不可缺少的事业、活动之石油供应，通商产业大臣可向石油销售业者发出有偿转让石油的指示。在以上述措施克服紧急事态发生明显困难时，日本政府可以通过政令决定有关石油的分配、定量供给的事项。违反以上规定者，处以劳役或罚款。

该法避免了在应急过程中产生职权不清、事权冲突、相互推诿等流弊，并赋予了通产大臣具有如下的职权、职责和所承担的任务，即(1) 指导石油供应和分配，公布石油冶炼业的石油库存量、出售量；(2) 检查石油冶炼业的生产状况、征税报告；(3) 对消费者进行石油消费限制；(4)限制石油销售业界的汽油销售量、缩短营业时间。当有违反上述指示的情况发生时，采取罚款的处罚措施，并公示于众。为了配合该法的实施，日本还以政令的形式规定了"石油的分配和配给规则"。

伴随着《石油供需合理化法》的制定、实施，政府决定从 1974 年 2 月起对石油消费管制手段从行政指导转为法律管制。① 石油消费管制的依据主要是《石油供需合理化法》中对石油节减目标进行相应规定的第 7、8 条，第 7 条适用对象是以使用 2 000 千升以上的行业，第 8 条是以不足 2 000千升的行业为对象。而且是根据各行业的不同分成了四个类别，对之分别采取了不同的消减率。日本共实施了四次石油法律管制，具体参见表 2 - 5。

通过法律手段对石油消费进行管制的效果到 1974 年 6 月才渐次凸现，石油供求矛盾基本得到缓解，加之石油进口也开始出现好转，石油库存量较石油危机时呈上升趋势。对此，日本政府对石油消费再次从法律管制转为行政指导。

《国民生活安定紧急措施法》是为了抑制物价上涨、解决经济混乱和确保国民生活稳定而制定的，该法规定了以"谋求稳定生活物品价格、调

---

① 石油危机爆发后，政府有过两次以行政指导为主的石油消费管制，第一次是 1973 年 11 月 20 日—1974 年 1 月 15 日，行政指导依据是《石油紧急对策纲要》；第二次是 1974 年 1 月 16 日—1974 年 1 月 31 日，行政指导依据是《关于当前节约使用石油及电力的对策》《石油及电力的节约使用要领》。

表2-5　1974年日本石油消费法律管制概要

类别	对象行业	第1次的消减率 2月1日至28日		第2次的消减率 3月1日至31日		第3次的消减率 4月1日至30日		第4次的消减率 5月1日至31日		法律依据
		第7条对象企业	第8条对象企业	第7条对象企业	第8条对象企业	第7条对象企业	第8条对象企业	第7条对象企业	第8条对象企业	
第一类	上下水道、医疗、社会福利事业、学校、治安、消防、警察、邮政、公共电器通信	0%	供给必要最小量	0%	供给必要最小量	0%	供给必要最小量	0%	供应必要最小量	以《石油需求合理化法》中的第7、8条。
第二类	铁道等公共运输部门、农业、渔业、精米、乳制品业制造、淀粉制造等特定食品加工、合成洗剂制造、（蔬菜、果品罐头制造业、洗涤业）等。	0%	0%	0%	0%	0%	0%	0%	0%	

续表

类别	对象行业	第1次的消减率 2月1日至28日		第2次的消减率 3月1日至31日		第3次的消减率 4月1日至30日		第4次的消减率 5月1日至31日		法律依据
		第7条对象企业	第8条对象企业	第7条对象企业	第8条对象企业	第7条对象企业	第8条对象企业	第7条对象企业	第8条对象企业	
第三类	纤维制造、木材、木制品制造、纸加工制造、皮革、皮革制品、窑业、土石制品制造业、钢铁业、金属制品制造业、机电产品制造、学习用品制造、仓库、(矿业、食品制造、纸浆、纸、皮革)、等	5%，即2月份实际使用量的5%	5%，即2月份实际使用量的5%	8%，即3月份实际使用量的8%	8%，即3月份实际使用量的8%	8%，即4月份实际使用量的8%	8%，即4月份实际使用量的8%	8%，即5月份实际使用量的8%	8%，即5月份实际使用量的8%	以《石油需求合理化法》中的第7、8条。
第四类	其他行业	13%，即2月份实际使用量的13%	13%，即2月份实际使用量的13%	13%，即2月份实际使用量的13%	13%，即2月份实际使用量的13%	13%，即2月份实际使用量的13%	13%，即2月份实际使用量的13%	13%，即2月份实际使用量的13%	13%，即2月份实际使用量的13%	

注：本表对象性行业第2类中的“(蔬菜、果品罐头制造业、洗涤业)”是在第二次石油管制时将第3类中改为第2类的；第3类中的(矿业、食品制造、纸浆、纸、皮革)是从第4类中改为第3类的。

资料来源：此表根据《石油业界的发展》1973年、1974年的相关数据制作而成。

整供求关系平衡”为中心的紧急措施。在物价上涨或有可能上涨时，以政令的形式指定管理生活物品种类，并规定所指定的物品交易量及库存量的标准。

为了配合石油2法的实施，内阁总理大臣在12月22日，发布了《紧急事态宣言》。1974年的1月12日，按照《石油供需合理化法》第5条，日本首次提出了1974年1月份的“石油供应目标”，此后一直到9月份每月都公布供应目标。另外，12日，按照《国民生活安定紧急措施法》第3.4条，灯油和LP燃气被确定为管理物资，其标准价格设定为：灯油380日元/18 L罐，LP燃气1 300日元/10 kg，从1月18日开始实施。① 1974年2月开始按照“石油使用节减目标”，对不同机关、单位进行了分别指导。

第一次石油危机后，日本通过制定《石油供需合理化法》《国民生活安定紧急措施法》，基本起到了限制石油和电力的使用量，控制相关生活物价指数，稳定了国民生活的作用。事实证明，在采取措施前的“真的能遵守吗”“若违反了怎么办呢”的担心是多余的，这也体现了日本国民的自我约束和责任感。②

如上所述，作为应对第一次石油危机的紧急对策，是以限制石油消费为基轴展开的，根据《石油紧急对策纲要》，以行政指导为中心的石油消费管制，即称“第一次石油管制”。以内阁总理大臣为组长的紧急石油对策推进本部是制定、贯彻和实施上述“石油紧急对策纲要”的重要行政部门。

从限制石油使用的效果看，如图2-1所示，石油危机前10月的燃料油使用量与前一年度的同月相比增长了18.2%，12月增长了4.2%，与10月相比减少了14个百分点。到1974年4月，与前一年度的同月相比，减少了4.8%。减少使用燃料油的数量，到了1975年3月超过目标

---

① 产业学会：《战后日本产业史》，东洋经济新闻社，1995年，第1026页。

② 加纳时男：《日本的能源战略》，东洋经济新报社，1981年，第200页。

并达到了12%。①

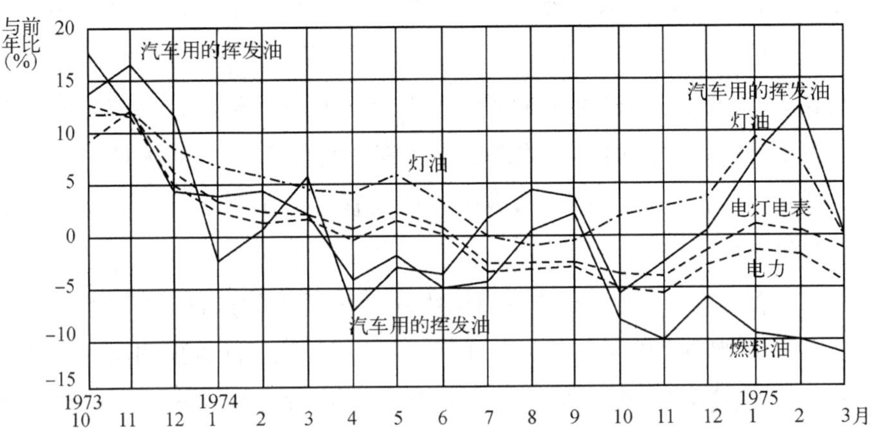

图2-1 第一次石油危机爆发后的燃料油和电力的限制使用情况

资料来源:松井贤一:《战后50年的能源检证》,电力新报社,1995年,第259页。

可见,日本政府在整个国民经济与社会秩序受到石油危机的巨大冲击下,通过运用相关既定法律(《囤积惜售防止法》)、新法律(《石油二法》等),调整在非常状态下的国家权力、公民权利之间的各种关系,充分发挥法律对社会无序状态、紧急状态的防范和矫正功能,最大限度地弱化和避免了石油危机给日本带来的破坏性。

三、中东政策的转变与外交斡旋

日本为克服石油危机,除了在国内努力限制石油消费外,也在外交方面致力于能源供应源的稳定,这主要体现于日本政府与中东产油国开展的紧急外交斡旋,努力改善与阿拉伯石油输出国组织国家的关系。

石油危机爆发后,日本政府并未立刻趋中东进行外交斡旋,其原因是日本政府内部并未达成一致意见,内阁、外务省主要考虑到"日美同盟"关系,认为贸然赴中东斡旋,将会伤害美国的感情,仍然决定采取"中立"政策。10月19日阿拉伯10国驻日大使主动约见外相,递交要求日

① 松井贤一:《战后50年的能源检证》,电力新报社,1995年,第259页。

本积极支持阿拉伯国家正义事业的备忘录，并对日本的“中立”政策表示强烈不满。① 对此，大平外相只是口头答复表示支持1967年联合国关于要求以色列军队从占领区退出的第242号决议，26日又向阿拉伯驻日大使表明了“对埃及、叙利亚等国要求将1967年6月被以色列占领的一部分领土恢复为阿拉伯领土的愿望是能够理解的”②。针对阿拉伯产油国的削减供应措施，11月6日，内阁官房长官进一步明确日本倾向阿拉伯一方的态度。

尽管如此，阿拉伯石油输出国组织认为日本的谈话是“敷衍”的，态度仍然是“暧昧”和“中立”的。11月18日阿拉伯石油输出国组织石油部长会议，决定对欧缓和削减供应，而日本却被排除在缓和供应对象国之外。12月9日召开的阿拉伯石油输出国组织部长会议上，决定再次加强对日本削减供给。沙特阿拉伯石油部长亚马尼曾发言说，如果日本想排除在被削减对象国之外，日本就有必要以与以色列断交等明确的形式，表明支持阿拉伯。

对此，为了确保以石油为基础的产业经济结构免予崩溃，日本财界、产业界以及通产省都强烈要求日本政府迅速改变“中立”的中东政策。

11月15日，财界首脑③向田中角荣明确提出尽快向阿拉伯国家派遣“资源特使”的要求，表示现在日本政府只能采取“亲阿拉伯政策”，以应对石油危机。在22日召开的决定转变对阿拉伯政策的内阁会议上，中曾根通产大臣也发言说，为了摆脱石油危机，“希望研究向阿拉伯派遣特使问题”。另外，11月22日日本以二阶堂官房长官的讲话进一步表明

---

① 李凡：《战后日本对中东政策研究》，天津人民从版社，2000年，第44页。

② 近代日本研究会：《日本外交危机的认识》，山川出版社，1985年，第331页。

③ 财界首脑是指日本最大的经济团体“经济团体联合会”的会长植村甲午、副会长土光敏夫，该组织能源对策委员会会长松根宪一、海外石油开发社社长今里广海。他们的坚决态度，无疑为日本政府中止对阿拉伯国家的“观望”、“徘徊”和“中立”态度产生了重要影响。

了倾向阿拉伯的态度。[①] 日本政府为了使阿拉伯国家转变其对日石油供应削减政策，12 月 10 日，派遣三木武夫副总理作为特使访问中东八国。为了谋求中东产油国改变对日本的石油政策，三木特使与沙特阿拉伯就缔结经济技术援助协定基本达成协议；在经济合作方面，就日本向埃及扩建苏伊士运河提供 2.8 亿美元的贷款等问题与中东国家进行了会谈。[②] 之后，中曾根通产大臣、小坂特使也访问了中东，日本的这先后三次访问，共承诺包括民间贷款高达 5 060 亿日元，同时，也促进了日本与中东国家之间的经济交流。[③]

通过日本上述的外交努力，12 月 25 日召开的阿拉伯石油输出国组织石油部长会议，决定视日本为友好国家，会议决定缓和对日本的削减石油供给，从而也避免了日本石油危机的进一步恶化。

四、应急管理过程中的政府效能

在构建危机应急管理体系的过程中，日本政府作为公共服务的提供者、应急政策的制定者、公共事务的管理者以及公共权力的行使者，发挥了诸多重要效能，其特点主要表现在以下六个方面。

第一，时间性。时间是政府对石油危机应急管理的关键元素。石油危机特别是第一次石油危机极具突发性和震撼性的特点，整个危机的过

① 官房长官关于中东问题的谈话：(1) 日本政府期望尽早而全面地实施安理会 242 号决议，在中东确立公正、永久的和平，继续要求有关各国及当事者做出努力，支持联合国全体会议就巴勒斯坦人的自决权尽快做出决议。(2) 日本政府认为，为了解决中东纠纷，应遵守下列原则：不允许用武力获得占领领土；以色列须从 1967 年战争的全部占领地撤军；地区内所有国家领土的完整与安全必须受到尊重，并应为此采取保障措施；在中东实现公正而永久和平，以联合国宪章为基准，巴勒斯坦人的正当权利要得到承认和尊重。(3) 遵照上述各原则，为了实现公正而永久的和平，日本政府希望各方倾注一切可能的努力。日本政府对以色列继续占领阿拉伯领土表示遗憾。强烈希望以色列遵守上述各原则，作为日本政府，在继续密切关注中东形势的同时，不得不根据今后各方面事态的发展，重新研究对以政策。参见宝利尚一：《日本的中东外交》，教育社，1980 年，第 26 页。李凡：《战后日本对中东政策研究》，天津人民出版社，2000 年，第 54 页。

②《日本经济新闻》，1973 年 12 月 11 日。

③ 通产省：《经济合作的现状和问题》，1974 年，第 35—36 页。

程发展变化迅速，而且其对世界经济带来破坏性、危害性和影响性都是史无前例的。因此，应对、化解石油危机，时间因素就显得最为关键。日本政府面对石油危机的爆发，为了维护社会秩序和国民经济的稳定，果断、迅速地采取了一系列紧急处置手段，而并非反应迟钝、优柔寡断、久议不决，特别是在关键的应急决策过程中，日本政府始终坚持了时间性原则，其具体表现如下。

首先，设置应急管理机构快。对石油危机爆发（1973 年 10 月 6 日）的恐慌，最初只是心理上的。因为危机爆发后并不是立刻波及影响到日本、法国、英国等石油消费国的，而是经过了一个生产、购买和运输的周期，即便如此，日本政府还是在高价石油到达日本前的 11 月 16 日就果断地设置了"紧急石油对策推进本部"，并动用所需的各种社会资源，迅速应对石油危机。① 之后不久的 12 月 18 日，日本政府又很快设置了"国民生活安定紧急对策本部"，以替代"紧急石油对策推进本部"。②

其次，制定紧急措施快。上述的应急行政机关通过应急性权力，在短短的两个月的时间内，制定并实施了八项紧急对策以应对第一次石油危机带来的影响。③ 特别要指出的是，政府根据 11 月 16 日制定的石油紧急对策纲要，在短短 14 天内通产省与经济企划厅编制并向内阁提交了《石油供需合理化法案》《国民生活安定紧急措施法案》。11 月 30 日在内阁会议上顺利通过了通产省提案——《石油供需合理化法案》、经济企

① 真正涨价后的石油是在 11 月底陆续到达日本的。

② 因"紧急石油对策推进本部"所推行的"削减石油使用量""节能活动"等各项措施的深入开展，致使国民经济、国民生活出现了混乱局面，为了既能开展紧急石油对策，又能确保社会稳定、有序，政府及时地设置了"国民生活安定紧急对策本部"，以替代"紧急石油对策推进本部"。

③ 主要有：1973 年 11 月 9 日制定《为在民间使用节减石油及电力的行政指导要领》、1973 年 11 月 16 日制定《在政府机关对石油、电力等节约使用的实施纲要》、1973 年 11 月 16 日制定《石油紧急对策纲要》、1973 年 11 月 30 日制定《石油供求合理法案》、1973 年 11 月 30 日制定《国民生活安定紧急措施法案》、1973 年 12 月 24 日制定《关于限制汽车使用的条例》、1973 年 12 月 28 日发布了《关于当前的紧急对策的说明》、1974 年 1 月 10 日制定《石油及电力的节减要领》、1974 年 1 月 11 日制定《关于当前石油及电力的节减要领》。

划厅提案——《国民生活安定紧急措施法案》，翌日，两法案提交国会审议，同月 21 日获得国会通过，22 日便公布实施。[①] 在如此短的时间内在参众议院集中审议，并很快通过法律，这显示了日本政治运行体制在面对突发危机时具有高效率的机能。

第二，权威性。权威是日本政府采取紧急应对的一种特殊的、无形的资源，是政府顺利实施应急行政权力的保证。政策执行的主体必须具备相应的权威，因为政策应急管理是各部门相互协作的共同活动过程，而"共同活动过程的首要条件是要有一个能处理一切所属问题的起支配作用的意志"[②]，此意志即权威。从日本应急机构的设置以及人员构成上看，显然具备了权威性。"紧急石油对策推进本部"和"国民生活安定紧急对策本部"的部长都是内阁总理大臣，其成员构成是所有国务大臣及内阁法制局长官。以资源和能源为中心的"运动本部"的部长是内阁官房长官，本部会员主要由事务次官构成。由主要人物担当应对危机应急的领导责任，可以表明政府应对危机的信心和决心，能够维护政府在社会公众中的地位和形象。这些机构及人员不仅是政府应对危机措施的权威制定者，同时也扮演应急管理的核心决策者和指挥者的角色，在应急危机管理中居于核心地位。

日本紧急管理机构的权威性，是通过拥有并使用应急性行政权力向外界传导和表现的。应急性行政权力是应急性行政机关处置能源危机，保障国家、社会和公民利益以及恢复正常社会秩序的手段，是体现应急性行政管理体制的首选方式。如果应急性行政机关没有被授予足够强大的应急性权力，或者只行使常态下的行政权力，那么应急性行政管理体制根本就无法发挥其应有功能，也就难以有效应对突发危机事件。日本在设置应急性管理行政机构的同时，赋予了本部长相应的权力，规定

① 产业学会:《战后日本产业史》，东洋经济新闻社，1995 年，第 1026 页。
② 马克思、恩格斯:《马克思恩格斯选集》第 2 卷，人民出版社，1972 年，第 553 页。

与本部运营相关的必要事项均由各本部部长决定。①

第三,效率性。效率是日本政府紧急应对石油危机能力的体现。从机构设置而言,"紧急石油对策推进本部""国民生活安定紧急对策本部""以资源和能源为中心的运动本部"是作为应急管理行政机构设立的,但三者的设置并非是叠加式的设置,这就避免了因应急性机关臃肿和重叠而产生的人浮于事、应急处置效率低下等负面效果。日本在 1973 年 12 月 18 日设置"国民生活安定紧急对策本部"的同时,废除了 1973 年 11 月 16 日设置的"紧急石油对策推进本部",1974 年 8 月 30 日,设置了作为替代"国民生活安定紧急对策本部"的"以资源和能源为中心的运动本部"。显然,这种更迭式的设置,避免了因重复设置而造成的部门与部门之间的推诿和牵扯,确保了行政应急效率。在应急状态下,日本应急性行政权力是垂直型、金字塔型的管理,这种管理体制的优点是可以增强应急性行政权力的强度、简化应急性行政权力行使时所需要遵循的程序,从而提高了行政的办事效率。

第四,协调性。协调是日本政府紧急应对石油危机的主要手段之一。日本政府在应急管理过程中,在以下国内和国际两个层面同时发挥了协调作用。② 紧急对策管理机构以内阁总理大臣为最高领导,便于协调国家综合力量、政府内部各职能部门以及政府与企业界、民间应对危机时的协调运作和有序整合。从协调对象而言,其中既包括对法务、外务、教育、卫生、农林水产、运输、邮政大臣、劳动、建设、内阁府总务、国家公安委员会、行政管理厅、北海道开发厅、防卫厅长、科学技术厅、环境厅长官、内阁法制局长官、冲绳开发厅、公平交易委员会等横向部门间的协

① 1973 年 11 月 16 日设置的"紧急石油对策推进本部"中的第 6 条、同年 12 月 18 日设置的"国民生活安定紧急对策本部替代紧急石油对策推进本部"中的第 7 条均规定,作为本部长的内阁总理大臣有权决定与本部运营相关的各事项。1974 年 8 月 30 日,设置的"以资源和能源为中心的运动本部"中的第 8 条规定,内阁官房长官有权决定与本部运营相关的各事项。

② 关于国际协调,在上文中有过详细阐述,在此主要论述日本政府的国内协调。

调，也包含对总理大臣、省（厅）、县、市、町、村等纵向部门之间的协调。① 从协调机制而言，包括等级命令协调机制和信息沟通协调机制。前者是指政府内部有等级区分的机构之间的协调机制，主要体现为上下级政府间的协调机制，即主要是以明确的上下级关系为核心的政府机构的命令解决方式。后者是指政府内外不涉及等级关系而主要涉及信息沟通等方面的协调机制等，它主要是以信息沟通为核心的解决方式，部门及各方主体之间并无明确的上下级关系，而是平等相待。

在石油危机初期，政府的协调主要体现在通过设置"石油制品斡旋洽谈所"以实现对石油及石油产品进行跨地区、跨行业融通、互补和流通，而"石油制品斡旋洽谈所"的设置就是政府内部以及政府与企业界综合协调的结果。

第五，指导性。指导是日本政府紧急应对石油危机的主要手段之一。日本政府最初并没有采用强制性的法律措施应对危机，而是通过在节能、削减用量、价格控制、分配等方面的行政指导来应对的。首先，日本制定了石油紧急对策纲要。石油危机紧急纲要的基本方针明确指出："作为当前紧急对应的措施，采取的主要是开展与石油等能源相关的节约运动、强制性的行政指导、综合地实施减少石油的使用政策，在强化抑制石油总需求的同时，最大限度地努力确保能源的供应。"②日本还紧急号召全体国民大力开展能源的节约消费运动。③ 与之相配套，日本政府

① 参见：内阁决议，"紧急石油对策推进本部"中第 2、3 条，1973 年 11 月 16 日；内阁决议，"国民生活安定紧急对策本部替代紧急石油对策推进本部"中的 2、3 条，1973 年 12 月 18 日。

② 内阁决议《石油紧急对策纲要》，1973 年 11 月 16 日，http://www. eccj. or. jp/gov_pr/shiryo_0101. html。

③ 号召节能的主要内容有：推进开展以"各级机关要最大限度地减少对石油的使用，产业界、一般国民等要让室内温度控制在 20 ℃，停止使用广告牌用的装饰照明灯，尽量不使用自家轿车，在高速公路上不要开快车，尽量不要外出旅游，提倡一周两休制"等全国性运动。另外，要求石油销售业者、电气事业者及其他团体，进行与具体节能方法有关的各种广告活动。参见：石油联盟编发的《战后石油产业史》。

在纲要中从石油的用量、分配及价格等方面进行了行政指导。[①] 其次，日本政府还制定了《政府部门实施石油、电力等节约对策纲要》和《在民间节约使用石油、电力的行政指导纲要》。[②] 在此基础上，又对石油产品的价格上涨制定了行政指导价。[③]

另外，关于确保石油的稳定供应、合理分配、各公司间融通斡旋体制的确立等事宜，在《石油供需合理化法》中也有明确规定，经济产业大臣根据实际情况认为在必要时，要对石油销售商进行石油供应指导。当各

① 具体措施有：(1) 为了紧急减少对石油和电力的使用，从本年 11 月 20 日开始，实施强制性的行政指导。一般企业的节约率从当前到 12 月末，为了弱化对国民生活和经济社会的影响决定节约 10%。(2) 为了确保上述指导的实效性分别作了如下规定。通过对大量使用石油的产业及与之有关的产业、对用电超过 3 000 kW 以上的用户进行特殊管理、指导。要求缩短大规模店铺、小零售商的营业时间，克制在深夜播放电视节目，减少观光旅游的运输，加油站节假日休息等的行政指导，尽量减少抑制对石油需求增加。(3) 在实施上述行政指导的同时，为了防止石油价格的直线上升，采取了强有力的措施制止非法所得。尽力确保一般家庭、农林渔、铁道等公共运输机关、医院等公共设施所需用的石油。

② 1973 年 10 月 16 日日本政府内阁会议，在颁布《石油紧急对策纲要》的同时也制定了《政府部门实施石油、电力等节约对策纲要》，并从即日起开始贯彻实施。其目的旨在使政府部门在节约石油资源运动中能起到率先垂范的作用，并以此号召在产业界、一般国民中开展节约消费运动。具体要求是：政府用车减少 20%、白天电灯照明减少 30%、电梯运转减少 20%、克制开自家车上班、尽量不再晚上加班等等。之后，政府为了在民间能紧急实施节约用电用油，11 月 9 日制定了《在民间节约使用石油、电力的行政指导纲要》，并决定 20 日起开始强力实施石油消费限制。主要内容，(1) 大量需求户——削减消费的 10%，所谓减少 10%，即“72 年 12 月的消费量/72 年 10 月的消费量×1973 年的消费量×90%。其对象行业为，钢铁业、汽车制造业、石油化学工业、汽车轮胎制造业、水泥制造业等 11 个行业；(2) 一般消费者等，假日不得在高速公路驾驶兜风，加油站假日停业，日常营业以至下午 6 时为止。上述参见：1. 内阁决议：《政府部门实施石油、电力等节约对策纲要》，1973 年 11 月 16 日。2. 石油联盟：《战后石油产业史》，第 239 页。

③ 政府在石油危机初期，主要采取了抑制物价上涨率、延缓物价上涨时间的强有力的行政指导，政府以政令形式，要求在 1973 年下半年乘势涨价并遭社会舆论谴责的石油行业交出抢先涨价所得收益；10 月 10 日冻结了家庭用灯油的销售价格，接着 11 月 28 日，向社会通报了“为稳定供应家庭用灯油的紧急对策”，家庭用灯油零售的指导上限价格为每罐(18 L)380 日元；又根据 1973 年 12 月末的原油价格基准，冻结了石油产品的批发销售价格，暂时制止了将原有价格上涨部分向产品价格转嫁。直到 1974 年 2 月，从石油稳定供应的角度，通产省才不得不开始了新价格体系的准备工作。3 月 16 日经过内阁会议批准，政府决定了改定石油产品价格及与此相并行的有关稳定物价对策的新的行政指导方针。即决定以 1973 年 12 月的平均价格为准，许可每千升涨价 8 946 日元，平均批发价格销售价格定为每千升 23 303 日元。各石油公司以此行政指导为依据自 18 日起并开始涨价。参见：通商产业政策史编纂委员会：《日本通商产业政策史》第 13 卷，通商产业调查会，第 81 页。

行政机关长认为有必要确保一般消费者、中小企业以及农林渔业者、铁道部门、通信部门和医疗系统等的石油提供时，要向经济产业大臣建议实施行政指导。①

第二节　两次石油危机后的常态管理政策

任何制度都是一种规则或规范的安排，不同的理性选择与制度安排会导致不同的经济效应，即或促进经济发展或引起经济秩序混乱。1973年爆发的石油危机对日本而言是其战后第一次国家危机，整个国家特别是在“能源配置”方面，凸显出政府失灵、市场失效、心理失衡的“三失”效应。对此，日本为建立一种常态的、完备的能源危机管理体系，避免因制度缺失、决策失误和管理错位等原因导致能源危机再次带来灾难性的后果，从行政、法律等方面对危机进行了相应的制度安排、政策设计，以期强化危机管理水平、提升危机管理质量。

能源危机对资源约束型国家而言是“国家危机”。日本以两次石油危机为契机，从规避、分散、抵御、弱化、稀释和舒缓等不同政策取向角度进行了行政政策安排；从长期性、全民性、战略性和权威性的角度，进行了法律政策安排，行政政策安排和法律政策安排共同构成了日本能源危机管理的政策体系。该体系的最大特点是日本巧妙地通过机制设计渐次形成了能源危机管理的社会共建模式。另外，该体系的构建过程也是日本将能源“危机”转向经济发展“契机”“危机管理”转向“常态管理”的过程。

一、能源危机及其管理目标

“能源安全”是各国制定能源政策的核心目标与验证能源政策成败的标尺。丹尼尔·耶金(2008)认为能源安全是“以合理的价格和不危及

① 日本法律第122号:《石油供求合理化法》第11条,1973年12月22日。

国家价值观、国家目标的方式，获得充足、可靠的能源供应”。Mason Will rich 提出能源安全分为进口国能源安全和出口国能源安全。① 进口国能源安全是指确保合理的能源供应，保证国民经济的正常运行。出口国能源安全则意味着确保出口（即获得国外市场），保障石油收入的金融安全。徐小杰则认为，能源安全是一种进口国与出口国之间的互动关系。② 罗晓云认为能源安全包括三个层次，即尽量避免能源供应中断、减轻国际石油价格波动对国内经济和社会的影响、防止和处理能源意外事故。

基于对上述文献理解和分析，“能源安全”可定义为国家或地区经济发展与民生享受所需能源供给的稳定、持续的态势。“能源危机”是与“能源安全”相对的概念，它是指国家或地区所需能源的稳定、持续的态势受到政治、经济、战争、恐怖主义、自然灾害等因素的威胁和破坏。能源危机除了一般公共危机所具有的突发性、紧急性、不确定性、易变性、社会性、扩散性、危害性、破坏性等特点外，还有外交性、政治性和战略性的特点。

以 20 世纪 70 年代的石油危机为契机，能源危机管理成为日本战略管理中的重要组成部分，其管理过程也是政府组织相关社会力量共同应对能源危机的动态过程。日本能源危机管理的目标是政府预期和国内外能源环境结合的产物，其核心是确保所需能源的“安全”，具体主要表现为三个层面。

其一，能源“量”的确保。作为世界上资源匮乏的国家，日本若无充足的能源供应，毋庸说是经济快速增长，就连国民的正常生活也会因失序而难以维持，进而造成整个国家秩序的混乱。因此，对日本而言，能源安全的基本标准是能获得经济发展民生享受所需的能源量。进一步而言，能源“量”的确保应包括能源生产、海上运输、分配等环节上的安全。

---

① Mason Willrich: *Energy and World Politics*, New York: the Free Press, 1975, pp. 68 - 70.

② 徐小杰:《新世纪的油气地缘政治》，社会科学文献出版社，1998 年，第 167 页。

其二，能源“价格”的合理。能源是国民经济的血脉，涉及行业广、产业链长。当国际能源价格波动时首先会影响国内油价，并将通过产业链进一步传导、渗透到生产、生活等各方面，从而直接推高 CPI 和 PPI。日本在石油危机时期，就曾面临着双重压力：一是由于石油进口成本增加，推高了国内物价水平，诱发了物价通货膨胀；二是日本出口产品价格并没有随着能源价格的上涨而升高，致使相关出口企业处境艰难。因此，规避能源“价格”波动所诱发的诸多风险是能源管理的重要环节。

其三，国民“心理”的稳定。能源危机事态下所出现的社会心理问题，往往表现出强烈的非理性色彩。在现实中即使石油充足，但石油危机也可能会发生。导致这种结果的原因是买方和卖方的信息不对称以及信息和心理的互动影响。第一次石油危机爆发期间，日本的石油库存最少时还保持了一个月的存量①，但石油危机仍旧给日本带来严重的物资短缺、通货膨胀，探究其原因除了日本在能源管理上存在着制度缺失外，民众缺乏心理调控和心理准备亦是其重要原因。因此，在能源危机管理中，日本认为需要从制度层面加强对社会心理调控体系的构建。

为了确保上述目标，日本从制度层面，制定了一系列的能源危机管理政策。日本的能源危机管理政策是指政府为规避或弱化石油、煤炭、天然气、电力等能源因供应削减、中断、价格攀升等原因而对经济发展、社会稳定产生严重影响、重大威胁和巨大损害，有计划、有组织地制定和实施的应对措施。能源管理主要是通过行政、法律两个层面上的政策设计实施的，二者在空间上并非呈孤立状态，而是叠加式和支撑式的安排。

二、能源危机管理的行政政策安排

20 世纪 70 年代，日本以两次石油危机为契机，为预防和应对未来将

① 从石油库存量看，与 1973 年 9 月相比，日本的石油及石油制品的库存量在 10 月、11 月、12 月，1974 年的 1 月、2 月、3 月分别为 59.6 天、56.5 天、53.6 天、49.2 天、46.6 天。

会再次发生的能源危机，实现所需能源安全（量的安全、价格的平衡、心理的稳定），分别从规避、分散、抵御、弱化、稀释和舒缓危机的角度在内政外交上进行了一系列政策安排，以谋求实现其政策取向。

其一，开拓能源多元化政策，以此“分散”危机。推进能源进口渠道多元化政策是为了建立蛛网式供应链，改变单一进口源的脆弱性，其政策取向在于“分散”危机。

第一次石油危机爆发后不久，日本便积极与印尼签订协议，由日本提供 4 亿美元贷款，印尼则保证分期向日本提供 5 800 万吨石油。1979 年 6 月，两国又签订了一项以日本向印尼提供 1.6 亿美元的贷款为条件的联合开发石油计划，印尼则用石油向日本分期偿还。同年 8 月，日本还与墨西哥达成协议，由日本提供 5 亿美元的优惠贷款，供墨西哥国营石油公司建造开发石油有关的设施之用，而墨西哥从 1980 年起，每天供应日本 10 万桶石油。此外，日本以中国将来以石油偿还为条件，同意给中国提供 20 亿美元的贷款，帮助中国勘探近海石油资源。① 日本通过开拓新的能源进口源，降低了过度依赖单一进口源的风险，从而也相应“分散”了石油危机的影响。

其二，强化国际能源合作政策，以此“抵御”危机。国际能源合作既是保障能源安全的一种方式，也是保障能源安全的目标，日本积极参加国际能源合作政策的目的在于与能源消费国共同“抵御”危机。

第一次石油危机凸显石油输出国组织（OPEC）的巨大威力，同时也相应地降低了国际石油资本在世界石油产业中的地位。为与之对抗，1973 年 12 月，美国积极倡导组建石油消费国同盟，以便采取共同行动，联合抵制产油国。1974 年，日本便参与了“能源协调小组（ECG）”的筹备和组建、“国际能源计划协定（IEP）”的起草和修改、“国际能源机构（IEA）”的设置等多边框架下的国际能源合作。此外，日本还加强了与美、德、法等国的双边能源技术合作。从合作的绩效成果上看，无论是多

① 石油联盟：《关于中国原油的进口》，《石油资源月报》，1975 年 11 月号。

边框架下的国际能源合作，还是双边框架下的两国间合作，都为应对能源危机风险起到了“抵御”效果。

其三，制定并实施节能政策，以此“弱化”危机。日本节能政策的目的是通过降低能源的消费量，“弱化”能源供应短缺和油价攀升的影响。日本在节能政策制定和实施过程中，非常注重节能政策的系统性、综合性和官民一体性。

日本在节能管理方面，目前已渐趋形成一套四级节能管理体系。① 第一级是以首相为首的节能领导小组，负责制定节能战略。第二级是以经产省（节能对策课）及地方经产局为主干的节能机构，负责管理。环境省、国土交通省等则依据各自优势与职能从不同角度对节能工作进行管理。第三级是专业节能机构——“日本节能中心”负责推进与组织实施节能工作。新能源开发机构（NEDO）负责组织、管理研究开发项目，提供研究经费。第四级是具体的节能指定工厂（重点能耗单位）与节能产品生产商与经销商，负责落实各项节能政策。整个管理体系庞大而又健全，体系内各职能部门责任分工明确、协调有序，真正地形成了政府管理指导、专业机构组织推进、企业贯彻实施、行业监督检查、公众参与的节能型社会机制。

其四，制定石油替代品技术开发政策，以此“稀释”危机。在经历了石油价格猛增、石油供应危机之后，日本开始考虑把能源政策的中心转向需投入大量资金且不会在短期内见效的“石油替代能源及开发新能源”政策上。实施石油替代政策的核心是新能源技术的开发和引进。对此，日本于1974、1978、1989年先后制定了“阳光计划”“月光计划”“地球环境技术开发计划”，1993年日本政府将上述三个计划合并为规模庞大的“新阳光计划”，以期望通过加大石油替代品利用量“稀释”能源风险。

上述计划可谓是日本能源科研创新的践行路线图。路线图中的详

① 相关内容参见：1. 省エネルギーセンター：“省エネルギー便覧—日本のエネルギー有効利用を考える資料集（2009）”，省エネルギーセンター，2008年12月。2. 王荣等：《日本节能经验与启示》，《中国能源》，2007年5月。

细科研目录与指南不仅为日本提供了发展能源科技的践行路径与愿景视野，还为政府、大学以及研究机构识别、选择与开发基础性、战略性、前瞻性与可行性的能源技术指明了方向。此外，该路线图也为日本有效推动产官研“三位一体”在能源科技方面的协调合作、加强知识共享与减少投资风险起到了关键作用。正因如此，日本在化石能源清洁化、生物能、自然能源、可再生能源、能源效率、能源环保等方面的技术水平一直处于世界领先地位。

其五，推进石油储备政策，以此“舒缓”危机。能源储备既是一项具有保险性质的输血工程，也是能源消费国应付能源危机的重要手段，各国把建立石油战略储备都作为保障能源供应安全的国家战略。日本的石油储备最初主要是以民间储备的形式实施，到 1978 年才确立了以官民并举方式（分为民间储备和国家储备）共同实施。近年在国际原油价格变幻莫测、不断攀升期间，日本国内石油市场的价格并未出现暴涨暴跌。显然，能源储备对调节国内供需、平抑油价、保证供应等方面起到了对能源价格风险的“舒缓”作用。

第一次石油危机后，日本进一步增强了对石油储备重要性的认识。1974 年 7 月，便确立了实施以 90 天为目标的石油储备行政计划。但对于如何顺利实现“90 天石油储备”目标的问题，日本通过充分论证和讨论的基础上，最后决定从 1975 年起在 5 年内完成该目标，采取以石油企业为主体的民间储备形式，政府只发挥辅助作用。当时，日本之所以采取民间储备的形式，主要是考虑到石油储备从原油的进口、运输、销售和储藏是一项复杂的工作，与其政府间接进行储备莫不如在石油储存相关环节方面具有技术能力和优势的石油企业实施更有效。① 而且，将石油供应业务交由石油企业运行，还可以完善石油供应体系。之后，为了进一步加强石油储备基地的建设和运作，日本最终通过法律形式把行政石油储备政策纳入到了法制化、长期化、规范化的轨道。

① 通商产业政策史编纂委员会:《日本通商产业政策史》第 13 卷，通商产业调查会，第 66 页。

总之,日本为了应对能源危机,在空间和时间两个层面上,通过制定和实施能源行政政策不断地整合物质资源、社会资源,谋求从规避、分散、抵御、弱化、稀释和舒缓危机的角度最大限度地降低能源危机的影响规模、时间和范围。

三、能源危机管理的法律政策安排

法律作为一种制度安排,是一个特定历史阶段的产物,它与一个国家的政治、经济、文化紧密相连,为本国经济发展与体制改革服务。日本通过各种能源立法,以强制性、权威性的手段确保了能源行政政策的有效实施,并把对能源危机的管理纳入到了法制化、常态化、长期化的轨道。纵观日本在两次石油危机期间制定并颁布的各种行政性的能源政策,可以发现几乎每一个重要的行政性能源政策都对应着一部与之相关的法律。这些法律的构建既是日本能源危机管理的法理依据,又是行政能源政策顺利制定和实施的具体保障。

其一,颁布应急性的"石油二法",并将其改为永久法。为应对第一次石油危机,日本制定的具有号召、行政指导性的诸措施虽然在某种程度上弱化和舒缓了石油危机给日本社会带来的影响,但毕竟行政指导性措施在影响力、执行力和贯彻力度等方面不及法律的约束度。对此,日本颁布了两部具有重要意义的能源危机管理法,将原先诸多具有临时性的行政措施纳入到了法制化轨道。1973 年 12 月 1 日日本把通产省提议案——《石油供需合理化法案》、经济企划厅提议案——《国民生活安定紧急措施法案》(简称"石油二法")向国会提请审议,同月 21 日便获得国会通过,次日公布实施。如此短时间内在参众议院集中审议,并很快被通过的法律,在日本尚属首次,这不仅体现了日本应对危机的紧迫性,同时也折射出了日本想尽快化解石油危机的强烈心态。

日本政府在整个国民经济与社会秩序受到石油危机的巨大冲击下,通过制定"石油二法",限制了石油和电力的使用量、控制了相关生活物价指数,稳定了国民生活的作用,更为重要的是它调整了在非常状态下的国家权力、公民权利以及国家权力与公民权力之间的各种关系，充分发挥了法律对社会无序状态、紧急状态的防范和矫正功能，最大限度地弱化和避免了石油危机给日本带来的破坏性。虽然“石油二法”都是作为石油危机的应急措施颁布实施的，但日本并未因为第一次石油危机的结束而废止，而是把其作为能源管理上的宝贵制度遗产，成了永久性法律。①

其二，制定《节能法》，使“节能”进入全民性时代。日本在通过石油危机认识到节约能源的重要性之后，便立即开始从法律制度方面进一步强化推行节能政策。1979 年 6 月 6 日在参议院会议上通过了《能源合理化的有关法律》(简称《节能法》)。

该法由 8 章 99 条组成，主要内容包括三个方面：一是调整产业结构，限制或停止高能耗产业发展，鼓励高能耗产业向国外转移；二是制定节能规划，规定节能指标；三是对一些高能耗产品制定严格的能耗标准等。同时，明确规定政府有义务协助民间机构推进节能技术的研究开发。之后，日本为有效地实施《节能法》及节能管理，制定了诸多与之配套的新政策。在生产环节上有“产品节能领跑者制度(Top Runner)”②、产品节能报告制度；在消费环节上有“能效标识制度”“节能产品目录”。而且，日本为加强企业节能管理，从 1979 年开始实行由国家统一认定能源管理人员从业资格的“能源管理师制度”。

《节能法》在能源法律体系中具有重要地位，其颁布实施不仅标志着日本把“节能”提升至了战略高度，还使“节能”强制性地进入了全民性时代，这为促使国民牢固地树立了自觉的节能意识，最终形成一个有利于节能减排的思想观念体系提供了制度保障。

---

① 尹晓亮：《日本对能源危机的应急管理——以第一次石油危机为例》，《东北亚论坛》，2010 年第 1 期。

② “产品领跑者制度”是在同一类产品中把能耗效率最佳产品的值设定为目标标准值，要求其它产品在一定的时间内必须达到该标准值，当达到时，再根据产品技术情况不断修订提升标准值。

其三，制定《石油替代能源法》，把开发“石油替代品”作为长期规划。石油替代是优化能源结构，降低石油对外依存度的关键手段。第二次石油危机后，日本为了降低经济对石油的依赖程度，于 1980 年 5 月 30 日，颁布了《石油替代能源法》。该法的颁布实施改变了原有石油替代能源的开发、利用，都是由各种能源研发部门和企业“分散”实施的缺陷，标志着日本把石油替代品的开发定为了国家长期规划。

在石油替代能源方面，该法强调的是“综合性”，即：一是不仅要注重在石油替代能源的开发，还要重视应用。二是，努力实现开发和利用石油替代能源的“多种性”。三是制定金融、财政、税收等综合性的激励措施。该法还明确规定了“石油替代能源”的框架、范围和方向①，即：一是替代石油供燃烧之物，二是替代作为热源的石油，三是替代作为转化动力热源的石油，四是替代转化电力的石油。可见，“石油替代能源”的概念不是指自然科学上运动能、热能的概念，而是指能在社会上、经济上替代石油的能源。

该法颁布后石油消费比重在逐年下降。在城市燃气中石油所占比例从 1973 年的 46％降到了 2005 年的 6％，而天然气则从 27％提高到了 94％。在电力结构中煤炭所占比例则由 1973 年 5％到 2005 年上升到了 26％，而石油从 71％降至 9％。②

其四，颁布《石油储备法》，将“石油储备”提升至国家战略。第一次石油危机后，日本提出了 90 天的石油储备计划。但是，该计划在实施过程中，遇到了以下三点梗阻。首先，储备石油是非营利性活动，民间石油企业因其储备量增加，占用资金过多、负担过重，会出现经营上的压力，故此对该计划反应强烈。其次，石油储备过程中的选地及其建设需要付出大量资金，政府要制定有效的财政、金融方面的措施。再次，因为石油储备基地需占用大片土地且无经济收益，加之储备基地的周围居民担心

---

① 茅阳一：《能源的百科事典》，丸善株式会社，2001 年，第 364 页。

② 经济产业省：《能源白皮书 2007 年版》，行政出版社，2007 年，第 14 页。

石油储备的安全性，引起了当地居民的不满。为解决上述问题，仅靠政府的行政指导和民间石油企业显然是无能为力的。故此，1975 年 12 月 27 日，日本制定了《石油储备法》，并于次年 5 月开始实施。

该法的颁布不仅标志着日本对能源储备重视的进一步加强，也开辟了日本官民共同储备能源的“新纪元”。

然而，若将石油储备的责任全部让企业承担，也不利于国家对整个石油资源的有效调控。因此，为了加强国家石油储备的机能，日本政府于 1978 年 6 月修改了《石油开发公团法》，并将其改称为《石油公团法》，调整了石油公团的职能。至此，石油公团除了原来承担的“促进石油和液化石油气的自主开发”和“促进石油和液化石油气开发技术的研究”两大职能之外，还承担为国家石油和液化石油气的储备提供资金的职责。① 同年 9 月，日本又颁布了《日本国家石油储备法》，该法是对 1975 年《石油储备法》的延伸和补充，正式把国家也纳入到了能源储备主体的范围之内。

概言之，在能源法规方面，日本逐步形成了以《石油储备法》《石油替代法》《能源利用合理化法》《石油供需合理化法案》《国民生活安定紧急措施法案》以及在电力、煤炭、新能源方面的相关立法为主要内容，相关部门的“行政实施令”等为补充的能源法律体系。日本通过制定与完善能源法规体系，不仅严格控制各行业与全社会对能源需求的大幅增长，还把能源替代、能源储备、节能减排、开发新能源等纳入法制化、规范化和长期化的轨道，这对能源危机起到了很好的防火墙作用。

四、能源危机管理的特点与启示

日本能源危机管理的政策策略，既非一蹴而就的战略构想，亦非本来就有的既定规划，更非是亦步亦趋的国外模仿，而是以两次石油危机为契机，从多角度、全方位、宽领域渐次进行的一系列政策安排。日本在

---

① 日本法律，1978：《石油公团法》，日本法律 83 号（1978 年 6 月 27 日颁布）。

规避、分散、抵御、弱化、稀释和舒缓能源危机以及打造能源危机管理的"法律平台"的过程中，不仅成了世界第二经济强国，成功地步入能源安全、经济发展和环境保护的协调发展之路，而且其经济系统在外界能源危机的干预和冲击中保持了较强的"适应性"和"恢复力"。可见，日本在能源危机管理的制度设计和政策安排上有诸多可资借鉴之处。

其一，能源危机管理的社会共治模式。公众参与不足是应对能源危机中的最大结构性缺陷。因此，政府在能源危机的应对及其管理过程中能否合理协调国家与企业、私人部门、公众个人等多元主体之间的利益关系，能否准确确定各主体在危机应对中的参与边界并最终形成官民一体化机制，实现最快、最大的社会共治模式，则取决于能源危机管理政策是否能顺利贯彻实施。对此，日本是通过以下机制设计撬动和动员非政府参与主体力量，共同构建能源危机管理的社会公治模式的。

一是，法律约束机制。法律本身具有强制性、权威性、长期性和严肃性，日本把能源行政政策以法律的形式固定下来，就意味着社会各界必须贯彻实施，否则将会受到法律的制裁。日本把业已实践并日臻完善的行政性政策内容上升为国家法律法规（如《节能法》《石油替代法》《能源储备法》《石油二法》等），赋予这些政策相应的法律效力和国家强制力，目的就是让能源政策在全社会中强制性地贯彻实施。

二是，激励相容机制。激励机制安排的目的就是引导、规范和鼓励社会各界遵守并贯彻能源政策的实施。日本在两次石油危机期间制定的一系列行政政策及法律法规，为应对能源危机、实现能源安全和稳定理论上能起到良好功效，但企业、公众在贯彻和执行过程中由于增加了不必要的成本，并非完全乐于积极主动地去实施。对此，日本在财政、金融、税收等层面，相应地进行了激励设计，以谋求被激励者在能源危机管理政策的执行中真正做到"主观为自己，客观为社会"的良好效果。

三是，官民并举机制。"官民并举"是日本的国家特质之一，无论是在外交还是内政等方面都特别注重发挥民间的积极性和自主性。两次石油危机期间，日本倚重"国家权力"，通过一系列的能源制度设计和政策安排，整合全社会的物质资源、社会资源以及精神文化资源，形成共同应对能源危机，从而最大限度地降低和弱化石油危机的影响规模、时间和范围。如：日本通过立法的形式（《能源储备法》），充分调动民间资本力量与国家共同储备具有战略资源的石油、天然气等能源，这不仅将单靠政府无力承担的庞大能源储备成本进行了社会化分摊，还达到了舒缓能源危机风险的功效。①

四是，教育引导机制。日本的能源教育已经被提高到民族文化的高度。日本通过向国民广泛宣传应对能源危机的必要性和重要性，引导国民牢固树立自觉节能的意识，促进形成一个有利于应对能源危机、认真贯彻能源政策的“节能文化”。如：在日本学校中普遍开设能源资源节约和开发的课程，根据学生不同的学习阶段、知识结构而编辑相应的教材，注意学校教育与家庭教育、居住区教育相配套，使学生能把在学校学到的东西反馈到家长、社区。为做好学校能源资源节约教育，日本还组织专家为学校提供指导，为担任能源资源节约教学的老师进行培训。

其二，能源“危机”管理与经济转型“契机”相结合。从日本的实践经验上看，能源危机管理的政策设计和制度安排是一项非常复杂的系统工程，不能单单从能源资源系统去考虑与实施，必须站在经济系统、社会系统与技术系统的高度上，综合地进行规划设计。日本在能源危机管理的过程中就深度融合并协调了能源结构和经济结构的转型。

战后，日本走的是模仿西方以石油为主要能源的工业化模式，这对于本国能源匮乏的日本而言，其能源供应体系就显得相当脆弱。尽管日本通过能源外交取得了较好的成果，但是，日本通过第一次石油危机清楚地认识到，结构转型是提升能源效率、减少能源消费、改变增长方式的路径选择和关键环节。而要达到这样的目标，日本必须在经济领域和某些非经济领域进行痛苦而深刻的变革。换言之，在日本看来，“石油危

① 截至2009年日本的石油储备量达到200天，其中民间储量为86天，国家储量为114天。天然气储备量达到79.8天，其中民间储量为58.6天，国家储量为21.2天。

机”为日本的经济战略转型提供了很好“契机”。从20世纪70—80年代日本经济发展史上看，日本通过制定设计和政策安排对能源危机进行管理的过程，也是日本“调结构转方式”的过程，而且其制定的诸如在节能、石油替代、能源储备等方面政策安排还成了规制结构转型的“驱动力”。

其三，能源“危机”管理与“常态”管理相结合。第一次石油危机对个人、企业和政府而言，在带来宝贵经验和深远教训的同时，也催生了日本对能源危机管理的重新认识，必须把对能源危机的“无序”的“应急”管理（第一石油危机）纳入“有序”的“预防”管理和常态管理之中。

日本应对能源危机在制度层面所做的制度安排和政策设计的目的，就是把短时间、突发性的能源危机所带来的破坏规模和范围，在常态的制度管理中进行渐进式的释放和纾缓。若没有政策和法律等制度性的规范，就很难确保能源安全和稳定，特别是当能源危机爆发时只能临阵磨枪，头疼医头、脚痛医脚，既不能使能源危机管理行为规范化，又不能解决因危机带来的各种社会矛盾。而且，对于在能源危机爆发时凸现出来的国与国之间、国家利益与企业利益、公共利益与私人利益的矛盾，最好的解决路径也是通过事先的制度安排有序地进行解决和规避。因此，通过能源危机管理政策体系的建设，将危机应急管理纳入法治轨道，实现危机管理常态化，才能顺利弱化和规避能源危机。

第三节　福岛核危机对核能产业的影响

能源既是人类生存、经济发展、社会进步不可缺失的重要资源，亦是关系国家经济命脉和国防安全的战略物资。如何确保稳定、持续的能源供应已成为世界各国的重要命题。比邻而居的日本，在弱化、稀释和规避能源风险以及打造“能源安全”平台的过程中，把“核能”作为了重点选项。然而，“3·11”大地震引发的福岛核危机却给日本“核电立国”战略的思想、目标、步骤、方针及其制度设计等方面带来巨大冲击。这里拟通过分析福岛核危机对日本核电产业的直接影响，进一步论证日本能源电力供应结构转型后带来的进口成本和电力成本的上升压力以及日本国内对“核电立国”战略的思想辩争。在此基础上，重点分析和预测大地震后日本能源安全框架中的核电定位及其走向。

一、日本的核电产业与核事故

20 世纪人类发展史上，资源匮乏、国土狭小、人口众多的日本创造了诸多“神话”。其中，最受世人关注的是“经济神话”①、“防震神话”②、“治安神话”③和“核安全神话”。然而，上述“神话”在 20 年左右的时间内像“多米诺骨牌”一样相继破灭。特别是，2011 年 3 月 11 日，日本发生的九级大地震、大海啸以及受其影响而引发的福岛核事故不仅使日本被迫陷入战后最为严重的国家危机，还打破了其一直标榜的“核安全神话”。

日本之所以不遗余力地选择发展核电产业有其特殊的时代背景。其一，核电作为新型能源较传统化石能源更清洁，与风能等间歇性能源相比，供电稳定而且连续，技术相对成熟、成本低廉。因而，核电被视为控制温室气体排放和应对气候变化的重要能源之一。其二，分散单一能源结构的风险，以期确保能源稳定供应。1950 年代，日本以人类第二次

---

① 第一是“经济神话”。日本在战后短短 30 多年间，神话般地发展成为世界第二大经济体，并开创了东方黄种人的世界经济奇迹。然而，正当世界为之惊叹之时，1990 年日本泡沫经济的破灭，不但给日本带来了“近乎失去 20 年”的经济低迷，也打破了日本持续高速增长的“经济神话”。

② 第二是“防震神话”。1995 年 1 月 17 日清晨 5 时 46 分，以日本神户市为中心的阪神地区发生里氏 7.3 级地震。此次地震中，共死亡 5 400 多人，受伤约 2.7 万人，无家可归的灾民近 30 万人，毁坏建筑物约 10.8 万幢，经济损失约 1 000 亿美元（总损失达国民生产总值的 1%—1.5%）。国际社会普遍认为日本在防震抗灾方面处于世界各国前列。然而，阪神大地震的震害彻底打破了日本是世界“防灾强国”的神话。

③ 第三是“治安神话”。日本良好的社会治安一向被世界各国感佩和羡慕。但是，这一认识，随着 1995 年 3 月 20 日上午 7 时 50 分，发生在东京地铁内的一起震惊全世界的投毒事件也渐行渐远。事发当天，日本政府所在地及国会周围的几条地铁主干线被迫关闭，26 个地铁站受到影响，东京交通陷入一片混乱。事件造成 12 人死亡，约 5 500 人中毒，1 036 人住院治疗。这是日本历史上严重的恐怖事件，它打破了日本社会治安的“安全神话”。

能源革命为契机，很快实现了能源主体结构从固体能源（煤炭）向流体能源（石油）的结构转型。然而，日本一次性能源自给率仅为16%，几乎100%的天然气和煤炭、99.4%的石油依赖进口。[①] 日本认识到过度依赖单一能源，将会导致过高的能源风险，影响国家经济安全。对此，日本在研究并结合国内外能源状况的基础上，把大力发展原子能、促进能源种类多样化，作为规避能源风险、确保能源安全的路径选择。其三，战后随着丘吉尔铁幕政策的拉开，世界形成了中、西两大对峙阵营的格局。冷战开始后，美国认为"为防止红色共产主义在东亚蔓延，有必要通过核武器威慑苏联、中国，故亟须对日本进行核装备"[②]，之后逐渐放开了对日本和平利用原子能的限制。当时，美国的这一态度正好契合了当时日本许多财界、政界的愿望。由于原子能很容易与再军备联系到一起，当时日本许多政治家、财界人士对其垂涎青睐[③]，如：尽快促成通过原子能编制预算，把日本发展成为世界原子能大国的曾根康弘；与美国CIA秘密勾结，借用原子能为争夺首相宝座的正力太郎；把"铀"置于外交战略的重要地位进行东奔西走的田中角荣，等等。

上述时代背景不仅成了催生日本发展原子能的历史源流，还决定并衍生出了特殊的核电发展模式——"国策民营"。这种特殊"发展模式"及其相关的政策法规又为日本在短短几十年间迅速建设54座[④]核电发展机组、确立"核电立国"战略提供了现实路径和制度框架。目前[⑤]，如图2-2所示，日本核发电量已占总发电量的29%左右[⑥]，2005年"原子能

① 资源能源厅长官官房综合政策课：《综合能源统计》，通商产业研究社，2006年，第193页。
② 有馬哲夫："原発・正力・CIA—機密文書で読む昭和裏面史"，新潮社，2011年4月，第10頁。
③ 山岡淳一郎："原発と権力：戦後から辿る支配者の系譜"，筑摩書房，2011年10月，第1-125頁。
④ 不包括正在修建（3座）和计划修建（12座）的核电机组。
⑤ 即，在2011年3月11日前。
⑥ 到2009年，已达到30%，详见：经济产业省：《能源白皮书2009年》，能源论坛，2009年，第71页。

政策大纲”中规定到2030年计划把核电提高到30—40%。① 2006年制定的“新国家能源战略”②中正式确立了“核电立国”战略。

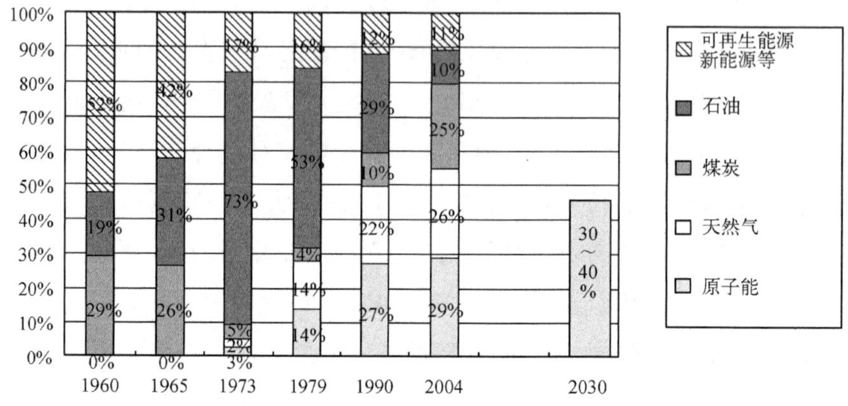

图 2-2　日本原子能发电比率及目标值

出处:经济产业省:《能源白皮书2006年版》,行政出版社,2006年,第9页。

尽管日本在核电安全方面非常重视,但在其发展过程中也发生多次核事故。若按照每台核发电机组平均计算的话,发生事故最多时的年份主要集中在1988年、1989年、1990年,约为0.6件。1992—2010年以后虽然有所降低,但是平均每台机组年故障率仍基本维持在0.3—0.4次之间。③ 值得注意的是,在所有核电公司中,东京电力公司的第一、二福岛核电站1999—2010年间的年故障率总体呈上升趋势,且远远高出日本全国平均水平,参见图2-3。

① 经济产业省:《能源白皮书2006年》,2006年7月,第65—66页。

② 21世纪以来,随着能源地缘形势的急剧变化,全球能源安全问题越发受到国际社会的广泛关注。无论是能源输出国还是能源进口国,都在选择、调整应对能源新形势的发展战略。然而,各国能源战略的调整不仅催生了新的国际地缘政治关系,也悄然改变着国际能源格局。日本为谋求能源安全与世界政治关系之间的平衡,对本国的能源战略也进行了重新审视,并于2006年5月29日,颁布了《新国家能源战略》。

③ 根据原子能安全基础机构编发的年度《原子能设施运转管理年报》中的相关数据计算得出的数据。

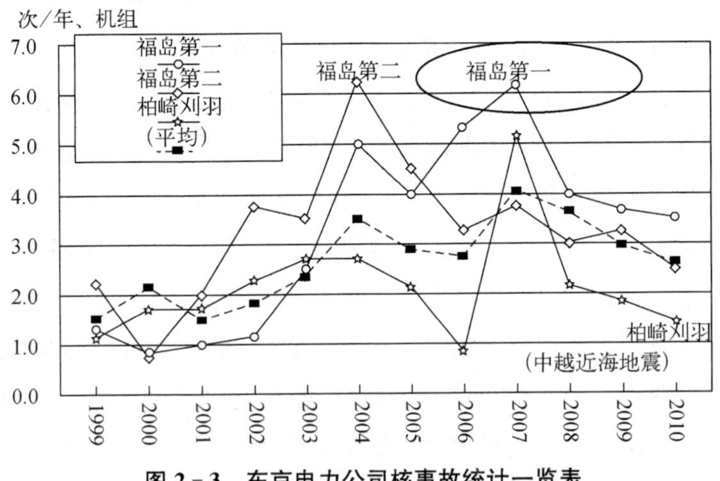

图 2－3　东京电力公司核事故统计一览表

资料来源：NUCIA 数据库中相关事故安全质量统计。

注：统计中相关数据都为东京电力公司公开报告的数据。事实上，东京电力公司在有关核事故中曾多次出现瞒报、漏报和篡改数据等劣迹。

受 2011 年 3 月 11 日的大地震、大海啸的影响，福岛第一核电站 1－4 号机组相继发生核事故。核爆炸、核泄漏、堆芯熔毁、核辐射等让人恐惧的词汇不绝于耳，核危机的阴云不仅笼罩在日本整个列岛上空，也让日本邻国乃至全世界的人们陷入"谈核色变"的困境。

二、福岛核危机及其对核电产业的影响

福岛核电站事件起因是由于强烈地震和海啸，使得核电厂断电、外部冷却系统完全失效，导致核反应堆快速升温爆炸，安全壳破裂，部分放射性核素外溢到大气或随着冷却水流入海洋。在应对福岛核危机的过程中，东京电力公司这家所谓日本电力系统中的"巨无霸"，既没能迅速冷却核反应堆，更没能及时给急剧上升的民众恐慌情绪降温。反而，由于救灾措施"不给力"，还加速了核危机步步升级。这不仅打破日本电力公司一直标榜的"安全神话"，还对其核电产业发展、燃料进口成本、二次能源电力成本等方面带来诸多影响。

1. 核危机对整个核电产业的冲击

福岛第一核电站事故与切尔诺贝利核电站事故的严重程度都为人

类史上的最高级别——7级。此次事故的直接后果仅从社会环境角度而言主要体现在四个方面。一是引发公众"心理恐慌"。日本及其周边国家的民众在核恐怖的阴云笼罩下，都出现不同程度的心理焦虑、内心害怕，甚至出现抑郁等症状进而影响公众健康；二是导致生态环境恶化。放射性物质大量释放到环境中，对土地、空气和水质等环境安全带来中长期影响；三是造成巨额损失。福岛周边的土壤除污、居住环境改善、排放污水进化、设备购置更新、专业人员配置等都需要庞大资金；四是东京圈被迫实施了轮流限电措施。由于电力紧张，东京圈的各家铁路公司甚至被迫采取列车停开的措施，而铁道恰恰正是东京都运转的大动脉，这种削减运营次数的做法必将对首都圈的生产生活产生重要影响。

如果从核电产业而言，福岛核危机对核电产业发展及其相关费用造成的影响更为深远。截至2011年12月25日，日本54座核电机组中(约4 896万kW①)48座机组已经停止运转，占全部核发电机组数的90%，运转率仅为13%左右。其中，地震后停止运转的核电机组有16座，例行定期检查后停止运转的有17座(包括地震后例行检查停止的机组)，因其他原因停止运转的有15座，正常运转的仅有6座，具体参见表2-6。从各电力公司的角度看，核发电机组全部停止运转的公司有东北电力公司4座、中部电力公司3座、北陆电力公司2座、日本原子力发电公司3座。另外，关西电力公司11座发电机组中的10座都已经停止。

根据日本现行法律《电气事业法》②的规定，每个核发电机组在运转17个月中，有义务必须进行为期3个月的例行检查。在福岛核事故发生后，日本又追加规定"已经停止运转的核电机组要想再开运转，必须要进行安全方面的压力测"③，而且其结果必须提交给国家原子力安全·保安院审查。目前，尽管北海道电力、关西电力、四国电力和九州电力向原子

① 2011年3月11日前的数据。

② 该法是日本1964年制定的法律(第170号)，后经多次修改，受福岛核危机的影响，2011年8月30日又进行了重新修订。

③ 详细内容可参见日本原子力委员会官方网站上的相关信息，http://www.aec.go.jp/。

表 2－6　福岛核事故后日本原子能发电运转情况

（截至 2011 年 12 月 25 日）

电力公司	发电站	机组	运转情况
北海道电力	泊	1号	停止中 再开未定
		2号	停止中 再开未定
		3号	运转中 ※
东北电力	女川	1号	停止中　地震后停止
		2号	停止中　地震前停止
		3号	停止中　地震后停止
	东通	1号	停止中　地震前停止
东京电力	福岛第一	1号	停止中炉心熔毁
		2号	停止中炉心熔毁
		3号	停止中　炉心熔毁
		4号	停止中原子炉屋破损
		5号	停止中　地震前停止
		6号	停止中　地震前停止
	福岛第二	1号	停止中　地震后停止
		2号	停止中　地震后停止
		3号	停止中　地震后停止
		4号	停止中　地震后停止
	柏崎刈羽	1号	停止中　定期检查停止
		2号	停止中　地震后停止
		3号	停止中　地震后停止
		4号	停止中　地震后停止
		5号	运转中　※
		6号	运转中　※
		7号	停止中　定期检查停止
中国电力	島根	1号	停止中
		2号	运转中　※
四国电力	伊方	1号	停止中
		2号	运转中　※
		3号	停止中　再开未定
九州电力	玄海	1号	停止中　定期检查停止
		2号	停止中　定期检查停止
		3号	停止中　定期检查停止
		4号	停止中　定期检查停止
	川内	1号	停止中　定期检查停止
		2号	停止中　定期检查停止
日本原发	敦賀	1号	停止中　点检到 3 月
		2号	停止中　漏燃料停止
	東海第二	1号	停止中　地震破损
中部电力	浜岡	3号	停止中　地震后停止
		4号	停止中　地震后停止
		5号	停止中　地震后停止
关西电力	美浜	1号	停止中　定期检查停止
		2号	停止中　有问题停止
		3号	停止中　定期检查停止
	高浜	1号	停止中　定期检查停止
		2号	停止中　定期检查停止
		3号	运转中　※
		4号	停止中　定期检查停止

续表

电力公司	发电站	机组	运转情况
中部电力	浜岗	3 号	停止中　地震后停止
		4 号	停止中　地震后停止
		5 号	停止中　地震后停止
北陆电力	志贺	1 号	停止中　出现问题停止
		2 号	停止中　定期检查停止
关西电力	大饭	1 号	停止中　有问题停止
		2 号	停止中　定期检查停止
		3 号	停止中　定期检查停止
		4 号	停止中　定期检查停止

资料来源：根据日本原子能发电公司官方网站中公布的相关数据整理而成（截至 2011 年 12 月 25 日）。

注：※运转中的原子能发电所也将在 2012 年春天前进行检查。

力安全·保安院审查提交了 8 座核电机组的测试结果，但并没有得到运转许可。即使上述条件都能满足的话，日本政府还规定停止运转的核电机组若想运转发电的话，还必须要得到地方自治体的允许，事实上许多地方自治体对核电再运转的态度是很谨慎的。①

正在运转中的东京电力公司柏崎刈羽电站的 5 号和 6 号、北海道电力柏电站的 3 号、中国电力公司岛根电站的 2 号、四国电力公司伊方电站的 2 号等 6 座发电机组到 2012 年 5 月前也将在例行定期检查后停止运转。其间，如果没有再开始运转的发电机组的话，日本全国的 100%的核电站将全部停止，参见下图 2-4。

值得关注的是，由于在中部电力公司、北陆电力公司、关西电力公司、中国电力公司、九州电力公司、东京电力公司管辖地区的电力结构主要是倚重原子能发电，如果上述发电机组的停止的话，这些地区的能源供应准备率（供应能力——需求量/需求的比值）就不会达到日本政府规定的 8%—10%。② 而且，东京大学的特聘教授萩本和彦认为 1 个原子炉的电力按照 110 万 kW 计算，其一年燃料费大约需要 1 000 亿日元。

① 日本 NHK NEWS WEB 网站：http://www3. nhk. or. jp/news/html/20111225/t10014887771000. html。

② 三菱东京 UFJ 银行报告：《日本经济与电力问题》，NO. 2011. 6，2011 年 7 月 19 日，第 2 页。

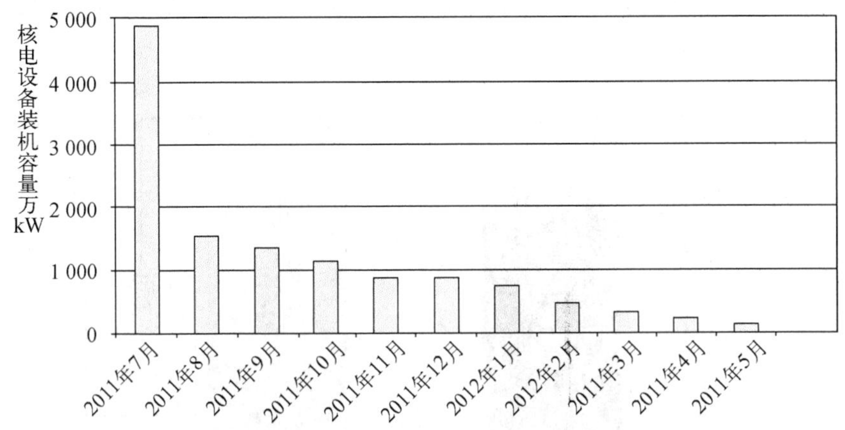

图 2－4　日本核电机组停止运转的推移进程及其发电量

资料来源：依据日本原子能安全委员会及九大电力公司发布的相关信息制作而成。

仅以中部电力公司为例，如果失去其 3、4、5 号发电机组合的发电能力(计为 261.7 万 kW)的话，一年的燃料损失费将达到 2 500 亿日元。① 另外，东京电力公司停止中的柏崎刈羽核电站(330 万 kW)、福岛第核电站一(188.4 万 kW)、福岛第二核电站(440 万 kW)的仅燃料费一年就需要 6 624 亿日元。东北电力公司的女川核电站(217.4 万 kW)、东通原发核电站(110 万 kW)如也不能再运转的话燃料费也将损失 2 263 亿日元。上述仅三家公司，一年的累计损失额将高达 1 兆 1 387 亿日元。②

2. 能源转型将增加一次性能源③进口成本

自 20 世纪第一次石油危机后，日本的电力供应结构到现在有了很大的变化。如图 2－5 所示，煤炭所占比例则由 1973 年 5%到 2005 年上升到了 26%，而石油从 71%降至 9%。④ 原子能量增长最为突出，从

① SankeiBiz 网站：http://www.sankeibiz.jp/。

② 「原発を停止の年間コストは1 兆 1387 億円」，参见，http://www.anlyznews.com/2011/05/11387.html。

③ 一次性能源可以进一步分为再生能源和非再生能源两大类。再生能源包括太阳能、水力、风力、生物质能、波浪能、潮汐能、海洋温差能等，这些在自然界可以循环再生。非再生能源包括：煤、原油、天然气、油页岩、核能等，这些是不能再生的。

④ 经济产业省：《能源白皮书 2007 年版》，第 14 页。

1973 年的 3%到 2005 年迅速提高到 31%。① 日本还计划到 2030 年达到 30%—40%。②

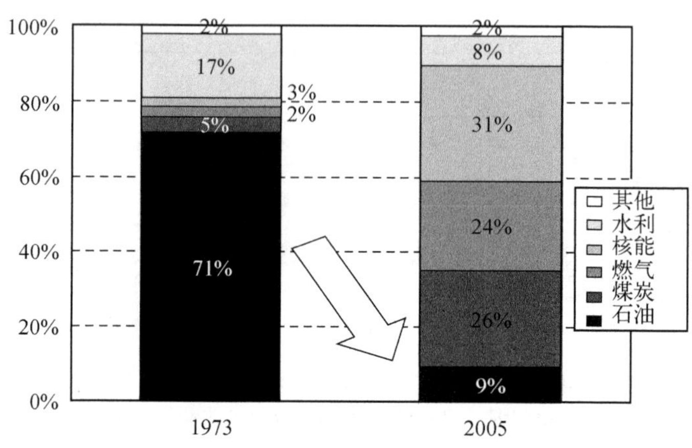

图 2-5　日本电力结构的变化图

资料来源:经济产业省:《能源白皮书 2007 年版》,行政出版社,2007 年,第 14 页。

结合图 2-4、2-5 进行综合分析,可看出日本现有的 54 座核发电机组到 2012 年春天如果都停止运转的话,其 30%左右的电力供应须要通过石油、天然气、煤炭、水力、新能源等发电方式代替。但是,在这些替代方式中,无论哪种方式都有其无法规避的约束条件。水利受季节、气候等因素的影响很大,且其配套措施很难短时间内完成,所以并不是很好的选择。新能源技术在目前情况下尚未成熟,其成本远远高出传统能源价格,且短期内无法达到普及程度,需要长期规划。与水利、新能源相比,通过传统化石能源弥补核电停止后的不足,相对具有很强的操作性和可行性。

然而,石油、煤炭、天然气等传统化石能源日本国内又极其匮乏,一

① 日本核电发电力量占总发电量中的比例受诸多因素影响每年都有所变化,但从 2004 年后基本维持在 30%左右。可参见:经济产业省:《能源白皮书 2009 年》,能源论坛,2009 年,第 71 页。

② 原子力委员会:《原子力政策大纲》,2005 年 10 月 11 日,第 3 页。

旦增加进口量则势必加大日本的进口成本。事实上，从能源进口结构而言，天然气的进口量从 1970 年的 977 万吨到 2005 年已经增加到了 57.9 亿吨，增长近 60 倍。煤炭的进口量从 1970 年的 5.01 亿吨到 2005 年则增加到了 17.7 亿吨，增长 2 倍多。① 从城市燃气结构看，日本从石油危机后，石油所占比例从 1973 年的 46％降到了 2005 年的 6％，煤炭在城市燃气中从 1973 年的 27％，到 2005 年已经退出城市燃气，而天然气则从 27％提高到了 94％。② 从化石能源的进口成本看，即使不增加对原子能发电的替代，其进口价格进入 21 世纪后呈现不断增加趋势（参见图 2-6），具体金额占到日本 GDP5％左右的 23 兆日元。③ 日本如果想把化石能源的进口价格维持在 2010 年的水平，其电力消费量要比 2010 年减少 20％—35％，显然，这不仅将会严重制约日本经济的发展，还会影响日本国民的正常生活和水平。

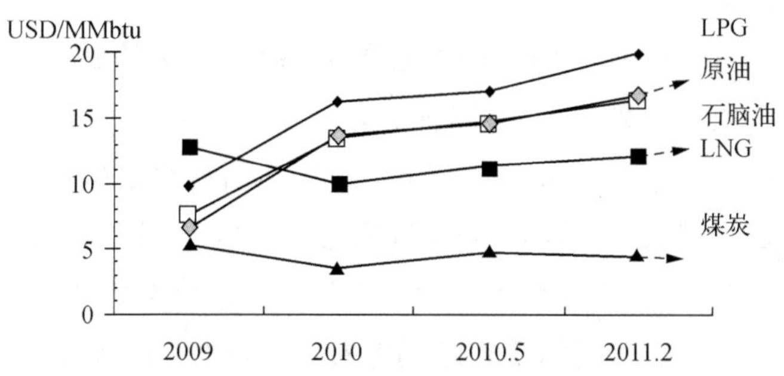

图 2-6 日本化石能源的进口价格

资料来源：依据日本贸易统计（2011 年 5 月初）的不同能源市场价格而制作。

在传统化石能源，煤炭的进口价格虽然最低，但是从环境和成本综合角度考虑，LNG 和石油的性价比则相对较高。目前，国际市场中的

① 日本能源研究所，《能源经济统计要览》，第 178—188 页。

② 经济产业省：《能源白皮书 2007 年版》，行政出版社，2007 年，第 13—15 页。

③ 该数据是依据 2008 年日本财务省的统计数据算结果。随着进口价格的变动，每年都有所不同。

LNG 价格从 2009 年开始大幅的下降①，而且 LNG 在日本国内的液化成本、运输成本也只为 3—4 美元/百万 Btu。尽管如此，如果用 LNG 和石油等来代替核电的话，其燃料进口量与 2010 年比，将分别增加 1 400—2 200万吨和 21 416 万桶，进口增加额分别为 0. 9—1. 5 兆日元、2 兆日元。② 如果再加上增加煤炭的进口费用，至少要比 2010 年增加 3. 5 兆日元。③

3. 二次能源的电力成本上升影响日本经济

如前述所有原子能发电所停止运转后，通过火力发电代替的话，那么势必会增加火力发电用的燃料进口、设备维护和相关设施配套等成本。而增加费用也会转嫁到电力价格中，然后再通过价格传导机制推高相关产业的生产成本。日本经济产业省所属的日本能源经济研究所认为“受火力发电燃料增加的影响，2012 年度一般家庭每月电费平均上涨 1 049 日元、达到 6 812 日元”。④

尽管化石能源可以代替核电，但是每 1 kWh 电力的燃料成本根据不同的能源种类则差别很大，具体表现为核燃料为 4. 3 日元、煤炭 3. 2 日元、石油 9. 8 日元、LNG6. 7 日元。⑤ 可见，不同替代方式则会导致不同的电价上涨。假设通过 LNG 来代替核电发电的话，以 2011 年 4 月 LNG 的进口价格为依据，2012 年度火力发电的燃料进口费比 2010 年则增加 3 兆 4 730 日元，该费用如果转嫁到电费中去，则每 1 kWh 上升 3. 7 日

① BP「Statistical Review of World Energy 2010」，参见 BP 官方网站：http://www. bp. com/。

② 藤山光雄：“日本総研リサーチアイ”，2011 年 8 月 25 日，No. 2011 - 053。

③ 日本能源经济研究所：《关于原子能 2012 年度是否再运转发电的电力供需分析》，《2011 年特别快报》，2011 年 6 月，第 1—6 页。

④ 这里采用的是日本经济研究研究 2011 年 6 月计算的数据。事实上，日本许多机构都对电力成本进行了计算，其计算数值都有所不同。如：富士通总研经济研究所的研究结果是，2012 年的电费将上升 19. 4%。总务省的调查结果是平均每个家庭的年电费支出为 22 778 日元(1 898 日元/月)，比 2008 年的 117 410 日元将近多一倍。

⑤ 気候ネットワーク：“全ての原発が停止する場合の影響について”，2011 年 7 月，第 1 - 11 页。

元。① 如果以 LNG 代替、石油代替、石油和煤炭共同代替的话，可以看出当“及应用再生能源、又采取节能”时，用 LNG 替代核电时电力增加成本相对较低，2012 年期间每 1 kWh 则增加 0.1 日元、家庭每月多负担 20 日元。而且，从趋势上看也呈下降态势，具体参见下表 2－7。

另外，值得注意的是如果电力成本持续上升或长期维持高位，势必会对 2012 年的日本经济产生诸多影响。富士通总研经济研究所的研究认为②，2012 年日本国民消费将下降 1.1%，而消费低迷将会严重影响企业投资并使之下降 2.9%，最终影响 GDP 并会下降约 0.9%。显然，由核电停止引发的诸多成本上升，不但会增加国民负担，更对日本企业带了难以承受的负担，这就会促使日本的部分企业向海外转移投资，从而进一步加剧日本国内产业空洞化。

表 2－7　不同替代核电发电方式的增加费用一览表

项目	年份	煤炭和石油代替核电时		石油代替核电时		LNG 代替原子能时	
		无再生能源和节能	有再生能源和节能	无再生能源和节能	有再生能源和节能	无再生能源和节能	有再生能源和节能
增加电费日元/kWh	2011	0.4	0.4	0.5	0.4	0.2	0.4
	2012	0.4	0.2	0.5	0.4	0.2	0.1
	2013	0.5	0.2	0.6	0.3	0.2	0.2
家庭负担日元/月	2011	130	100	160	120	70	110
	2012	130	60	160	100	60	20
	2013	140	50	180	90	70	40

根据电气事业联合会 2009 年的统计，每个家庭电力使用量为(283.6 kWh/月)。

资料来源：気候ネットワーク：“全ての原発が停止する場合の影響について”，2011 年 7 月，第 6 页。

---

① “全原発停止なら家庭の電気代 1 千円アップと試算”，“読売新聞”，2011 年 6 月 13 日。参见：http://www.yomiuri.co.jp/atmoney/news/20110613-OYT1T00849.htm。

② 濱崎博：“原子力発電所稼動停止によるわが国経済への影響”，富士総合研究网站：http://jp.fujitsu.com/group/fri/column/opinion/201107/2011－7－3.html。

概言之，福岛核危机不仅直接影响到了日本现有54座核发电机组的运转发电，还冲击到了未来日本国内核电产业发展进程以及向海外核电市场进行建设投资的步伐。① 同时，如果到2012年的5月前，仍旧停止运转发电的话，日本则会用增加火力发电的方式弥补因停止核电而带来的不足，这样势必相对加大了化石燃料的进口成本、提升二次能源的电力价格，会对经济产生不利影响。尽管如此，从2011年3月11日以来日本能源供需平衡来看，进入2012年后即使不启动核能发电，日本不会出现电量供应不足给经济发展带来的"约束风险"。②

换言之，福岛核事故给日本带了的影响，但并非是能源供应不足问题的"结构性危机"，而是暂时的、局部的利润与价格问题，结构性能源供应不足是"刚性"和"长期"的问题，不能在一朝一夕予以规避和解决，而能源价格问题是"柔性"和"短期"的问题，是可以通过在内政和外交上③的政策设计和制度安排予以稀释、弱化或对冲的。

三、日本人在福岛核事故中的"公序良俗"

2011年3月11日，日本东部发生的地震、海啸与核事故等"三大危机"的叠加效应，迫使日本进入战后以来最为严重的国家危机状态。然而，日本人在千年不遇的大灾面前，所表现出来的淡定自若、秩序井然、沉着冷静、有条不紊的"公序良俗"，被世界各国所关注和感佩。在感叹之余，还应该深度思考和理性分析日本人为何在灾难面前能够做到良好的"公序良俗"？

---

① 本节主要论述了福岛和危机对日本国内的影响，并未详细论述对海外核电产业建设投资等方面的影响。

② 有关地震后日本能源供需的官方统计数据，可参见日本经济产业省2011年4以来公布的总需求电力量速报中的相关数据（经济产业官方网站已公布）；持有与该观点相同的资料、论文很多，如：週刊東洋経済編集：「日本"原発大国化"への全道程」，"週刊東洋経済"，2011年6月11日，第49頁。

③ 有关日本在内政和外交上的政策设计不是本书主要论述的内容，可另辟文章予以探讨和研究。

其一,“自然灾害”让日本人必须携带“集团主义”基因。日本列岛不仅处在环太平洋造山带、火山带、地震带之上,还在欧亚板块和太平洋板块的交界地。因此,自古以来日本就不得不面对频繁发生的地震、火山、火灾、台风、海啸等灾害。当灾害侵袭之时,单个人的力量是渺小的,只有互助、合作、自律、协调才能求生存、谋发展,“集团主义”也自然地从中应运而生,“超越集体的价值决不会占统治地位”的思想也日臻完善和固化。

其二,“岛国环境”塑造了日本社会的“内组织化”。日本是四面环海、国土狭窄的岛国,长期生活在这种环境中的日本人,产生了一种过分强烈的自我认同感和缺乏包容性的个性心态,即强烈的民族凝聚力和狭隘的排他心理。这种“双重”性格,虽然在面临灾害时便于有序组织、凝聚共识、自律内敛,能够容易诠释和演绎“团结就是力量”,但另一方面也会形成孤傲、冷漠、自私、狭隘的“小集团主义”。

无论“自然灾害”还是“岛国环境”,对日本而言,都是无法规避的、不能改变的“刚性约束”条件。也正因如此,日本人才具有了强烈集团归属感。在他们看来,集体就是获取安全感的重要保障。在现实社会中,日本人不仅对于他人的异样眼光特别敏感,而且对于被集体的隔离或疏远更感恐惧。人们甚至将疏远、隔离一个人作为惩罚措施。在日本古代农村社会中存在过一种叫“村八分”的制度,即全体村民对于违反生活秩序的人一致采取绝交行为。虽然已经废除该制度,但这种思维习惯却作为日本的一种文化基因存续至今。

其三,“教育培养”让日本人从小就具备了“公共道德意识”和“灾害应对技能”。日本人在灾害面前所表现出的“公序良俗”也得益于从小受到的“秩序教育”、“灾害教育”和“公共道德教育”。在日本的教育中,一般不提唱高调的、抽象性的说教,而是进行具体的、实在化的教育。特别是在公共空间的教育方面,从小就把“什么该做,什么不该做,在什么场合该做什么,在什么场合不该做什么”作为重点,培养和教育学生。在日本,一旦你不遵守公共秩序就会被他人用异样的眼光看待甚至被集体排斥出局。

其四，“模拟训练”预先为日本人提供了良好的“心理准备”与“秩序演练”。日本人在地震中之所以能够保持良好的秩序，跟消防厅等相关部门进行的日常训练、演习也是密不可分的。在日本，消防部门会定期、不定期地与学校、公司等部门做好联络工作并进行模拟演习训练。日本国民通过不断地演练、培训和教育，掌握了为预备地震应该准备什么、地震来临时应该做什么等常识，这为日本人面对大灾却能做到淡定自若、从容应对也提供了良好的精神准备与秩序演练。

其五，“防灾体系”成为日本人面对灾害时的一个“安定剂”。日本在与自然灾害抗争中，制定和颁布了许多灾害应对措施。1961 年颁布的《灾害对策基本法》是日本应对灾害的根本大法。以该法为基础，日本从中央到地方又先后制定了《应对重大灾害特别财政援助法》《防灾基本计划》《地震保险法》《关于支付灾害抚恤金的法律》《活动火山对策特别措置法》《石油等灾害防止法》《大规模地震对策特别措置法》《城市公园实施令》《地震防灾特别措施法》《大规模地震对策特别措施法》《灾民生活重建援助法》《核灾害对策特别措施法》等。上述措施，构成了具有“防火墙”功能的一整套防灾应对体系。

在战后发生的自然灾害中，由于上述防灾体系法都发挥了重要作用。因此，在此次“3・11”大地震发生后的初期，在日本社会中确实起到了“安定剂”作用，日本人也表现出了与平时发生灾害时相同的“淡定”“自律”和“有序”。但是由于“三大危机”的破坏程度远远超出了常人想象，特别是“福岛核危机”的影响，在短时间内并未得到有效治理和改观，这就突破了有些民众的忍耐、自律的底线，愤怒、不满、恐慌等情绪开始不断凸显，甚至发生了多起抢掠和盗窃事件。这些无疑给日本在地震中的“公序良俗”添了一抹涂鸦。

综上所述，日本国民在这“三大危机”中表现出的“公序良俗”并非是一蹴而就的，亦非与生俱来的本能，而是一个在与自然灾害不断抗争的过程中，通过教育、培训和制度等手段所获得的历史积淀。

另外，还应理性认识到，日本民族所持守的“有序”“协作”“淡定”“从众而非张扬个性”“集体至上”等特点，是一把锋利的“双刃剑”。一方面，在灾害面前可以折射出良好的“公序良俗”，能够受到国际社会的普遍赞誉。但一方面，在“集团主义”支配下，也会压抑人性、埋没个性，而且一旦被非理性、不正确的价值取向所引领时，就会失去“辨别是非”的能力，从而则表现出冷漠、残酷的特性，在战争期间将容易导致“集体无意识”的“盲从”。

第四节　福岛核事故的危机管理与反思

商品性①、稀缺性②、污染性③和战略性④等特性的叠加，“型塑”并赋予能源将政治、经济、环境和社会等要素耦合于一体的功能特质。由此，在民族国家框架下，如何在能源政策上同时实现规避稀缺风险、提升经济收益、降低污染排放和确保战略稳定等目标，业已成为能源大国亟须直面的重大命题。不同国家根据自身资源禀赋、地缘政治环境与国家发展战略等条件，制定了价值取向多元化、路径选择多样化的能源战略。资源匮乏、面积狭小与人口稠密的日本则是将发展核电提升至“立国战略”。

然而，2011 年 3 月 11 日，由东日本大地震引发的所谓日本“第二次

① “商品性”是指煤炭、石油、天然气等化石能源能作为产品，在市场上进行贸易、流通和交易。在对外贸易中，尽管能源具有商品性的特点，但是又有别于普通货物贸易。相关内容可参见萨布海斯・C. 巴塔查亚：《能源经济学：概念、观点、市场与治理》，冯永晟等译，经济管理出版社，2015 年。

② “稀缺性”是指由于煤炭、天然气、石油等不可再生能源的埋藏量与可开采量难以永远满足人类的无限需求和消耗。相关内容可参见白泉：《能源节约的经济学》，光明日报出版社，2009 年。

③ “污染性”是指煤炭、石油、天然气等化石能源在消耗中会产生破坏环境的废气、废物和废水。相关内容可参见李世祥：《能源安全与煤炭清洁化利用》，科学出版社，2016 年。

④ “战略性”是指资源民族主义的语境下，能源消费国与能源宗主国将石油、天然气、煤炭等能源的生产、消费、进口、出口、安全等环节提升至国家战略水平。相关内容可参见杜祥琬：《中国能源战略研究》，科学出版社，2016 年。

战败”的“福岛核事故”,①不仅对其能源战略、政策思想与目标方针带来冲击和影响,而且还暴露出其在核危机管理方面存在的诸多弊端。尽管福岛核事故已成为“过去时”,②但是对与核事故相关的风险偏好、发展模式、管理体制、过度介入、事故特点等问题的分析、厘定、研究、追问与反思还应该处于“进行时”,而不能因事故的结束而终结。

一、福岛核事故与“安全神话”的破灭

迄今,日本是世界上唯一遭受核爆的国家,其特殊身份与经历造就了国民“恐核”“厌核”“反核”的认知与行动。但是,战后以中曾根康弘、稻叶修、齐藤宪三、川崎秀三、前田正男等为代表的政界,以读卖新闻、产经新闻为代表的报界,以核电公司为代表的财界,高举“核电安全”的旗帜,积极营造原子能的“和平利用”形象,不遗余力地推动引进、吸收与开发核电技术。在政界、财界与媒体遥相呼应并积极动员下,“日本的轻水炉核电站绝对安全”的理想化、情绪化与口号化的标语,③被“核电御用学者”“核电文化人”和“核电演艺人”共同演绎并塑造成为“核电的安全是固有安全”的神话。至此,核电在政、官、商、学等共同组成的“原子力村”的策动下,④被提升至“立国战略”。⑤

日本在宣传“安全神话”的同时,又进一步解释了大力发展核电的理由。一是核电与煤炭、石油相比更具清洁性,二是核电与风能相比更具稳定性,三是核电与新能源相比更具经济性,四是发展核电能规避国内能源匮乏、分散能源风险和改变单一能源结构。日本一次性能源自给率

---

① “朝日新聞”,2014 年 5 月 15 日。

② 2016 年 3 月 11 日,是日本“福岛核事故”的 5 周年。

③ 武田邦彦:“原発の「安全神話」が間違いだった理由”,一般社团法人 NPJ,http://www.news-pj. net/recommend/29826。

④ “原子力村”及其产生的“权力与金钱结构”等相关内容,可参见朝日新聞特別報道部:“原発利権を追う”,“朝日新聞”,2014 年。

⑤ 进入 21 世纪,由于国际石油价格的波动、能源地缘政治的动荡、资源民族主义的高涨和世界能源格局的变化等原因,世界各国都选择、调整和制定适合本国的能源战略。在此背景下,日本于 2006 年,颁布了《新国家能源战略》。

仅为 6%[①]，天然气、煤炭和石油的海外依赖度达到 99%左右。[②] 因此，日本认为核电是促进能源种类多样化、确保能源安全和保护环境的最优策略选择。但是，事实上，日本发展核电除了上述能源安全、环境保护等因素外，还有其不愿公开的政治安全考量。冷战初期，美国出于自身战略考虑，认为“为防止红色共产主义在东亚蔓延，有必要通过核武器威慑苏联、中国，故亟须对日本进行核装备”。[③] 对此，日本保守政治家出于对“核电与核武是一体同源的关系”的考虑，[④]顺势策动了核电技术的引进与开发。

日本已建 54 座[⑤]核反应堆，核发电量在其电力结构中占 29%左右。[⑥] 东京电力公司[⑦]（以下简称东电）成立于 1951 年 5 月 1 日，其供电区域尽管仅为其全境的十分之一左右，但供电量达到了另外九大电力公司[⑧]的三分之一。从电力供应结构而言，东电主要包括核电、水电、风电与地热。[⑨] 东电的核电站有四个：福岛第一核电站、福岛第二核电站、柏崎刈羽核电站以及东通核电建设所。[⑩] “3・11”大地震中发生事故的核电站是福岛第一核电站，该电站横跨福岛县双叶郡大熊町及双叶町，主要有 8 个发电机组构成，[⑪]其中 1－6 号的发电运转时间分别为 1971 年 3 月 26 日、1974 年 7 月 18 日、1976 年 3 月 27 日、1978 年 10 月 12 日、

---

① 資源エネルギー庁：“エネルギー白書 2016”，http://www. enecho. meti. go. jp/about/whitepaper/2016pdf/。

② 资源能源厅综合政策课：《综合能源统计》，通商产业研究社，2006 年，第 193 页。

③ 有馬哲夫：“原発・正力・CIA 一機密文書で読む昭和裏面史”，新潮社，2011 年，第 10 頁。

④ 山岡淳一郎：“原発と権力：戦後から辿る支配者の系譜”，筑摩書房，2011 年，第 1—125 頁。

⑤ 未包含正在修建（3 座）和计划修建（12 座）的核电机组。

⑥ 資源エネルギー庁：“エネルギー白書 2009 年”，エネルギーフォーラム，2009 年，第 71 頁。

⑦ 東京電力ホームページ：http://www. tepco. co. jp/index-j. html。

⑧ 其余九大公司为：北海道电力、东北电力、北陆电力、中部电力、关西电力、中国电力、四国电力、九州电力、冲绳电力。

⑨ 具体数量为：核电站 3 个、水电站 160 个、火电站 26 个、风电站 1 个、地热站 1 个，具体参见東京電力ホームページ：http://www. tepco. co. jp/index-j. html。。

⑩ 东通核电建设所于 2011 年 1 月开始建设，但是受“3・11”大地震影响，至今仍未复工。

⑪ 正在建设中 7、8 号和电站机组，由于 2011 年 3 月 11 日发生大地震，目前已经停止施工。

1978 年 4 月 18 日、1979 年 10 月 24 日。① 可见，福岛第一核电站是日本最早建设的电站，在安全、技术、炉型和设计等方面相对落后。

福岛第一核电站的 1—4 号反应堆，由于受大地震和海啸而失去冷却电源，先后于 3 月 11、13、14、15 日相继爆炸，最终造成人类历史上第二个达到 7 级的核事故。② 至此，日本从 20 世纪 50 年代一直宣传的“核能是可控的”“核能为人类造福”等口号，在堆芯熔毁、氢气爆炸、放射线泄漏、环境污染和生态变异等恐惧的词汇下瞬间破灭，主导核电发展的“原子力村”所构建的“安全神话”也成了“灭身亡国”③的笑话。

二、核事故的危机管理及其绩效

近年来，非传统安全因素④对经济发展与国家安全带来的严重威胁日益上升，规避具有复杂性、综合性、突发性和不可知性等特点的非传统安全因素业已成为一个国家的战略性、全局性和常规性的重要命题。一般认为日本在应对火山、洪水、地震和海啸等非传统安全因素方面具有完整的“管理体系”，⑤在防灾训练、预防监督、决策机制、舆论引导和公序良俗等方面的能力与水平被公认为是世界上的优等生。⑥ 然而，由大地震与海啸共同导致的福岛核事故却让素有“防灾强国”之称的日本陷入

① 原子力総合年表編集委員会：“原子力総合年表”，すいれん舎，2014 年，第 358 頁。

② 日本原子力産業協会：“原子力年鑑”，日刊工業新聞社，2013 年，第 435 頁。

③ 佐佐淳行：“「安全神話」は国を滅ぼす”，http://www. nippon. com/ja/features/c01901/。

④ 非传统安全因素主要是指除军事因素以外的对主权国家及生存发展构成危害的因素。

⑤ 日本在与自然灾害抗争中，制定、颁布了诸多应对措施，并逐渐形成了完整的“防灾体系”。1961 年颁布的《灾害对策基本法》是日本应对灾害的根本大法。此后，日本以该法为基础，先后制定了《应对重大灾害特别财政援助法》《防灾基本计划》《关于支付灾害抚恤金的法律》《活动火山对策特别措置法》《石油等灾害防止法》《大规模地震对策特别措置法》《城市公园实施令》《地震防灾特别措施法》《大规模地震对策特别措施法》《灾民生活重建援助法》《核灾害对策特别措施法》等。

⑥ 日本民众在千年不遇的大灾面前，表现出的淡定自若、秩序井然、沉着冷静、有条不紊的“公序良俗”，被世界各国所关注与赞叹。

了战后最为严重的“国家危机”。①

（一）预防管理阶段：未从“墨菲定律”中吸取教训

“墨菲定律”主要是指“凡事只要有可能出错，那就一定会出错”②，任何大的危机爆发前都会存在多个小的危机，每一个大的事故背后总会有多个条件作为支撑。同样，尽管日本在发展核电过程中对安全问题给予了高度重视，而且在应急处置、安全管理、技术创新、制度安排和机制设计等方面也拥有诸多可资借鉴的经验和教训，但是在福岛核事故发生前，却发生过多次小的核事故，许多安全隐患并未引起东电高度重视。

从件数而言，日本核电事故件数最高的年份主要集中在 1981—1983 年，分别为 81 件、67 件、72 件。其中，1981 年平均每座发电机组的事故件数为 3.2 件。③ 之后，从发展趋势而言，核事故件数整体上处于下降趋势。尽管如此，从每台事故件数而言，“3·11”大地震前的 1988—1990 年间，平均每台核电机仍然达到了 0.6 件，即使事故件数最低的 2001 年、2002 年和 2003 年，也均达到了 0.2 件。④ 值得注意的是，在 2001—2010 年间，东电是日本所有核电公司中发生事故件数最多的公司。特别是福岛第一核电站的事故件数，则明显远高出日本平均每个核电站的事故件数。2007 年，福岛第一核电站每个核电机组的事故件数高达 6 次，比同期平均每台核电机组的事故件数多出 2 次。⑤

需指出的是，上述事故报告件数是核电企业依法主动向社会公开报

---

① “戦後最大の危機　乗り越えられる”，東洋新聞ホームページ：http://www.tokyo-np.co.jp/article/feature/tohokujisin/list/CK2011031402100011.html。

② 墨菲（Murphy's Law）认为“Anything that can go wrong will go wrong”。墨菲定律的相关内容可参见アーサー ブロック：“マーフィーの法則—現代アメリカの知性”，倉骨彰译，アスキー，1993 年。

③ 田中知：“原子力はどこまで貢献できるか”，東京大学サステイナビリティ学連携研究機構，http://www2.ir3s.u-tokyo.ac.jp/esf/images/。

④ 该数据是根据原子能安全基础机构编发的“原子能设施运转管理（年刊）”中的相关数据计算得出的。

⑤ 该数据是依据日本原子力施設情報公開ライブラリー的 NUCIA 数据库（http://www.nucia.jp）中相关资料进行计算的数值。

告的数量。然而，在现实中，日本的核电企业曾在设备检查、安全系统点检、温度测定等方面存在瞒报、漏报甚至肆意篡改核数据的实例。① 2007年1月，东电在向经济产业省提交的调查报告中承认，福岛第一核电站、福岛第二核电站和柏崎刈羽核电站曾存在29次篡改数据和隐瞒安全隐患的行为。②

此外，福岛第1核电站1号机组是日本在1960年代最早建成的反应堆之一，2011年3月25日则达到法律规定的40年使用期限。但是，东电以设备良好、能正常运转为由，于2010年向政府提出申请，要求福岛第一核电站1号机组继续运营20年以上。③ 对此，2011年2月，日本原子能安全保安院竟然批准了这一请求。然而，正是超龄服役的1号机组，成了在此次事故中最早发生核泄漏的机组。可见，日本不但未能从“墨菲定律”中吸取教训，反而遵循和应验了“墨菲定律”。

（二）事故应急阶段：贻误处置时机与信息传导不畅

“3·11”大地震后的第一时间，日本政府和东电先后设置了“官邸对策室”④、“原子能灾害现场对策本部”⑤，并对福岛第一核电站失去冷却电源等问题进行紧急应对。但是，由于存在“对事故认识不清”“处置时机不及时”以及“信息传导不畅”等诸多问题，日本未能对事故进行有效处置，最终导致1－4号机组相继发生爆炸。

从处置时机而言，尽管东电作为直接当事者第一时间设置了灾害应急机构，但是在具体应对核泄漏问题上并没有果断采取措施，而是屡次贻误时机。3月11日，福岛第一核电站1号机组受到地震和海啸冲击之

① 有关日本篡改、隐瞒核事故的相关论述可参见1. 西尾漠編：“原発をすすめる危険なウソ——事故隠し・虚偽報告・データ改ざん”，創史社，1999年11月。2. 反原発運動全国連絡会編：“原発事故隠しの本質”，七つ森書館，2002年。

② 其中，包括造成福岛核事故的堆芯冷却系统失灵等问题。

③ 小澤紀夫：“設計寿命「40年」が60年に延長”，日刊ゲンダイネット，http://e.gendai.net/。

④ “首相官邸（災害・危機管理情報）”，https://twitter.com/Kantei_Saigai。

⑤ 主要报告内容参见東京電力株式会社福島原子力事故調査委員会：“福島原子力事故調査報告書”，東京電力株式会社，2012年6月，第59頁。

后，紧急制冷电源、柴油机和备用蓄电池都无法正常运转，且发现反应堆中冒出了白烟。[①] 然而，“东电”并没有在第一时间果断对反应堆以海水注入方式进行冷却，而只是采取了高压水枪喷射和直升机抛洒水降温的方式。直至前述方式不能奏效的情况下，处置现场才对“1 号机组进行海水注灌冷却”[②]，但此时危机已无法控制，最终是贻误了用最小的代价解决最大危机的最好时机。

从思想认识而言，日本一方面没有真正把握和理解“核事故”的特殊性，另一方面则表现为思想保守，且过高评估自我能力。应对“核事故”是一个复杂的系统工程，仅凭一国之力是很难有效管控的，对于大的核事故需要各国通力合作、共同应对。然而，在福岛核事故爆发后的第一时间，美、俄等国以及相关设备的国外制造商征求日本是否需要援助，但东电并未接纳，认为“不会发生爆炸”，[③]而且政府对外发布信息称“现阶段不可能发生核泄漏”。[④] 直到当危机无法控制时，东电才开始与美、法等国外技术专家进行交流和沟通。

从信息传导而言，财界、官僚、政府、学者之间的信息并没有做到及时、完整、准确的传导。[⑤] 事故初级阶段，由于东电并未向经济产业省汇报详细、准确的信息，随之首相官邸也不可能会从日本经济产业省得到准确信息。因此，日本公开对外发布的核事故信息中，出现了前后矛盾、恍惚不清和吞吞吐吐的现象。3 月 12 日下午 3 点 36 分，1 号机组发生爆炸。对此，东电并未在第一时间将爆炸事态汇报给政府，因此即使到下午 5 点 45 分，官房长官枝野幸男在记者会上，也未对事故进行准确说

① 木村英昭：“検証福島事故　官邸の一百時間”，岩波書店，2012 年，第 130 頁。

② 福島原発事故独立検証委員会：“調査・検証報告書”，ディスカヴァー・トゥエンティワン，2012 年，第 82 頁。

③ 福島原発事故独立検証委員会：“調査・検証報告書”，ディスカヴァー・トゥエンティワン，2012 年，第 79 頁。

④ 首相官邸：“官邸長官記者発表”，http://www. kantei. go. jp/jp/tyoukanpress/201103/13_a. html。

⑤ “毎日新聞”，2012 年 3 月 1 日。

明，反而强调"不能释放错误信息"。直至当晚8点41分，政府才正式承认发生爆炸并做了详细说明。①

（三）危机管理绩效：事故在应急处置中反而越发严重

危机管理绩效的良弊，从理论角度而言，一般可用三个指标予以衡量。一是事故发生前是否能"避免事故发生"；二是在紧急处置中是否能"阻止坏事变得更坏"；三是在事故发生后是否能将"坏事转变为好事"。日本在应对突发的福岛核事故过程中，尽管在第一时间成立了"官邸对策室""非常灾害对策本部"，②但是并没有将事故置于"在控与可控"的状态下，③反而在应急处置中步步升级，最终导致"不是危机管理而是管理的危机"的负面绩效。

在福岛核事故爆发前，日本并未设法做到"避免事故发生"。早在2004年印度洋海啸发生后不久，日本曾对福岛第一核电站的防灾能力、安全标准、应急处置水平进行过专家论证，在结论上认为福岛第一核电站遭遇海啸袭击的可能性很高，但并没有引起东电高度重视。2007年，日本共产党福岛县委员会在对福岛核电站进行安全检查后，向东电的胜俣恒久社长提出"福岛核电应尽快进行防海啸对策"，理由是"如果发生智利那样的海啸，将难以获取冷却海水"。对此，东电的回答是"已经进行周全应对，没必要再进一步预防了"。④ 然而，3月11日的14米左右高的海啸，彻底颠覆东电原有认识。可见，东电将危机消灭在萌芽中的管理绩效是失效的。

在应对福岛核事故过程中，日本并未能"阻止坏事变得更坏"。日本在处置核事故中反而出现了"事故在处置中不断升级"现象，并最终成为继切尔诺贝利事故后的最大核事故。其一，社会恐慌不断上升。从恐慌

① 福島原発事故独立検証委員会："調査・検証報告書"，ディスカヴァー・トゥエンティワン，2012年，第80頁。

② 伊藤守："テレビは原発事故をどう伝えたのか"，平凡社，2012年，第50頁。

③ 東京電力福島原子力発電所事故調査委員会："国会事故調報告書"，徳間書店，2012年，第295、305頁。

④「福島第一の損傷部分と原発が抱えるリスク」，"ニューズウィーク"，3月26日号，第31頁。

程度而言，日本国民的心理恐慌程度毋宁说是逐渐下降，倒不如说是随着危机管理的实施不断升级。当时，在核事故的笼罩下，日本整个社会特别是福岛核电站周围的民众由于第一时间无法得到准确信息，民众出现不同程度的心理焦虑、内心恐慌，甚至出现抑郁等症状。其二，泄漏程度越发严重。从长期而言，泄漏到环境中的大量放射性物质，将对土地、空气、植被和水质等带来严重危害，进而导致生态变异等后果。从短期而言，福岛第一核电站周围20公里的居民被迫离开家园撤离避难①，核电站周围的食品安全也出现严重超标现象。其三，能源供应日益紧张。从电力供应角度而言，由于核电事故的发生导致东京电力的供电区域被迫实施了轮流限电措施。而且，东京圈的各家铁路公司由于电力供应不足被迫调整了列车时刻运行表，并采取减少运行次数甚至停开等措施，以紧急应对电力供应不足。可见，日本在应对福岛核事故中，没能做到“阻止事故变得更坏”。

福岛核事故后，日本未能做到“将事故危机转化成经济发展契机”。其一，受核事故影响，占日本总发电量近30%的核电站全部被迫关停，②由此日本暂时进入“零核时代”。③ 为保证能源供应安全，日本势必加大火力发电的比重，然而由于其化石能源几乎100%需要进口，因此不仅提高化石燃料的进口成本，而且根据价格传导理论还将影响二次能源的电力价格，最终对本来处于萧条的日本经济雪上加霜。其二，居民电费支出的增加，势必会减少消费进而不利于日本经济全面复苏。受火力发电燃料增加的影响，2012年度一般家庭每月电费平均为6 812日元，上涨1 049日元。④ 其三，日本因福岛核事故而造成的直接经济损失至少为11

① “朝日新聞”，2011年3月15日。

② 日本経済産業省：“日本のエネルギーのいま：抱える課題”，http://www.meti.go.jp/policy/energy_environment/energy_policy/index.html。

③ 資源エネルギー庁：“エネルギー白書2006版”，http://www.enecho.meti.go.jp/about/whitepaper/2016pdf/whitepaper2016pdf_2_1.pdf。

④ 该数据是日本经济研究研究2011年6月计算的数值。事实上，日本诸多机构都对电力成本进行了计算，在结果上亦不尽相同。

兆819亿日元，[①]具体费用支出项目主要包括灾害赔偿、除污、储藏、废炉等项目。此外，如果停止发电机组运转，平时应需要进行维护，其费用“高达1.2兆日元”。[②]

综上，福岛核事故及其次生灾害不仅对日本能源安全的战略思想、政策设计、目标规划和方针措施等方面产生巨大冲击，而且还给核电站周围的生态平衡、生活环境以及社会心理等方面带来了一场难以抚平的劫难。可见，日本对福岛核事故的危机管理是失效的、失范的。

三、福岛核事故后的理性反思

日本政府、国会、民间和东电围绕福岛核事故从各自角度进行了调查研究，并以《政府事故调查最终报告书》[③]、《国会事故调查报告书》[④]、《调查・检证报告书》[⑤]、《福岛核事故调查报告书》[⑥]为题分别公开了报告内容。但是，至今与福岛核事故相关的诸多问题仍需进一步探讨与反思。如：东电在处置核事故时为什么会在“企业资本”与“公共利益”之间进行偏好选择？福岛第一核电站1号机组为什么在本应报废的情况下却“合法”地“超龄”运转？东电与政府之间到底存在什么关系？对上述问题的追问与回答，可从日本的风险选择偏好、核电发展模式、危机管理体制、政治过度介入以及核事故特点等方面进行客观诠释与理性反思。

---

① “朝日新聞”，2014年6月27日。

② 共通通信ホームページ，http://www. 47news jp/CN/201303/CN2013032801001846. html。

③ 该报告主要内容参见東京電力福島原子力発電所における事故調査・検証委員会：“政府事故調中間・最終報告書”，メディアランド，2012年。

④ 该报告主要内容参见東京電力福島原子力発電所事故調査委員会：“国会事故調 報告書”，徳間書店，2012年。

⑤ 该报告主要内容参见福島原発事故独立検証委員会：“調査・検証報告書”，ディスカヴァー・トゥエンティワン，2012年。

⑥ 该报告主要内容参见東京電力株式会社福島原子力事故調査委員会：“福島原子力事故調査報告書”，東京電力株式会社，2012年。

（一）风险偏好选择：奠定了发生“福岛核事故”的逻辑基础

风险偏好一般是指行为主体在实现目标过程中，对承担风险的种类、大小等方面的基本态度。日本对核电风险所表现出的态度、认识是其风险偏好的具体折射。日本在应对能源短缺、环境污染和经济发展等复合型问题过程中，却冒着多地震、多火灾和多海啸等影响核电站安全的自然风险，选择了发展核电。显然，日本发展、建设核电站之时也就意味着理论上存在“核事故”风险的可能。换言之，日本进行风险偏好选择的始点，也是可能发生核事故的逻辑起点。

日本“原子力村”推动发展核电的过程既是其自我理性选择的过程，亦是其权衡“风险偏好”与“利益偏好”的结果。一方面，核电风险在日本看来只是理论上存在的风险、未必会发生的风险。另一方面，日本认为选择核电后将在实现中会获得以下三个层面的利益。一是认为核电能规避能源风险和提升本国能源自给率。[①] 二是认为核电是清洁的，在废气、废水和废物的排放量方面比煤炭、石油等化石能源低。[②] 三是认为核电是廉价能源，其成本比石油、太阳能、潮汐能、风能等能源更经济。[③] 然而，福岛核事故的爆发，从现实层面将“原子力村”所标榜的核电具有“安全稳定”“清洁减排”“经济成本低”等优点彻底击碎，以核电作为支撑能源安全框架的政策思想随之也失去了正当性和合理性。[④] 事实上，“原子力村”宣传核电具有“安全性”“清洁性”和“廉价性”的实质是为扶持核电

---

① 資源エネルギー庁：“エネルギー白書 2009”，東京：エネルギーフォーラム，2009 年，第 73 頁。

② 反对者认为，控制二氧化碳排放量的基本原则是控制人类对于能源的需求量，而这一点却被日本长期忽视。相关内容参见井田徹治：“原発の不都合な真実”，http://www.47news.jp/47topics/e/218274.php。

③ 以综合能源调查会为代表的官方认为每 1kWh 的成本是 5—6 日元左右。与之相对，以大岛坚一等学者认为，每 1kWh 为 10.68 日元（未包括事故处置相关费用）。相关内容参见週刊東洋経済編集：「強弁と楽観で作り上げた原発安価神話のウソ」，“週刊東洋経済”，2011 年 6 月 11 日，第 46 - 47 頁。

④ 週刊東洋経済編集：「原発を中心にしたエネルギー政策の崩壊」，“週刊東洋経済”，2011 年 6 月 11 日，第 42 - 43 頁。

产业制造一种口实。换言之，福岛核事故的爆发，不仅从经济、环境和安全等方面证明了日本“长期大力扶植原子能产业的能源政策实际上是产业政策的失败”，①而且也意味着其选择发展核电的风险偏好已不仅仅是在理论上的假定风险，而是现实逻辑中的客观事实。由此，日本的风险偏好选择如果说在理论上是核事故的生成逻辑，那么随着福岛核事故的爆发，原来的理论逻辑随之转变成为现实中的历史逻辑。进而，日本为福岛核事故付出“高昂成本与沉重代价”也就成为一种宿命。

（二）“国策民营”模式：造就了核电公司的逐利属性

“国策民营”是指日本政府负责每隔 5 年制定一次《原子能长期计划》，②以此确立发展核电的基调，北海道电力、东北电力、东京电力、北陆电力、中部电力、关西电力、中国电力、四国电力、九州电力等 9 家电力公司根据政府确立的基调，具体负责核电方面的生产、建设与经营。然而，“国策民营”模式在实际运行中存在诸多弊端。

其一，作为民营的核电公司本质上是具有逐利属性的。日本企业法明确规定，企业是以盈利为目的的。因此，具有企业属性的东电在处理核事故时，第一时间并没有考虑以海水灌注方式进行冷却，而是在“公司成本”和“公共安全”之间犹豫选择，最终导致了因失去最佳冷却时机而发生爆炸。其二，“国策”推动下的核电产业获得大量财政补贴。从日本核电发展史而言，如果没有政府的补贴支持，③核电公司毋宁说发展壮大，就连建设核电的土地也很难获得。④ 因此，如何获得政府补贴与支持的思想意识成了日本各大核电公司的认识惯性。其三，在 55 政治体制

① 週刊東洋経済編集：「日本エネルギーの失敗は産業政策の失敗」，“週刊東洋経済”，2011 年 6 月 11 日，第 48 頁。

② 2005 年，日本将《原子能长期计划》改称为“原子能政策大纲”，其目的是将发展核电上升为国家战略。

③ 日本核电发展史的相关内容参见吉岡斉：“原子力の社会史”，朝日新聞，2011 年。

④ “电源三法”（“電源開発促進税法”、“特別会計に関する法律”、“発電用施設周辺地域整備法”）是在日本政府强力推动下制定实施的。相关内容详见朝日新聞青森総局：“核燃マネー”，岩波書店，2005 年。

中，自民党凭借“一党独大”优势，大力发展核电产业，而获得巨大利益的民营核电公司则以“政治献金”形式，对主推发展核电的政治家、官僚和学者进行“反哺”，以求从国家获得更多的利益。可见，日本发展核电的“国策民营”模式决定着东电在第一时间不会冒着废炉的风险与代价，采取海水注入方式进行冷却降温。

（三）模糊化管理体制：成了政企利益勾连的温床

“3·11”大地震前，日本的核电管理体制主要包括两个层面。一是负责发展和推进核电的体制，二是负责核电安全的监管体制。“推进体制”主要指内阁府的“原子能委员会”、文部科学省的“研究振兴局”和“研究开发局”、资源能源厅的“电力电气事业部”等部门，负责核电的发展、建设和规划等工作。① “监管体制”主要是指内阁府的“原子能安全委员会”、文部科学省的“科学技术·政策局”、经济产业省的“原子能安全·保安院”等部门具体负责对核电安全的监管工作。

可见，日本核电的管理体制具有两个明显特点。一是管理的多层化。无论是推进发展核电方面的管理部门，还是安全监督方面的管理部门，都是由多个部门构成的。二是监管与推进同在一个部门。内阁府、文部科学省和经济产业省等部门都同时具有“推进”和“监管”两种职能。换言之，内阁府、文部科学省和经济产业省这三个部门中的每一个部门既是推进核电的主体，又是安全监管核电的主体。在此体制框架下，政府、产业界以及相关学界之间逐渐形成了利益结构化的耦合关系。日本核电公司的许多高层领导是政府官员的“下凡”，②这些人一方面具有民营企业高层管理者的身份和地位，另一方面又具有政府官员的职业背景和人脉关系。因此，核电的立项、运营、监督和管理之间的边界被模糊化与暧昧化，核电公司与监管部门之间形成了“官企利益链”，进而“监督管理自家运营的产业势必会更多地考虑部门和上层集团的利益，从而忽视

① 有关日本核电管理体制的详细内容可参见資源エネルギー庁：“能源白书 2012”，http://www.enecho.meti.go.jp/topics/hakusho/。

② 中野洋一：“世界の原発産業と日本の原発輸出”，明石書店，2015 年，第 216－221 頁。

国家利益”。①

正是存在利益结构化的政企关系，东电才会在核事故方面故意“隐瞒事实和提供虚假报告”，才会对核事故进行暧昧化处理。显然，东电的做法在很大程度上左右日本政府的危机管理能力。从权责的力学角度，官、产、学的职能在对福岛核事故的应急管理中本应该为“学≥官≥产”的结构关系，但是在实际危机处置中，却表现为“学≤官≤产”的结构关系。

（四）事故处置中的过度介入：将招致“管理危机”与“技术危机”的发生

“管理危机”是指在危机处置中由于管理过度介入而引起的更大危机，“技术危机”是指在危机处置中由于技术专家的判断失误而招致的更大危机。日本的“原子力灾害对策本部”在具体处置危机中险些发生由于“过度介入”而引发更大的“管理危机”和“技术危机”。

2011 年 3 月 11 日，福岛核电站 1 号机组由于失却冷却电源造成了堆芯熔毁。为防止引发更大事故，3 月 12 日上午 4 点，事故现场的吉田昌郎所长指示“用消防车进行淡水注入”。② 下午 7 点，在效果不明显的情况下，被迫由淡水注入改为海水注入。③ 但是，日本“原子力灾害对策本部”的最高领导首相菅直人表示“担心因注入海水，再次发生临界事故”。④ 随后，东京电力的副社长武黑一郎（东电的首席技术官）却命令现场“在得到首相了解前，停止海水注入”。⑤ 对此，负责现场指挥的吉田所

① 刘亚斌：《日本核电站在黑箱里运行 监督管理竟是一家》，中国网：http://www.china.com.cn/international/txt/2011-03/23/content_22202555.htm。

② 福島原子力事故調查委員会：“福島原子力事故最終調查報告”，東京電力株式会社，2012 年，第 119 頁。

③ 福島原発事故独立検証委員会：“独立検証委員会報告書”，ディスカヴァー・トゥエンティワン，2012 年，第 27-28 頁。

④ “临界”是指核裂变产生的新中子数量恰好满足反应堆继续裂变的需要。

⑤ 東京電力福島原子力発電所事故調查委員会“国会事故調查報告書”，德間書店，2012 年，第 311 頁。

长并未听从，而是要求操作人员“继续海水注入”。最终证明[①]吉田所长忽视“中断海水注入”指示而进行“继续海水注入”的做法“挽救了日本”。[②]

“中断海水注入”问题的本质是危机管理中的政治过度介入、技术过度介入和管理过度介入。首相菅直人提出的“担心再次发生临界事故”的问题纯属技术判断上的问题，但是作为“原子力灾害对策本部”的最高领导人提出该问题本质上是对“注入海水”持不支持态度。然而，代表日本原子能技术权威的武黑一郎、原子能安全・保安院的平冈英治（政府原子力灾害对策本部副本部长）、内阁府原子能安全委员长班目春树（东京大学名誉教授）、东京电力的高桥明男等所谓技术专家，针对首相的提问，从各自角度进行了四次错误的判断与暧昧的说明，直到第五次，即现场处置的吉田所长才做出了“继续海水注入”的正确判定。那么，为什么前四次判断都出现错误呢？显然，缺乏现场技术能力及在此基础上的模糊判断是其根本原因。可见，在核事故的危机处理中，既不具备专业技术能力也没有掌握现场状况的“政治过度介入”、“技术过度介入”和“管理过度介入”，将会招致更加严重的后果。

（五）核事故的特点：只凭一国之力难以应对与管控

重大核事故的特点主要是指“复杂性”“严重性”“污染性”和“广域性”。日本在应对最高级别（7级）的“福岛核事故”时所表现出来的应对乏力、捉襟见肘，充分说明在应对核事故这种非传统安全威胁时，很难通过一国之力对其控制和解决。源发于日本一国的福岛核事故不仅使其自身陷入战后以来最为严重的国家危机状态，而且在经济、社会、心理、环境等方面也波及影响到了周边国家甚至整个世界。可以说，“福岛核危机”及其影响超越了主权、民族、文化、宗教和地域，成为世界性危机。

---

① 2011年5月28日，国际原子能机构在视察福岛第一核电站现场后，认为吉田所长没有“中断海水注入”的做法防止了更大事故的爆发。

② 門田隆将：“死の淵を見た男 吉田昌郎と福島第一原発の五〇〇日”，PHP研究所，2012年，第6-10頁。

在福岛危机过程中，中国人抢盐、韩国人抢海带、美国人抢碘片和防毒面具等盲目慌乱行为所折射出的不仅仅是对核辐射的惊恐、对核能专业知识的欠缺，更凸显出了各国间缺少共同应对“核事故”这种非传统安全威胁的合作机制。非传统安全威胁看似没有军事冲突或战争那样的硝烟弥漫，但是其危害程度、影响范围和威胁方式有时并不逊于一场战争。当反思这种非传统安全威胁因素为何会给人类造成如此惨痛劫难的同时，还必须要理性认识到东北亚地区在应对非传统安全威胁的制度化建设方面尚显结构性缺陷。因此，无论从现实需求而言，还是从未来防微杜渐而言，核电国家之间应亟须构建应对“核事故”这一非传统安全威胁的合作框架与互助机制。

综上，福岛核事故已成“过去时”，但对其追问与反思应永远处在“进行时”。唯有此，才能真正做到“每次历史灾难都将以人类的进步为补偿”。从危机管理及其绩效而言，日本在福岛核事故发生前，未能从体制、机制、法制和预案等方面“避免事故发生”，反而是因循和应验了“墨菲定律”；在紧急处置中，日本由于不畅的信息传导、无效的处置方式等原因未能“阻止坏事变得更坏”；在事故发生后，日本囿于能源供应不足、赔偿制度缺失以及责任体系不明确等原因，未能将“坏事转变为好事”。尽管福岛核事故本身是一场严重灾难，但是其遗产是可通过挖掘进而予以借鉴与吸收的。

追问日本在福岛核事故的危机管理中的失范和失效，可得到以下五点启示。一是日本的风险偏好选择奠定了发生“福岛核事故”的逻辑基础。日本忽视自身多地震、火山和海啸的自然禀赋条件而选择核电的风险偏好，在理论上为核事故的发生奠定了逻辑基础。可见，日本发展核电的政策路径与自身的自然禀赋条件是否匹配值得反思与商榷。二是日本发展核电的“国策民营”模式造就了核电公司的逐利属性。东电在“企业资本”和“公共安全”之间首先选择前者是由其逐利属性决定的。可见，将“公共安全”和“公共利益”嵌入到核电公司经营理念中是日本亟须解决的现实命题。三是日本模糊化的核电管理体制成了政企利益勾连的温床。由于一个机构同时具有对核电的“监管”与“推进”两种职能，致使政府、产业界以及相关学界之间形成了利益耦合的结构化关系。可见，将“监管”与“推进”进行分离是改变日本政府与核电企业之间暧昧关系的路径选择。四是政治过度介入将招致“管理危机”与“技术危机”的发生。在危机管理中，政府官员由于不具备专业技术能力，因此不能“过度介入”，否则会出现“贻误时机”“错误处置”等弊端，从而招致不必要的“管理危机”和“技术危机”。五是核事故的特点决定了只凭一国之力仍难以应对与管控。核电国家之间应亟须构建以互信、互利、平等、协作为核心的核安全合作机制，以此共同应对具有“复杂性”“严重性”“污染性”和“广域性”等特点的核事故。

第五节　日本对核电“弃留”的“理性选择”

由于核电的优点与缺点并存且同样突出，如同马戏团里的猛兽，顺从时让人感到其乐无穷，而一旦失控其后果不堪设想，故人类对其既恐惧又青睐。福岛发生核事故以来，日本全国围绕“核电存续问题”展开世纪大讨论，区隔并形成了“拥核派”①与“脱核派”②，二者论证的主要焦点是核电的安全、成本、清洁等三个方面。

一、在“核电安全”方面的论争

在“核电安全”方面，“拥核派”与“脱核派”之间的论证，主要表现在以下三个方面。其一，在“认知能力”方面的争论。“拥核派”认为人类认知能力的有限性、局限性与现实世界的复杂性、不可知性之间总会存在“偏离”。9 级大地震、超出 15 米的大海啸及其对福岛核电站的破坏是

① “拥核派”中既有官界亦有学者和媒体，如海江田万里、班目春树等。

② “脱核派”不仅包括民间团体、地方自治民众，也有部分官员、学者和媒体，如広瀬隆、室田武、槌田敦、孙正毅、竹内一晴等。

"超出想象"①,这种超想象事件的发生导致"以前建造的防潮堤是无法抵御大海啸"②。正因如此,核安全方面制定的灾害应对措施在"福岛核危机"中也并没有起到很好的应急处置效果,从而"给人的印象就是东电在撒谎和隐瞒"。③ 对上述观点持异议的"脱核派"认为,"意想不到"不能成为"免罪符"。④ 早在1896年日本发生的明治三陆大地震时的海啸就高达38米,把此次福岛核事故说成"认知范围外"的"超出想象",只不过是政治家与"东电"在逃避和转嫁责任。⑤ 因此,所谓的"超出想象"是"无稽之谈"。⑥

其二,"天灾"与"人祸"方面的论争。福岛第一核电站从选址建设到投产运营,"东电"都在向日本社会及其附近居民不断反复强调着一句话"绝对安全"。然而,3月11日地震、海啸所引发的核泄漏危机及其波及范围的逐步扩大,彻底打破了"东电"所标榜的"安全神话"。在其分析原因方面,"拥核派"主要强调的是"天灾",而"脱核派"则认为除了天灾之外更多为"人祸",原因是许多问题政府和核电企业不能给予很好解释,如:是什么原因让有重大安全隐患的、本应该退役的福岛第一发电站1号发电机组却能"合法"地"超龄"服役呢?⑦ 是什么原因使"东电"没有认

① 持该论点者主要多出自经济产业省、核电产业界、部分媒体和核电学者之中。这是东京电力公司的清水社长、原子能安全·保安院等在事故发生后反复对外界强调的"重点"。

② 長谷川慶太朗、日下公人:"東日本大事震災——大局を読む"、フォレスト出版,2011年5月22日,第110頁。

③ 畑村洋太郎:「"失敗学"から見た原発事故」,"中央公論",2011年7月号,第99-100页。

④ 畑村洋太郎:「"失敗学"から見た原発事故」,《中央公論》,2011年7月号,第98页。

⑤ 2011年4月19日の"福島民友新聞",参见:http://www.47news.jp/47topics/e/205718.php。

⑥ 東京大教授ロバート・ゲラー(地震学):"地震予知、即刻中止を",2011年14付の英科学誌ネイチャー電子版に掲載された(2011年4月14日,共同通信)。

⑦ 福岛第一核电站的1号机组是日本在1960年代首期建设的发电站之一。到2011年3月25日,该机组寿命已有40年的时间,属于"高龄"机组,本应该淘汰退役。但是,2010年3月,"东电"以设备良好、能正常运转为由,向日本政府提出申请,要求福岛第一核电站1号机组继续运营。对此,本原子能安全保安院在2011年2月竟然批准了这一请求。另外,2011年2月7日,"东电"对已经使用40年的福岛第一核电站1号机组进行过分析评估,其结论也认为该电站的部分设备严重老化。但是,主管领导对此项分析报告视若无睹,仍然坚持让一号机组继续运行。遗憾的是,就是被延期服役的一号机组,成为在此次事故中最早发生核泄漏的机组。

真听取"县议团"对福岛核电安全的质疑呢?① 是什么原因导致"东电"花时间在公共利益和公司资产之间优先选择?② "东电"在核事故最初爆发时,为什么婉谢外来核专家?③ 上述问题,在"脱核派"看来,造成其弊端的主要原因是"东电"作为企业有其逐利属性一面,在处理核事故时,本能地会在"成本"和"安全"之间花时间进行平衡选择。

其三,核电对日本而言是否是"不得已"而为之的选择。日本位于全球最集中的地震、火山带上,对于核电站的建设本应该非常谨慎,但日本从 1954 年国会第一次通过核电预算,到 1963 年第一座核电站开始正式发电,从一系列立法保证发展核电产业再到确立"核电立国战略"的,似乎具有先天缺陷的自然灾害并未梗阻日本发展核电脚步。对此,"拥核派"解释的理由是:日本既是自然灾害众多的国家又是一个典型的、能源极其匮乏国家,日本的一次性能源自给率仅为 16%,1973 也有几乎 100%的天然气和煤炭、99.4%的石油依赖进口。④ 为了确保经济发展所

---

① 2004 年印度洋大海啸之后,素有具有强烈敏感意识的日本,也组建专家团分析了福岛第一核电站的安全标准、防灾性能。当时,技术人员主要从概率角度,分析了海啸来袭的高度以及福岛第一核电站遭遇海啸袭击的可能性,结论认为福岛第一核电站存在遭遇海啸破坏的风险,提出有必要采取充分准备的建议,但"东电"对此未给予予充分重视。2007 年 7 月,日本共产党福岛县议团齐藤泰认为"女川核电站比较放心,福岛第一核电站不行",强烈提出让"东电"进行防震安全性总检查,但是得到"东电"的回答却是"没必要"。

② "东电"在处置核泄漏问题上的应急措施屡屡贻误战机,不断遭到外界质疑。3 月 11 日,福岛第一核电站 1 号机组受到地震和海啸冲击之后,由于紧急制冷系统的电源、柴油机和备用蓄电池都已失效,首先冒出白烟。这时,"东电"应该认识到事态的严重性,需要果断出手,对发电机组进行海水冷却。然而,直到 3 月 12 日上午,东京电力公司也未实施从附近海岸取水冷却。直到 3 月 13 日,"东京"才被迫不得已开始进行海水冷却。其结果是贻误了用最小的代价解决最大危机的最好时机。

③ 核事故出现初期,除最了解核电站内部构造的核电机组制造商提出援助外,美、俄、法等国家也像日本伸出了"橄榄枝",但一直未被"东电"接纳。直到当危机失控、事态严重后,"东电"才开始与美、法等国外的技术专家进行交流和沟通。"东电"之所以没有在最初时接纳外援,是担心外来专家可能会马上建议用海水冷却反应堆,而"东电"最担心的就是发电机组设备在被海水灌入后将彻底报废,其损失会相当惨重。然而,当"东电"后来被迫接受海水冷却时,危机已无法控制。

④ 资源能源厅长官官房综合政治课:《综合能源统计》,通商产业研究社,2006 年,第 193 页。

需的能源[1]，避免因石油进口受阻而导致能源供应链条断裂，使用核电确实是“不得已”的选择。而“脱核派”认为发展核电产业并非是不得已而为之的唯一选项，通过增加其他方式同样可以代替核电，特别是福岛核危机后日本核电站都相继关停后并未引起日本严重电力不足，也未给日本经济造成结构性损失，从事实上佐证了核电并非是日本不得已的选择。

二、在核电“清洁性”方面的论争

关于核电“清洁性”方面的论证主要有体现在以下两个方面。其一，核电是否是规避地球变暖最为有效的选择。“拥核派”一直认为核电产生的能量来自原子结构的变化，相对于火电而言具有显著的清洁特性。[2]在地球变暖问题日益严重的今天，对于日本具有特别重要的意义，是日本为实现京都议定书中约定的削减 CO_2 排放量的最为有效的途径。如果日本要实施“脱核电”政策，那么日本即便加大开发对自然能源的利用力度，也需要提高《京都议定书》中的约定量，且必将增高对价格不稳的化石燃料的依存度，并购买海外排放权，这种政策虽然降低了核电事故的风险，但也要承担因之而产生的经济负担[3]，且将极其严重地影响日本的国际形象以及在防止地球变暖问题上的国际影响力。

而“脱核派”则认为“拥核派”所主张的“推动原子能发电对于防止地球变暖是不可或缺的”论断并不符合事实。自地球变暖问题日益严峻，人们意识到必须削减温室气体以来，原子能在日本的防止地球变暖政策中就占据了核心位置，这成为一种推动原子能发展的“国策”。然而，实际上，从下图 2－7 中可发现，日本并未因核电的不断发展而降低二氧化碳的排放量。

---

① 週刊東洋経済編集:「日本“原発大国化”への全道程」、“週刊東洋経済”，2011 年 6 月 11 日，第 54 頁。

② 经济产业省:《能源白书 2009》，能源论坛，2009 年 9 月，第 170－199 页。

③ 週刊東洋経済編集:「原発を中心にしたエネルギー政策の崩壊」，“週刊東洋経済”，2011 年 6 月 11 日，第 42－43 頁。

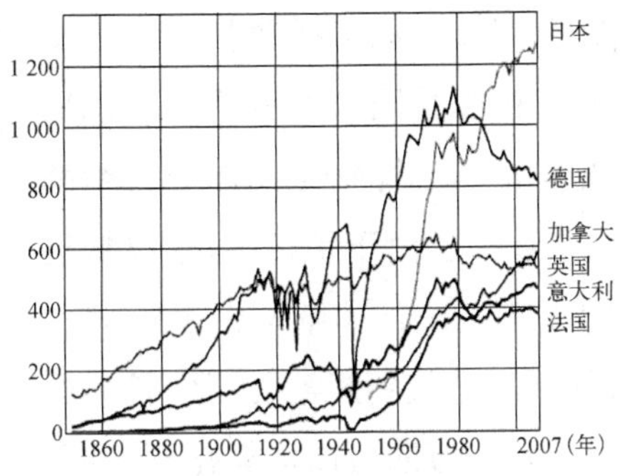

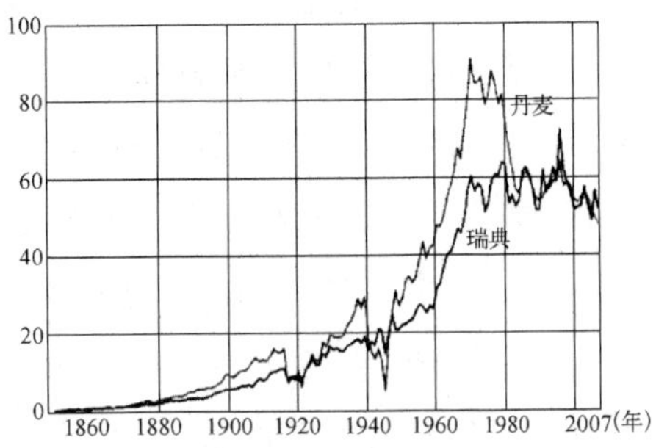

图 2－7　世界主要发达国家二氧化碳排放量的推移

资料来源：井田徹治："原発の不都合な真実"，参见 http://www. 47news. jp/47topics/e/218274. php。

2000 年以后，东北电力女川核电站 3 号机、东通核电站 1 号机组等新建核电站开始运营，原子能发电在电力供给中的比率也逐步提高。但是，如图 9 所示，这并未能阻止日本二氧化碳排放量的增加。相反，在此期间，德国、丹麦和瑞典等国家却大幅降低了排放量，而这些国家都没有通过新建核电站来推动防止地球变暖。在图 7 的 8 个国家中，日本是唯一大力推动核电建设而排放量却在显著增长的国家。① 显然，日本通过核电来防止地球温暖化的政策已经完全失败了，应该致力于核电方式以外的降低碳排放的有效路径。"反核派"还认为，要想有效地控制二氧化碳的排放量，就必须控制人们对于能源的需求量，而这一点却被日本长期以来所忽视。② 以实现大幅降低碳排放量的德国、丹麦和瑞典等三个国家则都采取了一个共同政策，即征收与二氧化碳相应的碳税、导入能源税、大力扶助可再生能源等政策。③

① 井田徹治：「原発は温暖化対策に役立たない一この世界には、はるかに有効な二酸化炭素の排出削減政策がたくさんある」，"原発の不都合な真実"，参见：http://www. 47news. jp/47topics/e/218274. php。

② 井田徹治：《原発の不都合な真実》原発は温暖化対策に役立たない一この世界には、はるかに有効な二酸化炭素の排出削減政策がたくさんある。http://www. 47news. jp/47topics/e/218274. php。

③ 比如：为扶持可再生能源的发展，三个国家都导入了固定自然能源发电价格的制度，其包括大规模水电的自然能发电量占发电总量的比率都相当高，德国是 18%，丹麦是 29%，瑞典是 56%。

其二,可再生能源是否可取代核能并在有效降低碳排放量的同时支持日本经济的发展。"拥核派"认为,能源与粮食是国家经济活动与国民生活的基础,但日本这二者的自给率却都非常低。特别是能源的自给率只有4%左右,在发达国家中处于最低水平。而且由于是岛国,难以从近邻国家输入电力。因此,核电对于日本的能源安全保障做出了重大贡献。① 在"拥核派"看来要放弃核能就必须要考虑找到短期乃至中长期的可以稳定供给的代替能源。② "拥核派"认为,在短期可以依靠化石能源,然而在地缘政治风险不断加剧、新兴经济体对于化石能源的需求在急剧增长的情况下,核电的稳定安全作用则较之突出。从中长期来看,虽然可以用可再生能源(风力、太阳能、地热、生物能等)代替,然而日本对自然能源的开发在发达国家中是较为落后的,现在只不过占发电量的1%,今后当然应该加大开发力度,但自然能源本身存在着各种各样的问题。③ 正是基于这方面的考虑,"拥核派"认为一味地呼吁改变能源政策,有可能给国家经济与国民生活带来重大的混乱,从而对日本经济带来致命性打击。④

"脱核派"则指出,德国、丹麦、瑞典虽然没有通过核电政策却都不仅降低了二氧化碳的排放量,而且同期的经济也保持着稳步增长。相反,日本在过去的20年间,经济不但没有显著增长,还在"失去的10年"的基础上又失去了"另一个10年",电力消耗量与二氧化碳的排放量却在猛增,这明显属于异常现象。⑤ 另外,"脱核派"认为东京电力福岛第1核电站的事故结果已经佐证了"即便从电力的稳定供给来看,小规模分散

① 经济产业省:《能源白书2009》,能源论坛,2009年9月,第73页。

② "拥核派"认为核电技术在日本已经比较成熟,如果加上核电产量日本的能源自给率就可以达到将近20%的水平。

③ 例如,供给的稳定问题、难以扩大规模的问题、成本高的问题、发电质量问题等。

④ 日本経済研究センター理事長岩田一:「電力不足が日本経済に与える影響」,政経済情勢検討会合資料(内部資料),2011年8月3日,第1-14頁。

⑤ 井田徹治:《原発の不都合な真実》原発は温暖化対策に役立たない—この世界には、はるかに有効な二酸化炭素の排出削減政策がたくさんある。http://www.47news.jp/47topics/e/218274.php。

型系统也要优于大规模集中型系统"的论点。可见,"拥核派"把发展核电的功效与促进经济发展耦合在一起,只不过是有意扶植核电产业的一种口实。换言之,"日本长期大力扶植原子能产业的能源政策实际上是产业政策的失败"①。

三、在核电"成本"方面的论争

在"成本"方面,一般普遍被认为核能是较煤炭、石油、太阳能、潮汐能、风能等更为经济的能源,这也是日本大力发展核电产业的一个驱动支点。但是,原子能发电是否真的成本较低呢?在福岛核危机后再次被提出了质疑。对各种发电方式的发电单价成本(1 kWh)基本上出现了不同的意见②,以综合能源调查会(政府)、"能源白皮书"为代表的官方在核电成本的计算结果上相对较低,即 5—6 日元/kWh 左右,而具有半官方性质的日本能源经济研究所的计算结果为 7.2 日元/kWh。③ 但是,与之相对,大岛坚一、孙正毅④等为代表的学者等为代表的"质疑派"则认为,政府及其御用学者在计算核电成本时的计算公式过于暧昧⑤、很不明晰。大岛坚一的计算结果则为 10.68 日元/kWh,火力发电为 9.9 日元/kWh,具体见下表 2-8。

---

① 週刊東洋経済編集:「日本エネルギーの失敗は産業政策の失敗」,"週刊東洋経済",2011 年 6 月 11 日,第 48 頁。

② 值得注意的是,在核电发电成本的计算结果上,有许多版本,如:东京大学岗芳明教授认为原子能、太阳光、风力、水利、火力(天然气)等能源中每 1 kWh 的发电成本分别为 5—6 日元、49 日元、10—14 日元、8—13 日元、7—8 日元。参见早稻田大学 2011 年 7 月 13 日召开的"能源问题短中长期展望"研讨会论文集资料,第 10 页。

③ 但是,同样具有政府性质的地球环境产业技术研究所机构的秋元圭吾计算数值为 8—12.4 日元。参见:秋元圭吾于 2011 年 6 月 22 日参加在上智大学召开的"用对话开拓低碳社会"研讨会时提供的会议论文资料。秋元认为核电成本约为 9.1—12.4 日元/kWh,其具体计算明细为:每 1 kWh 的发电成本 6.1—7.4 日元、建设费 3.1—4.4 日元、燃料费 1 日元、人工费维护费 2 日元、其他成本 3—5 日元、发电设施处理费和环境对策费 0.01—0.02 日元、送配电费 2—4 日元、再处理费用 1 日元。上述计算明细中不包括由核电事故引发的相关费。

④ 现为立命馆法学国际关系学学部教授,主要研究环境经济学、环境政策学等。

⑤ 週刊東洋経済編集:「強弁と楽観で作り上げた原発安価神話のウソ」,"週刊東洋経済",2011 年 6 月 11 日,第 46-47 頁。

表 2-8　原子能发电成本计算结果的比较　单位(日元/kWh)

项目	日本能源经济研究所	综合能源调查会	《能源白皮书》	大岛坚一
原子能	7.2	5—6	5—6	10.6※1
火力	10.2	(石炭 coal)5—7 (LNG)6—7	(LNG)7—8	9.90
太阳光	—	37—46	49	—
地热	8.9	11—27	8—22	—

资料来源：

1. 日本能源经济研究所(2011),http://eneken. ieej. or. jp/data/4043. pdf。
2. 综合能源调查会(2010),http://www. npu. go. jp/policy/policy09/pdf/20110729/siryo2_2. pdf。
3. 能源白皮书(2010),http://www. enecho. meti. go. jp/topics/hakusho/2010/index. htm。
4. 大島堅一(2010),http://eco. nikkeibp. co. jp/article/column/20110526/106571/。

以大岛坚一等学者为代表的"脱核派"认为,在日本政府对于原子能发电给予了很大的财政支出、研究费用每年高达 4 000 亿日元,这部分费用政府及其所属机构并没有计算到核发电相关成本中去。更值得关注的是,因核事故造成的物质损失、精神恐惧、事故处理费用、辐射污染清除等费用也未作为发电成本计算到核电中去。核电事故的损失费每 1 兆日元,每 1 kWh 的电力成本就增加 0.5 日元。[①] 此外,日本正常对放射性废弃物处理、储藏和 MOX 燃料加工等相关费用已经累计高达 18 兆 8800 亿日元,如再加上这部分费用,很难准确知晓核电成本到底是多少。[②] 因此,"脱核派"认为日本政府所宣传的"核电便宜神话"只不过是一种愚民政策而言。

毋庸置疑,福岛核危机不仅对日本核电产业发展、电力结构转型后进口燃料成本及其发电成本等诸多方面带负面影响,也对日本能源安全

① エネルギー・環境会議:"エネルギー・環境戦略に関する選択肢の提示に向けて",2012 年 12 月 21 日,資料第 2-2-1 号。

② 日経エコロジー中西清隆对大岛坚一的采访内容"実は誰も分かっていない原発のコスト",具体参见 ECOJAPAN 网站:http://eco. nikkeibp. co . jp/article/report/20110608/106639/。

框架中的“核电立国”战略的思想、目标、步骤、方针及其相关制度设计产生了巨大冲击。特别是日本围绕核电站存续问题而展开的激烈的全民大论争以及“脱核派”对核电的安全神话、清洁减排、成本低下等方面的质疑无疑进一步顿挫了核电产业的发展。尽管如此，福岛核事故及其相关影响对日本而言，并非是能源短缺的“结构性危机”，而是具有柔性的、暂时的“利润危机”。那么，日本将如何对待经过60年左右培育和打造出来核电产业呢？对此，本文的基本判断是：日本能源安全战略的基本架构不会出现结构性改变，不会完全放弃核电产业，核能仍将作为未来支撑日本经济发展的能源之一，其理由主要有三个方面。

从核电发展历史角度而言，切尔诺贝利核事故未能梗阻世界“原子能的复兴”的步伐。1986年的切尔诺贝利核事故虽然给人类带来过悲惨的历史记忆。但是，进入21世纪，能源地缘政治风险和温室气体排放等问题日益成为世界各国的共同课题，随之核电也被重新获得重视。2005年，美国在制定的能源法中明确规定了“要对核电建设提供优惠税制和融资保证”。2007年，英国在能源白皮书中强调“核电是防止地球变暖的重要手段”，并于次年的立法中确立要加速核电站的建设。意大利原本没有核电站，但为应对电力不足，在2008年也改变了原有方针开始推进核电建设。另外，瑞典也改变了原有的废止核电政策，并决定重新改建老化的核电站。2010年国际能源机构（IEA）、经济合作与发展组织、经合组织核能署（NEA）联合发表的调查报告显示，到2050年，全球核能发电量将占世界发电总量的25％。因此，根据历史经验进行判断的话，在经过一段时间的沉淀以及人类进一步提升核安全技术之后，有理由相信“核能”仍将成为未来日本的主要能源之一。国际原子能机构总干事天野之弥也曾表示，“福岛核事故”并不意味日本应该放弃和平利用核电的项目。

从技术安全的角度而言，人类将突破“核裂变”技术最终掌握“核聚变”技术。核电事故不是核电本身造成的事故，而是在设计、施工等考虑不周或操作失误造成的人为事故。国内学者白云生、王亚坤等认为，每一次核事故都是对核电安全性的再认识，会进一步促使核安全理念和核安全技术大幅提升，实现核电技术水平再一次跨越。美国三里岛核电事故不但给核电发展带来了在反应堆安全设计、检测报系统等方面的改进，建立了核电站事故应急响应体系，引入了人因工程原理和促进经验交流的运行研究平台，还形成了新的核安全文化。苏联切尔诺贝利核事故则促进了核安全管理机制的创新，进一步提高了核电站设计的安全标准，健全了独立的安全分析和安全评审制度。"福岛核事故"也必将促使人类进一步改进和提高在核电安全设计、预防不可抗力因素、核电厂选址条件及事故应急响应等方面的技术与标准。事实上，每一次核事故及其伴随而至的核技术进步都为人类突破"核裂变"技术掌握"核聚变"技术奠定了基础。"核聚变"不属于化学变化，其技术一旦被掌握，绝对的核电安全将不再是神话。

从利益结构角度而言，日本业已形成的"原子力村"难以解体。日本在发展核电产业过程中是以国家规划为导向，政府扶植为手段，委托民间经营的核电发展的二元化体制——国策民营。即："国策"是指日本的原子力委员会公开发表包括原子能的开发、利用、安全、推进等相关内容的长期计划。"民营"是指日本北海道配电、东北配电、关东配电、中部配电、北陆配电、关西配电、中国配电、四国配电、九州配电等 9 家电力公司具体负责实施核电产业建设、生产、经营等内容。在该体制环境下，客观上需要政府、电力公司以及与原子能相关的科研院所通力合作，积极推进核电产业的发展。

然而，伴随着日本核电产业的不断发展，逐渐形成了政府、产业界以及相关学界之间的结构性耦合关系，日本将其称之为"原子力村"。在这个原子力村中，日本核电公司的许多高层领导是政府官员（特别是经济产业省）"下凡"而来的，他们一方面具有民营企业高层管理者的身份和地位，另一方面又具有政府官员的职业背景和人脉关系。更为重要的是，核电公司与承担对其安全检查的"原子能安全保安院"都同属于"经济产业省"。这样一来，负责"民营"的核电公司与负责"国策"的政府之间很容易形成的利益黏着关系。而这种关系，势必会造成监管部门在监管时，更多地考虑到部门和上层集团的利益，从而导致必要的监管力度难以规避利益关系的绑架，最终使核电公司与监管部门走向“利益共同体”。因此，在国策民营式的二元化体制中，推动核电产业已有60多年的“原子力村”如果没有受到结构性破坏或解体的话，核电是很难被放弃的，由此可以判断日本完全放弃核电的可能性很小。

此外，日本作为能源极其匮乏的国家，在规避能源风险、提高能源自给率、谋求能源安全、追求清洁能源的过程中也是不可能完全绕开核电的。

从长远角度来看，日本不会完全放弃核电产业，但在近期日本也将会在能源目标、安全取向等诸方面进行调整与变化。具体而言，在电力结构方面，将会重新审视和调整“长期能源计划”“原子能基本计划”“新国家能源战略”“能源白书”中提升核电比率至总用电量40%的目标，今后不会再批量增设新核电站。在能源安全取向方面，日本将会从原来过于重视的“能源供应方安全”原则向重视“能源需求方安全”转型，从原来的大规模集中型能源供应体系向小规模分散型能源供应体系转变。事实上，自民党从2012年12月重新取得执政党地位后，已经修正了“民主党”主张的“脱核”政策。

四、加强非传统安全观视域下中日核安全合作

非传统安全威胁主要是指除军事因素以外的对主权国家及人类生存与发展构成危害的因素。3月11日，在日本发生的地震、海啸与核事故等“三大危机”及其次生灾害，不仅使日本陷入战后以来最为严重的国家紧急状态，而且在经济、社会、心理等方面也波及影响到了日本周边国家甚至整个世界。当反思这种非传统安全威胁因素为何会给人类造成如此惨痛劫难的同时，还必须要理性认识到东北亚地区在应对非传统安全威胁的制度化建设方面尚显结构性缺陷。

（一）“福岛核危机”凸显非传统安全威胁

“东京电力公司”（下简称“东电”）在对旗下福岛第一核电站进行选址、建设与投产运营的过程中，都在不断反复地向日本社会及其附近居民强调着一句话，即“绝对安全”。然而，福岛第一核电站的1-4号发电机组相继发生核泄漏及其影响范围的逐步升级，彻底打破了“东电”所标榜的“安全神话”。对突如其来的“核危机”，日本政府和“东电”不及时释放信息、发布暧昧信息、漏洞百出的解释、表态吞吞吐吐等做法，不仅没能够有效防止民众的恐慌心理，而且还让国际社会对此产生了诸多疑虑。

源发于日本一国的“核事故”却对其他主权国家的生存发展构成了威胁。可以说，“福岛核危机”及其影响超越了主权、民族、文化、宗教和地域，成为世界性危机。中国人抢盐、韩国人抢海带、美国人抢碘片和防毒面具所折射出的不仅仅是对核辐射的惊恐、对核能专业知识的欠缺，更凸显出了各国间缺少共同应对“核事故”这种非传统安全威胁的合作机制。非传统安全威胁看似没有军事冲突或战争那样的硝烟弥漫，但是其危害程度、影响范围和威胁方式有时并不逊于一场战争。

（二）中日核安全合作机制的框架构建

日本在应对“福岛核事故”这种非传统安全威胁时所表现出来的应对乏力、捉襟见肘，充分说明在应对非传统安全威胁时，很难通过一国之力对其控制和解决。无论从现实需求而言，还是从未来防微杜渐而言，中日之间都亟须构建应对“核事故”这一非传统安全威胁的合作机制。

2011年5月21—22日，中日韩第4次领导人峰会在日本东京召开，在会后发表的《中日韩领导人会议宣言》中着重提出了“加强核安全信息共享与交流”，并达成了以下共识。

一是，在发展核能的原则上，三国领导人均认识到破坏性自然灾害可能对核安全造成严重威胁，认识到发展核能应以确保核安全为前提，并坚持“安全第一”的原则。二是，在合作内容方面，三国决定促进三国专家就加强核电安全及应对自然灾害进行讨论。讨论的内容将涉及核安全法规、应急准备和应对措施及其他核安全相关问题。三是，在信息通报方面，三国均认为，核安全信息共享与交流对建立和维护核设施安全运行的信心至关重要。为此，三国决定加强信息共享方面的合作。此外，三国还决定开始讨论建立核事故及早通报框架和专家交流事宜，并考虑在核事故时就大气流动轨迹的分析和预测进行实时的信息交流。

上述内容标志着中日韩三国在应对“核事故 ”这一非传统安全威胁因素问题上有了“政治意愿”，为开始向制度化建设奠定了政治基础。但还必须看到，《宣言》中提出的有关核安全的合作只是一个“愿景框架”，还称不上是务实的、具体的合作框架。

（三）核安全合作的战略定位、制度安排与内容选定

具有相同地缘属性的中日在共同政治意愿下，为有效应对“核危机”等非传统安全威胁因素，首先应该加速“安全范式”的认知转型，即：中日韩应树立以互信、互利、平等、协作为核心的新安全观念。此外，更为重要的是在具体行动方面，亟须尽快对核安全合作的战略定位、制度安排与合作内容进行规范化和具体化。战略定位是中日韩“核安全合作机制”的原则方向，制度安排是合作机制运行的约束保障，合作内容是合作机制的本质要求。

首先，在战略定位方面，中日韩三国应该把非传统安全威胁从“低级政治议题”提升到“高级政治议题”。在传统安全观的语境中，军事、外交、战争等具有重大意义的决策属于“高级政治议题”范畴，而涉及环境污染、气候变化、工资福利等问题的决策属于“低级政治议题”。然而，“福岛核危机”进一步证明了当前国家间的“高级政治”与“低级政治”的樊篱已被打破，诸多“高级政治议题”更多讨论的是“低级政治”问题，而“低级政治议题”越来越具有“高级政治”的意义。可见，安全问题不断趋于多元、复合、交织，这就客观上需要三国把应对非传统安全问题的战略定位从“低级政治议题”提升至“高级政治议题”，以便加速推动合作机制的构建。

其次，在制度安排方面，中日韩需对《中日韩领导人会议宣言》中有

关加强核安全合作的“愿景框架”进行具体的制度安排，从而使合作机制得以规范化和充实化。三国应尽快在“核安全合作”的组织机构、人员配置、规模范围、目标原则、合作方式、合作层次等方面进行具体协商并达成一致共识。制度安排的本质是利益安排，三国在进行制度安排过程中，事实上也就是相互间进行是利益维护、激励、约束、协调与整合的过程。而这一过程的最终目的是保障和约束合作机制的规范性，激励和驱动合作机制的有效性运转。

再次，在合作内容上，中日韩应基于务实、开放、真诚的态度，选择确实重要的、必要的内容项目进行合作。合作内容是合作机制的本质要求，而合作机制只是一个驱动装置，其本身并没有实际意义，只有在“安装内容”后才能发挥作用。因此，选择合作内容是极其重要的，它是判断合作机制成功与否的重要标尺。中日韩在核安全合作内容上，应该通过专家的认真研究，选择具有“纲举目张”作用的合作内容。如：三国需要尽快对日本在“福岛核危机”爆发前的“事先危机预防管理”、爆发过程中的“应急危机管理”以及爆发后的“事后危机管理”等不同阶段中所获得经验与教训进行深度探讨和研究，努力使其成为世界财富，以便国际共享。唯有此，三国才能真正构建务实的、有效的“核安全合作机制”。

第六节　日本石油储备战略的“再认识”

石油储备是平抑价格波动、应对供应短缺和稀释地缘政治风险的重要方式。在经验层面，学界对日本石油储备战略中的“第三方储备模式”“委托—代理模式”以及“组合型储备方式”等方面的研究仍有再挖掘的空间与必要。而且，仅在以“经验借鉴”为单一的学术框架内进行分析，很难准确回答和系统阐释曾被认为拥有强大石油储备的日本缘何在“3・11”大地震中发生严重的石油危机，进而更难以厘定和挖掘其战略储备中存在的“功能定位矮窄”“观念认识滞后”“储备结构单一”和“体制障碍”等弊端与缺陷。对此，通过对日本石油储备战略的经验与教训进行再研究，由此获得的经验要义不仅能为石油储备建设国家提供现实的参考和借鉴，而且更有利于石油储备理论体系的完善与发展。

一、日本能源储备的现有研究

能源是涉及国家安全与经济发展的战略物资，如何弱化、稀释和规避能源风险业已成为世界主要能源消费国家亟须解决的重大命题。石油储备是应对能源供应短缺、平抑油价波动、保障能源安全和稳定经济发展的重要方式。日本作为拥有 40 多年石油储备历史的国家，在历经石油危机、海湾战争、阪神地震、伊拉克战争和“3・11 大地震”等事件后，积累了诸多可资借鉴的经验与教训。

在现有研究中，国内学界从经验借鉴的角度，对日本的石油储备战略的背景、过程和特点进行归纳和总结，并以储备模式、储备制度和储备数量等方面为重点进行了考察和探讨。其一，在储备模式方面，现有研究①主要是从国家储备与民间储备相结合的角度，分析日本石油储备战略的“官民一体性”，解释日本官民共同进行石油储备模式的功能与效果。其二，在储备制度方面，现有研究②从政策设计的角度，分析日本石油储备方面的法律体系③、管理体系以及政府的扶植配套体系，指出日本石油储备体系是在不断总结经验和教训的过程中建立和完善的。其三，在储备数量方面，现有研究④指出日本的石油储备量从第一次石油危机

---

① 相关研究成果参见：1. 冯春萍：《日本石油储备模式研究》，《现代日本经济》，2004 年第 1 期，第 55—59 页。2. 安丰全等：《官民结合的日本石油储备》，《中国石油石化》，2003 年第 3 期，第 74—77 页。

② 相关研究成果参见：1. 井志忠：《日本石油储备的现状、措施及启示》，《外国问题研究》，2009 年第 1 期，第 47 - 53 页；2. 全国日本经济学会：《日本经济蓝皮书》，社会科学文献出版社，2015 年，第 146—147 页。

③ 日本在石油储备方面的突出特点是“立法先行”，1975 年、1977 年分别制定了《石油储备法》和《石油共团法》，之后随着实际情况的变化进行了调整和修订。

④ 相关研究成果可详见：1. 罗承先：《日本石油储备未雨绸缪》，《中国石化报》，2002 年 8 月 1 日。2. 冯丹等：《从美日两国战略石油储备体系看我国石油储备发展》，《能源技术与管理》，2009 年第 2 期，第 127 - 129 页。

后逐年增加，目前国家石油储备和民间石油储备二者之和的储备量大体维持在半年以上。

尽管国内学界立足中国实际，从经验借鉴的角度剖析日本石油储备战略的体系建设，阐释石油储备战略在稀释、弱化、对冲和规避能源风险中的作用。但是，对日本石油储备模式中的“第三方储备”、管理方式上的“委托—代理”模式、储备方式中“组合型储备”等成功经验仍有再挖掘的空间和必要。更为重要的是，若仅从经验借鉴的学术路径进行分析，很难回答以下两个相互关联的问题。其一，“3·11”大地震时，日本石油储备量够用170多天，但是为什么在拥有大量原油的情况下竟然还发生“断油”之“怪相”？其二，为什么日本亟须得到中国的能源补给？从失败和教训层面，国内学界对日本石油战略储备体系在应对“3·11”大地震中暴露出的问题的学术分析和理论研究尚显不足。正因如此，上述问题很难在以“成功经验”为单一视角的学术框架内进行准确分析和系统阐释。

事实上，如果全面研究和理解日本的石油储备战略，就应对影响石油储备的成本增量、成本减量、收益增量、收益减量等因素进行综合分析。换言之，将“成本减量和收益增量”方面的成功因素、“成本增量和收益减量”方面的问题因素分别“内化”到经验层面与教训层面，并通过对两个层面进行再挖掘和再探讨，由此获得的经验事实及其要义不仅能为我国提供现实的参考和借鉴，而且更有利于石油储备理论体系的完善和发展。

二、经验的再挖掘：日本石油储备的模式创新与管理体制

石油是人类生存、经济发展、文明进步不可或缺的重要资源，是关系国民经济命脉和国防安全的战略物资。日本国内石油资源虽然极其匮乏、海外依存度高，但是并未给日本带来事实上的高风险，其原因就在于日本通过政策设计和制度安排成功地弱化、稀释和规避了诸多能源风险问题。其中，日本充足的石油储备战略体系，为日本应对第二次石油危

机、海湾危机和伊拉克战争期间的石油风险因素，有效地起到了“缓冲阀”和“平衡器”的作用。尽管学界从经验层面对日本石油储备战略进行了深入研究，但是在“成本减量、收益增量”方面的“第三方储备”模式、“委托—代理”模式、“组合型储备”方式的研究尚嫌薄弱。

其一，在储备模式方面，日本创造性地设计出了“第三方储备”模式。从世界角度而言，石油储备模式主要分为国家储备、民间储备和协会储备三种形式，不同的国家根据本国国情，对这三种形式进行组合选择。在现有成果研究中，主要是从“官民一体”的角度，分析了日本石油储备模式的。但是，对日本创造性地所设计出的“第三方储备”模式并没有进行深入研究。

“第三方储备”是指日本与产油国共同储备的模式。具体而言，日本政府出资、出地将国内的石油储备罐租借给产油国的国营石油公司，作为其向东亚地区出口原油的中间储备地。作为交换条件，当在出现石油风险或危机时，日本拥有优先购买权。日本提出“第三方储备”模式的背景主要有三个方面：一是21世纪初期的国际石油价格不断飙升。每桶原油价格从30多美元一度突破158美元，涨幅达5倍多；二是获取资源能源的竞争环境日趋激烈。新兴经济体的快速发展，客观上加剧了石油资源的稀缺性，也改变了世界能源消费格局；三是资源民族主义日益高涨。伊朗、委内瑞拉、阿联酋、俄罗斯、哈萨克斯坦、沙特等产油国的资源民族主义不断膨胀，并相继调整、修订了本国国内的石油相关法律，以期限制石油进口国对本国石油的勘探和开采。为规避和弱化国际原油价格动荡、稀释和降低资源民族主义的负面影响，如表2-8所示，2009年、2010年日本分别与沙特阿拉伯和阿拉伯联合酋长国在达成协议的基础上，开始向鹿儿岛市的JX喜入石油基地和冲绳的石油储油基地注入石油。① 截至2015年4月两个石油储备基地的储备量合计为111万

① 石油連盟：“今日の石油産業”，石油連盟，2015年，第23頁。

KL，相当于日本3天的使用量。①

石油消费大国为石油生产国提供石油储备基地，开拓“第三方储备”模式的合作构想，在世界上当属首创。与产油国进行跨国间的储备合作，既能增加两国合作关系，而且也能够在危机发生时优先获得购买权，从而可以有效规避和弱化影响能源传统安全和非传统风险因素。日本与产油国的合作进程参见表2-8。日本首选沙特、阿联酋作为共同储备的合作伙伴的原因是“一直以来从这两个国家的原油进口量占其总进口量的50%以上”。② 2014年4月，日本颁布的新能源基本计划中把与产油国共同储备定位为“第三方储备”模式，在功能上相当于“准国家石油储备”。③

表2-8 “产油国共同储备”的主要进程

国别	沙特阿拉伯 （沙特阿拉伯公司）	阿联酋 （阿布扎比国家石油公司）
项目进程	2007年4月，安倍首相访问沙特时提出“共同储备”建议。 2010年6月，日本资源能源厅与沙特最高石油议会达成“共同储备”意向。 2010年12月，两国签订合作协议，日本提供冲绳石油储备基地，并开始储备。 2011年4月，储备石油60万千升(KL)。 2013年12月，两国追加储备至100万千升(KL)。	2009年3月，日本和阿联酋达成初步意向协议。 2009年6月，日本资源能源厅与阿布扎比国家石油公司达成“共同储备”协议，并开始进行原油储备。 2010年3月，阿联酋在鹿儿岛市JX喜入石油基地，共储备石油60万千升(KL)。 2013年5月，两国同意追加石油储备 2014年11月，两国决定增加到100万千升(KL)。

注：上述内容依据日本的外务省、经济产业省以及石油联盟的官方网站中的相关信息整理而成。

① 石油連盟：“石油備蓄日数”，http://www.paj.gr.jp/statis/index.html#c3.

② 経済産業省：“エネルギー白書2012年版”，株式会社エネルギーフォーラム，2012年，第107頁。

③ 内閣決定：“エネルギー基本計画”，http://www.enecho.meti.go.jp/category/others/basic_plan/pdf/140411.pdf#search='%E3%82%A8%E3%83%8D%E3%83%AB%E3%82%AE%E3%83%BC%E5%9F%BA%E6%9C%AC%E8%A8%88%E7%94%BB'。

其二,在储备管理方面,日本从“国家直接”管理模式改为“委托—代理”。日本以第一次石油危机为契机,早在 1974 年就制定了以 90 天为目标的石油储备计划。然而,该计划仅靠政府的行政指导和民间石油企业自我约束并没有达到预期效果。① 对此,日本于 1975 年制定了《石油储备法》,该法的制定和实施标志着石油储备事业由行政指导转向了法律管制。1978 年,日本又颁布了将国家也纳入能源储备主体的范围之内的《国家石油储备法》②,该法的颁布开辟了日本官民共同储备能源的“新纪元”。随着上述两部法律的颁布和实施,到 1999 年,日本民间石油储备达到 85 天消费量,10 个国家石油储备基地陆续建设完成并储备了 91 天消费量③,这标志着即使日本所有进口能源渠道被切断,其储备量也能支撑半年。

2004 年以前,日本的国家石油储备基地的管理方式是“国家直接”管理模式。在储备相关的决策方面,主要是由经济产业省下属的资源能源厅负责,其主要职能是制定和完善储备政策、协调政府部门间的工作关系、判断石油储备的放出和收储、审定石油储备费用及担保等预算。在储备相关的建设管理方面,根据 1978 年的“石油公团法”④规定则由石油公团负责。石油公团是日本的国有公司,具有特殊法人性质,其职能主要是负责监督和管理石油储备基地建设、石油储备量计划、灾害应对等内容。从运行机制而言,石油公团代表国家与国家石油储备公司签订《原油寄托契约》,国家石油储备公司负责基地的设备调试和操作、基地安全保障、原油存储和放出等工作。从产权性质而言,每个国家石油储

---

① 但是,在该计划实施过程中,出现了三个难点。首先,储备石油是非营利性活动,民间石油企业如果大量储备,将占用过多资金,成本上升,经营压力变大,故此强烈反对。其次,石油储备过程中的选地及其建设需要付出大量资金,政府要制定有效的财政、金融方面的措施。最后,因为石油储备基地需占用大片土地且无经济收益,加之储备基地的周围居民担心石油储备的安全性,引起了当地居民的不满。

② 経済産業省:“エネルギー白書 2011 年版”,新高速印刷株式会社,2012 年,第 167—170 頁。

③ 経済産業省:“エネルギー白書 2007 年版”,行政出版社,2007 年,第 73 頁。

④ 橘川武郎:“通商産業政策史資源エネルギー政策”,経済産業調査会,2011 年,第 140—152 頁。

备公司的70%资本来自石油公团,30%来自民间资本,储备基地的土地和储备的石油产权都归国家(石油公团)。① 显然,从上述的决策方式、基地建设、运行机制和产权性质等方面可看出,日本的石油储备管理采用的是"国家直接"管理模式。

然而,由于石油储备是一个复杂的系统工程,并具有很强的专业性,因此当缺乏专业知识性的行政部门采用"直接管理"方式对储备基地进行长期管理时,出现了以下三个层面的问题,即:一是行政对石油储备运行体制的直接介入,影响到石油公团的自主性决策;二是石油公团是国有企业,具有很强的行政性色彩,成本意识淡薄,资金亏损日益严重;三是来自社会舆论的批评日益高涨。对此,2001年12月,日本内阁会议上同意撤销"石油公团",并将石油储备等相关职能委托由新成立的石油天然气金属矿产资源机构(简称JOGMEC)承担。② 由于JOGMCO不具有特殊法人性质,可以说既不属于政府行政部门,也不具有企业性质,因此与以前的"石油公团"相比具有很强的灵活度和自主权。从与政府关系而言,JOGMEC在石油储备方面具有独立的管理权,不受政府干预和约束,政府只对其提出短期、中期和长期的目标和要求,并进行审查和监管。从与操作服务公司的关系而言,JOGMEC改变了以前"石油公团"与国家储备公司之间的隶属关系,国家从国家储备公司中撤出了70%股份,并将原来的国家储备公司转变为100%民间资本的操作服务公司,在产权方面JOGMEC与操作服务公司没有任何关系。换言之,日本对石油储备的管理体制,形成了决策层(国家)、管理层(JOCMEC)和操作层(10个具有民间性质的操作服务公司)的"三层合一"体制,每个层级之间的管理方式是一种"委托—代理"模式(参见表2-9)。"委托—代理"模式的优势在于:一是政企能分开,职责更明细;二是可统一监管;三是进

① 石油天然ガス・金属鉱物資源機構:"石油の備蓄",石油天然ガス・金属鉱物資源機構,2006年第18页。

② 石油天然ガス・金属鉱物資源機構:"組織について",http://www. jogmec. go. jp/about/index. html。

行市场化运作机制，能降低成本和提高效率。

表 2－9　日本石油储备管理体制的比较

<table>
<tr><th colspan="2">项目</th><th>管理体制变化前
（国家直接管理）</th><th>管理体制变化后
（第三方管理）</th></tr>
<tr><td rowspan="3">产权性质</td><td>国家储备的石油</td><td>石油公团</td><td rowspan="3">国家
（拥有决策权）</td></tr>
<tr><td>国家储备基地</td><td>国家储备公司（石油公团出资 70%；民间资本 30%）</td></tr>
<tr><td>国家储备基地的土地</td><td>石油公团</td></tr>
<tr><td colspan="2">国家储备的管理主体</td><td>石油公团</td><td>JOGMEC
（具有独立的管理权）</td></tr>
<tr><td colspan="2">国家储备基地的操作主体</td><td>国家储备公司（石油公团出资 70%；民间资本 30%）</td><td>操作服务公司
（100%民间资本）</td></tr>
<tr><td colspan="2">运行机制
（契约方式）</td><td>签订“原油寄存委托合同”
（石油公团与国家储备公司）</td><td>签订“管理委托合同”
（国家委托 JOGMEC）
签订“操作委托合同”
（JOGMEC 委托操作服务公司）</td></tr>
</table>

注：依据独立行政法人石油天然气金属矿物资源机构、石油联盟、能源资源厅等官方网站中的相关资料信息整理而成。

其三，在石油储备方式方面，日本综合采用了 4 种不同储备方式。如表 2－10 所示，日本的国家石油储备方式主要分为地上储备（福井等 4 个国家石油储备基地）、地下储备（秋田国家石油储备基地）和地下岩洞储备（白鸟等 2 个国家石油储备基地）、海上储备（波方等 4 个国家石油储备基地）等 4 种方式。虽然每一种储备方式都有优缺点，但是从安全角度而言，岩洞储备方式是最优的。此外，日本的波方国家石油天然气储备基地①（目前是世界最大的水封式地下岩洞储存基地）是在地下的岩石中挖掘了 180 米长的空洞，然后利用地下水的水压，将石油、天然气实

① 石油天然ガス・金属鉱物資源機構：“波方国家石油ガス備蓄基地”，http://www. jogmec. go. jp/about/domestic_008—04. html。

施常温保存。日本之所以不惜成本高昂的代价在岩洞中进行石油储备，就是为了防范恐怖袭击、导弹打击等人为风险因素。美国也出于对安全的担忧，现今的战略石油储备在建设时就事先设计和考虑到了防范地震、海啸和战争等风险因素。

表 2－10　日本国家石油储备基地的主要方式　单位：千升(KL)

储备方式	储备特点	国家基地名称	储备容量
地上储备方式	建设成本低；技术要求不高；操作方便	苫小牧东部国家石油储备基地	640 万 KL
		志布志国家石油储备基地	500 万 KL
		七小川原国家石油储备基地	570 万 KL
		福井国家石油储备基地	340 万 KL
地下储备方式	漏油性低；节省占地；抗震性强；容量是地上储备 3 倍	秋田国家石油储备基地	450 万 KL
地下岩洞储备方式	不需要占地；安全性极高；不影响外表景观	久慈国家石油储备基地	175 万 KL
		菊间国家石油储备基地	150 万 KL
		串木野国家石油储备基地	175 万 KL
海上储备方式	海洋空间能有效利用；不要占地；漏油可能性低	上五岛国家石油储备基地	440 万 KL
		白鸟国家石油储备基地	560 万 KL

注：行政法人石油天然气金属矿物资源机构官方网站中的信息整理制作。

综上，在“成本减量和收益增量”方面，“第三方储备”模式的实现，夯实了日本石油安全的防火墙厚度，降低了石油储备成本，起到了“平抑价格”作用。储备方式的多元化组合，既能稀释国外石油价格波动的风险，又能预防传统地缘政治风险，进而强化了国家能源经济安全。“委托—代理”模式的实施，促进了石油储备基地的市场化管理，减低了石油储备的管理成本。

三、教训的再探讨：在应对国内风险因素中的石油储备战略

在“成本减量和收益增量”方面的“正向效应”，并没能遮蔽和抵消在

"成本增量、收益减量"方面存在的问题缺陷及其带来的"负面效应"，"3·11"大地震中日本石油储备战略本应具有的"安全阀效应"并未得到有效释放的事实就是其最好的佐证。现有发达国家都拥有自己的石油战略储备，国际能源署(IEA)的储量要求是相当于本国90天的进口量。日本早在1977年就达到了此要求，之后逐年增加，"3·11"大地震时的国家石油储备量达到4 994万KL、民间储备量3 728万KL，合计相当于201天的使用量。[①] 这一储量意味着即使日本不进口一滴油，也能用6个多月。但是，日本"3·11"大地震中为什么在拥有如此之多的石油储备下还发生了严重的"油荒"？另一个"奇怪"的事件是，地震后日本亟须得到海外石油供应，对中国赠送的2万吨油视为雪中送炭。换言之，对于日本的石油储备战略体系在"3·11"大地震中并没有发挥出其应有功效的深入探讨和分析需要从两个层面展开，即日本的石油储备为什么"没有发挥"作用和为什么"不能发挥"作用？

其一，以"增量至上主义"为核心的石油储备战略，在功能定位上过于矮窄。导致上述问题发生的原因在于日本石油储备战略的功能定位是把"规避和防范来自海外的能源风险"作为核心目标的，而对于应对国内发生的诸如大地震、大海啸等非传统安全风险方面的考虑和设计存在严重"缺位"现象。日本石油战略储备体系的功能定位过于"矮窄"的原因主要表现在两个方面。从历史的路径依赖而言，最初发达国家进行石油储备的目的是为弱化和减少因中东地缘政治风险而带来的石油安全问题而建设的。1971年6月，面对第三次中东战争造成的石油禁运的教训和石油输出国组织的攻势，经济合作和发展组织(OECD)就呼吁其成员国尽快完成"90天石油储备计划"。第一次石油危机后，日本增强了对石油储备重要性的认识，1974年7月，确立了实施以90天为目标的石油储备计划。显然，日本石油战略储备基地在功能上从一开始就是为了弱

① 石油精製備蓄課："石油備蓄の現況"，http://www.enecho.meti.go.jp/statistics/petroleum_and_lpgas/pl001/pdf/2011/stptrpl001_2011003.pdf。

化、稀释和规避海外的能源风险而建设的。从观念认识角度而言，“3・11”大地震发生前，日本对石油储备及其功能的认识尚显滞后。由于日本的石油资源禀赋先天不足，因此对石油储备的认识陷于“增加储备就等于安全”的思维模式之中，“增量至上主义”成为日本石油储备战略的指导思想，石油储备从最初的 90 天使用量，增加到现在的 200 多天使用量。应该说，日本大量进行石油储备对于来自海外的石油价格动荡、海湾战争、阿富汗战争、伊拉克战争等石油政治风险及其影响起到了平抑油价、规避风险的作用。但是，从“3・11”大地震的教训得到，日本对来自国内大地震、大海啸等非传统安全因素的应对能力尚显不足，其原因就在于日本对石油储备的功能认识没有做到与时俱进。

其二，日本国家石油储备基地的油品储备结构“单一化”。“3・11”大地震期间，受灾地区向内阁府请求援助共计 5 046 次，其中仅请求石油援助就高达 1 456 次，①这表明日本的石油储备战略及其供应体系没有充分发挥作用。那么，是什么原因造成这一现象呢？从成品油的储备量角度而言，日本在“3・11”大地震时虽然国家石油的储备量共计 4 994 万 KL，但是由于原油不能直接使用需要提炼，而成品油（可直接使用）的储备量却仅为 13 万 KL，且分布在全国不同的国家储备基地之中，显然过度单一化的储备结构，根本不能满足灾区的必要之需。从基地布局而言，日本将 10 个国家石油储备基地都放置到了沿海周边地区。采用沿海布局的方式主要出于节省成本、便于存储等层面的考虑，而在从储备基地向炼油厂和具体用户之间的基础设施、管道运输、人员配置和制度体系等方面的建设设计时并没有充分考虑国内非传统安全因素的影响，以至于在应对“3・11”大地震出现明显“短板”，进而造成无法及时、高效发挥石油储备的作用。值得注意的是，日本在“3・11”大地震发生的 3—

① 経済産業省：“災害時の石油供給について”，http://www.bousai.go.jp/jishin/syuto/taisaku_wg/7/pdf/3.pdf#search='%E7%81%BD%E5%AE%B3%E6%99%82%E3%81%AE%E7%9F%B3%E6%B2%B9%E4%BE%9B%E7%B5%A6%E3%81%AB%E3%81%A4%E3%81%84%E3%81%A6。

5月期间，日本尽管动用了民间的成品油储备，但是在灾区仍然出现了长时间的“断油”现象，显然民间石油储备并没有满足灾区所需，同时也反映出了日本石油储备的结构“单一化”。

其三，在应对灾害中，石油领域的混乱局面与体制障碍。“3・11”大地震的教训表明，尽管日本的石油公司进行了紧急应对，但是在石油、天然气供应方面仍然出现诸多混乱局面，具体表现为三个方面。一是地震和海啸使日本炼油厂的设备遭到破坏。截至2012年3月12日，全国27个炼油企业中有12个炼油厂停业，石油冶炼能力下降至大地震前的约7成①；二是道路、港湾等物流基础设施不能正常使用，运输手段和储备油库之间难以有效衔接；三是由于灾区不能及时得到必要的能源供应，灾区无法正常生活，伤者不能及时转运到医院。另一方面，日本的石油储备在经历“3・11”大地震后，暴露出了诸多制度上的障碍，即：一是现有的《石油储备法》中并没有规定“在国内发生自然灾害时，也可以动用石油储备”；二是日本没有制定石油企业之间的协同应对自然灾害的体制；三是省、厅和地方自治体等政府部门之间缺乏合作机制。

日本针对在“3・11”大地震中的上述教训，从观念认识、制度设计等角度，对石油储备的“功能定位”“储备结构”和“体制障碍”等方面，进行了积极调整和修改。日本认识到“增量至上主义”思想和“以应对海外能源风险的功能定位”存在明显“短板”，需要转变思维模式和观念认识，以适应新形势下的石油安全。对此，日本新制定的能源基本计划中明确提出“今后的重点在于提升国内危机的机动能力”②，具体措施是将国家储备原油的种类替换成更加适合日本炼油厂设备的原油，增加成品油的储

① 縄田康光：“災害時における石油・石油ガス等の安定供給確保”，立法と調査，2012年第4期，52頁。

② 内閣決定：“エネルギー基本計画”，http://www.enecho.meti.go.jp/category/others/basic_plan/pdf/140411.pdf#search='%E3%82%A8%E3%83%8D%E3%83%AB%E3%82%AE%E3%83%BC%E5%9F%BA%E6%9C%AC%E8%A8%88%E7%94%BB'。

量①,加强与东亚地区的石油消费国家之间的合作等。显然,日本观念认识的改变,不仅拓展了日本石油储备的功能定位,而且也摒弃了"增加供给就等于石油安全"的思维模式。

在制度体制方面,日本对《石油储备法》进行了如下修订。② 一是,在法律目的方面,新修订的《石油储备法》追加了"当发生自然灾害时,保障石油的稳定供应至关重要"。此举意味着,日本把应对自然灾害纳入石油储备法的框架之内;二是在动用石油储备方面,现行的石油储备法规定动用石油储备需要满足的条件是"日本的石油供应出现短缺",而修改后的动用条件为"当国内爆发自然灾害后,导致特定地区石油供给短缺时"也可以动用石油储备;三是在协同应对计划方面,新修订的法律规定炼油企业之间应该协同应对自然灾害,并要求制定的"协同应对计划"实施备案制③;四是调整了与公平交易委员会的关系。新修订的《石油储备法》规定经济产业大臣在收到"发生灾害时石油供应合作计划""发生灾害时石油天然气供应合作计划"之后将其副本邮寄给公平交易委员会,如果公平交易委员会认为会影响《反垄断法》的话可提出意见。可见,为应对自然灾害,石油企业之间进行的合作如果公平交易委员会不提出异议则意味着不违反《反垄断法》;五是扩大了 JOGMEC 的职能范围,以前的《石油储备法》中规定 JOGMEC 主要职能是管理国家石油储备和国家

---

① "3・11"大地震前,日本的国家储备的石油大部分是原油。但是,发生自然灾害时灾民需要的成品油。因此,日本正在制定增加成品油储备量的计划。

② 日本法庫:"石油の備蓄の確保等に関する法律",http://www.houko.com/00/01/S50/096.HTM。

③ 经济产业大臣将符合一定条件的石油储藏设施指定为"特定炼油企业"。被指定的"特定炼油企业"应保障该地区的石油稳定供应,有义务制定"特定炼油企业"之间的合作计划书(即"发生灾害时石油供应合作计划"),并将计划书在经产省备案。石油供应合作计划中规定:A. 特定炼油企业之间相互联系;B. 共同使用石油储藏设施;C. 在运输石油方面相互合作。经济产业大臣有权规劝特定炼油企业提交、变更"发生灾害时的石油供应合作计划"。"特定炼油企业"如果无正当理由不服从规劝或指导,将公布其名单并进行处罚。上述内容参见:経済産業省.災害時における石油の供給不足への対処等のための石油の備蓄の確保等に関する法律等の一部を改正する法律の一部の施行に伴う経済産業省関係省令の整備に関する省令,http://www.clb.go.jp/contents/diet_180/reason/180_law_027.html。

储备设施。新修正的法案规定除了上述内容外，JOGMEC 有权委托炼油企业生产其指定的石油产品。由于国家石油储备的大部分是原油，而在发生自然灾害时必须迅速向灾区供应石油产品。因此，此举能充分利用民营设施，增加国家石油产品储备。

四、日本的石油储备对我国的借鉴

石油储备既是经济问题，也是军事问题，更是政治问题，它关系到国家安全、社会稳定和国民生活。我国石油战略储备一期工程四个基地（舟山、镇海、大连和黄岛）已经建成，第二、三期工程计划将在 2020 年前陆续建成。然而，由于我国的战略储备起步晚、起点低、经验少和人才缺等原因，在诸多方面尚存进一进提升与完善之处。对此，我国亟需在结合国情的基础上，积极借鉴和吸收国外在“成本减量、收益增量”方面的成功经验与“成本增量、收益减量”方面的失败教训，尽快建成一个完整的石油战略储备体系，以确保国家经济安全。

其一，在观念认识方面，应该摒弃“增量至上主义”的思维模式，摆脱“能源安全就要增加供给”的传统理念。基于日本的经验事实，得到的启示是：石油储备战略是一个系统、复杂的宏大工程，在任何一个环节若出现“缺位”或“失误”，都将会给整体带来巨大影响和损失，这也意味着并不是一味增加石油储备的“量”就能够简约地等于安全。因此，我国应该从系统论和整体论的角度，认识和理解石油安全的内在逻辑，建设和完善石油储备战略体系（如：石油放出训练体系①、管道流通体系、防灾安全体系、基础设施保障体系、协同合作体系等）。

其二，在功能定位方面，应该把“既能规避海外石油风险又能应对国内非传统安全风险”作为石油储备战略的主要功能。石油危机以来，源于国内非传统安全风险因素所带来的“危机”次数不断增加，影响规模日益增强，破坏程度愈发严重。对此，我国在吸收日本的教训基础上，应重

---

① “石油放出训练”是指在紧急需要情况下，为了能快速放出石油储备而进行的模拟训练。

视以下三个方面。(1) 我国正处于石油储备基地的建设初期,基地的功能设计不能矮窄,必须把应对"海外能源风险"与应对"国内能源风险"放到同等重要的地位。(2) 石油储备基地在选址、设计和建设时,应该综合考虑、统筹安排,做到沿海和内陆、东部和西部、经济发达地区和经济落后地区、城市和农村的合理化布局。(3) 在石油基地相关的周边环境、基础设施、交通网络、运输方式、炼油厂等方面,应该从硬件系统和软件系统两个层面综合考虑并制定应对地震、海啸、战争和恐怖活动等风险的"事先"危机管控机制和"事后"危机治理机制。

其三,在储备模式方面,应该尽快推行"官民并举"储备模式和"第三方储备"模式。参考日本的石油储备模式,结合我国国情,建议尽快实施以下三个方面的工作。(1) 制定《石油储备法》。我国石油储备建设已实施多年,但至今还没有一部《国家石油储备法》或者《国家石油储备条例》,没有法治保障,国家石油储备很难顺利建设和规范发展。(2) 推进"民间储备"模式。当能源危机发生时,政府的应对能力是有限的,应对危机的最优方法是形成全社会共同参与的危机治理模式。因此,我国应该通过立法形式确立民间储备的模式、数量和规模,进而形成官民共同储备模式,以此共同应对石油风险因素。(3) 开拓"第三方储备"模式。与产油国进行跨国间的储备合作,既能增加两国合作关系,而且也能够在危机发生时获得优先购买权,从而可有效规避和弱化影响能源的海外风险和国内非传统安全风险。在目前国际环境条件下,可考虑向俄罗斯提出"共同储备石油"倡议。①

其四,在石油种类方面,我国应该既要储备原油,又要储备成品油,避免石油储备结构的"单一化"。在向建成一期四个国家储备基地(包括未来的二期、三期)中进行储备时,应该结合我国的能消费结构、消费数

① 两国在能源领域具有很强的互补性。俄罗斯是油气资源大国,然而近年来受乌克兰危机、美欧制裁等因素的影响,能源输出日益下降,经济发展凸显乏力。与此相对,中国是能源消费大国,经济发展需要安全、稳定的能源供应作为支撑。因此,现在应该是中俄进行能源储备合作的"机会窗口"。

量、经济结构和石油企业精炼能力的现状，在吸收日本储备结构“单一化”的教训的基础上，实施“成品油和原油并重”的储备原则，以便应对和纾解海外、国内两个风险源的影响。

其五，在成本分担机制方面，如果由国家独立承担，则将会加大财政负担。如果让企业承担，不仅会加大企业经营成本从而降低市场竞争能力，也不利于国家有效调配和管理石油资源。因此，结合国情，我国应该制定允许民间资本、社会资本通过入股等方式参与石油储备的相关制度，通过官民协同方式共同承担和化解石油安全风险，从而稳定和确保国家经济安全。

其六，在管理体制方面，国家应该把“安全性”“效率性”和“经济性”作为基地管理的主要目标。目前，我国尽管成立了“石油储备中心”，但是储备基地的管理体系（作业标准、规范）尚需进一步完善和提高。从政府战略石油储备的专项基金制度、市场化的战略石油储备委托代管制度、国家石油储备动用制度到动态检测及预警制度等关键制度基本处于空白状态。基于此，在借鉴日本的经验和教训基础上，我国应加强管理制度建设，在进行基地储备建设的同时，制定和完善适合国情的管理规章和标准规范等。在管理运行机制方面，把“委托—代理”模式导入石油储备基地的管理中，建设和完善决策层（国家）、管理层（石油储备中心）和操作层（民营企业）的“三层一体”管理体制。

第三章　日本能源安全与外交

从两次石油危机到 2001 年，世界能源形势基本上处于稳定状态①，能源供需结构大体平衡，原油价格总体维持低位，未大幅攀升。但“9·11”之后，国际原油价格持续走高、国际政治经济形势错综复杂，这不但加重了日本对能否确保石油稳定供给的担忧，同时也让日本政府意识到只有加大石油勘探和开发上的投资，扩大海外权益和原油保有量，才能获得经济利益。因此，日本开始对国家能源安全和能源战略进行重新审视。

进入 21 世纪以来，一个明显的变化是日本与中国首度出现了能源竞争与博弈。在日本看来，中国和印度等发展中国家近年来的能源外交成果及其在世界范围内扩展海外权益、并在油田开发上展开强大的攻势，是世界能源供应出现不平衡的主要原因。但与此相对，地球环境的不断恶化，让日本政府已经强烈地意识到，继续加强战略石油储备、获取石油资源只是能源和石油安全战略的一个方面，要减少能源消耗的气体排放量、谋求环境保护，还需要与包括中国在内的能源消费国家进行节

① 该期间虽爆发过海湾战争，但是因其周期短、影响小，加之预防准备工作到位，故并没有给包括日本在内的主要能源消费大国带来严重的影响。

能合作，以缓解亚洲发展中国家能源增长给世界和日本带来的压力。因此，该时期日本能源外交的主要特征就是与中国等发展中国家在能源领域“既有竞争博弈、又有协调合作”。从日本出台的《新国家能源战略》的内容及其运行路径、发展态势上可明显看出，日本政府鉴于能源问题已超出经济范畴并日益全球化、政治化，所以把能源安全作为了处理国际关系的重要战略因素加以综合协调和考量。日本不仅把能源外交及其政策融入政治、经济、军事领域，而且还将其巧妙地融入文化活动之中。如果说经济援助是日本能源外交“路线图”的“明线”的话，那么“文化理解”和“文化互动”则是其“暗线”。也正是这种“明线”与“暗线”的不断互动，日本的能源外交才“彰显”出了“游刃有余”的效力。

第一节　日本的能源外交体系与能源安全

能源[①]作为稀缺资源，由于在其自然性基础上衍生出经济性、战略性和污染性等特点，加之其在分布、生产和消费上的非均衡性[②]，致使“能源问题”涉及政治、经济、宗教、社会等诸多领域。当前，弱化与规避“能源风险”，谋求与确保能源稳定供应，业已成为世界各国构建国家安全的战略要义。

比邻而居的日本由于自身能源禀赋条件差，其对能源安全的诉求则更为重视。从能源自给率而言，日本在世界主要发达国家中为最低，仅为 4%，若包括核电则为 19%[③]（见图 3－1）。结合日本的实际能源情况，从“能源安全”角度，分析日本的“能源风险”[④]，可以看出在理论上主要来

① 本文所言及的能源主要是指石油、天然气、煤炭等传统化石能源。

② 世界石油资源和市场分布极不平衡，全球油气生产主要集中在中东、俄罗斯、中亚、西非和南美，而油气消费则主要集中于北美、欧洲和亚太地区。

③ 経済産業省：“エネルギー白書 2009 版”，株式会社エネルギーフォーラム，2010 年，第 83 頁。

④ “能源风险”，是指能源非安全因素破坏了经济发展和民生享受，使经济系统功能无法得到正常维系，不能处于动态的平衡之中。对日本而言，规避“能源风险”包括内政、外交两个层面。有关内政方面的论述详见：尹晓亮：《战后日本能源政策》，社会科学文献出版社，2011 年。

自两个层面，即：能源的“存量约束”与“流量约束”。前者是指当能源埋藏量因不断消耗日趋枯竭时对人类社会、经济发展和民生享受等所带来的影响及其相关风险；后者是指在政治、技术、经济和环境等条件制约下，能源无法在“时空”上由潜在能源向现实能源转化，导致某区域或某时间段内得不到满足。“流量约束”是可通过技术进步、制度安排和政策设计等手段逐渐规避和舒缓的，属于“柔性约束”。而“存量约束”在现有条件下是无法解决的，其对经济发展和民生享受的约束及其相关风险是“刚性约束”。一般而言，能源的“流量约束”主要体现在能源地缘政治风险、能源价格波动风险、资源民族主义风险、石油海上运输风险、技术约束风险、环境污染风险等六大因素（下简称“六大风险因素”）。

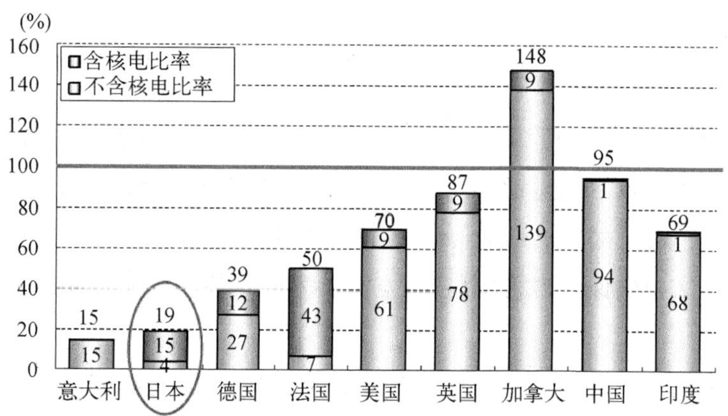

图3-1　世界上主要国家能源自给率比较示意图

注：1. 100%以上指导是能源净出口国。

2. 在计算中国和印度能源比率中，不包括非商用的生物能。

出处：根据 IEA Energy Balances of OECD Countries2004—2005 中相关数据制作。

由上可见，日本规避能源约束、确保能源安全的过程中，在理论上必须要面对并解决两个逻辑关系链。其一，把国内的“存量约束”转换成全球范围的“流量约束”；其二，在完成前者的基础上，弱化和稀释“流量约束”及其六大风险因素。从实际上看，尽管战后以来在不同阶段都凸现出了上述不同形式的能源约束问题，但是无论是“存量约束”还是“流量约束”，都没有成为日本经济发展的长期约束“瓶颈”，其原因就在于日本在应对能源约束中，从多角度、全方位、宽领域进行了合理的、巧妙的、实时的政策设计和制度安排。

对于第一个逻辑关系链条，若在完全封闭市场条件下，日本国内的“存量约束”不可能转化为“流量约束”，更遑论支撑和满足经济发展所需。然而，经济全球化与国际贸易自由化不仅为前者向后者的转化提供了前提条件，而且也将日本国内能源短缺的“存量约束”转向全球范围的“流量约束”变成了现实。然而，日本在全球化背景下完成第一个逻辑关系链的转换后，还要面临“流量约束”风险的挑战。对此，这里探讨的重要内容是日本如何通过能源外交弱化、稀释和舒缓“流量约束”及其“六大风险因素”。

一、日本能源外交的决策体制

能源外交的效果很大程度上取决于执行对外能源政策的机构和组织，首先取决于实施政治决策的机构。① 能源匮乏的日本，对能源安全的需求既决定了其对外政策和外交活动中的优势地位，亦体现了能源外交核心目标就是获取稳定、安全的能源供应。石油危机后，日本渐次形成参与、制定能源外交政策的机构、团体及其决策体制。目前，日本的能源外交决策体制主要由三个要件组成，即“行政中枢系统”“智库咨询系统”“情报提供系统”（见图 3－2）。

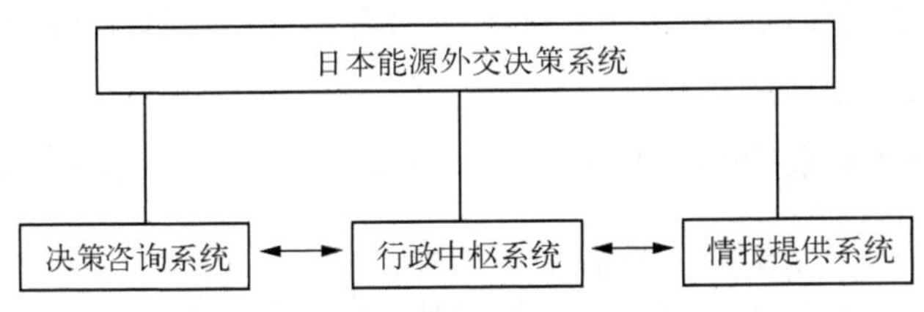

图 3－2　日本能源外交决策体制的三大系统

“行政中枢系统”在日本能源外交决策体系中主要任务是领导、协调

① 日兹宁著、王海运等译：《俄罗斯能源外交》，人民出版社，2006 年，第 119 页。

和控制能源外交决策过程，确定能源外交政策取向及其目标。该系统是由拥有行政决策权的内阁（内阁会议）、经济产业省及其下属的资源能源厅、外务省、财务省、国土交通省、劳动省、文部科学省、环境省、总务省等组成。前三者在日本能源外交决策的“行政中枢系统”中，发挥的作用和功能是其他省厅所不及的。

内阁[①]（内阁会议）是日本政府的最高决策机构，其内政、外交的重大决策一般都要经过内阁会议（由总理大臣和若干国务大臣组成）讨论而决定的。内阁既是日本能源外交行政决策过程中的权力行使者，又是主要责任的承担者，决策的正确与否与其直接相关。能源内阁会议一般主要是由“综合能源对策推进阁僚会议”推动实施的。该会议从开始设置时的 1977 年到 2005 年，先后围绕“当前能源形势”“长期能源供需展望”“推进电源开发”等议题共召开了 30 次。[②]

“行政中枢系统”之二是经济产业省及其管辖的资源能源厅。[③] 经济产业省是由通商政策局、贸易经济合作局、商务情报政策局、产业技术环境局、制造产业局、经济产业政策局六个职能局，以及作为外局的资源能源厅、中小企业厅、原子力安全・保安院与特许厅等机构组成。[④] 日本资源能源厅负责制定国家能源的政策和计划，统一管理全国各能源产业。资源能源厅的机构设置包括：长官官房、节约能源及新能源部、资源燃料部、电力煤气事业部四个主要部门。[⑤] 资源能源厅中具体与能源外交密切相关的是国际课和资源燃料部下设的石油天然气课，二者不仅负责国

① 有关内阁职能范围、作用等内容的可参见：日本内閣府ホームページ：http://www.cao.go.jp/index.html。

② 2005 年日本对“综合能源对策推进阁僚会议”进行了调整。参见：日本首相官邸ホームページ：http://www.cas.go.jp/jp/seisaku/katudou_teisi.html。

③ 1973 年 7 月 25 日，日本为克服石油上涨和电力不足等问题，合理制定海外石油资源自主开发、原子能利用、能源进口等方面的政策，专门设置了资源能源厅。相关参见：通商産業政策史編纂委員会：“日本通商産業政策史”（第 17 巻）、東京：通商産業調査会、第 228—229 頁。

④ 日本経済産業省ホームページ：www.meti.go.jp。

⑤ 各部门的具体职能，参见：資源エネルギー庁ホームページ：http://www.enecho.meti.go.jp/about/index.htm。

际能源贸易、石油开发、石油勘探、天然气稳定供给等方面的职责，而且还在日本能源外交决策及其实践中起着不可替代的作用。

“行政中枢系统”之三是外务省。外务省是日本外交事务的政府行政机构。隶属于该省的经济局主要负责有关日本经济外交方面的职能。该局中的经济安全保障课、国际贸易课、经济合作课、政策课、经济一体化课、经济合作开发机构室、海洋室等都与日本的能源外交决策及其实践密切相关。日本为了确保能源安全的稳定供给，石油危机后增设了中东非洲局。该局是负责管理对日本能源供给具有战略意义的中东、非洲地区的具体事务。另外，日本外务省还设有“国际情报统括官组织”，该机构专门负责搜集与分析世界各地的情报，其中该机构下设的第四国际情报官室与世界重要的能源产地密切相关，直接负责中东、中亚和非洲等地的情报收集与调查活动。

必须强调的是，在现代社会中决策者所要解决的决策问题、所要承担的决策职责与其知识、能力之间的差距越来越大，要弥合这个差距，客观上就需要借用人文社会科学、自然科学等领域的专家学者，把他们的智慧有效地纳入决策过程中，把他们的智力同决策者的权力相结合起来。在日本的能源外交决策体系中，尽管“行政中枢系统”起了决定性作用，但是决策的先决条件则需要倚重决策咨询和信息，即为其决策选择、决策依据服务的“智库咨询系统”以及“情报提供系统”。

“决策咨询系统”主要来自三个方面。其一，政府部门内部的能源审议会。在日本，能源外交决策信息主要来源之一是由“综合资源能源调查会”及其下设的各种能源审议会提供的。“综合资源能源调查会”①是日本政府能源决策的咨询机构，主要职能是向经济产业省（原为通商产业省）大臣提供能源咨询，调查、审议与确保能源稳定、综合、长期的能源

① 该调查会与“综合能源对策推进阁僚会议”相比，不同在于：二者的成员构成不同。“综合能源对策推进阁僚会议”的议长是内阁总理大臣，成员都为省官厅长官。而各能源审议会议长为具有专业知识和技术人员的人担任，其成员也一般由大学教授、公司顾问、会长、理事长、银行家等组成。

供应及其相关政策，并在必要时向经济产业大臣提供建议①。截至 2012 年 8 月，“综合能源调查会”内共设置“石油审分科会”②、“综合供需合同部会”③、“矿业分科会”④等 16 个分会。各能源审议会提供的能源政策信息是根据学者、产业界、消费者三方代表共同审议和论证而决定的。“综合能源调查会”再把各种能源的信息进行系统分析和系统集成，为指挥“行政中枢系统”提供决策依据和咨询，为各方面的信息交流提供综合平台，为快速应对能源危机提供智力支持。

其二，具有独立行政法人性质的研究机构。独立行政法人性质的机构主要包括石油天然气・金属矿物资源机构(JOGMEC)、新能源・产业技术综合开发机构(NEDO)、产业技术综合研究所(AIST)、日本贸易振兴会机构(JETRO)、日本贸易保险(NEXI)等。在上述研究机构，从各自不同领域为能源外交决策提供了咨询功能。如：JOGMEC⑤ 在日本的石油、矿物金属等资源的外交决策中起着关键的咨询、执行作用。该机构成立于 2004 年，当时是将石油公团与金属矿产事业团整合后而成的，主要任务是：确保在油气资源中特别是供给基础脆弱的石油、天然气以及其他金属矿物资源(铁矿除外)的稳定供给。目前，日本石油天然气金属矿产资源机构在世界 14 个主要资源国和地区设有办事处，负责收集和

---

① 日本経済産業審議会(総合エネルギー調査会)ホームページ：http://www.meti.go.jp/。

② “石油分科会”的职能范围有：一是为向通商产业大臣提供咨询。二是调查、审议与确保石油稳定且低廉的供应以及可燃性天然气资源的开发相关的重要事项，并向通商产业大臣进行说明。具体参见：日本経済産業審議会(石油審議会)ホームページ：http://www.meti.go.jp/。

③ “综合供需合同部会”的主要职能是“为了给相关大臣提供建议、咨询，调查、审议能源分配或配给以及与石油供需合理化法的运用等相关的重要事项”。参见：日本経済産業審議会(総合需給合同部会)ホームページ：http://www.meti.go.jp/。

④ “矿业分科会”的职能范围有：(1) 调查、审议与矿业相关的基本问题(与石油供给的确保、可燃性天然气资源的开发以及煤炭矿业的合理化相关的事项除外)；(2) 调查、审议与探矿基本方针(石油以及可燃性天然气的探矿除外)相关的事项；(3) 审议、调查地下资源(石油以及可燃性天然气的探矿除外)埋藏量的调查方法等。参见：日本経済産業審議会(鉱業分科会)ホームページ：http://www.meti.go.jp/。

⑤ 具体内容可参见：石油天然ガス・金属鉱物資源機構ホームページ：http://www.jogmec.go.jp/。

分析其周边国家的资源信息，特别是针对资源国国情和矿业投资环境的信息、国际矿业趋势预测、重要勘查开发项目的信息、跨国能源公司动态分析、矿业权市场状况和矿产品市场等方面的信息等。在此基础上，再将这些信息建成一套全球矿产资源网络信息系统，是专门供日本跨国矿业企业海外矿业投资的参考及指南。①

其三，专门从事能源研究的"日本能源经济研究所"。该机构的研究本部成立于1966年。之后，分别成立了石油信息中心、能源计量分析中心、亚太能源研究中心、中东研究中心。十市勉、小山坚等著名能源专家都就职于该研究所。该机构的研究成果一方面属于学术研究，另一方面它主要被用来给政府提供政策咨询，可以说该机构充当了"智囊团"和"信息库"的作用。

日本能源外交决策的"情报提供系统"也是辅助机构，主要任务是收集和加工处理各类行政信息，为决策中枢系统和咨询系统服务。能源信息是能源外交决策的基础，可以说能源信息系统的工作在整个外交决策决策过程中起着基础的作用。如果按照能源种类区隔的话，"情报供给系统"主要有：与石油相关的石油联盟、全石联、石油情报中心、石油开发情报中心、石油矿业联盟、国际石油交流中心、石油学会、石油产业活性化中心、全国石油协会全。与原子能相关的有：原子能发电技术机构、日本原子力产业协会、原子力发电环境整备机构；与燃气相关的日本燃气协会、日本简易燃气协会、天然气导入促进中心；与节能、新能源相关的新能源・产业技术综合开发机构；与煤炭相关的煤炭利用研究中心、煤炭能源中心；与能源经济相关的能源产业研究学会、日本能源学会、产业学会等。

综上所述，日本能源外交决策系统中由于不仅具有为权力中枢系统提供咨询的咨询幕僚机构，还建立了以社会科学、自然科学研究为主体

① 経済産業省："エネルギー白書　2009年版"，株式会社エネルギーフォーラム，2009年，第202—205頁。

的决策咨询及信息供应的体系，这为日本的能源外交决策的合理性、及时性奠定了夯实基础。

二、能源外交的政策实践及其特点

日本在国内能源匮乏、能源地缘政治动荡以及国际政治关系复杂的情况下，渐次构建并形成了稳定、安全的全球能源供应体系。该体系是日本能源安全保障型政策的直接体现，其逻辑机理是通过全球化市场进行能源配置从而完成本国能源约束由“存量化”转向“流量化”，并努力通过能源外交手段弱化、稀释和规避能源“流量约束”及其“六大风险要素”。从空间向度①而言，目前，日本已经形成了由“八大向度”构成的全球化能源供应体系（见图 3 - 3）。

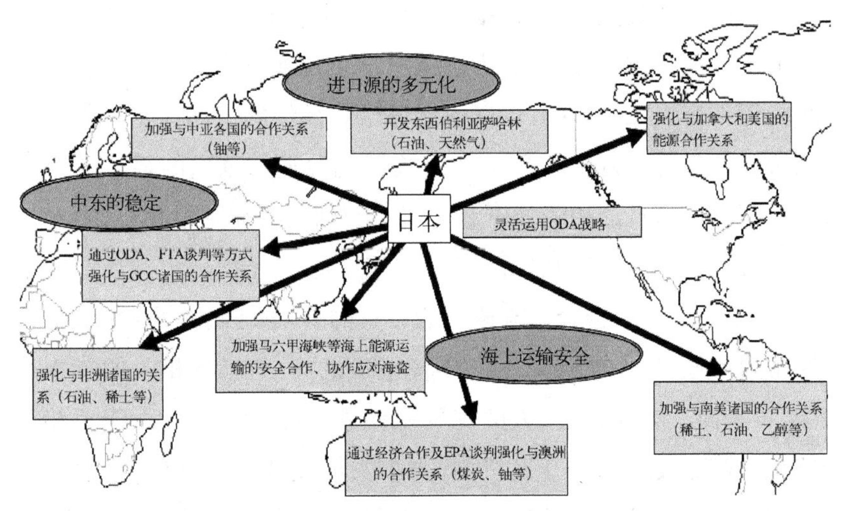

图 3 - 3　日本能源外交的 8 大空间向度

依据(1) 尹晓亮:《战后日本能源政策》,社会科学文献出版社,2011 年。(2) 外务省编发:《我国的资源外交和能源安全保障》,2008 年 12 月等相关内容绘制而成。

① 向度(Dimension)，指一种视角，是一个判断、评价和确定一个事物的多方位、多角度、多层次的概念。

日本能源外交的“中东向度”①主要是旨在巩固与中东地区的传统观关系的基础上，通过FTA谈判等方式进一步强化与GCC诸国②的关系，从而确保获得稳定的石油、天然气供应；“中亚向度”③主要是旨在获得哈萨克斯坦、吉尔吉斯斯坦等国的铀、天然气等资源；“俄罗斯向度”④主要是旨在谋求通过共同开发等方式获得西伯利亚、萨哈林等地区的石油、天然气等资源；“北美向度”⑤主要是旨在从美国、加拿大获得天然气等资源；“非洲向度”主要是旨在谋求石油、天然气等资源；南美向度主要是旨在谋求石油、矿石等资源；澳洲向度主要是旨在谋求煤炭、铀、天然气等能源；海上通道向度主要是旨在确保石油海上运输通道的安全。此外，日本从中国、印尼、马来西亚等国家在20世纪也曾大规模进口煤炭、石油、天然气等能源。

在全球化市场经济条件下，日本由能源外交的八大空间向度构建的蜘蛛网状能源供应链条，为最大限度地分享世界能源资源，进一步推进境外石油、煤炭和天然气资源开发利用的深度和广度，提供了前提条件和现实路径。但是，必须看到日本的全球化能源供应体系只是呈现出的静态“结果”，而在形塑这一结果中，每个向度都必须要面临和应对不同的能源风险。因此，有必要深度挖掘日本在打造上述八大空间向度的动态过程中所付诸的外交实践及其特点。

其一，能源外交决策主体边界的“模糊性”。能源特点的空间叠加

---

① 从探明储量上看，中东已探明石油储量为7540亿桶，占总量的59%；中东天然气的探明储量为75.91万亿立方米，占世界总量的41%。参见：郭依峰：《世界能源战略与能源外交（中东卷）》，知识产权出版社，2011年，第11—14页。

② GCC是海湾阿拉伯国家合作委员会的英文（Gulf Cooperation Council）缩写。

③ 哈萨克斯坦的油气储量和产量仅次于俄罗斯具苏联各国中第二位。石油约为130亿吨，天然气约为10亿立方米，铀的埋藏量约占全球的25%。参见：1. 申险锋：《世界能源战略与能源外交（亚洲卷）》，知识产权出版社，2011年，第67—68页。2. 資源エネルギー庁資源・燃料部：「わが国のエネルギー・資源戦略について」，2009年，第5頁。

④ 俄罗斯的天然气探明储量为475725.6亿立方米，参见：Oil & Gas Journal，2012-03-05。

⑤ 美国的石油探明储量为世界总探明储量（1兆2379亿桶）的2.4%。参见：資源エネルギー庁資源・燃料部：「わが国のエネルギー・資源戦略について」，2009年，第5頁。

性，就客观上决定了单独倚重某个人或某个部门领导者是很难单独胜任能源外交决策的，决策人必须要进行周密繁复的方案论证和遴选。日本的能源外交决策体系是由决策中枢系统、决策咨询系统和信息提供系统组成，而每个子系统中又有与能源相关的广泛、庞杂的部门、机构组成（产、官、研三位一体），它属于一种典型的群体决策类型，是一个动态、开放的决策系统。该决策体系改变了领导者在整个决策系统中的地位和作用，具有决策主体边界的模糊性特点。

决策主体边界的“模糊性”不仅为日本的决策群体全面参与为外交决策提供了前提条件，还为能源信息快速、及时地反映到外交决策中成为现实，从而大大提高了能源外交决策的合理性。如：产、官、学各界知名人士共同参加的各种能源审议会、综合能源调查会以及相关研究机构都具有知识集结、思维互补、预案优化、认同便捷等优势，能够体现出日本能源外交决策系统的开放性、互动性、平衡性和整体性。可见，日本能源外交决策主体边界的“模糊性”，确保了能源外交决策的及时性、合理性和可操作性，为构建全球化能源供应体系、开拓“八大空间向度”提供了及时、准确的信息。

其二，能源外交推进主体的“官民并举”。众所周知，“官民并举”是日本的国家特质之一，无论在内政还是外交等方面上都特别注重发挥民间的积极性和自主性，这一特质反映在能源外交上亦是如此。日本推进能源外交上的“官民并举”有其内在逻辑机理。

首先，日本官民群体决策机制能够在外交实践上“求同存异”。日本能源外交决策主体是官民群体决策，作为能源公司的“民间”与作为行政主管的“政府”之间，若有不同意见和诉求，在外交决策阶段时就予以规避和解决了。因此，既然决策的过程和结果来源于官民群体决策机制，那么在具体能源外交的推进阶段中，“官民”也就自然成了共同的推进主体，很少会出现步调不一致、协调不顺利的情况。其次，“信息交互”是日本政府与能源公司之间能够形成“官民并举”的“纽带”和“桥梁”。日本的“官民合作”无论在战争年代的军事信息，还是在和平年代的商业情报，都时时、处处存在。作为日本的能源公司、智库以及科研院所，由于在专业方面拥有政府部门不可能具备基础的资料、信息、数据和经验，因而一方面能为政府提供能源外交决策的信息依据，另一方面在具体的外交实践中配合政府的战略引导，谋求能源安全。第三，"资金支持"是"官民并举"的保障基础。能源企业在进行全球能源配置中，需要具备企业意愿、实现路径和全球化组织能力这三个条件。毋庸置疑，日本能源公司获得安全、稳定的能源意愿是强烈的，但是在实现路径和全球化组织能力上由于其资金实力相对薄弱①，很难做到游刃有余。对此，日本政府通过金融、财政和税收等手段在资金上给予了大力支持，具体措施主要有：政府银行（国际协力银行）提供的资源金融②、日本贸易保险（独立行政法人）的风险担保③、日本石油天然气金属矿产资源机构主要负责的地质构造调查・融资・债务担保④、海外投资损失准备金⑤等。

---

① 从发展路径上看，日本能源企业在战后改革后，形成了与中国石化产业的规模化、大型化不同的发展模式。日本能源公司的数量较多，但资金规模相对不大。

② 国际协力银行（简称 JBIC），成立于 1999 年，是日本对外实施政府开发援助（ODA）的主要执行机构之一，其前身是于 1952 年的日本输出入银行和成立于 1961 年的海外经济协力基金（OECF）。JBIC 属于政策性银行，全额负责 ODA 中有偿资金（即日元贷款）部分，其他形式的合作援助由国际协力机构等负责。JBIC 在全球主要能源资源生产国和地区设有事务所（代表处）。目前，主要业务之一是通过金融支持配合日本能源企业在海外自主能源开发、签订长期能源购买合同、对能源生产国进行基础设施建设等活动。详细内容可参见"日本の国際協力銀行（JBIC）ホームページ：http://www.jbic.go.jp/ja/finance/"。

③ 2001 年 4 月，日本根据《日本贸易保险法》设立了独立行政法人"日本贸易保险"。近年来，"日本贸易保险"为了进一步确保海外能源的稳定供应，专门设置了低于一般险种保险费的新险种，即资源能源综合保险，以此鼓励海外能源贸易。可见，日本的这种保险制度实质上是政府对能源企业的资助，是一种变相的国家补贴。详细内容可参见"日本の貿易保険（NEXI）ホームページ：http://nexi.go.jp/cover/"。

④ 该机构为配合日本能源外交的全球化配置战略，已在全球 40 多个国家开展了 200 多个矿产资源调查评价、勘查等方面的技术和经济援助项目，对来自近 40 个产油国的 900 名左右的技术人员进行了专业技术培训。2008 年，该机构日本企业在海外进行油气开发勘探已出资 389.5 亿日元，为日本企业提供债务担保 100 亿日元。详细内容参见：1. 独立行政法人石油天然ガス金属鉱物資源機構ホームページ（http://www.jogmec.go.jp/）；2. 経済産業省："エネルギー白書　2009 年版"，株式会社エネルギーフォーラム，第 202—205 頁。

⑤ 日本为应对因国际市场的变化或发生不可抗突发事件等导致能源投资损失、股票下跌或倒闭等情况，设立了"海外投资损失准备金制度"。有关该制度的申请手续、法律文本等详细内容参见：1. 内閣府：「平成 24 年度税制改正（租税特別措置）要望事項（新設・拡充・延長）」（http://www.cao.go.jp/zei-cho/youbou/2012/doc/meti/24y_meti_k_04.pdf）；2. 経済産業省資源エネルギー庁：「海外投資等損失準備金制度の概要」（http://www.enecho.meti.go.jp/policy/coal/0709coaldiv/link/4.pdf）。

由上可见，日本能源外交推进主体及其实践是由政府、企业共同完成的。进一步而言，政府部门和具有政府性质的机构，从金融、财政、税收、技术、人才培训等方面，对日本的能源企业在海外勘探、开发、生产、贸易、运输等不同的阶段提供服务、给予援助。这种“官民并举”的推进体制为日本实现资源能源安全供给发挥着重要作用。2004 年，日本与伊朗达成共同开发“阿扎德甘油田”的协议就是官民合力的例证。

其三，外交策略上的“综合性”。所谓“综合性”就是日本能源外交在策略方式不倚重单一方式，而是综合运用多种方式谋求海外能源的稳定供应。日本并未将海外能源合作与能源投资视为简单的技术谈判和一般贸易的产、供、销问题，而是用敏锐的政治意识、全面的战略构想，在开拓和利用海外能源的策略上不断推陈出新。尤其是在近年来资源民族主义不断高涨的语境下，日本在强化与产油国关系的策略中，呈现出经济合作与能源合作“相捆绑”、自身优势领域与对象国弱势领域“相结合”的新特点。具体做法为：一是以驻外使领馆为中心的各种机构积极营造与资源国首脑级别的要人进行相互访问、交往，强化合作关系。① 二是通过两国（多国）间的投资协定以及 EPA/FTA 等方式谋求营造良好的商贸环境等②，以期提升海外自主开发比率，弱化能源风险。三是对能源生产国灵活地运用 ODA 战略（积极地进行基础设施建设、人才培养、技术合作等），构建“双赢关系”，从而直接、间接地稀释资源民族主义情绪，等等。日本外交策略上的综合性特点，也在外交实践中得到验证。从 2007 年，前首相安倍出访中东五国③中可看出，日本在加强与中东合作的理念上与以往相比已发生很大变化。访问沙特时安倍称：“我来访的目的之

① 高层次人员之间的“互访”是日本加强与能源生产国之间进行合作的传统方式。以沙特为例，从 1990 年到 2012 年 8 月 5 日的 22 年间，日本部长级以上人员访问沙特为 33 人次，平均每年 1.5 人次。同期，沙特部长级以上人员访问日本约有 50 人次，平均每年约为 2.5 人次。两国互访共计 83 人次，平均每年约为 4 人次。参见：日本外務省：http://www.mofa.go.jp/mofaj/kaidan/index.html。

② 经济产业省编发：《能源白皮书 2007 年版》，2008 年 5 月，第 161 页。

③ 即：沙特阿拉伯、阿联酋、科威特、卡塔尔和埃及等五国。

一是想改变此前以石油为中心的双边关系，构筑一个稳固、多层的、不拘泥于经济领域的两国关系，开创‘日本—中东新纪元’。”①访问阿联酋时，安倍表示“希望此行能为日本同海湾合作委员会成员国最终达成自由贸易协定起到推动作用”。②

显然，日本有意把经济合作与能源外交捆绑起来作为与中东各国合作的基调，其深层次目的是寄希望通过加强与阿拉伯国家的贸易合作，构建所谓“共赢模式”，从而谋求并实现“以商稳油”“以油促政”的目的。

其四，能源外交的“独立性”。“美日同盟”是战后日本外交的“基轴”。但是，这并不意味着日本的能源外交完全服从于“日美同盟”。第一次石油危机爆发期间，美国毫无疑问地支持以色列，日本作为美国的盟国，起初也支持以色列，但是后来为了确保能源的稳定供应又改变立场转而公开表明“亲阿拉伯”政策。③ 1973 年 11 月 22 日，以官房长官二阶堂谈话的形式宣布了“新中东政策”：“为解决中东争端必须遵从下述各原则：不许以武力获得或占据领土、以色列军撤出 1967 年战争的全部占领地区……”时任首相的田中也表示：“面对石油这样一个重要问题，美国对以色列，有美国的立场。日本也有对阿拉伯的立场……”④另外，在“伊核问题”上，日本与美国、欧盟所表现出来的立场和原则也有不同。日本是发达国家中与伊朗能源合作关系最为紧密的国家，每年从伊朗进口石油占其总进口量的 9.8%。⑤ 然而，在美国要求其盟国对伊朗采取

① 公益財団法人フォーリン・プレスセンター（Foreign Press Center Japan 简称 FPCJ），http://fpcj.jp/old/j/mres/japanbrief/jb_738.html。

② 外務省：“日本国とアラブ首長国連邦との間の共同声明”，2007 年 4 月 29 日，http://www.mofa.go.jp/mofaj/kaidan/s_abe/usa_me_07/uae_sei.html/。

③ 美国对第一次石油危机的爆发表现出来的是无能为力与鞭长莫及，致使能源匮乏的日本在国内政治、经济界的压力下，选择了尽量减轻得罪美国又要倾向“亲阿拉伯”的政策。

④ 有关日本“新中东政策”形成的背景、过程及其效果的具体内容可参见：1. 宝利尚一：“日本の中東外交："石油外交"からの脱却”，教育社，1980 年。2. 李凡：《战后日本对中东政策研究》，天津人民出版社，2009 年。

⑤ 根据日本财务省发布的《贸易统计》中相关数据进行的统计结果。

严厉经济制裁，冻结伊朗中央银行资产的过程中，日本并没有及时跟进[①]，而是故意搁置拖延。虽然在美国再三裹胁下，2012 年 5 月 6 日，一度停止了与伊朗中央银行的交易。但是，到 5 月 25 日，日本三菱东京 UFJ 银行宣布又决定重新开始与伊朗央行进行交易。[②]

尽管日本的“新中东政策”“对伊核政策”与美国的战略意图之间，凸显出了有悖于日美同盟关系的“独立性”，但是这并不意味着日本的能源外交政策会长期、完全偏离日美同盟的基轴，而是像价格围绕价值转动一样，虽然上下有所波动，但是始终不会发生大幅度、长期的偏离。能源外交上的“独立性”，只不过是日本谋求能源安全、博得能源国欢心、规避石油供应中断的一种外交策略。

其五，国际合作的“广泛性”。能源问题已超出经济范畴，并日益成为区域化、全球化和政治化的问题。对此，日本政府是把能源问题作为外交政策中的重要因素加以考量并进行了统筹规划、综合协调。

从框架协议的层次而言，日本主要是通过多边框架、双边框架等方式加强国际能源合作的。首先，日本在多边框架层面下的能源合作主要包含与能源生产国之间、与能源消费国之间的合作。目前，日本参加“消费国之间”的合作框架主要有国际能源合作组织（IEA）[③]、日欧能源对话机制[④]、

---

① 陈新华：《2012 年上半年石油石化市场与价格综述》，《中国石油报》，2012 年 8 月 7 日，第 1 版。

② 日本産経新聞社（Sankeibiz）：「三菱東京 UFJ 銀、イラン決済再開、米国内除き口座凍結解除」，日本産経新聞社ホームページ：http://www.sankeibiz.jp/business/news/120526/bse1205260502000-n1.htm。

③ 国际能源机构是石油消费国政府间的“合作共同体”，日本是该组织的主要成员国之一。该机构的宗旨是协调成员的能源政策，发展石油供应方面的自给能力，共同采取节约石油需求的措施，加强长期合作以减少对石油进口的依赖，提供石油市场情报，拟订石油消费计划，石油发生短缺时按计划分享石油，以及促进它与石油生产国和其他石油消费国的关系等。具体内容参见：IEA：http://www.iea.org/。

④ 主要有：1. “日 EU 能源对话机制”，该机制是在 2007 年日本前首相安倍访问欧盟时，与欧洲委员会主席巴罗佐共同协商确定的。截至 2012 年 4 月共召开了 4 次会议；2. “日 EU 战略研究会”，该会是 2009 年日本经济产业省与欧洲研究会研究局为共同促进新能源技术的研发与应用而创建的。详见：駐日欧州連合代表部ホームページ：http://www.euinjapan.jp/media/。

ASEAN＋3 框架下的能源部长会议[①]、APEC 框架下的能源部长会议[②]。日本参加能源"生产国与消费国"之间的合作框架主要有国际能源论坛[③]（IEF）、5 国能源大臣对话机制[④]、G8 能源大臣对话机制[⑤]、石油供需国部长会议[⑥]、IPEEC 部长会议机制[⑦]等。其次，双边合作主要是指日本[⑧]与沙特、卡塔尔、伊拉克、伊朗、阿拉伯联合酋长国、约旦、俄罗斯、澳大利亚、巴西、印度尼西亚、哈萨克斯坦、利比亚、印度、越南、东南亚联盟、韩

---

① 2003 年，在 10＋3 领导人会议和三个 10＋1 领导人会议的主席声明中都突出强调了能源合作的重要性，并一致同意加强能源合作。2004 年在菲律宾召开了首次 ASEAN＋3 能源部长会议。详见：「ASEAN＋3エネルギー大臣会合共同声明」，経済産業省ホームページ：http://www.meti.go.jp/topic/data/e70824aj.html。

② "APEC 框架下的能源部长会议"是在 APEC 框架下的各成员国在能源领域的对话机制，成立于 1996 年，截至 2012 年 6 月 28 日已经召开了 10 次会议。详见：経済産業省："エネルギー白書　2009 年版"，株式会社エネルギーフォーラム，第 220 頁。

③ 国际能源论坛（IEF）是世界上最大的能源部长聚会。1991 年 7 月首次召开后每 1—2 年召开一次，截至目前已经召开了 13 次。日本是该论坛的主要成员之一，并致力于解决能源投资、市场透明等方面的问题。详见：外務省：「国際エネルギー・フォーラム（IEF）閣僚級会合」，http://www.mofa.go.jp/mofaj/gaiko/energy/e_forum.html。

④ 该会是指中、美、印、日、韩的能源部长级会议。五大能源消费国所消耗的石油约占世界总消耗量的一半。会议宗旨为：能源结构多元化；节能增效；加强战略石油储备合作，促进全球能源安全；通过更好地信息共享，提高市场数据透明度，加强石油市场稳定；鼓励五国间在能效、替代能源和运输等领域，开展广泛、深入的商业合作。第一次会议于 2006 年在日本的青森县举办。详见：日本外務省：「五カ国エネルギー大臣会合」，http://www.mofa.go.jp/mofaj/gaiko/energy/5c_eng_2006.html.

⑤ 详细内容参见：1. 経済産業省エネルギー資源庁：「G8エネルギー大臣会合共同声明」，http://www.enecho.meti.go.jp/topics/080529.htm。2. 外務省：「G8エネルギー大臣会合」，http://www.mofa.go.jp/mofaj/gaiko/energy/g8_eng_2009.html。

⑥ 该会议是能源生产国与能源消费国之间召开的大会。日本参加该会议旨在谋求强化与能源生产国间的合作关系。详见：外務省：「ロンドン・エネルギー会合」，http://www.mofa.go.jp/mofaj/gaiko/energy/london_gh.html。

⑦ 経済産業省：「IPEEC 閣僚会合共同声明」，http://www.enecho.meti.go.jp/topics/081219/kyodoseimei1.pdf。

⑧ 日本与能源生产国、消费国的合作关系及其相关框架协议有很多。如：在东北亚地区，日本、韩国与俄罗斯达成了原油输管道铺设的协议；在东南亚地区，日本与马来西亚、菲律宾、印度尼西亚等国签署能源合作框架协议；在中东地区，日本与沙特、科威特等主要产油国签订了能源稳定供应合同，并保证在非安全事态下，优先向日本供应；在北美地区，日本与美国和墨西哥签订能源安全合作协议；与澳大利亚达成煤炭长期供应合作协议，等等。具体内容可参见：経済産業省エネルギー資源庁：「エネルギー白書」（2004－2011 年度），http://www.enecho.meti.go.jp/topics/hakusho。

国、蒙古、法国、美国[①]、中国[②]等20个国家的能源合作。

从能源合作项目而言，日本改变了以前单一的双边合作方式，加强了在一个项目上与多个国家共同合作的力度。目前，日本在海外的油气田权项目，80%以上是协作的，只有很少部分完全自主由日本企业经营。日本在海外诸如萨哈林项目Ⅰ、萨哈林Ⅱ项目、"东西比利亚-太平洋"油气管道路线、ADMA矿区项目、卡沙干油田项目[③]、ICHTHYS项目[④]、ABADIE油气开发项目[⑤]、里海ACG油田开发项目等主要大型能源开发项目中，都是通过与多个国家共同合作的。如："萨哈林项目Ⅰ"就是由日本与美国、俄罗斯、印度等国家共同合作开发的项目。从股份上看，日本石油天然气开发公司只拥有"萨哈林项目Ⅰ"的30%，美国的Exxon Neftegas、印度的ONGC Vides、俄罗斯的Sakhalinmorneftegas-Shelf和RN-Astra则分别占30.0%、20.0%、11.5%、8.5%。[⑥]

可见，日本广泛的国际合作及其巧妙的经营策略可以共担风险、强强联合，从而在一定程度上提高了项目安全性；与资源国当地公司的合作还可以在处理一些事情上更加灵活，从而消除或者降低外交实践运行中的障碍梗阻和风险因素。

---

① 日本与美国签订能源合作协议很多，如：《日美间在规制及安全研究领域内技术信息交换协定》《日美高增殖炉合作协定》《日美核融合研究开发协定》《ROSA—IV计划日美研究协定》《高温燃气炉研究开发协定》等。

② 日本与中国的能源合作主要是在多边框架(ASEAN+3能源部长会议、APEC框架下的能源部长会议等)和双边框架(中日能源对话机制、中日节能合作等)下进行的。详见：経済産業省：「新国家エネルギー戦略」，2006年，第54—60頁。

③ 卡沙干油田是一个位于哈萨克斯坦的油田。该油田位于里海北部城市阿特劳附近，油田发现于2000年，是近年来发现的最大的油田之一，商业储量大概为90亿桶(1.4×109 m³)到160亿桶(2.5×109 m³)。

④ ICHTHYS项目是日本INPEX公司(日本帝国石油公司)出资建造的液化天然气加工厂的一部分，位于澳大利亚西海岸达尔文岛，业主(用户)是INPEX和TOTAL(法国道达尔石油公司)。INPEX是操作者，总包商是JKC(JGC、KBR和CHIYODA的联合体)。参见：国際石油開発帝石株式会社：《オーストラリア イクシスLNGプロジェクトダーウィンにおけるガス液化プラントの起工式開催について》，第1—2頁。

⑤ 国際石油開発帝石株式会社：http://www.inpex.co.jp/business/indonesia.html。

⑥ 参见：石油資源開発株式会社(JAPAN PETROLEUM EXPLORATION CO.，LTD)网站中的相关业务介绍：http://www.japex.co.jp/business/。

三、日本能源外交的绩效

资源匮乏、国土狭小、人口众多的日本不仅取得了世界第二经济强国的地位，而且在应对能源危机中还表现出了很强的“适应性”“免疫力”和“恢复性”。毋庸置疑，这一成果不仅得益于日本国内进行的制度安排与政策设计[①]，更来源于日本能源外交的实践及其效果。

其一，“规避”能源地缘政治风险的效果。结合日本能源外交实践、全球化能源供应体系及其“八大空间向度”，进一步分析日本“规避”能源地缘政策风险因素的话，可以看出其主要策略与安全取向主要为：一是对同一种能源进口渠道实施“多元化”政策，改变单一进口源的脆弱性，以期分散风险。二是实施进口能源种类“多样化”政策，改变过度倚重某能源的风险性，以期防范风险。

从国别而言，石油危机后日本相对减少了从伊朗、沙特的进口量，增加了从阿拉伯联合酋长国以及其他中东国家的进口量，呈现出了多元化基本进口态势（见图 3－4）。在 LP 然气方面，主要进口国卡塔尔、阿拉伯联合酋长国、沙特、科威特、伊朗、澳大利亚等国分别占总进口量的 26.6％、25.8％、16.3％、11.3％、6.5％、9.8％[②]，也称呈现出了多元化趋势。对进口能源种类“多样化”政策及其效果的验证，可从日本的能源消费结构中进行分析。石油危机后，日本逐渐降低了石油在能源消费结构中的比率，煤炭、天然气、原子能、新能源的比重逐渐提高。目前石油在能源结构中比率从最高时的 80％，已经降至不足 50％[③]（见图 3－5）。

① 日本在内政层面，规避能源风险的研究可另辟文章予以探讨。

② 経済産業省：“エネルギー白書　2010 年版”，http://www.enecho.meti.go.jp/topics/hakusho/2011energyhtml/2-1-3.html。

③（財団法人）日本エネルギー経済研究計量分析部：“EDMC/エネルギー・経済統計要覧（2007 年版）、省エネルギーセンター，2007 年，第 290－295 頁。

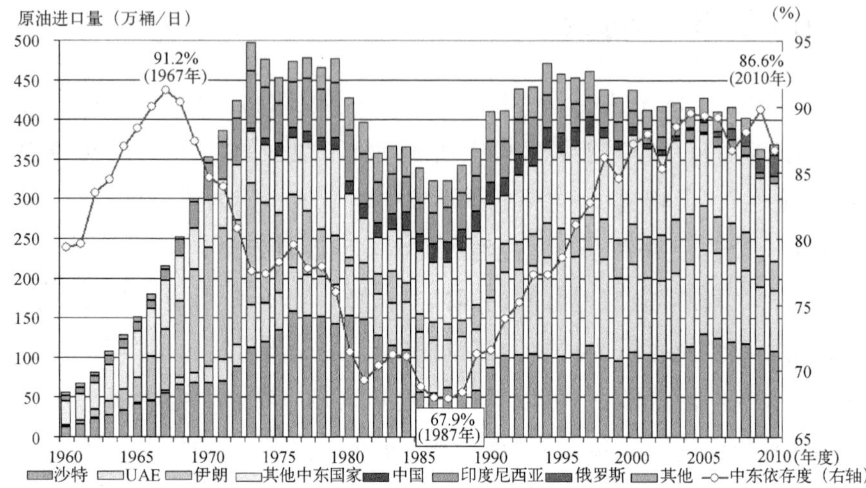

图 3-4　日本原进口量和中东依存度的推移

出处：依据经济产业省编发的《资源・能源统计年报》《资源・能源统计月报》制作而成。

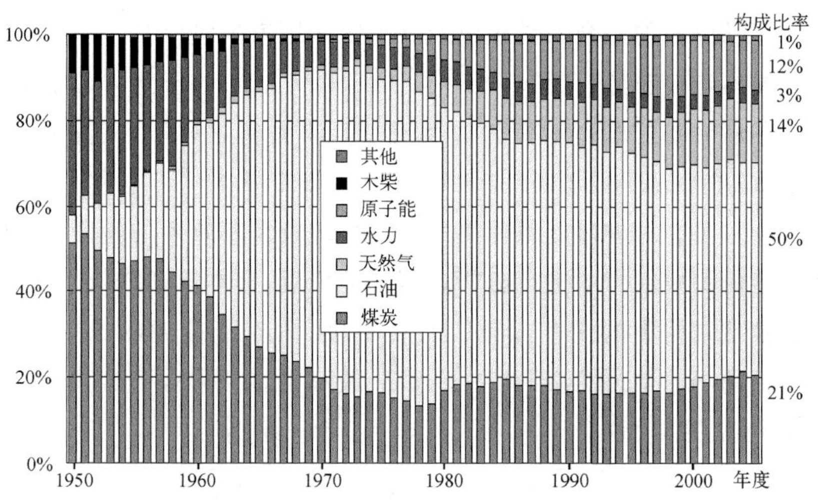

图 3-5　日本一次能源供应结构变化

出处：（财团法人）日本エネルギー経済研究計量分析部："EDMC/エネルギー・経済統計要覧（2007 年版），省エネルギーセンター，2007 年，第 290－295ページ。

通过以上数据的分析，日本的进口源多元化政策、进口种类多样化政策的效果从国别角度上看是明显的，没有形成过度依赖某一能源生产国的局面，起到了分散、防范、规避能源风险的目的。但是，从区域角度而言，日本在石油、LP 然气上，依然需要倚重地缘政治风险高的中东地区。日本对中东的石油依赖度与石油危机时期相比，不但没有下降反而还提高了，1973 年约为 80％，2010 年则为 86.6％（见图 3－4）。另外，LP 然气的中东依赖度也达到了 86.5％以上。可见，日本降低地缘政策风险高的地区（中东地区）的能源依存度的政策效果并未实现，摆脱过度依赖中东地区的目的并未达到。①

其二，"弱化"能源价格波动风险的效果。20 世纪 70 年代至今，人类社会共经历了四次油价上涨的冲击。② 每次油价上涨对日本宏观经济的冲击则呈现了日渐弱化和递减的趋势。第二次石油危机对日本经济的冲击，无论是实际经济增长率、消费者物价指数，还是工矿业指数、失业率、企业经常收益③都比第一次石油危机时的冲击要小。④ 21 世纪初的油价高涨虽然最终对日本经济产生了不同程度的影响，但是并未给日本经济造成严重的"经济滞胀"、引发社会混乱，也没有出现特别明显的经济衰退。相反，在油价上涨的初期（2001—2005 年）日本经济不仅走出了"失去 10 年"的窘境，还出现了战后日本经济史上循环最长的景气。⑤ 从通货膨胀率角度而言，日本在主要能源消费国家中为最低（见图 3－6）。

① 在发达国家中，日本对中东原油进口依存度并美国、欧洲都高（美国对中东的原油依存度为 18％、欧洲 OECD 为 16％，日本为 80％以上）。

② 1973 年的第一次石油危机（从 3 美元/桶升至 65 美元/桶）、1978 年的第二次石油危机（从 2.9 美元/桶升至 5.9 美元/桶）、1989 年的海湾战争（从 7.9 美元/桶升至 8.3 美元/桶）、2002—2008 年（从 8 美元/桶升至 47 美元/桶）。

③ 1974 年比 1973 年比减少了 27％，1975 年比 1974 年减少了 33％，而第二次石油危机后的 1981 年、1982 年比各自的前一年分别减少了 8％和 4％。上述数据来源于：财务省调查统计部调查统计课：《法人企业统计》，财务综合政策研究所，2003 年、2005 年、2006 年版中的相关数据。

④ 具体参见：経済産業省："エネルギー白書 2007 年版"，http://www.enecho.meti.go.jp/topics/hakusho/2007/。

⑤ 日本的经常收益在 2002 年油价开始上涨以来，连续 4 年都呈现递增态势，并没有受高油价的影响。2005 年度的经常收益达到了 51 兆 6 926 亿日元（比前年度增加 15.6％），刷新了泡沫景气时的最高值，成为历史上经常收益的最高值。具体参见：経済産業省："エネルギー白書 2007 年版"，http://www.enecho.meti.go.jp/topics/hakusho/2007/1－1.pdf。

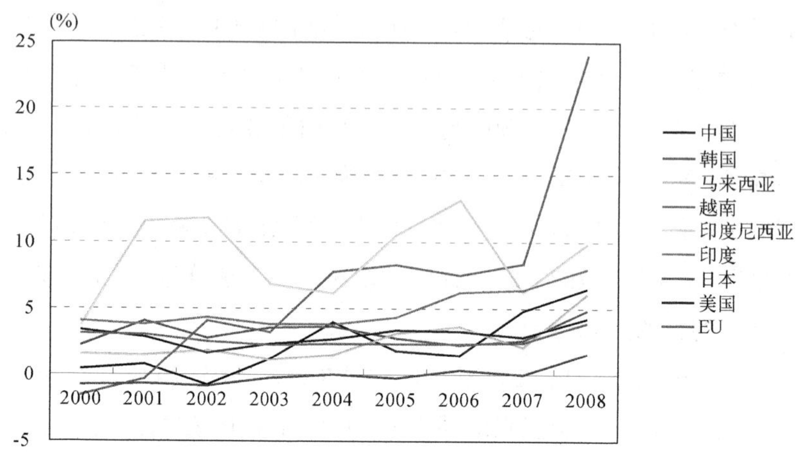

图 3-6 主要能源消费国的物价通货膨胀率的比较

出处：経済産業省資源エネルギー庁："エネルギー白書 2009 年版"，経済産業省資源エネルギー庁ホームページ：http://www.enecho.meti.go.jp/topics/hakusho/2009energyhtml/index2009.htm。

不可否认，油价上涨对日本宏观经济的冲击之所以呈现日渐弱化和递减的趋势，日本国内的节能政策、石油储备政策等发挥了重要作用。但是，日本能源外交的实践及其作用也是不能忽视。特别是从 20 世纪日本完成从"固体能源"（煤炭）向"流体能源"（石油）转变之后，一直致力于海外能源的自主开发，而且海外自主开发率及其交易量越大，在国家能源价格上涨中就能更多地"对冲"价格上涨的部分，从而"弱化"国际能源价格动荡所带来的负面影响。从发展趋势上看，无论是原油的自主开发比率还是自主开发原油的交易量①，都基本呈现出了长期上升趋势（见图 3-7）。

其三，"稀释"资源民族主义风险的效果。"资源民族主义"是发达国家利用"技术民族主义"（技术专利、技术封锁）等手段，在世界经济链条中，控制发展中国家经济并使之成为依附于自己的资源供应地，而招致

① 从 1970 年的 10%，到 2005 年上升至 16%左右，3 年后的 2008 年则达到 18%。石油海外自主开发量也从 1970 年的 2 亿 kl 到 2005 年增加到了 4 亿 kl，2008 年也基本达到了 3.5 亿 kL。参见：日本経済産業省資源エネルギー庁："日本エネルギー 2010"，経済産業省，第 12 頁。

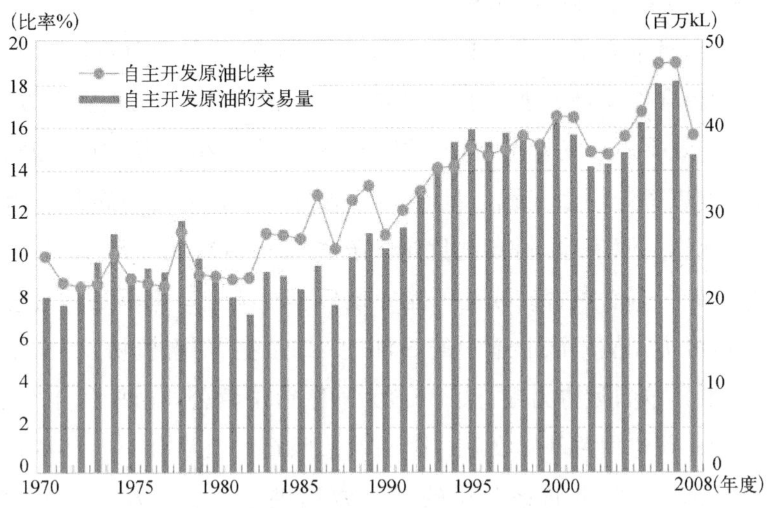

图 3-7　日本海外原油自主开发率及其交易量

注：自主开发是指通过日本企业的资本投资所开发的原油。

出处：資源エネルギー庁の"日本のエネルギー(バックナンバー)"，http://www.enecho.meti.go.jp/topics/energy-in-japan/energy2010html/japan/index.htm。

资源国反对的产物。"资源民族主义"限制了跨国石油公司获取资源的能力。当前，俄罗斯、沙特、阿联酋、伊朗、哈萨克斯坦、委内瑞拉等国家，都在不断修改和制定各种与石油资源相关的法律法规，以期限制外国资本或能源公司对本国能源的开采及在能源合资项目中的股份比例等。①

日本通过综合外交战略方式，运用"润物细无声"式的外交理念，已经和世界上主要能源生产国建立了合作关系。如：在中东地区，与沙特、阿拉伯联合酋长国、科威特等主要产油国签订了能源稳定供应合同，并保证在非安全事态下，优先向日本供应；在东北亚地区，与俄罗斯、韩国达成了原油输管道铺设的协议；在东南亚地区，与马来西亚、菲律宾、印度尼西亚等国签署能源合作框架协议；在北美地区，与美国和墨西哥签订能源安全合作协议；与澳大利亚达成煤炭长期供应合作协议，等等。可见，资源民族主义并没有对日本产生很大影响，日本通过综合性的能

① 経済産業省："新・国家エネルギー戦略"，経済産業省，2006年，第5頁。

源外交及其实践较好地“稀释”了资源民族主义。

另外，日本为确保石油的稳定供应以及扩大在能源生产国的影响力，在能源合作项目上进行了诸多创新，在“稀释”资源民族主义方面，都起到不错效果。一是提出“石油共同储备”创意。2009年，日本与阿联酋把这一构想率先付诸实践。日本同意把新日本石油公司鹿儿岛市喜入石油基地作为储备地，阿布扎比国家石油公司将在此储藏60万千升石油，并承诺在自然灾害或战乱可能导致日本石油进口量不足的紧急情况下，日本可优先使用该油罐中的石油。① 二是签署“融资协议”文本。该协议是由日本国际协力银行(JBIC)为阿联酋国营公司融资约1200亿日元，支持其兴建相关基础设施。阿联酋按照石油交易合同向日本石油企业长期供应石油，并将该公司的对日原油供应从270万桶增至350万桶。三是推行“技术换石油”策略。中东国家因长期以来经济结构以出口能源为主，导致新能源、再生能源等技术相当落后，加之近年来伴随石油资源的日渐枯竭、人口的日益增长和资源民族主义情绪的高涨，摆脱以石油为中心的产业结构是中东产油国直面的重大课题，而日本恰恰拥有技术、资金等方面的优势。故此，双方合作自然顺利。

其四，“减低”石油海上运输风险的效果。从海上能源运输来看，日本为“打击海盗”，预防、控制海上能源风险，加强了相关区域的合作。日本进口原油的90%以上，都要经过马六甲海峡，此海峡是由新加坡、马来西亚和印度尼西亚3国共管的海峡，其战略地位之所以重要是因为它是东亚国家的能源“咽喉”。但是，近年来马六甲海域海盗活动猖獗，海盗劫船事件屡屡发生，经济损失惨重。仅2001年在这一带发生了600多起海盗劫船事件，经济损失高达100多亿美元。2004年世界上共发生海盗325件中有147件发生在东南亚地区。对此，日本组织新加坡、泰国、柬埔寨等国家共同签订了《在亚洲对付海盗及持械抢劫船只案区域合作

① 経済産業省:“アブダビ首長国との共同備蓄プロジェクトの開始について”,2009年6月25日,第1頁,参见:http://www.meti.go.jp/press/20091218004/20091218004.html。

协定》。① 日本还投资 4 000 万日元，在新加坡建立一个“情报交换中心”，目的是与新加坡、泰国、柬埔寨等国及时交换马六甲海峡及周边海域的反恐情报。另外，日本通过向印尼提供巡逻艇、派员协助指导印尼的反海盗工作等方法，致力于谋求提高对马六甲海峡的发言权和控制权。通过上述措施的实施，2007 年 1—6 月，亚洲地区发生的海盗与武装劫船事件共有 43 起，与 2006 年同期的 79 起和 2005 年同期的 75 起相比均有大幅下降。马六甲海峡区域发生的海盗件数从 2007 年的 7 件，到 2011 年则降至到了 1 件。②

另外，日本通过国际合作在“突破”能源技术约束、“减低”环境污染风险的方面上，也取得了一些效果。但是，必须指出的是日本在能源技术方面的合作主要对象国还是发达的美、法、德、英、加等国，对发展中国家在能源环保技术、化石能源的清洁技术、节能技术等方面的“封锁”并未真正“松绑”，全球环境恶化、气候变暖加剧的趋势也未得到有效遏制。

综上，日本作为国内能源极其匮乏的国家，在理论上虽然面临“存量约束”和“流量约束”这两个层面的风险。但是，经济全球化浪潮与国际贸易自由化的快速发展将日本国内能源短缺的“存量约束”转向全球范围的“流量约束”变成了现实。日本借助能源外交及其实践渐次构建完成了由“八大能源向度”组成的全球化能源供应体系，基本实现了能源的全球化配置。日本能源外交领域中的决策主体的“模糊性”、推进主体的“官民并举”、具体策略上的“综合性”、外交立场上的“独立性”、国际合作上的“广泛性”等特点，在规避、弱化、稀释、分散、对冲和舒缓“流量约束”及其“六大风险因素”中发挥了关键作用，确保了能源供应安全，从而未使“能源流量约束”及其风险成为其经济发展中的“瓶颈”。

---

①《亚洲地区反海盗及武装劫船合作协定》是为防范海盗及持械抢劫船只活动，于 2004 年 11 月 11 日在东京缔结(2006 年 9 月 4 日生效)的合作协定。迄今已有日本、新加坡、泰国、柬埔寨、中国等 14 个国家在协定上签字。

② 海洋政策研究財团:“海洋安全保障情報月報”，海洋政策研究財团，2012 年 1 月号，第 28 頁。

从日本谋求能源安全的外交实践及其特点中可以看出，能源已经成为维护国家政治利益、安全利益及其他经济利益的战略工具，能源外交需要在"国家总体外交"的框架下运行并对其服务。对中国而言，在新能源安全观语境下，亟须建立与世界油气"大分工"相适应的多层次、一体化和综合性的全球能源外交体系与贸易体系，努力在全球能源治理秩序的调整、变化和转型中进一步提升话语权，从而确保稳定的能源供应。

第二节 东北亚能源合作中的中国与日本

一、东北亚能源合作："拥天时""占地利"但要"促人和"

东北亚地域辽阔，人口众多，经济发展潜力大且各国经济发展水平具有明显的梯次结构。东北亚是指中国、俄罗斯、日本、韩国、朝鲜、蒙古六个国家。东北亚在能源领域，具有储量丰富但能源消费格局和分布格局不均衡等特点。近些年来，伴随着东北亚地区经济持续稳步发展，促使东北亚地区的能源需求总量在世界能源需求总量中所占的比重不断提高，目前已近 1/5，中日韩三国已成为世界石油消费市场的中心之一。但目前东北亚在能源领域至今也没有建立起真正的合作机制，这不仅令人遗憾，而且也使本地区显得很"孤独"。其实，东北亚能源合作既有"可能性"也有"必要性"，"可能性"加"必要性"之所以未形成"现实性"关键是虽具备"天时"、"地利"的条件但欠"人和"。

"天时"就是时间条件良好，即机遇、机会。东北亚能源合作目前具有"天时"条件。首先，20 世纪 90 年代以来，区域经济一体化趋势的日益加强，以往的意识形态经济和意识形态被地缘经济和地缘政治所取代。各种形式的区域、次区域合作不断涌现，已逐渐形成了宽领域、多层次、广支点、官民并举的态势。① 世界经济区域一体化呈现出的这种迅速发展的态势，客观上要求东北亚各国应抓住此次机会，加强区域合作，否则

① 王毅：《全球化进程中的亚洲区域合作》，《世界知识》，2004 年第 10 期。

就会在区域化潮流中被边缘化。东北亚各国对此已基本上形成了一种共识。目前在东北亚的主要国家中日、中俄、中韩、日俄、日韩和俄韩等之间相继建立起的相互友好与合作的关系为东北亚能源合作迎来了难得的天时条件。

其次，追求利益的共同性和需求的互补性是东北亚各国进行区域能源合作的最佳结合点，而这种最佳结合点的时机已趋于成熟。东北亚各国经济结构梯次明显，资源条件也各具特色。日韩两国的 GDP 就相当于欧洲的 70%左右①，中国经济每年以不低于 7%的速度增长，而经济的发展必然带来对能源的大量需求。中国的石油消费去年第一次超过日本而仅次于美国居世界第二位，进口石油的依赖程度也已达 32%；日本居世界石油消费第三位，并几乎是一个石油纯进口国；韩国也是居世界排名前列的石油消费大国，而且是完全依赖进口。中日韩三国在世界石油消费大国的前 5 名中占据了 3 席。②

与此相对，俄罗斯拥有丰富的油气资源，有油气前景的陆地和海域面积约 1 290 万平方公里，探明储量为 70—100 亿吨，占全球 8%—13%。其中，石油已探明的储量约占世界第 6 位，天然气已探明的储量傲居世界第一。从 1993 年俄罗斯为了弥补国内建设资金的不足，采取了扩大石油、天然气等能源产品出口来拉动经济的增长，能源出口从 1993 年转为正增长，1994 年增长 8%，1995 年增长 18%。石油、天然气等能源出口成为俄罗斯外汇收入的主要来源。俄罗斯虽拥有丰富的资源，但经济方面急需发展资金，且劳动力稀缺。在能源开采方面也存在着资金严重短缺、长期投资不足、设备陈旧、采油技术落后等问题，要想把现有的地质储量变为探明储量再变为可采储量，不仅需要大量的资金投入，还需要起码 8—10 年的时间。③ 更重要的是，俄罗斯可以通过能源地区合作加快其融入亚太地区市场的步伐。

① 朱辽野：《促进合作 维护和平 实现公赢》。

② 任海平、詹伟：《东北亚地区石油消费与进口现状及趋势》，《中国科技财富》，2004 年第 4 期。

③ http://www.studytimes.com.cn/chinese/zhuanti/xxsb/542908.htm。

因此，在能源已成为经济增长的瓶颈的今天，中日韩对能源保障安全的渴望与俄罗斯在资金、劳动力方面的不足所形成的这种极强的区域互补性和利益共同性，孕育着东北亚能源合作的可能与必要。

其实，东北亚能源合作不仅具备天时条件也有“地利”优势。“地利”就是有利的地理条件，即地缘之利。进入21世纪，以地缘关系为基础的区域经济合作极为活跃。据日本贸易振兴会统计，世界上有地区贸易194个，已生效的有107个。[①] 中国、日本、韩国、朝鲜、蒙古、俄罗斯是依山傍水的邻居，陆路中朝俄三国相通，水路中朝俄韩日五国相通。中国的地理位置把俄罗斯的远东和中亚地区、东南亚和印度次大陆相连。从韩国的首尔仁川机场出发，在3个小时内可达东北亚的43个人口百万以上的城市。[②] 选择能源丰富而距离较紧的地区作为能源供应地，可大大节省能源运输时间，降低能源运输成本，减少能源运输中的不安全性。因此，这种得天独厚优势地缘优势成为东北亚能源合作的刚性条件。

虽然东北亚能源合作中有“天时、地利”等有利条件，而至今仍未实现合作，究其原因尽管很多，但本质原因则是东北亚各国间因“互信”指数低，导致缺乏“人和”。

东北亚的“互信”问题主要是历史问题和领土问题。中日、日韩、日朝、朝韩、朝日之间的关系中存在许多历史遗留下来悬而未决的问题，如：朝韩间的军事对抗状态，中日之间的历史问题、钓鱼岛归属问题以及日本对中国台湾态度问题，日俄南千岛四岛归属问题，韩日的竹岛问题，朝日之间的“绑架人质”问题，这些都在不同程度上干扰着各国间的“人和”，缺乏“人和”的直接后果必将影响并阻碍东北亚能源合作的进程。伴随着中国经济持续快速的发展，某些国家有意制造“中国威胁论”，不能用平常心对待“中国的和平崛起”，这也给国家间的互信蒙上了一层阴影。此外，美国的在东北亚战略和对朝核问题的态度也直接影响着东北

---

① 徐坡岭、陈悦：《东北亚区域经济合作的制约因素及模式选择》，《当代亚太》，2004年第4期。
② 庞中英：《“东北亚的枢纽”——韩国经济正在转型》，《世界知识》，2004年第11期。

亚地区的能源合作。

通过以上的分析，可看出东北亚能源合作现状是：拥“天时”占“地利”但欠“人和”。今后，东北亚各国在“拥天时”“占地利”的基础上还要努力“促人和”。在东北亚能源合作中，首先需要中日间加强互信与合作，形成推动整个东北亚能源合作的合力。

二、中日两国在能源领域的博弈现状：竞争大于合作

作为比邻而居的中日两国既能源消耗大国也是能源进口大国，在能源领域有着共同的弱点。这种“共同的弱点”既是中日合作的基础，也是竞争的原因。最近几年，中日在能源领域展开的博弈备受世人关注。

中国的能源状况是总需求大于总供给，对外依存度逐渐增大。中国在20世纪80年代末曾一度是世界上第5大石油生产国，但从1993年中国从纯输出国变为世界上进口量增长速度最快的石油进口国，2002年我国的进口石油已增至7 180万吨，占我国进口石油消费总量的30%(2.408亿吨)。[①] 中国的石油消费去年第一次超过日本而仅次于美国居世界第二位，进口石油的依赖程度也已达32%。2005年，中国的石油进口量达到1亿吨，占我国总需求量的45%。日本是一个能源极度匮乏、石油消费居世界第三位的国家。在1979年以前，日本工业生产所使用的原油，约有99.9%依靠进口，而从中东地区的进口占88.8%。在经历了两次石油危机后，日本果断采取了抑制能源消耗、实施节能措施、加强石油储备、开拓能源进口渠道、大力推进能源替代等措施。日本在“石油来源多元化战略”的指引下全面出击，将能源来源的重点由中东向俄罗斯、北非、南美转移。日本民间能源企业人士指出：“毋庸置疑，日本政府在亚洲最重视中国和泰国。如果经济持续发展的中国能源消费量不减少。我们心里希望中国不要从中东进口原油。”中日能源领域的竞争主要表现在以下几个方面。

---

①《经济参考报》，2003年11月19日。

首先是产油区的竞争。石油是国家经济的“血液”。中日由于各自的原因，目前都陷入入“贫血”状态。中国为解决石油问题早在1992年中央就明确提出要“充分利用国内外两种资源、两个市场”的方针来发展我国石油工业。1999年又提出“走出去”的能源发展战略。在中国实施能源进口多元化的同时，同为东亚能源消费大国的日本也在争取扩大中东以外的油气供应地。中日在能源的竞争首先体现在争夺俄石油上，也就是备受国际社会关注的竞争俄罗斯石油的“安大线”与“安纳线”石油管道之争。“安大线”是修建从俄罗斯西伯利亚的安加尔斯克油田直达中国东北大庆，长达2 400公里的跨国石油输送管线。中俄两国从1994年到2003年，历时9年，完成了该项目可行性研究，并对管道建设和供油等相关问题进行深入论证。正当破土施工之际，却因日本的介入而变得扑朔迷离，日本提出以西伯利亚地区安加尔斯克为起点，建成一条直通符拉迪沃斯托克地区纳霍德卡的石油管道(安纳线)。这样原本大局已定的“安大线”节外生枝，方案顿时搁浅。2003年3月，俄方提出了一个折中方案:把输油管道在中俄国境附近分叉，分别修建通往中国和通往日本的两条支线，但通往中国的支线先行动工，对此日本表示不能接受。

日本突然同中国争夺俄罗斯石油是由其战略意图的。首先，实现石油来源多渠道战略，分散石油进口过度集中的风险，确保日本的能源安全。日本进口的石油主要来源于多事的中东地区，2001年的日本石油消费的87.9%依然来自中东地区。如果中东地区长时间发生动乱，必将影响日本石油的正常供应，使日本经济受到威胁。其次，弱化俄罗斯远东地区对中国经济不断增强的依赖性，以便确保日本在东北亚的传统经济地位。

中日在俄罗斯以外地区的油气资源也存在竞争。在中东地区，中日对伊朗油田的开发全展开了较量。在北非地区，中日之间也在暗中较量。

其次是围绕能源运输路线引发的中日矛盾。日本是一个极端重视经济利益的国家。对于中国的崛起，无论是在历史因缘上，还是现实政治上，都不是它所希望看见的景象。在 21 世纪的外交基本战略中，它已经把中日关系定性为“协调与共存”和“竞争与摩擦”混在的关系。[①] 面对日益紧张的能源危机，近年来两国在俄罗斯、伊朗和北非进行了明争暗斗的同时，在运输通道方面也有矛盾。中国南海作为日本油气运输的安全通道和对外贸易的重要走廊，有其重要的战略价值。日本 80% 以上的石油进口要通过中国南海水域，因此日本在马六甲海峡和南海安全运输问题上所下的赌注远高于中国，以航道安全为名染指南海。中国在南海加强自身存在和海军现代化进程将正在成为“制衡”日本的一个潜在杠杆。另外，台湾问题对亚太的能源安全也至关重要，台湾海峡不仅是能源安全运输到中国北方省份的最经济和最直接的运输走廊，而且日本和韩国的石油供应也不得不通过中国台湾海峡和台湾东部。也正因如此，日本某些人的“台湾情结”及宣称“台湾海峡属于公海”的言论，有增无减。

中日两国能源安全领域出现的竞争与问题，除了中日两国本身的国家利益外，也与美国的亚太战略和对华政策密不可分的。1996 年，日美签署的《保障联合宣言》称：“当日本周边地区发生的事态对日本的和平与安全产生重要影响时，两国将进行磋商与合作”，并将日本的安全保障区域扩大到南中国海区域。[②] 1997 年，日美又签署了新的《防卫合作指针》，提出了所谓“周边地区”的模糊概念，更于 1999 年制定《周边事态法》，将日美同盟的合作范围扩大到了中国的台湾海峡。从以上可看出，日本通过日美同盟有旨在控制其作为石油运输走廊的南海区域和台湾海峡。

中日间在能源方面不仅有竞争也有合作。目前中日间在能源领域的合作前景好，合作领域广泛。许多项目的合作停留在政府呼吁及学术

---

① http://www.hailun.suihua.gov.cn/XWBD/TPXWBD180.htm

② 吴磊：《中国石油安全》，中国社会科学出版社，2003 年，第 251 页。

研讨层面的多，有实际进展的少。2001 年 11 月“东盟＋日中韩”领导人会议在文莱举行，日本政府频频使用“亚洲能源安全”这个词。此次议上，小泉首相提议举行“亚洲能源安全研讨会”。2002 年 4 月，小泉首相在中国海南岛举行的“博鳌亚洲论坛”第一次会议上强调：“亚洲的经济发展离不开能源的稳定供应。”2003 年 10 月 3 日中日韩在巴厘岛签署了《中日韩推进 3 方联合小组宣言》，《宣言》决定在能源等领域加强交流与合作。

目前中日在能源领域总体上是竞争大于合作，这种局面持续下对双方都是不利的，加强合作不仅是必要的也是趋势。伊藤忠商事公司顾问藤野曾分析说：“日中两国领导人就亚洲石油储备等能源安全问题坦率交换意见的时机已经成熟。否则，日中两国有朝一日可能会争夺中东原油。”①

三、中日在能源博弈中的最优选择：“合作下竞争”

中日间在能源领域的博弈的表现形式就是竞争与合作。中日间能源自给能力和对外依存度的相向性、地缘政治经济的相关性、主要进口油气资源的同源性，不可避免的导致两国在国际能源领域展开竞争。②如何协调和正确引导对抗式、排他式的恶性竞争，避免“零和”式传统博弈结果，应是中日共同追求的目标。中日两国在能源领域要达到“双赢”或“多赢”的良策是在“合作下竞争”，“国家间的利益只有通过合作才能实现”。

必须承认竞争是永恒的，只有出现竞争才会谈到合作。“合作下竞争”是指竞争各方当清晰认识到在某领域或某事物中彼此存在竞争时的态度及行为选择，即：中日间面对在能源领域竞争中应“选择合作，在合作的框架下进行竞争”，而不应“继续竞争，当竞争到快要各败俱伤时在

---

①《中日可能争夺中东原油》，《参考消息》，2002 年 6 月 16 日。

② 舒先林：《中日是由博弈与竞争下的合作》，《东北亚论坛》，2004 年 1 月第 1 期。

合作”。这里所说的“合作下竞争”包括两层含义：一是在合作方之间的竞争；二是合作方与外部的竞争。

中日两国在能源博弈中的最优选择之所是“在合作下竞争”是有其道理的。一是历史的教训与启示。1997 年发生在的东南亚金融-经济危机对同处于亚洲地区各国具有不言而喻的重要警示与启示：加强合作。此次危机使亚洲区域内几乎所有国家的增长率都出现大幅度下降，工业指数和外汇储备都出现严峻形势。特别是对原本低迷的日本经济更是雪上加霜，导致持续低迷，这从侧面也反映出东南亚各国在金融领域缺乏有效合作。中日两国要防微杜渐、亡羊补牢，尽快加强合作的步伐，尽快建立东北亚能源合作体系。今日的欧盟最初也是由欧洲煤钢联盟发展而来的，欧洲煤钢联盟中的各个国家并不是不存在竞争，但这种竞争因是在合作下的竞争，故是有序的竞争、是多赢的竞争。中日应从中得到启示、加以借鉴，以便走向“协同竞争”。

二是现实的机遇与挑战。合作源于竞争，合作的本质是增强竞争实力，弱化竞争的负面影响。中日在能源问题上共同面临着中东局势的变化、石油价格的不稳定、石油运输管道的铺设（安大线与安纳线之争）、能源运输通道的安全保障和其他一些难题。解决这些难题的办法就需要真诚加强合作，努力寻找双方的利益交汇点。中日从中东地区进口的石油都要经过绕不过去得“马六甲海峡”，而此航道常年充满着多国纷争、海盗猖獗的危险性。另外，中日共同还面临着油价偏高的问题，目前中日两国从中东购进的石油比欧美国家每桶要高出一到两个美元。据中国能源网 CEO 韩小平向本报记者计算说，每年中国因为这个差价，就要损失 7.5 亿美元。由于缺乏协调，中日之间在这一价格问题上都没有回旋的余地。[①] 可见，合作对中日双方是非常有必要的。中日两国通过合作来加强自身的实力，就可以较为从容面对各种难题的挑战。

---

①《国际先驱导报》，2004 年 2 月 27 日。

四、中日能源合作的意义:“化疗”历史积怨

美国著名能源问题专家卡尔德认为,由于地缘政治结构和自然资源的差别,能源对这一敏感地带而言是一把双刃剑,“一方面,能源可能造成大国对抗从而加剧地区紧张;另一方面,通过重要的新形式的合作,各国之间的矛盾可得到化解。”①中日两国都需要认识到,中日两国如果离开地区合作而“单打独斗”都将不能达到真正提高本国地位的目的。②

中日两国在能源领域的合作,不但能大大推动东北亚能源合作、东北亚区域经济合作的进程,而且还可以“化疗”中日两国间存在的历史积怨,改善中日关系。中日两国间“历史问题”已成为当前中日关系的毒瘤,此毒瘤若放任不治,一旦恶化后果不堪设想。中日两国的历史积怨主要体现在:日本不能正确反省战争责任问题、首相屡次参拜靖国问题、篡改历史教科书问题、慰安妇的赔偿问题等等。旧的积怨还未解决,现在又添新许多的不和谐音符,如:齐齐哈尔毒气事件、珠海买春事件、西北大学日本留学生辱华事件、与中国争夺能源等等。从中日在“安大线”和“安纳线”之争中,可看出日本对中国的不信任,担心中国利用“安大线”损害日本的利益。不信任的直接体现就是不真诚合作,不合作的结果从目前看是不言而喻的,不但都并没有达到追求自身利益的最大化,而且还影响了彼此的关系。

中日两国虽然存在着许多积怨,但对两国来说,通过广泛的合作是逐渐可得到解决的。东北亚能源合作对中日两国而言是一个很好的合作平台。中日间如果能在能源合作领域真正合作,减少排他性的竞争,相信是会对“历史积怨”这一“毒瘤”产生“化疗”作用的。当然,仅仅短时间的、一次性化疗是不会根除这一毒瘤的,只能相对地缓解。要想彻底

① 任海平、詹伟:《东北亚地区石油消费与进口现状及趋势》,《中国科技财富》,2004 年第 10 期。
② 冯昭奎:《“东亚共同体”:要过十道坎儿》,《世界知识》,2004 年第 4 期。

根除这一“毒瘤”，还要取决于中日间合作的利益度和真诚度的大小。“历史积怨”会让位给国家利益的。

第三节　中日俄在东北亚地区的能源博弈

能源作为特殊商品和战略物资是国民经济命脉的咽喉。随着经济全球化的发展，能源的消耗与日俱增，“能源安全”问题日益凸现，“能源”已成为许多国家经济可持续发展的“瓶颈”。被誉为“合作空白地区”的东亚中的中国和日本，都面临着能源匮乏局面，两国在能源领域中的竞争备受世人关注。这里以“安大线”与“安纳线”之争为例，对日本与中国争夺能源的原因进行分析。

一、中国、日本能源概况

中国能源分布特点是能源分布不均衡、人均能源储量低且与经济发展不对称。我国能源储量总量丰富，但按人均计算，煤炭、石油等能源分别大大低于世界平均水平。华北地区的煤炭资源占60%左右，经济发达、工业化程度高的地区则能源较为缺乏，煤炭仅占全国的2%，石油资源东北占17.7%，华北占24.4%，西北占29.7%，海洋占18.3%。天然气资源主要分布在西部，四川的天然气存储占全中国的25%左右，塔里木盆地天然气占全国的25%左右。另外，能源质量不理想，还造成严重的环境污染。

中国的能源供求特点是总需求大于总供给，对外依存度逐渐增大。中国从1993年纯输出国变为世界上进口量增长速度最快的石油进口国，2002年我国的进口石油已增至7 180万吨，占我国进口石油消费总量的30%(2.408亿吨)。[①] 2003年，中国的石油消费第一次超过日本而仅次于美国居世界第二位，进口石油的依赖程度也已达32%。据估计，

①《经济参考报》，2003年11月19日。

到2005年，中国的石油进口量将达到1亿吨，占我国总需求量的45%。2003年中国的原油日需求量增长5.8%，即536万桶。国际能源署的数据显示，到2030年，进口石油占中国石油总需求的百分比将从2002年的34%激增至80%以上。

中国能源消费特点是人均能源消费量低，能源利用效率低。尽管我国能源消费量已仅次于美国，居世界第二位，但由于人口众多，人均能耗仍然很低。我国人均能耗不及世界平均值的50%，不及美国的20%，①仍处于很低的水平。另外，能源利用率低、浪费严重是中国能源消费量增大的原因之一。

日本是一个能源极度匮乏的国家，石油消费和石油进口分别居世界第三位和世界第二位。在1979年以前，日本工业生产所使用的原油，约有99.9%依靠进口，从中东地区的进口占88.8%。在经历了两次石油危机后，日本果断采取了抑制能源消耗、实施节能措施、加强石油储备、开拓能源进口渠道、大力推进能源替代等措施。这些年，日本能源战略的最大成效是能源多元化的局面初步形成，石油比重从77%降到51%；天然气比重由2%提高到13%；煤炭占17%；核能13%；水能4%；地热、太阳能等新能源为2%。日本于1998年制定了新的能源战略，要点是努力实现合理、有效、稳定的能源供应，将石油比重逐步降低到47%；大力发展核电；积极开发新能源，使新能源的比重提高到3%。

日本能源结构特点是石油依赖度高，核电比重大，天然气使用量低。石油在能源消费总量中超过了50%，而这些石油主要依赖于中东。目前，全日本核电反应堆的发电量占发电总量近40%。天然气使用量较低，到1998年天然气消费只占能源消费的12%。

日本拥有完善的石油储备体系。目前，日本政府拥有的石油储备量可供全国使用92天。另外，日本民间的石油储备量也可供全国使用79

---

① 2000年、2001年的《中国统计年鉴》。

天。加上流通领域的库存，日本全国拥有的石油储备量足够全国使用半年以上。①

二、“安大线”与“安纳线”之争

作为比邻而居的中日两国既是能源消耗大国也是能源进口大国，在能源领域有着共同的弱点。这种“共同的弱点”既是中日合作的基础，也成了竞争的原因。中日在能源领域中的竞争首先体现在争夺俄罗斯石油上，也就是备受国际社会关注的“安大线”与“安纳线”石油管道之争，详见表 3－1。

“安大线”是修建从俄罗斯西伯利亚的安加尔斯克油田直达中国东北大庆，长达 2 400 公里的跨国石油输送管道。1994 年 11 月，叶利钦时代的俄罗斯率先向中方提出了修建从西伯利亚到中国东北地区石油管道的建议。1996 年 4 月，两国政府签署《中俄关于共同开展能源领域合作的协议》，正式确立了中俄石油管道项目。2001 年 7 月 17 日江泽民访俄，双方共同签署了《关于开展中俄铺设俄罗斯至中国原油管道项目可行性研究主要原则协议》。2001 年 9 月中国总理朱镕基访俄，和俄罗斯总理卡西亚诺夫共同签署了《中俄输油管道可行性研究工作协议》，文件中规定“安大线”的总投资额约为 25 亿美元，管道工程于 2005 年首期建成，俄罗斯投资 17 亿美元，在中国境内的 800 公里线路由中方出资修建。在今后 25 年的时间里，俄罗斯将向中国输送原油约 7 亿吨，价值约 1 500 亿美元。2002 年 12 月，俄总统普京访华，并签署《中俄联合声明》，声明中宣布，考虑到能源合作对双方的重大意义，两国元首认为，保证已达成协议的中俄原油管道的铺设。有利于中国的安大线破土动工似乎指日可待。但是，这原本大局已定的“安大线”，却因日本的“搅拌”而变得扑朔迷离，方案顿时搁浅。

① 中国能源网（http://www.china5e.com/news/oil/200407/200407230135.html）。

表 3－1 "安大线"与"安纳线"之比较

	长度	造价	线路	地理条件
安大线（原计划 2005 年初期投入运营）	2 400 公里（其中 1 600 公里在俄境内）	20 亿—25 亿美元（俄方 17 亿，可从中方得到 50%借贷）	安加尔斯克—赤塔—大庆	途经草原、丘陵，经过俄国家自然保护公园
安纳线（尚无确切方案及时间表）	3 765 公里（全部线路在俄境内）	50 亿美元（全部由日承担，日本另追加投资 10 亿美元助俄管道建设）	安加尔斯克—赤塔—纳霍德卡	途经 17 个地震区 1 100 公里，9 级以上地震区 1 000公里

资料来源：中国经济网（http://www.ce.cn/ztpd/cjzt/nengyuan/2004/zrnyzz/index.shtml）。

日本提出的"安纳线"，即以西伯利亚地区安加尔斯克为起点，建成一条直通符拉迪沃斯托克地区纳霍德卡的石油管道。"安大线"和"安纳线"之比较参见下表。日本向俄政府提出"安纳线"方案的理由主要是：(1)"安纳线"在俄罗斯境内，俄方对其全程有控制权；(2) 利用"安纳线"可有效推动管道沿线及俄罗斯远东地区的发展；(3)"安纳线"的建成不仅可以解决俄罗斯远东地区的工业用油问题，而且油管出口所在的纳霍德卡面向广阔的太平洋，从这里可同时向中国、日本、韩国出口原油，这样俄罗斯在政治和经济两方面的利益就可以兼得。

日本为达到此目的，向俄罗斯展开了"游说＋日元"外交。2003 年 1 月 10 日，日本首相小泉飞抵莫斯科，与普京总统讨论的重点就日本提出的修建从安加尔斯克到纳霍德卡输油管道计划，其间双方签署了俄日能源合作计划。小泉承诺，日本每天从俄进口石油 100 万桶，还准备提供 50 亿美元贷款，协助俄罗斯开发油田及修建输油管道。2003 年 2 月，俄能源部部长尤素福夫提出了一个折中的方案：将"安大线"和"安纳线"两条线合并为一条线。在安加尔斯克—纳霍德卡干线上建设一条到中国大庆的支线，其中到中国的管道线路将优先开工，但日本对此方案并不赞同。

之后，日本政府高层官员频频出访俄罗斯，试图用"金钱"换取"安纳线”的优先动工。日本政府承诺愿意全额承担50亿美元的工程造价，还要投资10亿美元发展石油管道沿线的经济设施。2003年6月28日，日本前首相森喜朗和日本外务大臣川口顺子赴俄游说。川口顺子在访俄期间声称，如果俄罗斯同意优先修建“安纳线”输油管道，日本方面将提供75亿美元的资金，协助俄罗斯开发东西伯利亚新油田。日本还愿意再追加10亿美元的投资，承担寻找及开采俄远东石油的成本，在必要时会派日本地质专家帮助俄罗斯勘探东西伯利亚地区的石油。

在日方的“金钱攻势”下，俄罗斯的态度从开始的犹豫不决、左右摇摆逐渐趋向否定“安大线”方案。2003年9月1日，俄罗斯总统普京和日本首相小泉通电话商讨俄远东输油管道等问题。2003年10月，控制尤科斯石油公司的俄罗斯首富霍多尔科夫斯基被捕，这表明“安大线”石油管道建设基本告吹。2004年6月，俄工业和能源部长宣布俄未能通过“安大线”和“安纳线”这两个方案，而是确定了从泰舍特至纳霍德卡的管道方案(泰纳线)。至此，“安大线”和“安纳线”之争就以两败俱伤而告终。

不懈努力的中国，以金钱打头阵的日本，在信守诺言和各种经济、政治利益夹击下无所适从的俄罗斯，构成了西伯利亚石油管道谈判中的博弈三方。① 在博弈三方中日本与中国争夺能源绝不是偶然的，而是有其深层次原因。

三、日本与中国能源争夺的原因分析

中日间能源自给能力和对外依存度的相似性、地缘政治经济的相关性、主要进口油气资源的同源性，不可避免的导致两国在国际能源领域展开竞争。② 因此，要客观、理性地看待中日间的能源竞争。从“安大线”和“安纳线”之争，可透视出日本与中国进行能源争夺的原因，既有为了

① 新浪财经观察第十期:《中俄日石油管线博弈》。

② 舒先林:《中日石油博弈与竞争下的合作》,《东北亚论坛》,2004年1月第1期。

国家利益的一面，也有牵制中国经济发展的一面。

第一，中日两国在能源战略上的近似性是造成中日能源争夺的客观原因，而中日两国能源战略的近似性又是由两国国情（能源状况）决定的。

中日两国都是从本国的国家利益出发制定适合于自己的"能源战略"，内容上虽不尽相同，但二者都是要从海外进口原油，这一点却是"同质"的。而世界上石油储量丰富的国家和地区除了中东、伊朗、南美、北非外，就是俄罗斯。因此，两国在找油、采油、买油的过程中不可避免地会在上述地区相遇并发生摩擦和冲突。这种摩擦和冲突是由两国的能源战略决定的，是客观存在的。

中日由于各自的原因，目前都陷入能源"贫血"状态。中国为解决石油问题，早在1992年中央就明确提出要"充分利用国内外两种资源，两个市场"的方针来发展我国石油工业。1999年又提出"走出去"的能源发展战略。在中国实施能源进口多元化的同时，同为东亚能源消费大国的日本也在争取扩大中东以外的油气供应地。作为世界上最大石油消费国之一的日本根据国情，早在能源危机时期就制定了"石油进口渠道多元化战略"。之后，虽不断调整，但基本方向和目标未变。

第二，是分散石油进口过度集中的风险，确保日本的能源安全。从石油进口地区看，日本石油进口基本全部来自中东地区。日本日平均石油进口量在430万桶以上，其中来自阿联酋的约占24%，沙特占23%，伊朗13%，卡塔尔10%，科威特7%，阿曼6%，其他17%。① 日本清楚地看到，如果中东地区长时间动荡不安，必将影响日本石油的正常供应，使日本经济受到威胁。日本在20世纪70年代因"石油危机"而直接导致经济低迷的原因，就是缘于过度依赖中东石油的结果。当石油输出国组织对日本采取限运、禁运政策后，日本因缺乏支撑经济发展的能源，而引发了物价飞涨、企业倒闭、工人失业等现象。这一幕日本人是没有忘记，也

① 任海平、詹伟：《中国科技财富》，2004年4月。

不会忘记的。为了同样的悲剧不再重演，日本为确保能源安全始终在致力于解决石油进口过度集中的这一问题。因此，日本不惜以“金钱游说”的手段搅拌“安大线”计划。日本如果能够争到铺设通往俄罗斯的石油管道，那么俄罗斯每天向日本出口 100 万桶石油，日本对中东石油的依赖度就可以降低到 65%，在相当程度上降低国家石油安全的风险。①

因此，日本抛出“安纳线”与中国争夺石油管道敷设方案，也是为了分散石油进口过度集中的风险，确保日本的能源安全。显然，这也是日本与中国争夺能源的“经济原因”所在，同时也折射出日本是一个极端重视经济利益的国家。

第三，是弱化俄罗斯远东地区对中国经济不断增强的依赖性，以便确保日本在东北亚的传统经济地位。日本与中国争夺能源除上述原因外，不排除有破坏中俄关系的险恶用心。经贸合作是中俄睦邻友好关系的物质基础。目前，俄罗斯已成为中国的第八大贸易伙伴，中国也成了俄罗斯的第四大贸易伙伴。近些年来，在双方的共同努力下，中俄经贸合作取得长足发展。双边贸易额连续四年大幅增长，2003 年达到 157.6 亿美元，2004 年一季度同比增长 35.6%，有望实现两国领导人确定的 200 亿美元的目标。②

若“安大线”石油管道实现铺设，必将使中俄战略协作伙伴关系进一步得到深化，而且还会使俄罗斯经济对中国的依赖度进一步增强，从而势必会削弱日本在东北亚传统的经济优势和地位。对此，日本是不会置若罔闻、视而不见的。故此，日本想尽各种方法迫不及待地让俄罗斯放弃“安大线”而采纳“安纳线”，就是企图通过与俄在能源领域的合作，巩固和提高日本在远东地区的影响力，弱化俄罗斯远东地区对中国经济不断增强的依赖性。毋庸置疑，日本是不愿看到俄罗斯搭上中国经济迅速发展的快车的。

---

① 卞学光、王珂：《日本石油战略的六大特点》，《人民文摘》，2004 年第 2 期。

② 新华网：《吴邦国在中俄边境和地区合作论坛上的演讲》，2004 年 5 月 26 日。

另外，日本提出的“安纳线”若被采纳，像小泉所承诺的那样，若每天从俄进口石油 100 万桶，这将使俄罗斯在东北亚地区的石油出口过多的依赖于日本，使日俄贸易依存度增强。而日俄贸易依存度的增强将会使日本与俄罗斯在“北方四岛”谈判中的筹码变重些。

第四，是利用能源牵制“中国的和平崛起”。对于中国的崛起，无论是在历史因缘上，还是现实政治上，都不是它所希望看见的景象。在 21 世纪的外交基本战略中，它已经把中日关系定性为“协调与共存”和“竞争与摩擦”混在的关系。① 中国能源的可持续供应问题及是否会给世界能源形势带来影响，一直被世界各国特别是近邻日本所关注，日本从内心深处“高度警惕”害怕因中国再次引发“能源危机”。日本民间能源企业人士指出：“毋庸置疑，日本政府在亚洲最重视中国和泰国。如果经济持续发展的中国能源消费量不减少，我们心里希望中国不要从中东进口原油。”②日本和中国争夺世界能源资源，除为满足国内能源安全保障外，更主要的目的是，通过削弱中国的能源安全，来影响中国经济的稳定高速发展。如果日本控制了中国的能源供给，就可控制中国经济的发展，限制中国在亚洲地区政治和经济影响力的增加，从而保住日本在亚洲的“龙头”地位。

总之，日本与中国在能源领域进行争夺，既有经济原因，也有政治因素。但是，日本应该清楚，日本经济的复苏在一定程度上受惠于中国经济的发展，中日经济的相互依存和互补已初步形成了“多米诺”现象。换言之，中日之间一国的衰退，必然会波及和影响到另一国的发展。因此，中日在能源领域的博弈中，如何协调和正确引导对抗式、排他式的恶性竞争，避免“零和”式传统博弈结果应是中日两国共同追求的目标。“安大线”和“安纳线”的“鹬蚌相争”的最终结果，难道还不值得中日两国深思吗？

---

① http://www.hailun.suihua.gov.cn/XWBD/TPXWBD180.htm。

②《国际先驱导报》，2003 年 07 月 21 日。

第四节　中日围绕东海石油资源的博弈

伴随着经济全球化的发展，能源的消耗及需求屡创新高。被誉为国民经济“血液”的石油在今年更是备受关注，其价格节节攀升。为此，许多国家都把保障本国的“能源安全”提到了国家战略的高度。作为比邻而居的中国和日本既是能源消耗大国也是能源进口大国，近年来，两国在能源领域展开的博弈有越演越烈之势。

中国的能源供求特点是总需求大于总供给，对外依存度逐渐增大。2003年，中国的石油消费第一次超过日本而仅次于美国居世界第二位，进口石油的依赖程度也已达32%。中国在积极推进“走出去”能源战略的同时，也加大了在国内勘探、开采石油的力度。日本是一个能源极度匮乏的国家，石油消费和石油进口分别居世界第三位和世界第二位。日本对中东石油的依存度高达88%，而中东又是世界的“火药桶”，这意味着日本把能源的“生命线”建立在不稳定的因素上，因此，追求能源进口多元化以及就近寻找其他能源的出路，成为日本最重要的国家战略。这样，日本争夺中国“东海资源”，就成为难以避免之事。

一、“春晓油田”的由来及日本对其反应

目前，中国大庆、长庆等超级油田的储量已日渐萎缩，西部塔里木盆地的石油在开采、油质等方面远非所期待的那样乐观。而且，中国在海外油气开发上更是举步维艰，屡遭日、美等国的“搅局”。为此，中国开发沿海油气的力度日趋加强。

早在1958年中国就开始了海洋综合普查性质的海洋区域地质调查。对东海地区的勘测，也始于20世纪70年代，并于1980年在东海首次钻探龙井一号井成功。随后，在浙江以东海域的东海大陆架盆地中部发现了被命名为“西湖凹陷”的大型储油地带。经过20多年的勘探，中国目前已在“西湖凹陷”，开发出了春晓、平湖、断桥、残雪、宝云亭、天外

天、武云亭和孔雀亭等 8 个油气田。此外，还有玉泉、龙井、孤山等若干大型含油气构造。因为市场开发和资金筹集等问题，中国从 20 世纪 80 年代开始，就对上述的海上油气进行对外合作招标。东海的对外招标是在 1993 年进行的。当时，“春晓油气田”是由新星石油公司自营。① 2003 年 8 月 19 日在北京人民大会堂，中国海洋石油总公司、中国石化、荷兰皇家·壳牌及美国优尼科公司就共同勘探、开发和销售中国东海地区的天然气、石油和凝析油资源达成并签署相关协议。协议主要包括 3 个勘探合同和 2 个开发合同，这 5 个合同均在“西湖凹陷”区域内，总面积约 2.2 万平方公里。② 中国石化、中国海洋石油总公司将分别享有本项目 30％的权益，壳牌与优尼科各拥有其中 20％的权益。“春晓”是 5 个石油合同中第一个投入开发的项目，计划于 2005 年中期投产并通过 350 公里长的海底天然气管线向华东地区的用户供气。“春晓”投产 2 年后，年产气 24.96 亿立方米。③

然而，2003 年 5 月 27 日，《东京新闻》记者和一贯反华的杏林大学教授平松茂雄乘飞机“调查”了中国在东海的天然气开采设施的建设情况。翌日，《东京新闻》就开始进行了《中国在日中边界海域建设天然气开采设施》《日中两国间新的悬案》等相关报道和评述。很快日本媒体立刻纷纷“指责”中国“窃取”日本海底资源，认为政府行动迟缓，被中国抢了先，并称中国企图要独占东海的海底资源。日本自民党提出《维护海洋权益报告书》，建议日本政府设置以首相为首的“海洋权益相关阁僚会议”，制订综合海洋权益保护措施，尽早在东海海域中间线日本一侧展开海洋资源调查，并允许民营企业在这海域开采石油气等资源。显然日本此举是为了对抗中国在东海建设“春晓油田”。日本自民党认为，中国方面开采

---

① 新星公司在 1995 年“春晓油田”区域试采成功。但是，在 2000 年 3 月，新星公司被中石化整体收购。

② 但是，2003 年 9 月末 10 月初荷兰皇家·壳牌及美国优尼科公司以“不符合商业要求”为由相继推出此协议。

③ 王冲：《中日石油战火一触即发》，《青年参考》，2004 年 6 月 30 日。

"春晓油田",有可能通过地下矿脉,将日本方面的矿脉中的天然气采走,因此强烈要求日本方面迅速采取行动。2003 年 6 月 9 日在马尼拉召开的"东盟 10+3"能源会议上,日本经济大臣中川昭一通过吸管吸杯中果汁的方式向中国国家发改委副主任张国宝示意,提出所谓的"吸管效应",强调中国在中日海域中间线附近开采石油,就不可避免的像吸管一样"吸"走属于日本的资源,还要求中国向日本提供相关的裁决数据,"合理分享"资源。对此,2003 年 6 月 21 日,中国外长李肇星在出席"亚洲合作对话外长会议"之际,向日本外相川口顺子提出了"搁置争议,共同开发"的提案。然而,日本外相并不接受中国的提案。而且,《读卖新闻》还批评这种提案是"狸子还未捉到就盘算卖皮"。[①] 另外,日本已启动了对春晓天然气田附近海域的调查。2003 年 7 月,日本政府租用的调查船"拉姆佛姆毕可特"号在距离日本方面主张的中日中间线日本侧 30 公里处开始,对长度约 200 公里的海域进行调查,调查船通过向海底发射声波并根据其反射波来调查海底的地质构造,总费用约耗资 30 亿日元。这表明日本已经正式启动相关机制,欲与中国争夺东海的油气资源。事实上,"春晓油田"的开发,究竟违反了《联合国海洋法公约》中的哪条哪款,连日本人也说不清。

"春晓油田"是中日关于东海大陆架划界和资源开发等海洋权益争夺的一个缩影。中日"春晓油田"之争与俄罗斯石油管道和泰国石油管道开发[②]等涉及异国之争的项目相比,更具对抗性和危险性,因为它不仅仅是能源之争,而是涉及两国间的领土之争。

二、中日"春晓油田"之争的焦点

"春晓油田"位于浙江省宁波市东南 188 海里处,西离中国有关领海

---

① 《国际先驱导报》,2004 年 7 月 12 日。

② 泰国石油管道计划的设想是在马六甲海峡以北、泰南中南半岛陆地最窄处的克拉地峡开凿运河,直线连接印度洋和太平洋,从而使油轮能从泰国西海岸的安达曼海经由运河直达太平洋海域的泰国湾,以取代马六甲海峡的世界第三大石油贸易枢纽的地位。

基点约 150 海里，东离中国要求的大陆架抵及冲绳海槽中心线约 175 海里，处于中国大陆架范围内。它离日本单方面提出的“中间线”，也还有 5 公里的距离(参见下图 3－9)。东海最宽处仅为 360 海里，中日划定各自 200 海里专属经济区时无法避免地出现下图 A＋B 重叠的重叠区域。

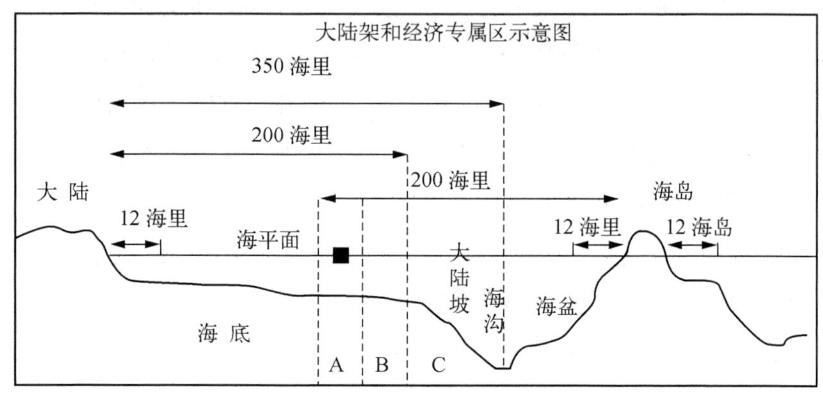

图 3－9　大陆架和经济专属区示意图

图例说明：■是春晓油田的位置，A 和 B 之间的线是日本单方面主张的“中间线”。

资料来源：《中日能源争抢——知识普及版》，http://www2.beareyes.com.cn/bbs/u/225.htm。

中日双方对“春晓油田”的争议，在于各自引用《联合国海洋公约》中不同条款来解读海洋专属经济区。《联合国海洋公约》第 55 条至 75 的规定，一个国家的海洋专属经济区，从测算领海宽度的基线量起不超过 200 海里。但是，在东海海域，由于中日双方的海岸线距离很近，最宽处为 360 海里，不适用于 200 海里的原则。日本单方面坚持主张按照两国的“中间线”来划分东海海域。中国主张以大陆架自然延伸来决定界线。这是中日间“春晓油田”之争的焦点所在。

早在 1982 年，日本驻华使馆曾向中国交通部递交了一份地图，第一次明确提出中日之间海域应当依据“中间线”原则划分，对重叠海域(上图 A＋B 海域)单方面主张“一国一半”。日本主张按“中间线”划分东海海域的主要依据是援用国际法庭的极个别案例，并无充分的法律依据。日本反对中国提出的“大陆架”自然延伸原则，单方面认为冲绳海槽仅是两国大陆边缘延伸中“偶然的凹陷”，日本的200海里大陆架要求不受其影响。但事实上，日方所谓“中间线”不仅是其单方主张的，而且还把中国的固有领土钓鱼岛作为日方主张的领海测量基点，可见，日本单方面提出的“中间线”原则本身的法理依据就先天不足。

中国坚持陆地领土自然延伸原则，东海大陆架是中国大陆领土的自然延伸，中国大陆架的要求抵及冲绳海槽中心线，并认为冲绳海槽证明中国和日本的大陆架是不相连的，海槽可作为它们之间的分界线。中国划定东海海域的主张是有充分的法律和法理依据的。首先，《联合国海洋法公约》第七十六条对“大陆架”的定义做了明确规定：“沿海国的大陆架包括其领海以外依其陆地领土的全部自然延伸，扩展到大陆边外缘的海底区域的海床和底土，如果从测算领海宽度的基线量起到大陆边外缘的距离不到二百海里，则扩展到二百海里。”按照这一定义所确定的“大陆架自然延伸”原则，包含钓鱼岛所处海床在内的东海大陆架应该天然地属于中国。因为东海大陆架是个广阔而平缓地向东延伸至冲绳海槽，是中国大陆的水下自然延伸部分。《联合国海洋法公约》第77条规定：“沿海国为勘探大陆架和开发其自然资源为目的，对大陆架行使主权权利。”此外，还规定，2 500米深度是切断大陆架的标准，而冲绳海槽的深度已达2 940米，由此可断定该海槽理所当然是中国大陆架和日本琉球群岛的岛架之间的分界线。从上述《联合国海洋法公约》的条文中可看出，中国所主张的按照大陆架自然延伸原则划分东海海域是有充分的法律依据的。

有关大陆架划界的争议问题，1958年的《大陆架公约》虽然规定“相邻相向国家间大陆架的划分，首先应由有关各方协议决定。……如果没有协定，也没有什么特殊情况，就可采用中间线等距离原则划定疆界”①，但该公约在以后执行中遇到了很大矛盾。1982年《联合国海洋法公约》对1958年《大陆架公约》进行了修正，要求有关国家在考虑到一切有关

① 王铁崖：《国际法》，法律出版社，1981年，第197、198页，

情况下，通过友好协商予以公平合理的解决，明确“应以协议划定，以便得到公正解决”。1969年，国际法院在对北海大陆架案的判决中认定，争议中的边境将通过当事国的协议并依照公平原则来加以划定，并确认“等距离中间线原则”不是大陆架权利上的一项国际习惯法规则。1982年公约规定更能体现此精神。通过上述《联合国海洋法公约》的规定，日方提出的东海“中间线”，既没有经过中日双方协商，也未得到过中方同意，所以不具法律效力。而且，日方欲将“中间线”强加给中方，更不符合“公平原则”。因此，中国在自己的大陆架范围内开发油气田是行使主权权利。况且春晓油田距离日本单方面确认的“中间线”还差5公里，中国并未去触动日本主张的“中间线”原则，油田从勘测到施工都是在中国的领土上进行的，并未涉及有争议、敏感的地区。日本以其自定的“中间线”来否定中国的主权权利，指责中国侵犯日本海洋权益，不仅与联合国海洋法公约相违背的，也侵害了中国的主权。

日本侵害中国东海大陆架由来已久。早在1974年和韩国(当时中国称其为南朝鲜)签订了所谓《共同开发大陆架协定》，背着中国片面划分了涉及中国大面积大陆架。当时中国政府对这一非法活动郑重声明，“这是侵犯中国主权的行为”。1980年5月，日本和韩国竟然在它们片面划定的开发区的西侧开始进行钻探试采，中国政府再次声明“根据大陆架是陆地自然延伸的原则，中华人民共和国对东海大陆架拥有不容侵犯的主权权利。东海大陆架涉及其他国家的部分，应由中国和有关国家通过协商加以划分”；“《日韩共同开发大陆架协定》完全是非法的、无效的”。①

三、中日解决“春晓油田”之争的途径

类似的海洋划界，国际上已有先例。比如1969年，联邦德国曾与丹麦、荷兰争夺北海专属经济区(EEZ)，如果按照所谓的“中间线原则”，联

① 王铁崖:《国际法》，法律出版社，1981年，第199页。

邦德国将只能分到很少的一部分，但事实是，联合国海洋法庭按照经济发展水平、人口比例、海岸线长度等原则，将大部分专属经济区（EEZ）判给了当时的联邦德国，从而确立了领土自然延伸的原则。另外，1969年国际法院在有关北海大陆架案判决书中写道："被80—100海里的海槽同挪威海岸分隔开来的北海大陆架区域在任何自然意义上都不能说是毗连该国海岸的，也不能认为是其自然延伸。"也就是说，尽管挪威海槽靠近挪威一边，但该海槽以西仍属于英国自然延伸的范围。挪威与英国之间的挪威海槽水深200—650米，尚且如此。中日之间存在着的2 500米以上的冲绳海槽，依此划界，合理合法，天经地义。

从历史上看，解决类似争端不外乎有三种方式，即战争、国际仲裁、谈判。东海大陆架的划分对中日两国而言，涉及四个层次的问题：(1)海洋资源的开发权问题，即能源拥有权的问题。(2)涉及制海权问题，即国家安全问题。(3)涉及钓鱼岛主权的归属问题，即领土问题。(4)涉及中日各方与其他国有类似争端时，适用原则的问题。因此，中日两国间对东海大陆架的划分是相当复杂、敏感的问题，不会在短时间内顺利达成协议。在当前的国际环境下，用"战争"方式解决东海大陆架对于中国和日本而言，显然战争不是解决之道。当前，中国人民对和平、稳定、发展、繁荣的信赖与依恋，非言语所能形容。而通过国际法庭解决也有伤中日两国间的和气。因此，只有通过双边谈判才是彼此达到"双赢"的良策。当然，解决此问题需要用智慧和耐心，更取决于两国的诚意，同时，也需要两国民间及媒体为政府解决争端营造和谐、宽容的环境。

中日间的东海大陆架划分在双方未达成协议前，以"搁置争议、共同开发"、"合和"思路共同面对"春晓油田"，不仅是双方的最优选择，也是"双赢"的最佳途径。

首先，"搁置争议"可以减少中日两国间的内耗，彼此可把更多的精力放到发展本国的经济建设上。而且，把"争议"通过搁置的方式，留给聪明的后人来解决，对两国而言也不失之为良策。"共同开发"能使两国各自的优势在能源开发中得到"整合"，以便尽快满足双方当前对能源的需求。“合和思路”能避免冲突，有利于问题的尽快和平解决。

其次，中日双方都应该看到两国经贸间的结合度愈来愈高，一国的衰退必将波及影响到另一方，一味地想通过竞争来遏制对方都不是良策，这一点历史已经证明、必将继续证明。日本应该清楚，在中国能源消费中特别是从1993年以来，消耗量与日俱增的主要原因就是中国逐渐成为“世界工厂”。而且，有相当部分能源消耗是日本设在中国的生产据点以及日本向中国出口大量汽车等消费品所耗。另外，日本经济的复苏在很大程度上也是受惠于“中国特需”“中国机遇”。如果中国经济因能源短缺陷入低迷势必将会影响到日本经济的复苏。因此，有意制造所谓“中国能源威胁论”的人，如果不是别有用心，也是缺乏起码常识与良知。

再次，中日两国在能源问题上，“零和式”的恶性博弈竞争，对双方而言是“双输”，也就是说“和则两利、斗则两败”，不会出现“一方赢另一方输”的结果。中日两国在能源问题上应积极借鉴和吸收欧洲国家对待能源的观点。欧洲国家认为能源是市场运作的一部分，要通过市场得到能源，而不是一定要由本国政府直接控制才算是确保了战略安全。因此，欧洲国家在能源方面通过国家间的合作，不仅大大降低了经济成本，而且，还能保证能源的稳定供应。中日两国政府应当重新思考自身的能源政策，争取从“争夺、对抗”走向“协同合作”。中日两国要用智慧和真诚让“能源”成为连接彼此的纽带，而不能让其成为割裂两国的利刃。

第五节　日本在资源民族主义中的新策略

“资源民族主义”是发达国家利用“技术民族主义”（技术专利、技术封锁）等手段，在世界经济链条中控制发展中国家并使之成为附庸于己的资源供应地，从而招致资源国反对的产物。当前，俄罗斯、沙特、阿联酋、伊朗、哈萨克斯坦、委内瑞拉等国家，都在不断修改和制定各种与石油资源相关的法律法规，以期限制外国资本或能源公司对本国能源的开采及在能源合资项目中的股份比例等。[①] 尽管如此，日本 2006 年 5 月 29 日公布的《新国家能源战略》中，却明确提出“争取到 2030 年，把原油自主开发率由目前的 15%提高到 40%”的目标。[②] 2010 年 5 月在修订后的《新经济增长战略》中也明确提出要制定海外能源的统筹确保战略。对此，本文拟通过分析近年来日本能源外交在亚洲的行动路径和发展动向，探析日本是如何在当前资源民族主义高涨及能源政治化的语境下，通过策略创新谋划其能源安全战略的。

一、迅速提升“中亚外交”战略

日本在中亚既无天然的地缘优势，也无厚重的历史合作基础，因此其“中亚外交”政策起步相对较晚。但近年来，日本渐次认识到中亚的地缘政治以及资源能源对本国至关重要。日本资源极其匮乏，所需化石能源几乎全部来自海外，因此为确保稳定的能源进口源，需要不断深化国际能源合作，增加能源供应多渠道化。中亚国家恰恰拥有丰富的资源能源，并渐趋成为全球能源供应市场的重要地区。而且，倚重丰富的资源能源，寻求经济快速发展正成为中亚国家的外交战略。在此背景下，日本不仅在舆论上开始着重强调与中亚国家具有极强的互补性，而且在行动上也迅速提升了“中亚外交”战略。

其一，提升“中亚外交”战略的行动时序。自“上海合作组织”成立后，日本就开始谋求旨在加强与中亚合作关系的机制和途径。在日本积极推动下，日本和中亚之间出现了三个对话机制，即“中亚＋日本”部长对话机制、“中亚＋日本”高级别务实对话机制、“中亚＋日本”东京对话机制。

“中亚＋日本”外长对话机制。该机制始于 2004 年，规定每两年举

---

① 经济产业省:《新国家能源战略》，经济产业省，2006 年，第 5 页。

② 经济产业省:《能源白皮书 2007 年版》，参见日本资源能源厅网：http://www.enecho.meti.go.jp/。

行一次。2004年8月，在哈萨克斯坦召开了第一届“中亚＋日本”五国外长会议（五个中亚国家分别是：哈萨克斯坦、塔吉克斯坦、吉尔吉斯斯坦、土库曼斯坦和乌兹别克斯坦），在该会上表示，日本将向中亚国家提供包括财政援助在内的帮助，以促进中亚内陆国家早日实现“获得出海口的愿望”。

2006年5月30日，在东京召开了第二届“中亚＋日本”五国外长会议上，时任日本外相的麻生太郎与中亚五国外长签署了首份名为“行动计划”的合作方案，其中，最引人注目的是日本与中亚各国的能源合作。6月1日，前外相麻生太郎发表题为“把中亚构筑成和平与稳定的走廊”的演讲，系统地阐述了日本提升中亚外交的三大方针。一是，“从全局看地域”。强调日本的中亚外交必须具备全局视点。即提出打通“南方路径”，将中亚的能源通过南方阿富汗、巴基斯坦后接入海港，通过海运输往日本。二是，“援助开放地域”。所谓开放主要指中亚诸国，日本则是“中介”，负责向中亚提供各种援助。三是，“以普遍价值观构建合作伙伴关系”。实质是将日本的民主主义、人权保障和市场经济制度植入中亚各国。

2006年8月28—31日，小泉访问哈萨克斯坦、乌兹别克斯坦中亚两国，此次访问是“日本首相第一次访问中亚国家”。“对资源小国日本来说，强化战略性的资源外交是最重要的一个课题”。① 11月30日，时任外相的麻生发表题为“创造自由与繁荣之弧”的外交战略演讲，明确提出了把欧亚大陆外围兴起的新兴民主国家联合起来，建立“自由与繁荣之弧”。

2007年4月30日，由经济产业大臣甘利明率领约150人访问了铀储量位居世界第二的哈萨克斯坦。该访问团主要成员是日本核能相关的负责人。目前，日本从哈萨克斯坦进口的铀，尚不足进口总量的1%。日本寄希通过访问，将从哈萨克斯坦进口铀的比例提升到20%以上。

---

①《读卖新闻 社论》，2006年8月30日，第1版。

2008年8月15日，日本与乌兹别克斯坦签署了“投资协议”，该协议为日本在乌兹别克斯坦投资能源，迈出了重要一步。

第三届“中亚＋日本”外长对话会议于2010年7月在乌兹别克斯坦首都塔什干举行。通过此次对话，确定了中亚国家与日本合作的新方向，制定和实施了中亚国家与日本合作的中长期规划。日本外相冈田克表示，中亚地区自然资源丰富，地缘政治地位重要，日本将加大对中亚国家的援助力度，以增强与中亚各国的联系。乌兹别克斯坦外长表示中亚国家加强在交通、能源、工农业、生态和卫生等领域与日本的合作是中亚地区各国对外合作的首要任务。

另外，“中亚＋日本”高级别务实对话机制分别于2005年3月、2006年2月、2007年12月、2008年7月、2010年7月举行了4次会谈。“中亚＋日本”东京对话机制分别于2006年3月、2007年1月、2009年2月、2010年2月举行了4轮会谈。

其二，日本与中亚能源合作的主要成果。首先，在东京举行的“中亚＋日本”对话会议上，日本建议修建一条连接塔吉克斯坦和阿富汗的“南线”，向南打通中亚通向印度洋的出口，改变中亚严重依赖俄罗斯出海口的现状。此举，表象上是日本为中亚国家及周边国家的人员货物交流创造交通条件，实质是想把中亚的铀、石油和天然气，通过南方的阿富汗、巴基斯坦后接入海港，通过海上运往日本。其次，前首相小泉与哈萨克斯坦总统纳扎尔巴耶夫签署了共同声明。该声明称哈方欢迎日本参与对哈境内的石油、铀等天然资源的探测、开发及加工。对此，日本则表示将以技术、人才培训为中心加大对哈的ODA（政府开发援助）援助，双方还签署了关于和平利用核能的备忘录等。再次，前首相小泉与乌兹别克斯坦总统卡里莫夫发表共同声明，明确了两国需继续发展“战略合作伙伴关系”，认为“发展民主、市场经济、提高社会保障及保护人权等诸原则对政治安定和经济繁荣至关重要”。

其三，构筑“中亚能源外交”的主要方式。日本提升中亚外交战略主要是借助双边和多边（“中亚＋日本”对话机制）框架展开的，其实施手段主要体现在ODA(政府开发援助)、直接投资、人才培训和技术交流等方式。

日本对中亚五国开展的ODA主要分为无偿援助、贷款援助和技术合作三大类,实施中是有重点、分层次的,哈萨克和乌兹别克是日本援助的两个重点国家。按照2006年统计,按照ODA总金额排名,依次是哈萨克、乌兹别克、吉尔吉斯、塔吉克和土库曼斯坦。日本与哈、乌两国在技术合作方面分别是96.19亿日元和83.07亿日元。[①] 在具体援助项目的设置安排上,以前日本往往仅是被动地接受对象国的资金、技术要求,现在则注重利用自身优势产业强化与对象国弱势产业之间的合作。[②] 另外,日本极其注意和研究受援国自身制定的发展战略,既照顾受援国政府对基础设施建设、制度建设等领域投入的要求,又较为关注教育培训、医疗卫生等惠民工程。

总之,日本提升"中亚外交"战略是其能源战略的具体实践和延伸。从地缘政治考虑,谋求在中亚和高加索这个世界战略要地站住脚跟,以此提高自己在大国关系中的形象,为今后的"入常"增加筹码;从经济利益考虑,与这个储量不亚于中东的能源地区构筑"良好"关系,便于通过外交合作来争取该地区能源开发、购买的主导权。

二、构建与中东"友好"关系的策略创新

日本在经历20世纪70年代的两次石油危机后,加强了与中动产油国的关系。特别是自2006年《新国家能源战略》颁布实施后,日本又推出了诸多"创新"举措,以期进一步巩固和强化二者间的关系。

其一,访问形式上的高规格。2007年4月27日,安倍首相结束对美国的访问后,直飞中东,对沙特阿拉伯、阿联酋、科威特、卡塔尔和埃及五

---

① 外务省:《日本2006年ODA统计报告》,参见外务省:http://www.mofa.go.jp/mofaj/gaiko/oda/index.html/.

② 经济产业省:《能源白皮书2006年版》,参见日本资源能源厅网:http://www.enecho.meti.go.jp/.

国进行访问。访问的缘由是“日本的能源及资源匮乏依然极其严重，但资源外交却‘极为薄弱’，亟须解决”①。日本政府官员和经团连组成的两个官民混合访问团包括近 180 位企业家也随安倍首相同程访问。② 日本政府与经济界的联手组团出国访问是常规，但如此级别之高、规模之大的官民组团访问在日本与中东的外交史上并不多见。此次出访，不但折射出日本希望强化与受访国之间经济能源关系的迫切心理，同时也展现了其重视中东之姿态。

其二，合作方式上的新策略。分析安倍出访中东 5 国，可发现日本与中东在合作方式上与以往相比已有变化，即：把产业合作与能源外交捆绑在一起，从而谋求“以商稳油”“以油促政”。日本与资源输出国加强合作关系，不仅只停留于能源领域，而是根据资源输出国的实际需求，在金融、贸易保险、ODA 等方面也加强了经济合作。③ 安倍在访问沙特时称：“我来访的目的之一是想改变此前以石油为中心的双边关系，构筑一个稳固的、多层次的、不拘泥于经济领域的两国关系，开创‘日本—中东新纪元’。”④访问阿联酋时，安倍表示“希望他此行能为日本同海湾合作委员会成员国最终达成自由贸易协定起到推动作用”。可见，日本有意把产业合作与能源外交捆绑起来作为与中东各国合作的基调，其深层次目的是寄希通过加强与阿拉伯国家的贸易合作，谋求扩大在该地区的政治影响力，进而确保其能源供应安全。

其三，合作项目上的新思路。日本为确保石油的稳定供应以及扩大在该地区的影响，在合作项目上进行诸多创新。

一是，提出“石油共同储备”构想。2007 年 4 月 28 日，安倍首相在与沙特国王阿卜杜拉的会谈中富有创意地提出“石油共同储备构想”，日本

① 《产经新闻社论》，2007 年 4 月 26 日，日本产经新闻第 1 版。

② 经济产业省：《安培首相、甘利明经济产业大臣的资源外交》，参见经济产业省网：http://www.meti.go.jp/。

③ 经济产业省：《能源白皮书 2007 年版》，参见日本资源能源厅网：http://www.enecho.meti.go.jp/。

④ 裴军：《日本向沙特提出“石油共同储备构想”》，《中国青年报》，2007 年 4 月 30 日。

向沙特提供部分位于冲绳的国家储油设施的使用权，作为交换，沙特承诺在紧急状态下优先向日本提供石油。石油消费大国为石油生产国提供石油储备基地的战略合作构想，在世界上当属首创。2009 年 6 月 25 日，日本与阿联酋把这一构想率先付诸实践。日本同意把新日本石油公司鹿儿岛市喜入石油基地作为储备地，阿布扎比国家石油公司将在此储藏 60 万千升石油（相当于日本 1 天的石油消耗量），并承诺在自然灾害或战乱可能导致日本石油进口量不足的紧急情况下，日本可优先使用该油罐中的石油。①

二是，签署“融资协议”文本。该协议是安倍访问阿联酋期间，由日本国际协力银行(JBIC)与阿联酋国营石油公司(ADNOC)于 4 月 29 日共同签署的合作备忘录。其内容是在年内为阿联酋国营公司融资约 1 200亿日元，将该公司的原油供应从 270 万桶增至 350 万桶，并兴建相关基础设施。阿联酋按照石油交易合同向日本石油企业长期供应石油。

三是，提出“技术换石油”策略。受惠于自然资源的中东国家，因长期以来经济结构以出口能源为主，导致新能源、再生能源等技术相当落后，加之近年来伴随石油资源的日渐枯竭、人口的日益增长和资源民族主义情绪的高涨，摆脱以石油为中心的产业结构是中东产油国直面的重大课题。而日本恰恰拥有技术、资金等方面的优势，故此，日本趁本次访问中东之机抛出“技术换石油”策略，可谓正中下怀，二者一拍即合，合作自然顺利。

三、积极与能源消费大国进行合作

近年来，随着新的世界能源地缘政治格局的衍生，日本的能源安全策略较 20 世纪也凸显出新的变化，即：在与产油国加强合作的同时，在能源安全战略的对象国范围上有了新拓展和延伸，主要体现于积极开展

① 经济产业省:《关于与阿拉伯联合酋长国共同储备项目的开始》，经济产业省，2009 年，第 1 页。

与中国、印度等亚洲能源消费大国的合作。

在合作内容上，日本从节能、新能源及清洁煤炭利用三个方面加强了与中国、印度等国家的合作。[①] 在节能方面，日本鼓励有技术能力的公司把节能技术、节能设备向海外普及并促使亚洲国家实施节能立法。在新能源方面，通过接受培训人员和派遣专家，支持亚洲国家建立新能源的开发、利用体制，支持日本企业在亚洲开展环境保护、节能技术开发等商业活动。在清洁煤炭利用方面，通过接受培训人员、派遣专家，支持亚洲国家清洁煤的技术开发，促进和推广亚洲煤炭的洁净利用、生产，通过示范试验和人力资源开发，进行煤炭液化技术的合作等。[②]

在合作机制上，日本主要通过多边框架与双边框架加强与消费大国的合作。在多边框架下的合作，主要体现在以下两点。一是，通过“五国能源部长会议”进行合作。2006 年 12 月 16 日，在北京召开了由中国、印度、日本、韩国和美国 5 个国家(5 国的能源消费占世界石油消费总量的近一半)能源部长组成的部长会议。会议围绕能源安全和战略石油储备、能源结构多样化和替代能源、投资能源市场、国际合作的主要挑战与课题、节能和提高能效等五个专题展开了广泛、深入的讨论。日本提出的推进节能、强化能源战略储备、实现能源多样化等建议也被写入《中国、印度、日本、韩国、美国五国能源部长联合声明》，日本经济产业大臣甘利明还建议该会定期召开，并得到了 5 国一致同意。二是，通过“东亚峰会”进行沟通。2007 年 1 月，在东亚峰会上，安倍提出以推进节能、强化生物能开发和利用、扩大煤炭的清洁利用以及消除能源贫困作为日本对外能源合作的核心，安倍还建议东亚各国制定节能目标及其行动计划。在双边框架下的合作主要体现在中日、日印两方面。在中日合作方面，2006 年 5 月，在东京召开的“中日节能环保综合论坛”上，日本与中国在“节能领域、培养节能环保人才”等方面签署了多项合作协议。同年 12

① 经济产业省:《能源白皮书 2007 年版》，参见日本资源能源厅网：http://www.enecho.meti.go.jp/。

② 经济产业省:《新国家能源战略》，经济产业省，2006 年，第 55—57 页。

月，日本与中国就创设“中日能源官方政策对话”以及实施“节能环保领域的项目合作”达成一致。在日印合作方面，2006 年，两国在新德里召开“日印能源论坛”。同年 12 月，在东京日印首脑会晤中，双方就创设“日印能源对话”达成一致，日本承诺在节能领域向印度提供帮助。2007 年 8 月 22 日，时任首相的安倍访问印度，并在国会发表题为《两洋的交汇(Confluence of the Two Seas)》的演讲，并称“强大的印度是日本的利益，强大的日本是印度利益”。①

日本作为能源消费大国，为何改变传统能源外交策略，转而加强与能源消费国的合作？其原因主要是基于能源稳定、环保保护、经济发展和国际影响四点考量。

一是，日本认为世界能源价格攀升、供求紧张的主要原因是中国、印度等亚洲国家经济的强劲增长而导致原油需求迅速增加。日本担心能源消耗国为确保经济发展所需能源，势必加大找油、采油、运油和买油的力度，从而激化能源竞争导致日本获取能源的成本增加。因此，与能源消费国在节能、能源技术等方面进行合作与沟通，可以减少消费国的能源使用量，进而既能相应缓解世界能源市场的供求平衡，也能弱化日本在海外的能源竞争。

二是，伴随世界能源消费的剧增，二氧化碳、氮氧化物、灰尘颗粒物等环境污染物的排放量逐年增大，化石能源对环境的污染和全球气候的影响将日趋严重。全球日渐变暖、冰川悄然融化、海面徐徐上升已是不争的事实。四面环海且危机意识强烈的日本清楚地认识到，解决能源环保问题，只靠一国之力仅是隔靴搔痒、鞭长莫及，需要发达国家和发展中国家通力合作、共同实施。因此，日本选择加强与东亚资源消费国在新能源、节能减排方面的合作，既是趋势所致，又是改善环境的最佳策略。

三是，日本经济的发展很大程度上得益于中国等东亚国家的快速增

① 安倍晋三：《两洋的交汇》，参见日本外务省网：http://www.mofa.go.jp/mofaj/press/enzetsu/。

长,“一损俱损,一荣俱荣”的经济关系在东亚已见端倪。1997 年的东亚金融危机给日本的重要启示和教训,就是使之对加强东亚区域合作有了认同感。因此,日本向东亚能源消费国进行节能技术、新能源开发、能源替代技术等支持,可以相对减少能源使用量,从而确保支撑日本经济复苏的外部条件不会丧失。

四是,日本对东亚消费国提供先进的能源技术和设备,既可以帮助消费国提高能源效率、保护环境,也符合日本近年来所主张的“价值观外交”理念。而且,日本通过对节能技术落后、能源效率低下、浪费严重的高消耗国家进行援助,可彰显其在能源区域合作中的主导地位,提升国际影响力,摆脱“政治侏儒”形象。

综上所述,在油价高企、资源民族主义不断膨胀的情况下,日本却能在亚洲的能源外交之路上,凸现“高歌猛进”之势,并取得丰硕成果。而反观中国,自跨入“能源消耗大国俱乐部”后所开展的对外能源合作,竟被认为是“新殖民主义、境外寻能源无原则”,致使中国的境外能源投资环境阴霾笼罩。日本能源外交的经验及策略无疑是当今中国可资参考的借镜。事实上,日本并未将海外资源合作与能源投资视为简单的技术谈判和一般贸易的产、供、销问题,而是用敏锐的政治意识、全面的战略构想,在开拓和利用海外能源的策略上不断推陈出新。尤其是在近年来资源民族主义不断高涨的语境下,日本在强化与产油国关系的策略中,呈现自身优势领域与对象国弱势领域“相结合”、出产业合作与能源合作“相捆绑”的新特点。

第四章　日本节能环保政策

发展以低能耗、低污染、低排放为核心的“低碳经济”，既是面临全球气候变暖之困境的人类所必须选择的行动路径，亦是民族国家在世界经济体系与战略格局中提升自身地位的现实要求。当前，理论界从不同视角对低碳经济的内涵进行了解读。从经济角度[①]而言，低碳经济是继农业文明、工业文明后的新兴经济发展模式，它将引领世界经济的发展方向；从政治角度[②]而言，气候变化既非单纯的技术问题，亦非一般的环境问题，更非简单的经济问题，它已被纳入国际政治的核心议程；从规制角度[③]而言，低碳经济将成为继联合国宪章、关贸总协定（WTO）之后重新

---

① 相关内容参见：1. Tapio，Towards a Theory of Decoupling：Degrees of Decoupling in the EU and the Case of Road traffic in Finland Between 1970 and 2001，*Trans-port Policy*，12，2005；2. 张坤民、潘家华、崔大鹏主编的《低碳经济论》（中国环境科学出版社，2008 年）；3. 庄贵阳著的《低碳经济——气候变化背景下的中国发展之路》（气象出版社，2007 年）；4. 付允等的《低碳经济的发展模式研究》（《中国人口·资源与环境》，2008 年第 18 期）等。

② 相关内容参见陈迎的《中国面临的机遇和挑战》、于宏源的《国际制度和中国气候变化软能力建设——基于两次问卷调查的结果分析》、潘家华的《减缓气候变化第四次评估结论的科学争议与政治解读》等。

③ 相关内容参见：1. 瑞士产业经济学家、企业可持续发展联合会前主席的相关著述；2. 李俊峰、马玲娟等的《低碳经济是规制世界发展格局的新规则》，《世界环境》，2008 年。

构建世界发展格局尤其是商贸格局的新规则；从社会角度[①]而言，低碳经济是人类社会在可持续发展框架下应对全球气候变化的必由之路。

基于对低碳经济的上述理解，诸多国家将发展低碳经济纳入并提升到国家战略高度。比邻而居的日本渐次制定了包括发展低碳经济在内的“全面构建低碳型社会战略”及其行动计划。国内媒体、学界对此做过有益评介[②]，并从静态层面部分地回答了日本构建低碳社会的战略、方式及相关政策“是什么”的问题，但从动态层面对日本“怎么样”构建低碳社会的探研尚显不足。这里拟通过全面解读与客观诠释日本“构建低碳型社会战略”的初始条件、战略论证及战略内容等相关问题，动态地解答上述命题，并以此为基础，揭示日本构建低碳型社会战略的践行特点及其对我国的借鉴。

第一节　低碳概念的提出：意义与动向

全球气候变暖及其正在和即将诱发的一系列严重后果已成为人类共同面对并亟须解决的全球性问题。对此，2007 年联合国安理会首次将气候变化问题视为全球性“安全问题”。在应对全球气候变化的过程中，发展“低碳经济”已日趋成为各国共识。在向低碳经济转型过程中，发达国家经济和能源结构能耗低效率高更具向低碳经济转型的条件。

一、催生“低碳经济”的衍生动因

气候变暖对自然生态系统和人类存续发展的环境产生了严重的后

---

① 相关内容参见：1. Kaya Yoichi. Impacts of Carbon Dioxide Emission Control on GDP Growth: Interpretation of Proposed Scenarios [R]. Paper presented at IPCC Energy and Industry Subgroup Response Strategies Working Group, Paris, France, 1990；2. 何建坤、刘滨的《在可持续发展框架下应对全球气候变化、发展低碳经济》；3. 张世秋的《低碳经济：链接区域污染控制、气候变化减缓与可持续发展的桥梁》等。

② 国内媒体、报界和网站对日本构建低碳社会的具体方式、相关政策、发展情况等进行了大量宣传和报道，但从内容上看相对零散且略欠系统性。从国内学界的研究成果上看，目前主要有陈志恒的《日本构建低碳社会行动及主要进展》和甘峰的《日本“低碳型都市”推进机制及启示》等，尚存很大研究空间。

果。工业革命以来，人类过度消耗化石能源所导致的全球气候问题越来越受到国际社会的关注。IPCC①第四次评估报告的最新研究发现，人类过去100年的时间里（1906—2005年），世界平均气温约上升0.74度，20世纪海平面上升了17cm，全球范围冰川面积大幅度消融，2005年全球大气二氧化碳浓度达379ppm，是工业革命以前浓度的1.4倍（280ppm），为65万年来最高，如图4－1所示。

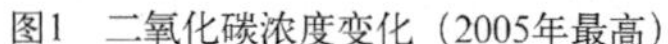

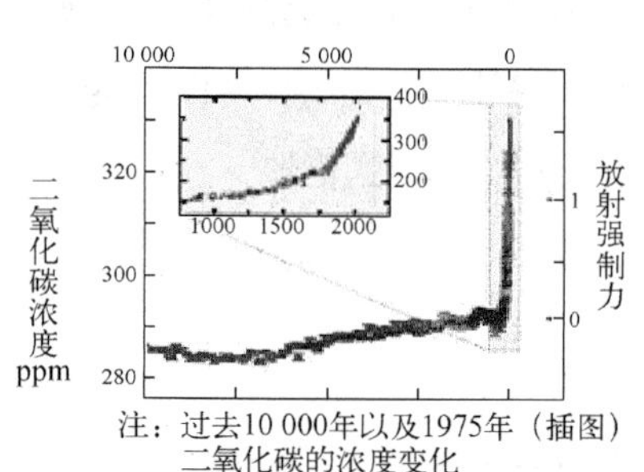

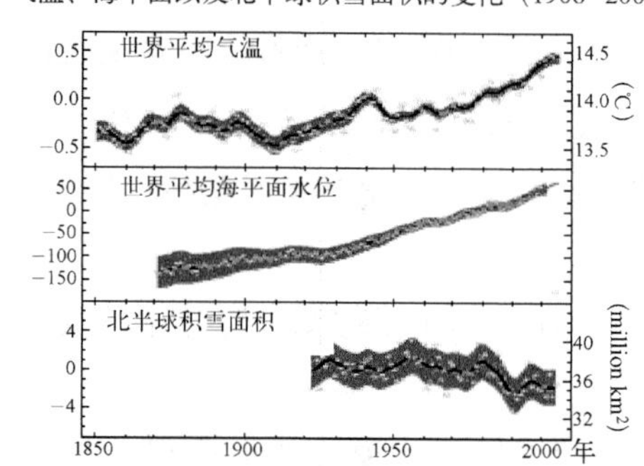

图4－1

出处：根据IPCC全球气候第四次评估报告书第工作组报告书编制而成。

因此，在发展经济的同时，降低经济增长所带来的二氧化碳排放量已经成为全球共识，“低碳经济”就在此背景下应运而生。

“低碳经济”②（Low-carbon E-conomy）的概念首先由英国③提出的，其后，“碳足迹”“低碳技术”“低碳社会”“低碳世界”“低碳经济”“低碳发展”“低碳生活方式”“低碳城市”等一系列新概念、新政策应运而生。由

① IPCC是联合国政府间气候变化专门委员会（IntergovernmentalPanelonClimateChange）的缩写简称，该机构是1988年联合国环境规划署（UNEP）与世界气象组织（WMO）联合建立的政府间机构。其主要职能任务是对气候变化科学知识的现状，气候变化对社会、经济的潜在影响以及如何适应和减缓气候变化的可能对策进行评估（相关内容参见IPCC的官方网站http://www.ipcc.ch/）。

② UK Energy White Paper：Our energy future-creating a low carbon economy，2003。

③ 相关内容参见英国著名经济学家尼古斯拉·斯特恩于2006年撰写了一份具有里程碑意义的气候变化经济学报告《斯特恩报告》以及 The Economic of Climate Change，*American Economic Review*，2008，98(2)：1－37。

此，人类社会继农业文明、工业文明、信息革命之后，第五波改变世界经济的革命浪潮，全球经济正在走向“低碳化”时代。

“低碳经济”的实质是能源高效利用、清洁能源开发、追求绿色 GDP 的问题，其核心是能源技术和减排技术创新、产业结构和制度创新以及人类生存发展观念的根本性转变。① 换言之，低碳经济是以低能耗、低污染、低排放为基础的经济模式，在发展中排放最少的温室气体，同时获得整个社会最大的效益。

二、发展“低碳经济”的国际动向

从《京都议定书》②到“巴厘岛路线图”③，再到哥本哈根气候变化大会，各国都在为解决全球气候变暖问题而努力。美欧等国较早对“以低能耗、低污染、低排放为基础”的低碳经济进行了深入探讨和细致研究。并结合本国的实际情况通过制定“发展低碳经济”的计划和政策，以谋求向“低碳经济”转型。

2006 年 8 月，加州通过了美国历史上第一个温室气体总量控制法案——《全球温室效应治理法案》。次年 8 月，美国能源部长塞缪尔·W. 鲍德曼提出了能源转换行动管理（TEAM）倡议。这项努力旨在将全国范围内的能源部联合企业和机构能源强度减少 30%。12 月，美国参议院环境与公共工程委员会以 11 票对 8 票的结果，通过了一项旨在限制温室气体排放的法案——《美国气候安全法》（《利伯曼—沃纳法》）。

---

① 方涵：《“低碳经济”概述及其在中国的发展》，《经济视角》，2009 年 第 3 期，第 45—46 页。

② 《京都议定书》（英文：Kyoto Protocol），全称为《联合国气候变化框架公约的京都议定书》，是《联合国气候变化框架公约》（United Nations Framework Convention on Climate Change，UNFCCC）的补充条款。该协议的任务是“将大气中的温室气体含量稳定在一个适当的水平，进而防止剧烈的气候改变对人类造成伤害”。具体内容参见：松橋 隆治：“京都議定書と地球の再生（NHKブックス）”，日本放送出版協会，2002 年 9 月。

③ “巴厘岛路线图”是 2007 年 12 月 15 日下午，经过持续十多天的马拉松式谈判，联合国气候变化大会终于通过于旨在针对气候变化全球变暖而寻求国际共同解决措施的“巴厘路线图”。共有 13 项内容和 1 个附录。参见新华网：http://news.xinhuanet.com/video/2007—12/16/content_7258466.htm，下载时间：2009 - 03 - 17。

当月，美国为加快可再生生物能的开发，修改了《新能源法》，该法案规定，到 2020 年美国汽车工业必须使汽车油耗比目前降低 40%。新能源法案还鼓励大幅增加生物燃料乙醇的使用量，使其到 2022 年达到 360 亿加仑。2009 年 5 月 21 日，美国又通过了《2009 年美国清洁能源和安全法案》①即 HR2454 号法案，该法案设定了美国的碳减排目标，规定美国在 2020 年将二氧化碳排放量在 2005 年的基础上减少 20%，到 2050 年减少 83%。此法案还中制定了详细的碳排放总量管制与交易体系。

英国为了创建一个低碳经济体国家，采取了把“市场体系和政策机制”相互充实的策略，从建立自由化和有竞争优势的市场、建立碳排放量交易市场、推行相关标准和条例、利用可再生能源这四个方面推进实施。2003 年 2 月英国发表了题为《英国政府未来的能源——创建一个低碳经济体》的白皮书。宣布到 2050 年英国能源发展的总体目标：从根本上把英国变成一个低碳经济的国家；着力于发展、应用和输出先进技术，创造新的商机和就业机会；同时在支持世界各国经济朝着有益环境、可持续的、可靠的和有竞争性的能源市场发展方面英国要做出表率。2007 年 3 月，英国草拟了《气候变化法草案》，2008 年正式通过了《气候变化法》。②该法制定了一个清晰而连贯的中长期减排目标。即：到 2020 年，将二氧化碳排放量在 1990 年的基础上削减 26%—32%；到 2050 年，将总排放量削减至少 60%。此举，意味着英国是世界上第一个把减排目标写进法律上的国家。2009 年 7 月 15 日，英国政府正式发布《低碳转型计划》国家战略文件，这是英国应对气候变化和能源安全的重要蓝图，也是英国在能源法律政策领域的新发展。③

① 有关该法案的具体内容可参见：1. Committee on Energy and Commerce. House passed historic Waxman Markey clean energy bill [EB/OL]. [2009 - 06 - 29]. http://energycommerce.house.gov。2. 郭基伟等：《〈2009 年美国清洁能源与安全法案〉及对我国的启示》，《能源技术经济》，2010 年第 1 期，第 11—14 页。

② 参见英国政府网站：www.opsi.gov.uk/acts/acts2008/pdf/ukpga 20080027_ en.pdf。

③ 吕江：《〈低碳转型计划〉与英国能源战略的转向》，《中国矿业学报(社会科学版)》，2010 年第 3 期，第 26 页。

意大利的低碳经济发展政策①包括鼓励可再生能源发展的“绿色证书”制度、“2015 法案”中的能源一揽子计划以及能源效率行动计划等。2004 年 7 月，意政府以部长令的形式颁布“可交易白色证书制度”（“tradable white certificates”），它的设计、实施和监督由意大利电力和煤气管理局（AEEG）负责。新政策工具在设计过程中坚持两条标准，即成本优势和可竞争性；其显著特点是融命令—控制型管制和基于市场的可交易机制于一体。丹麦以出口低碳经济技术为目标，积极开发风能和生物质能等与减排温室气体相关的节能和可再生能源技术。

2007 年 5 月欧盟理事会强调，必须实现与第一次工业革命时期相比较限制全球平均气温升高最多不超过 2 摄氏度的战略目标，并采制定了具体减排目标。即：理事会决定在国际协定框架下至 2020 年欧盟及其成员国减少发达国家 GHG 排放的 30%，通过“欧盟气体排放指标交易机制（EU ETS）”与 1990 年水平相比至少减排 20%。为达到上述目标所采取的具体行动为：(1) 至 2020 年，提高总体能效 20%；(2) 至 2020 年，将可再生能源在整个能源结构中的比例提升至 20%；(3) 采用有利于环境安全的碳捕捉和储存政策，包括至 2015 年在欧洲建造 12 座具有碳捕捉功能的大型示范电站。

第二节　日本构建低碳社会的约束条件

人类自 20 世纪中期“流体能源（石油）”取代“固体能源（煤炭）”成为人类第三代主体能源后，石油价格的波动、石油地缘政治格局的衍变以及能源供应的不确定性与世界经济产生了黏着性关联。尤其是 1970 年代先后爆发的两次石油危机，把世界经济拉进了“能源约束”型时代。更为重要的是由于资本具有追利的本质属性，人类在努力发展并享受经济高速增长的同时，石油、煤炭、天然气等化石能源也被大量的消耗和利

① 姚良军、孙成永：《意大利的低碳经济发展政策》，《中国科技产业》，2007 年 11 月，第 58—60 页。

用,“废弃”“废物”“废水”等对生态环境的影响日益严重,可持续性发展遭遇“环境约束”的梗阻。

一、以化石能源为主体的能源结构

能源是国民经济的血液,发展经济需靠能源作支撑,但位居世界第三经济体①的日本却是能源极其贫乏的国家。日本的一次性能源自给率仅为16%②,几乎100%的天然气和石油需要进口,1973、1979、2000年能源自给率(包括核能)分别为11%、13%、18%(参见图4-2)。

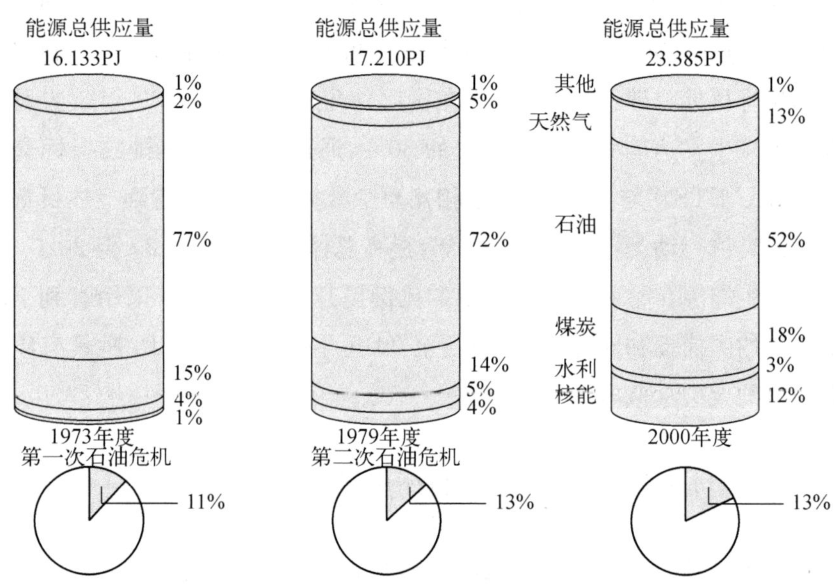

图4-2 日本一次性能源的推移及国内能源自给率

注:1. 在数据计算过程中,部分数据进行了四舍五入处理;2. 1pj相当于原油25 800 kl的热量。

资料来源:根据资源能源厅长官官方综合政策课编写的《综合能源统计2003年度版》(2003年通商产业研究社出版)中的相关数据制作而成的。

① 2010年中国的经济规模首次超过日本成为世界第二大经济体,这无论是对中日经济,还是对于世界经济而言,都具有重要的历史意义。

② 资源能源厅长官官房综合政治课:《综合能源统计》,通商产业研究社,2006年,第193页。

而且，分析日本的一次性能源供应结构可看出，1950 年以来，以石油、煤炭、天然气等传统化石能源在其结构中一直维持在很高的比例（见图 4－3）。具体而言，1945—1955 年间，支撑日本经济恢复的主要能源是煤炭和水利，从 1955—1973 年间，支撑日本经济高速发展的主要能源是石油。[①] 在第一次石油危机爆发期间，石油在日本一次能源结构中的比重超过 70%，总需求量比 1955 年增长近 24 倍，煤炭的比重为 16.4%。[②] 石油危机的爆发，对日本经济造成了巨大损失。为确保能源安全，规避进口能源依存度过高所带来的风险，日本制定了能源科技发展规划、促进节能的法律法规，到 1980 年代初，其成效已见端倪。第一次石油危机后，日本一次能源供应的总量虽然在不断加大，但在一次能源供应中的石油供应量却并未发生大幅增长[③]，相反，煤炭、天然气、原子能以及新能源在一次能源供应中的比重却有明显上升。

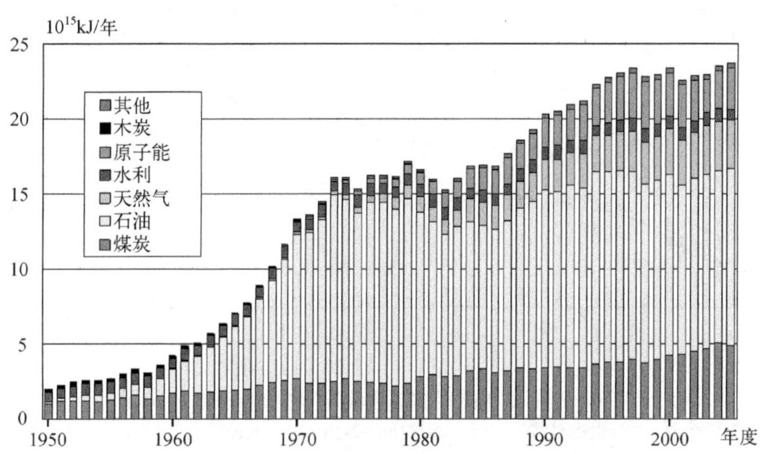

图 4－3　日本一次性能源供应结构的推移图

出处：日本经济能源研究所计量分析部（编）：《能源・经济统计要览 2007 年版》，《节能中心》，2007 年，第 290—295 页。

① 日本经济能源研究所计量分析部编：《能源・经济统计要览 2003 年版》，节能中心，2003 年，第 276—279 页。

② 同上，第 272—279 页。

③ 经济产业省编发：《能源白皮书 2004 年版》，行政出版社，2006 年，第 144 页。

换言之，在第一次石油危机之后，石油虽然在日本能源结构中的比重有所下降，但是从化石能源在能源结构中的比重而言，仍然占有70%以上。特别是在“福岛核危机”后，日本由于关停了国内54座核电站，相应增加了化石能源发电的比重，致使化石能源在能源结构的比重又进一步增加。

另一方面，从日本的能源需求和经济增长关系看，经济增长也带来了能源消耗的增加。如图4-4所示，日本的经济规模(GDP)不大时，总体上能源供给和需求也小，反之则会增大。在1965年到第一次石油危机结束期间，一次性能源总供应曲线和最终能源消费曲线比实际GDP曲线的上扬角度要大，表明日本经济的快速增长要靠大量的能源消费才能维系。

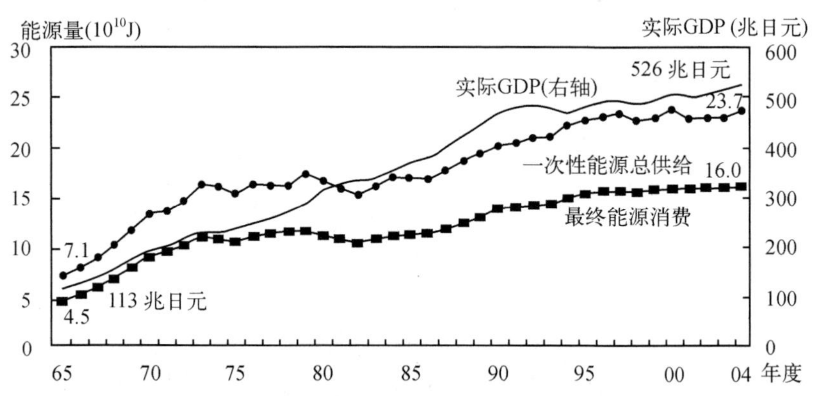

图4-4　日本能源需求和经济增长的总体趋势图

资料来源：根据资源能源厅《综合能源统计》，内阁府《国民经济计算年报》中相关数据统计算出。

注：1965年—1979年的实际GDP是以1990年为标准，1980—1993年度是以1995年为标准，1994年—2004年是以2000年为标准。

综上而言，由于传统化石能源(如煤、石油、天然气等)具有高污染、高排放等缺点，加之日本又是以化石能源为主体的能源结构。而这种能源结构很难在短时间内得到改观，这就构成了日本构建低碳型社会的“约束条件”之一。

二、“先污染后治理”的发展模式

传统能源的开采、生产以及消费所造成的环境污染、资源约束瓶颈等一系列问题，让今天的人类无法继续承受巨额代价。特别是化石能源排放出大量的二氧化硫造成了酸雨问题、大量排放温室气体导致了全球变暖海平面升高，整个能源系统和生态环境系统同时陷入恶性循环。20世纪中叶以来，与世界经济增长相伴随的还有地球温暖化趋势日益凸显、环境污染日趋严重、公害事件频繁发生等现象，这使越来越多的人感到自己处于一种不安全、不健康的生活环境中，随之“环境危机”这一新的概念也“诞生”了。在20世纪50年代以后，环境问题从某一个地区扩展到另一个区域，80年代中期后，则从区域扩展到了全球。20世纪80年代初，在发达国家经历并深刻反思经济萧条和能源危机后，各国进一步认识到了环境污染的原因①，并为了协调能源、经济和环境三者之间的关系，迅速地制定了经济增长、合理开发利用资源与环境保护相协调的长期政策。

尽管人类开始对环境问题越来越重视；尽管科学已发现并佐证了20世纪90年代以来，80%的污染物排放来自能源消费这一事实；尽管世界上已有20余个国家制定了综合性能源法；尽管世界民间环保运动相继开展了宣传、游行、示威和抗议等活动②；尽管人类渐次确定了“能源效率既是能源安全的保证，也是环境保护的前提”这一命题，但是，环境污染和资源生态恶化却仍然呈现出积重难返之势。地球温暖化、酸雨、海平

---

① 环境污染可以是人类活动的结果，也可以是自然活动的结果，或是这两类活动共同作用的结果。人类活动之所以会造成环境污染，是因为人类跟其他生物有一个根本差别：人类除了进行自身的生产外，还进行更大规模的物质生产，而后者是其他所有生物都没有的。正因如此，人类活动的强度远远大于其他生物。参见：百度地球科学：http://www.baidu.com/。

② 自20世纪50年代以来，许多国家的人们要求政府采取措施治理和控制污染，形成了具有广泛群众性的反污染和公害的环境运动或绿色运动。特别是到了80年代，群众性的广泛反污染运动异常活跃，到90年代以后，反污染运动走向全面政治化，开始成为国际政治行为和政党政治。至此，环境保护运动从以群众运动为主体发展到以政党政治为主体。参见：环境技术网：http://www.cnjlc.com。

面上升已成为世界性课题，造成这种局势的主要原因就是人类自产业革命后过度地消耗化石燃料，导致大量的二氧化碳排出。① 世界消费化石能源所排放的 CO_2 以及大气中 CO_2 浓度的具体变化，参见图 4－5。

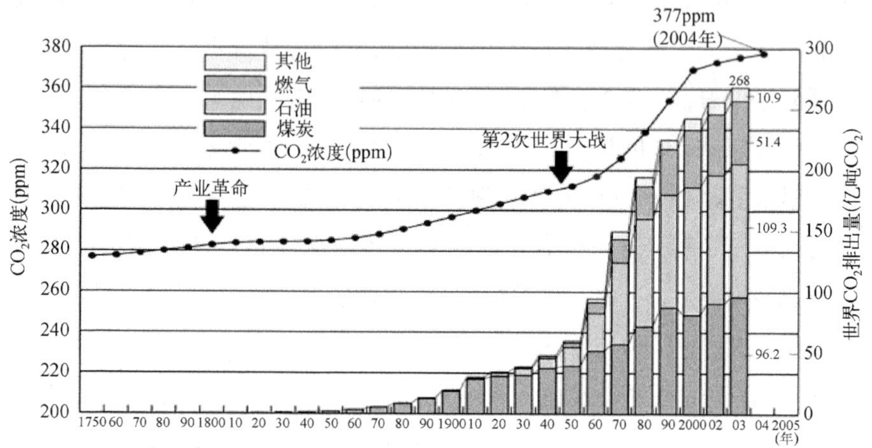

图 4－5　世界消费化石能源所排放的 CO_2 以及大气中 CO_2 浓度的变化

资料来源：二氧化碳信息分析中心（CD1AC、OANL）—HP。

"环境约束"是工业经济的高速发展、化石能源的过度消费，所释放出的废水、废气、废物，超出环境受容量，这不仅导致工业生产无法持续进行，而且破坏了人类生存的基本条件。从日本国内环境情况看，日本在完成战后经济复兴之后，大约经历了 20 年的经济高速增长，然而该种经济增长一味追求经济利益和速度，忽视环境的承受能力，导致了大规模公害的爆发。其后，日本渐次地认识到了环境问题与能源问题是一个事物的两个方面，需要同时加以解决。"环境约束"风险迫使日本"负外部性非清洁"能源结构亟须向"清洁型"转型。事实上，日本作为后进的发达资本主义国家在实现现代化进程中，走的是"先污染后治理"的道路。②

① 经济产业省：《能源白皮书 2006 年版》，行政出版社，2006 年，第 30—31 页。

② 同样，中国基本上覆辙了日本的道路，现在也开始对环境问题进行深刻反思，并明确提出了"绿色经济战略"。在反思的同时，当前中国面临的贸易摩擦、贸易保护主义、人民币升值等问题也与 1970—80 年代的日本颇为相似。

日本在高速经济增长中"摒弃了'形而上'的陈腐观念，接受了'形而下'的'实学思想'"，这使日本忽视了环境资源及其自净能力的有限性。1960 年代，"公害"概念在日本广泛流传，街头巷尾竟然还出现了"该死的 GNP""见鬼去吧，GNP"等带有怨恨的口号。1970 年发生了全国规模的反对公害运动。日本片面追求经济增长导致的环境状况恶化主要集中体现在水污染、废物污染和大气污染三个层面。可见，能源消费量的增大和公害事件的发生呈现出很强的关联性(参见图 4-6)。四日市大气污染、熊本县和新潟县的水俣病、"痛痛病"是日本公害史上最有代表性的事件。

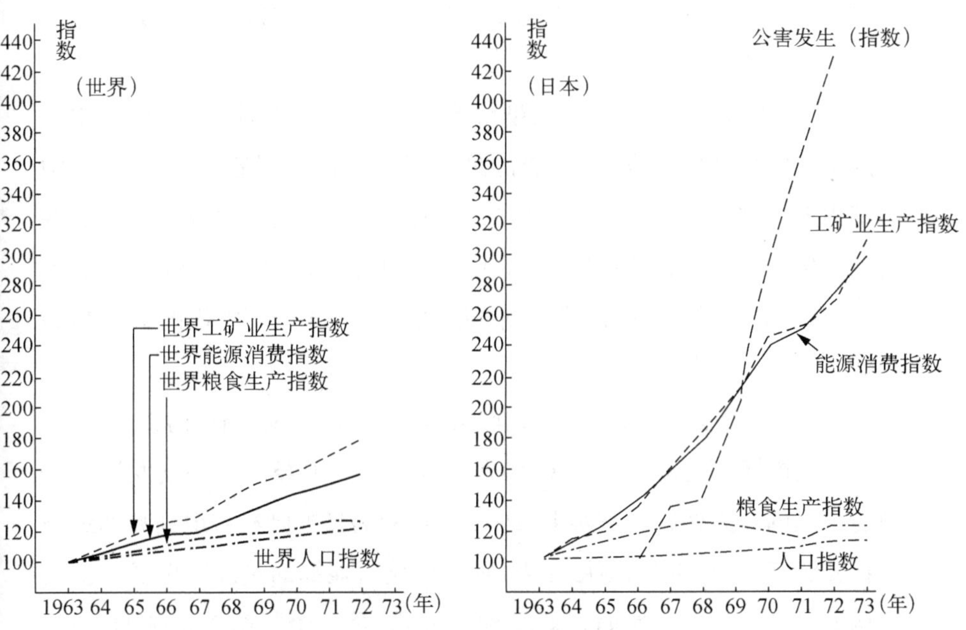

图 4-6　能源消费与公害、工矿业的变化推移(日本和世界比较)

资料来源：此图是依据联合国编《世界统计年鉴 1971—1975 年版》，日本资源能源厅编：《综合能源统计》，日银统计局编：《以日本经济为中心的国际比较》等相关资料制作而成。

日本的"能源约束"和"环境约束"，既有"内生"型约束，亦有"外压"型约束。换言之，日本构建低碳型社会受制于"双约束"的深层原因则源于化石能源的过度消费及其消费结构的过度单一性。因此，在

“双约束”①条件下要想取得在保持经济增长的同时，构建低碳型社会，亟须加快“驱动”能源结构转型。选择“日本应对第一次石油危机的经验”为研究对象，主要是基于1970年代的日本在能源环境领域与当前的中国有着很大的关联度。

(1) 在发展困境上的“能源环境双约束”。第一次石油危机的爆发使日本经济受到能源价格波动、能源地缘政治格局的衍变以及能源供应的不确定性等风险约束的同时，经济可持续性发展也遭遇“废气、废水、废物”等“环境污染”的梗阻。当时，日本经济面临着能源环境“双约束”的困境。同样，快速发展的中国经济在21世纪初被迫进入到“能源约束”型时代。而且，由于化石能源的大量消耗，国内自然环境也日趋恶化，并呈积重难返之势。

(2) 在发展道路上的“先污染后治理”。日本作为后进的发达资本主义国家在实现现代化进程中，走的是“先污染后治理”的道路。同样，中国基本上重蹈了日本的道路，现在也开始对环境问题进行深刻反思，并明确提出了“绿色经济战略”。在反思的同时，当前中国面临的贸易摩擦、贸易保护主义、人民币升值等问题也与1970—80年代的日本颇为相似。

(3) 在发展方式上的“调结构转方式”。如何通过“调结构转方式”规避和舒缓能源环境双约束、践行“节能减排”、实现经济可持续发展则是当前中国的重大课题。事实上，1970年代初的日本已经认识到高速经济增长受制于“双约束”的深层原因，则源于化石能源的过度消费及其消费结构的过度单一性。然而，“调结构转方式”是一个复杂而系统的工程，为了通过抓住核心问题做到纲举目张，当时日本通过深度研究得出的结

① 当然，构建低碳型社会所受到的约束不仅仅是“能源约束”“环境约束”，还有“制度约束”“观念约束”“伦理约束”“技术约束”等。

论是，能源科技创新[①]是能源结构转型和改变增长方式的核心驱动力，是实现节能减排的关键环节。

综上所述，中日间在能源环境领域上的约束条件、发展道路和发展方式具有很大相似性的特点，因此，日本在推进能源科技创新过程中的经验，对中国当前通过科技创新促进“节能减排”具有重要的借鉴意义。

第三节　日本构建低碳型社会的战略论证

日本“构建低碳社会战略”既非既定方针，亦非亦步亦趋的模仿，更非一蹴而就的权宜之计，而是路径依赖[②]于业已存在的良好历史基础。“低碳经济”概念首次被提出后，忧患意识强烈的日本敏锐地认识到构建低碳社会是资源约束型国家的必然选择，亟须将之作为“国家战略”提至议事日程，以便尽快深入系统研究与论证。

一、论证的主要部门

日本政府对“构建低碳社会”的研究，主要是通过委托环境省组织研究所、大学、业界等相关单位进行战略分析的。日本综合科学技术会[③]、

---

① 必须强调的是，虽然低碳经济的概念是在 2003 年首次由英国提出的。但是，资源匮乏的日本自 1970 年代以来围绕“节能减排”进行的科技创新等措施，不仅正好契合了发展低碳经济的核心理念(低能耗、低污染、低排放)，而且在价值取向上与构建低碳社会亦是同一路径。

② 路径依赖(Path—Dependence)的特定含义是指人类社会中的技术演进或制度变迁均有类似于物理学中的惯性，即一旦进入某一路径(无论是“好”还是“坏”)就可能对这种路径产生依赖，因为沿着原有的体制变化路径和既定方向前行，总比另辟路径要便捷些。尽管低碳经济、低碳社会等概念是由英国于 2003 年提出的，但事实上，日本从 20 世纪 70 年代以来围绕节能减排进行的制度安排、技术发展和国民教育等具体行动，与发展低碳经济同属一条路径。

③ 在能源科学技术方面，2008 年 5 月日本综合科学技术会经过长期论证，制定了《环境能源技术创新规划》，这为实现日本提出的全球温室效应气体排放量减半的目标描绘出了中长期技术创新路线图。该计划筛选出包括超导输电、热泵等 36 项技术，对其 2030 年的温室气体减排效果、国际竞争力、市场规模、技术成熟度进行了评估，并提出了官民任务分担、社会系统改革等保障措施(具体内容可参见：“総合科学技術会議：“環境エネルギー技術革新計画”，2008 年 5 月”)。

产经省、国土交通省、文科省等也从不同角度进行了论证。

2004年日本环境省设立了“脱温暖化2050年——日本构建低碳社会应有之行动”的大型战略研究工程。其成员囊括了7个研究所①、1个学会②、18所大学③、4家公司④等涉及环境、能源、城市规划、国土开发、交通运输、产业界的60名专家学者⑤,研究时间是2004—2008年,投资额为10亿日元。该工程的研究核心是通过运用气候变暖与能源相结合的综合论证模式,从多角度、宽领域综合分析减排量、确定减排技术创新项目、研究能源结构调整方向、讨论低碳经济发展前景等问题。项目由西岡秀三(日本国立环境研究所)担任首席专家,结合每位研究人员的特长,从国际政治经济环境、产业机构、技术减排与生活方式等角度,组建了“总体战略论证”“减碳目标及效果论证”“城市低碳论证”“IT社会论证”“交通运输论证”5个研究团队。此外,英、美等国也参与了该研究工程的部分论证。

二、论证的主要内容

在研期间,每个研究团队均各负其责,从不同角度进行了大量探研。“总体战略论证团队”主要从以下两方面进行了研究:一是,论证日本未来应对温暖化的中长期框架,主要包括日本中长期温暖化对策的主要框架及子框架、地区中长期温暖化对策、亚洲环境经济模式、脱温暖化的能

① 研究是指:国立環境研究所、(独)産業技術総合研究所、(独)森林総合研究所、(財)地球環境戦略研究機関、みずほ情報総研(株)、(株)三菱総合研究所、(株)日建設計総合研究所。

② 学会是指:日本エネルギー学会。

③ 大学是指:京都大学、神戸大学、名古屋大学、東京工業大学、東京大学、信州大学、文教大学、東京海洋大学、東京理科大学、立命館大学、早稲田大学、慶應義塾大学、日本工業大学、国際大学、東洋大学、筑波大学、成蹊大学、滋賀大学。

④ 公司是指:日本電信電話(株)、(株)ジェイ・ケイ・エル、富士通(株)、日本電気(株)。

⑤ 这是官、产、学密切合作的研发体系,其优势在于能形成各部门科研机构的合力,便于集中管理,提高技术研发水平和效率。

源供应、世界能源供应模式、脱温暖化的森林产业经营等 8 个方面。① 二是，论证产业结构的变化要素，具体为日本 2050 年脱温暖化社会的产业结构及贸易结构的变化、产业社会蓝图与环境治理、欧美主要产业的未来发展前景等。②

“减碳目标及效果论证团队”围绕应对温暖化所应设定的减排目标问题，对构建低碳社会的国家谈判及其战略、构建低碳社会与国际政治、国际谈判的目标与日本的应对战略、国际科学技术战略等进行了分析论证。③ 此外，其他 3 个研究团队也进行了相应的论证。

在该战略研究团队提交的多部论证报告中，具有综合性的报告主要有《2050 日本低碳社会远景：削减 70％温室效应气体的可行性研究》(2007 年 2 月公布，2008 年 6 月修改)④、《低碳社会的远景与实现方案》⑤(2008 年

---

① 具体研究成果主要有：1. 西岡秀三：「低炭素社会への挑戦—温暖化の危険なレベル」，“環境研究”，2004 年 No. 133，第 3 - 10 頁；2. 河瀬玲奈、島田幸司等：「要因分析を用いた中長期温暖化シナリオの検討」，2004 年第 32 回環境システム研究論文発表会；3. 松岡譲：「危険な気候変化のレベルと気候政策の長期目標」，「環境研究」，2005 年，第 7 - 16 頁；4. 西岡秀三：「低炭素社会に向けた日本環境リーダーシップ」，「資源環境対策」，2006 年，第 21 - 24 頁。

② 主要有：1. 山田修嗣、藤井美文、石川雅紀：「日本産業社会の脱温暖化モデル構築に向けた調整様式と政治的イニシアティブ」，地球環境、12(2)，219 - 226，2007 年；2. 山田修嗣、石川雅紀、藤井美文：「現代産業社会の「調整」様式にもとづく環境管理モデル分析」、國民經濟雜誌，196(3)、1 - 16，2007 年。3. Y. Fujii. “Historical Dynamic Interactions between the regulation Policy and the pipe-End Technology Development in Japan: Case Studies of Developing Air Pollution Control Technology”, in Terao Tadayoshi, Otsuka Kenji (ed), “*Development of Environmental Policy in Japan And Asian Countries*”, Palgrave Macmillan, 2007。

③ 其成果主要有：1. 肱岡靖明、西本裕美、森田香菜子(2007)：「2050 年温室効果ガス世界半減シナリオの日本へのインプリケーション」，地球環境，12(2)，135 - 144。2. 太田宏、蟹江憲史、河瀬玲奈(2007)：「各国の低炭素社会への中長期目標シナリオと国際政治的考察」，地球環境，12(2)，123 - 134。3、H. Y. Lee, M. Matsumoto and N. Kanie (2008), “A Multi-Agent Model Approach to Analyzethe Roles of Domestic Actors in International Climate Change Politics”, *Journalof Environmental Information Science*, *36*(*5*), 1 - 10, 2008。

④ 详见環境省、地球環境研究総合推進費、戦略研究開発プロジェクト：「2050 日本低炭素社会シナリオ：温室効果ガス70％削減可能性検討」，2008 年 6 月，第 1—23 頁(详见環境省サイト：http://www.env.go.jp/press/press.php? serial=8032)。

⑤ 藤野純一、日比野剛、榎原友樹、松岡譲、増井利彦、甲斐沼美紀子：「低炭素社会のビジョンと実現シナリオ」，2008 年 1 月。(详见日本学術会議協力学術研究団体ホームページ：http://www.airies.or.jp/publication/earth/JV12_1application.pdf)

1 月公布)、《构建低碳社会的 12 方策》①(2008 年 6 月公布)等。此外,2007 年 6 月,日本通过《21 世纪环境立国战略》②,亦将构建低碳社会作为发展目标。2008 年 5 月,环境省以国立环境研究所等机构公布的《构建低碳社会的 12 方略》为基础,进一步论证了"全面构建低碳社会"的行动路径与政策设计。同月,综合科学技术会议发表了《环境能源技术革新计划》。③

三、论证的主要结论

日本围绕低碳经济、低碳社会所进行的诸多研究报告做出了下述重要结论。在目标值设定方面,报告在综合分析日本的能源、环境、经济等状况的基础上,认为到 2050 年通过实现低碳化能源结构与削减 40%—50%的能源需求,日本能够达到削减 CO_2 排放量 70%的目标。在成本分析方面,报告结合日本技术水平及特点,认为要达到减排目标,每年所需直接技术费用约 6 兆 7 千亿日元—9 兆 8 千亿日元,这大约将是 2050 年 GDP 的 1%(其中并不包括为强化国际竞争力、构建将来安全舒适的居住环境、确保能源安全等基础设施投资的成本费用)。在部门减排量方面,报告预计为实现上述 70%的减排目标,产业部门、旅客运输部门、货

---

① 该计划从民生、产业、运输、能源转换、跨部门等方面,选定了 12 种方案,以期减低二氧化碳的排放量(详见"国立環境研究所、京都大学、立命館大学、みずほ情報総研编发:"低炭素社会に向けた12の方案",2008 年 5 月,第 1 - 12 頁)。

② 该战略中主要是论述了日本环境立国的八大战略:一是,为适应气候变化问题而发挥国际性领导作用;二是,生物多样性保护所带来的自然恩赐的享受与持续;三是,通过 3R 实现可持续性资源循环;四是,积极借鉴治理公害的经验与智慧,开展国际合作;五是,以环境、能源技术为核心的经济发展;六是,建设灵活运用自然资源、充满活力的地区社会战略;七是,感受环境、思考环境,并能切实进行人员培养;八是,支撑环境立国的机制建设(具体内容可参见"閣僚決定:"21 世紀環境立国戦略",2007 年 6 月,第 7 - 23 頁")。

③ 在能源科学技术方面,2008 年 5 月日本综合科学技术会经过长期论证,制定了《环境能源技术创新规划》,这为实现日本提出的全球温室效应气体排放量减半的目标描绘出了中长期技术创新路线图。该计划筛选出包括超导输电、热泵等 36 项技术,对其 2030 年的温室气体减排效果、国际竞争力、市场规模、技术成熟度进行了评估,并提出了官民任务分担、社会系统改革等保障措施(具体内容可参见:"総合科学技術会議:"環境エネルギー技術革新計画",2008 年 5 月")。

物运输部门、家庭部门、业务部门的能源需求量(与2000年相比)应分别削减20%—40%、80%、60%—70%、50%、40%。

另外,该报告还指出为避免向碳排放高的基础设施继续投资,应尽早促进国民对构建低碳社会达成共识,在国土开发、城市结构、建筑设计、产业结构、技术研发等方面制定长期战略规划,以便顺利实施低碳战略。由此,日本已基本完成构筑"低碳社会"相关问题的分析论证。

可见,日本在构建低碳社会方面尽管已经拥有夯实的能源制度基础、领先的节能技术水平以及超前的国民环保意识,但环境省仍通过组建"官学产"三位一体的"大型研究战略工程"围绕构建低碳社会的相关问题,从多角度、多层次进行了充分论证,并以此为据制定了以"减碳目标、技术创新路线图和低碳化制度设计"为主要内容的战略规划。

日本在构建低碳型社会方面,并不是盲目地、一蹴而就地展开实施的,而是在组建研究团队的基础上展开充分论证的。其论证方法主要是利用具体数据进行定量分析。尤为重要的是,体现在其研究内容设计上的内在逻辑关系,正好论证并回答了日本构建低碳社会的可能性、必要性及将要怎样构建、构建何种低碳社会等问题。日本通过深度论证,认识到在构建低碳社会时,必须结合自身产业特点、技术条件、环境收容度等情况,通过分析资源环境问题与国内宏观经济态势、国际贸易、国际产业转移、金融政策、税收政策、国际政治、外交等问题及其相互之间的作用机理,从环境、资源、社会、经济、技术的综合决策入手,在能源技术创新、制度创新、能源消费理念、能源结构等方面,制定一系列适合本国国情的具有指导性、原则性、前瞻性、约束性的战略规划、政策与法规,才能解决构建低碳社会过程中的诸多梗阻障碍,从而实现向低碳社会的全面转型。可见,上述论证的成果,为日本确定构建低碳社会的战略理念、战略内容以及具体行动,提供了科学而又翔实的决策依据。

第四节　日本构建低碳型社会战略的行动路径

2008年7月25日，日本政府在前述战略论证的基础上正式公布了发展低碳经济、构建低碳社会的国家战略——“构建低碳社会行动计划”。从“提出低碳概念”经“论证分析”再到“战略制定”日本用时约5年。“构建低碳社会行动计划”的出台，标志着日本正式将构建低碳社会作为国家战略实施，它从技术、经济、制度、理念等层面为构建低碳社会指明了行动路径、规划了实施内容、设定了时间节点。

一、“行动计划”的战略理念

全球气候变暖及其正在和即将诱发的一系列严重后果已成为人类共同面对并亟须解决的全球性问题。在应对全球气候变化的过程中，发展“低碳经济”已日趋成为各国共识。在向低碳经济转型过程中，比邻而居、能源匮乏的日本，与英、法、德、美、丹等国家制定的“低碳经济”计划有所不同，而是制定了包括“低碳经济”在内的“全面构建低碳型社会”的战略构想。

日本倚重其能源技术及其政策上的优势，于2007年6月通过了《21世纪环境立国战略》①，该战略正式将构建低碳型社会作为了“到2050年的发展目标”，并“承诺”到2050年减排60％—80％。2008年5月，日本环境省以国立环境研究所等机构公布的《构建低碳社会的12方略》②为基础进行充分讨论，进一步完善了“全面构建低碳社会”的行动路径和政策设计。同月，综合科学技术会议发表了《环境能源技术革新计划》。③

① 详细内容参见：日本环境省编发的“21世紀環境立国戦略”，http://www.env.go.jp/guide/info/21c_ens/21c_strategy_070601.pdf。

② 総合科学技術会議：“環境エネルギー技術革新計画”，2008年5月。

③ 该战略中主要是论述了日本环境立国的八大战略：一是，为适应气候变化问题而发挥国际性领导作用；二是，生物多样性保护所带来的自然恩赐的享受与持续；三是，通过3R实现可持续性资源循环；四是，积极借鉴治理公害的经验与智慧，并开展国际合作；五是，以环境、能源技术为核心的经济发展；六是，建设灵活运用自然资源、充满活力的地区社会战略；七是，感受环境、思考环境，并能切实进行人员培养；八是，支撑环境立国的机制建设。

在上述基础上，2008 年 7 月 25 日，日本政府正式公布了《构筑低碳社会行动计划》。①

通过解读和分析《21 世纪环境立国战略》《构建低碳社会的 12 方略》《环境能源技术革新计划》《构筑低碳社会行动计划》②以及相关智库的研究报告，可看出日本发展低碳经济、构建低碳社会的战略理念是在不影响"能源安全"为前提条件下，协调并兼顾"环境保护和经济发展"，即"一个确保、两个协调"。换言之，国内资源匮乏的日本并非是无所考量、不惜一切代价地发展低碳经济、构建低碳型社会，而是将其与"3E"(能源安全 Energy Security、经济发展 Economic Growth 和环境保护 Environment Protection 的首位字母)进行了有机整合，既不偏重发展一方，也不偏废一方。

二、"行动计划"的主要内容

"构建低碳型社会的行动计划"主要由"战略目标"、"推进科技创新与普及"、"制定全国性的低碳化体制"和"谋求地方与国民的大力支持"共 4 部分构成。③

1. 行动计划的"战略目标"

"构建低碳社会行动计划"从战略高度确定了日本减排的长期目标④是"到 2050 年使本国的温室气体排放量比目前减少 60％至 80％"。具体减排目标是：在发电、送电部门，计划到 2050 年减少温室气体排放量 37.9％(该数值是把到 2050 年的减少量假定为 100％时的计算值，以下同)；在运输部门，计划到 2050 年减少温室气体排放量 21.5％；在产业部

① 閣僚決定："低炭素社会作り行動計画"，2008 年 7 月 29 日。

② 閣僚決定："低炭素社会作り行動計画"，2008 年 7 月 29 日。

③ 閣僚決定："低炭素社会作り行動計画"，2008 年 7 月 29 日，第 1－26 頁。

④ 日本首相鸠山由纪夫于 2009 年 9 月 22 日上午在联合国气候变化峰会上宣布"到 2020 年使温室气体排放量与 1990 年相比削减 25％"的中期减排目标。25％的减排目标被定位为"国际承诺"。参见：朝日新聞社："鳩山首相、温室効果ガス「25％削減」世界に宣言"，http://www.asahi.com/politics/update/0922/TKY200909220249.html。

门，计划到2050年减少温室气体排放量21.2%；民生部门，计划到2050年减少温室气体排放量12.9%；其他部门，计划到2050年减少温室气体排放量6.5%。

“构建低碳社会行动计划”中还提出具体的技术目标，即21世纪20年代时处理1吨二氧化碳的成本下降到1 000多日元(1美元约合106日元)。目前处理1吨二氧化碳的成本超过5 000日元。关键技术目标是：从2009年起将就碳捕捉及封存技术开始大规模验证实验，争取2020年前使这些技术产业化。太阳能发电量的目标是，到2020年要达到目前的10倍，到2030年要提高到目前的40倍。为实现该目标，计划力争在3—5年后，使太阳能发电设备的价格降低一半左右，并为普及住宅用太阳能发电设备提供补贴。

此外，该计划还提出：从2009年开始大规模研发碳捕捉及封存技术，争取在2020年前使之产业化；太阳能发电量到2020年要达到目前的10倍，到2030年要提高到目前的40倍；2020—2030年间，将燃料电池系统的价格降至目前的约1/10；到2020年为止，实现半数新车转换成电动汽车等新一代产品，配备约30分钟即可完成的快速充电设备，等等。

2. 推进科技创新与普及

早在战略论证期间，日本就认为普及原有技术与“官民合一”地进行技术创新，既是构建低碳型社会的核心，亦是实现上述减排目标的关键。因此，“构建低碳社会行动计划”规定加强对太阳能发电技术、可再生能源发电技术、下一代能源汽车技术、节能电灯技术、节能型家电等生活用品技术、节能型住宅、与原子能相关的技术等原有技术的普及应用。①

日本在规定加强原有技术的普及与应用的同时，亦极其重视新技术的研发工作。“构建低碳社会行动计划”从战略高度决定贯彻实施由日本综合科学技术会议制定的《环境能源技术创新规划》。该规划规定了

① 閣僚決定：“低炭素社会作り行動計画”，2008年7月29日，第5-12頁。

在5大领域内选定优先发展21种技术创新的“路线图”。在电力部门选定优先研发高效天然气火力发电技术、二氧化碳的捕捉与封存技术(CCS)、高效煤炭火力发电技术、太阳能发电创新技术、超导高效输电技术。在运输部门选定优先研发先进社会道路交通系统(ITS)、燃料电池汽车、插电式混合动力电动车、生物能替代燃料。在产业部门选定优先研发新型材料、制造及加工的创新技术、新型钢铁工艺创新技术。在民生部门选定优先研发节能型住宅建筑技术、新一代高效照明技术、固定式燃料电池技术、超高效热力泵技术、节能型信息设备系统、HEMS/BEMS/地区水平的EMS技术。在跨部门领域选定优先研发高性能电力储存技术、电力电子技术、氢的生成、运输与储藏技术。① 日本政府为每个部门都配置了相应的财政预算。②

日本对上述优先发展的21项技术③都以2050年为长期目标制定了相应的发展路线图,以“高效天然气火力发电技术”④为例,每条路线图都从措施内容、行动路径、时间期限、数值目标等方面对“日本构建低碳型社会”进行了精细而具体的规划。21种科技创新路线图为日本提供了发展低碳科技的愿景、视野与目标,为政府、大学以及研究机构识别、选择与开发低碳技术规划了基本方向。除上述21条优先发展技术路线图外,日本还确立了5大节能技术战略⑤,即超燃烧系统技术、超时空能源利用技术、节能型信息生活空间技术、先进社会交通系统技术、新能源技术。

---

① 相关内容可参见:(财)エネルギー総合工学研究所:“Cool Earth-エネルギー革新技術計画(公開版)”,2008年6月,第2-6頁。

② 如2009年度的电力部门、运输部门、产业部门、民生部门、跨行业部门的预算额分别为345亿日元、195亿日元、160亿日元、227亿日元、120亿日元。(参见経済産業省:“資源エネルギー関連概算要求の概要”,2008年8月,第4頁)。

③ 有关21条技术路线的详细内容可参见:総合科学技術会議:“Cool Earth－エネルギー革新技術 技術開発ロードマップ”,2008年6月,第1-54頁。

④ 総合科学技術会議:“Cool Earth－エネルギー革新技術 技術開発ロードマップ”,2008年6月,第5-6頁。

⑤ 経済産業省資源エネルギー庁:“省エネルギー技術戦略”,2008年4月,第1頁。

3. “制定全国性的低碳化体制”①

事实上，日本在推行21条技术创新路线图的过程中，存在和面临着体制、机制、政策、法规等诸多问题，需要在制度层面进行设计与创新加以解决。对此，“构建低碳社会行动计划”明确提出日本要从2008年开始尽快制定或完善碳排放交易制度、清洁化税制、地球环境税制、碳排放标识制度、碳会计制度、碳金融制度以及与环境贸易相关的标准、框架等。上述各种制度交融成一个相互依存、相互促进的综合体系，将为日本构建低碳社会提供可靠的制度保障。

4. “谋求地方与国民的大力支持”②

日本充分地认识到仅靠政府推行的国家行为难以实现低碳社会，只有将国家行为与国民行动有效结合并使之相互促进才是成功构建低碳社会的关键。“构建低碳社会行动计划”主要从以下五个方面推动国民的积极配合：构建与地方特色相结合的低碳都市与低碳地区、努力实现低能耗低排放的交通运输网、发挥农林水产业的低碳化功能、在全国通过多种方式开展国民教育、加快推进贸易方式及生活方式向低碳社会转型。

三、“行动计划”的配套措施

“构建低碳型社会行动计划”是日本构建低碳社会的宏观战略与目标，要现实该战略目标还需进一步组建、实施与之相配套的政策法规、组织机构等。事实上，日本自公布战略近两年来，开展了一系列具体行动。

其一，在研究论证层面，继续加大力度进行要就论争。继2008年7月25日公布构建低碳社会的战略之后，环境省又于2009年2月、7月、8月分别提交了《解析低碳城市的构建》③、《低碳社会的交通体系与中长期

① 閣僚決定：“低炭素社会作り行動計画”，2008年7月29日，第13－16頁。

② 閣僚決定：“低炭素社会作り行動計画”，2008年7月29日，第17－26頁。

③ 脱温暖化2050プロジェクト・都市チーム：“低炭素都市の実現へ向けての解析”，2009年2月，第1－33頁，脱温暖化2050プロジェクトホームページ，http://2050. nies. go. jp/material/。

战略》[①]、《低碳社会远景与构筑》[②]等研究报告，进一步从不同角度为日本构建低碳社会提供了诸多有益的指导。

其二，在制度设计层面，不断调整、制定相关计划、政策与战略。从时间序列而言，日本在公布构建低碳社会战略的 2 个月后即 2008 年 9 月，便修改了《新经济增长战略》，并提出实施“资源生产力战略”，即为大幅提高资源生产力而进行集中投资，使日本成为资源价格高涨及低碳社会时代的胜利者。同月，经济产业省资源能源政策咨询机构“综合资源能源调查会新能源部会”，提交了《构建新能源模范国家》紧急建议。10 月，日本正式决定试行国内排放交易制度，经济产业省决定修改《石油替代能源促进法》（简称《替代能源法》）。11 月，经济产业省、文部科学省、国土交通省与环境省联合发布了《为扩大利用太阳能发电的行动计划》，以落实日本政府在“构建低碳社会行动计划战略”中提出的到 2020 年将太阳能发电提高至 10 倍、到 2030 年提高至 40 倍的目标。

2009 年初，日本政府恢复了 2006 年停止的太阳能产业补贴政策，决定对安装太阳能发电的用户给予 50％的成本补贴，并提供低息贷款等优惠政策。5 月，日本公布的《能源白皮书》中提出，应将能源消费结构从以石油为主向以太阳能、核能等非化石燃料为主转变。为实现减排目标，日本制定了一系列的具体措施，限制温室气体排放。目前，日本政府正在酝酿制定“应对温暖化税”（以下简称环境税），拟在石油、天然气与煤炭的进口、开采及精炼环节方面课税。该税制实施后，每户平均每年将支出 1.6 万余日元的环境税。6 月，日本新能源产业技术综合开发机构发布了《光伏发电路线图 2030 修订版》，进一步明确未来的技术发展重

① 脱温暖化 2050 プロジェクト・交通チーム：“脱温暖化 2050 プロジェクト・交通チーム”，2009 年 7 月，第 1－46 頁，脱温暖化 2050 プロジェクトホームページ，http://2050.nies.go.jp/index_j.html。

② 「2050 日本低炭素社会」シナリオチーム（独）、国立環境研究所、京都大学、立命館大学、みずほ情報総研（株）：“低炭素社会叙述ビジョンの構築”，2009 年 8 月，第 1－49 頁，脱温暖化 2050 プロジェクトホームページ，http://2050.nies.go.jp/material/20090814_narrativevision_j.pdf。

点，提高太阳能产业的发展目标。11 月，日本开始推行家庭、学校等太阳能发电剩余电力收购新制度，将收购价格提高到以前的两倍。2010 年，日本将低碳战略进一步细化，制定了“低碳型创业就业补助金”制度。2012 年正式实施了“电力公司购买可再生能源电力行动”。

2010 年，自民党与公明党向国会提交了“推进建设低碳社会基本法案”，目标是到 2050 年前要比 2005 年降低二氧化碳排放量 80%。① 为促进社区、房地产、城市进一步向低碳方向发展，2012 年日本国会通过了《城市低碳化促进法》，该法标志着建设日本低碳城市的目标已经纳入到了法制化、规范化的轨道。2013 年 3 月，日本向国会提交讨论了《地球温暖化对策推进法》修正案。②

其三，在组织机构层面，设立低碳社会战略性研究机构。2009 年 12 月 11 日，日本成立了研究“开发与实践”相结合的综合战略机构——“低碳社会战略中心”③（英文名 Center for Low Carbon Society Strategy，简称 LCS）。该机构将开展以低碳社会为基础的技术示范与战略性社会实践研究，并将成为日本构建低碳社会的“总智库”。“低碳社会战略中心”挂靠于日本科学技术振兴机构（JST），下设低碳社会战略推进委员会与低碳社会战略中心推进工作组两个部门，原东京大学校长、三菱综合研究所理事长小宫山担任中心主任，2010 年的研究经费预算为 3 亿日元。

综合日本构建低碳型社会行动计划的主要内容、配套措施、战略理念，可以清晰看出日本在发展低碳经济、构建低碳型社会中的“规划思路”。即从环境、资源、社会、经济的综合决策入手，制定了一系列具有指导性、原则性、前瞻性、约束性的规划、政策和法规，以期解决发展低碳型

① 但是，2012 年，日本却表示不兑现《京都议定书》第二承诺期。

② 然而，该法案中没有将提及“到 2050 年前比 1990 年减排 80%”的长期目标。《地球温暖化对策基本法》修正案提出了到 2020 年温室气体排放量要比 1990 年减少 25%的目标。但是，2012 年 12 月自民党执政后，安倍晋三表示要修改民主党这一承诺目标，显然这有悖于日本构建低碳社会。

③ 该机构的详细信息参见：低炭素社会戦略センターホームページ，http://www.jst.go.jp/lcs/。

社会过程中的诸多梗阻障碍，从而实现向低碳型社会转型。

尽管战略理念、战略规划、制度创新和目标设定等因素为日本发展低碳经济、构建低碳型社会起到了良性驱动作用。但是，最终发展低碳经济的“硬约束”是“低碳技术瓶颈”问题。为此，日本特别重视“低碳技术创新”，以期减少“内涵能源（Embodied energy）”①，突破技术“锁定效应（Locke-in effect）”②，努力成为世界低碳经济格局中的“领头羊”。

四、日本构建低碳型社会的政策分析与经验借鉴

研究日本构建低碳社会，不能将 21 世纪初低碳经济概念的提出以及日本制度低碳社政策文件之时作为研究起点，而应该把研究起点延伸到石油危机乃至战后经济高速发展阶段。其原因是日本低碳社会的构建路径，经历了一个“高碳（高速经济增长时期）——稳碳（石油危机后的结构调整时期）——降碳（实施节能减排时期）——低碳（低碳概念提出时期）”的过程。基于此，本报告在研究日本构建低碳社会过程中，并没有将研究重点完全置于 21 世纪初的纲领性政策文件上，而是在重视解读和分析文本性文件的基础上，又挖掘了日本构建低碳社会的历史基础。

通过深度分析日本构建低碳社会的历史基础、战略论证、行动计划以及与之配套的政策、法律、规划等内容，可清晰得出日本构建低碳型社会战略的顶层设计及其践行特点。事实上，中国与日本一样，都走的是“先污染后治理”的发展模式。因此，日本在构建低碳社会中经验和教训很值得中国借鉴。

（一）日本构建低碳型社会战略的顶层设计

通过解读和分析《21 世纪环境立国战略》《构建低碳社会的 12 方略》

① “内涵能源”是指产品上游加工、制造、运输等全过程所消耗的总能源。

② “锁定效应”是指基础设施、机器设备、大件耐用消费品等，一旦投入，其使用年限均在 15 年乃至 50 年以上，其间不容易被废弃更新。在发展低碳经济过程中，避免技术“锁定效应”的约束，是一项亟须解决的问题。

《环境能源技术革新计划》《构筑低碳社会行动计划》以及相关智库的研究报告，可以看出日本构筑低碳型社会的规划思路、主要方式、约束条件及其解决路径。

（1）日本在构建低碳型社会中确立了整体规划思路。即在确保能源安全、经济发展，并兼顾市场原则的前提条件下，通过分析资源环境问题与国内宏观经济态势、国际贸易、国际产业转移、金融、税收政策、国际政治外交等问题间作用机理，以能源技术创新、制度创新、新价值观念、能源消费结构调整为支撑，从环境、资源、社会、经济的综合决策入手，制定了一系列具有指导性、原则性、前瞻性、约束性的标准、规划、政策、法规，以期解决发展低碳型社会过程中的诸多梗阻障碍。

（2）日本在构筑低碳型社会中的主要方式具体体现在以下四个方面。即：① 全面普及现有的高新技术，“官民并举”地进行科技创新，期望实现“低碳科技化”；② 调整能源消费结构和经济产业结构，期望实现“低碳生产化”；③ 发挥政府职能作用，推进制度创新和体制创新，期望实现“低碳制度化”；④ 重新定位人类的生活方式和价值观念，期望实现“低碳消费化”。

（3）在构筑低碳型社会过程中，日本也认识到将会在技术、经济、制度、信息和理念等方面遇到梗阻。因此，作为及其解决的行动路径，进行了如下政策设计：

一是为了应对技术上的约束，日本制定了五大节能技术战略①、八大环境立国战略②、普及现有太阳能发电技术以及在四大领域内优先发展

① 五大节能技术战略为：超燃烧系统技术、超时空能源利用技术、节能型信息生活空间技术、先进社会交通系统技术、新能源技术。

② 八大环境立国战略指的是：战略一是为适应气候变化问题而发挥国际性领导作用。战略二是生物多样性保护所带来的自然恩赐的享受与传承。战略三是通过3R实现可持续资源循环；战略四是灵活应用克服公害的经验与智慧，开展国际合作；战略五是以环境、能源技术为核心的经济发展；战略六是建设灵活运用自然资源、充满活力的地区社会战略；战略七是感受环境、思考环境、并能切实行动起来的人员的培养；战略八是支撑环境立国的机制建设。

21 种技术[①]等。二是为解决制度上的约束，日本从软硬环境整备、制度创新、机制设计等方面，研究探讨“碳金融”创新等问题（如：碳交易制度、碳融资、碳减排期货、碳信用机制、碳减排期权等）。另外，日本对引入排放权“限量与贸易”机制（cap-and-trade）后的风险问题也在进行考量。三是为了解决经济结构上的约束，日本一方面大力推行低碳化能源和低碳化生产，另一方面不断地把高能耗产业向海外转移。同时，努力寻找在发展低碳经济中的新的经济增长点。四是为了应对信息和观念上的约束，日本利用立体媒体、平面媒体广泛宣传人类生存价值观念的根本性转变是实现低碳经济的思想保障。同时，还积极参加国际合作。

此外，日本在解决行动路径上的约束条件外，还从微观方面指出了企业在碳交易制度框架中（即：CDM 清洁发展机制、JI 联合履约、EJ 排放贸易）应对四种风险的四点变革。所谓风险主要包括：一是制约企业发展风险；二是排放权价格动荡风险；三是交易不履行风险；四是竞争能力弱化风险。所谓变革主要是指：一是增加企业业务内容（掌握二氧化碳相关的动态信息）；二是转向低碳生产、低碳消费；三是加强企业外交流；四是：开始跟踪、检测和管理产品从生产销售到消费使用间的二氧化碳排出量。

（4）必须指出的是日本在构筑低碳型社会中的机制设计和政策安排始终在考虑如何将“两组矛盾”转化为“两个结合”。两组矛盾：① 能源约束与发展低碳经济间的矛盾；② 市场原理与发展低碳经济间的矛盾。两个结合：① 在舒缓、跨越能源瓶颈约束、确保能源安全的过程中适时发展低碳经济；② 在兼顾经济发展、人民幸福生活的基础上适度发展低碳

---

① 四大领域内优先发展 21 种技术是指：1. 发电、送电部门：高效率天然气火力发电技术、高效煤炭火力发电技术、二氧化碳回收、存储技术（CCS）、太阳光发电创新技术、超导高效送电技术。2. 运输部门：快速道路交通系统（ITS）、燃料电池汽车、混合动力汽车、生物能运输工具。产业部门：材料、制造、加工技术创新、钢铁冶炼创新技术；3. 民生部门：节能住宅、建筑技术、新一代高效照明技术、高效燃料电池技术、超高效抽泵技术、节能型信息电器系统技术、HEMS/BEMS/地区水平的 EMS 技术；4. 跨部门方面：高性能电力储存技术、电力电子技术、氢气制造、运输、储藏技术。

经济。

（二）日本践行低碳型社会战略的主要特点

日本作为能源极其匮乏的后起发达资本主义国家，在能源结构、地缘政治、环境容量及社会结构等诸多方面与其他欧美发达国家相比均有所不同。而且，正值日本制定、实施低碳社会战略期间，爆发了全球经济危机。此次危机与人类历史上所发生的历次危机相比，其最大不同在于经济危机与环境气候危机"同位缠结"。运用政策工具刺激经济增长以解决经济危机的传统手段与遏制气候温暖化之间形成尖锐的矛盾。因此，如何进行既能弱化和规避经济危机、亦能同时舒缓和治理环境气候危机的政策安排和制度设计，成为日本在构建低碳社会进程中亟须解决的重要命题。事实上，通过深度分析日本构建低碳社会的初始条件、战略论证、战略内容、战略行动以及与之配套的政策、法律、规划等内容，就可发现日本在践行低碳社会中具有诸多可资借鉴的特点。

1."交互性"与"封闭性"并行的践行过程

"交互性"是指日本在践行低碳社会中，始终坚持现实发展与初始条件的平滑式"衔接性"、参与决策者身份与知识背景间的综合"交叉性"、政府与民间的良好"互动性"、与海外国家间的合作"交流性"。尽管日本在构建低碳社会中路径依赖的初始条件良好，但并未完全地追求"跨越式"实施。为避免构建低碳社会流于过度抽象与空洞，在战略论证、制定及其实施的每个环节出台的报告、决策以及法规等都是由"产官研三位一体"共同分析、研究并加以实施的，且参与者、决策者的身份亦非来自同一部门。日本通过"官民并举机制"规避了"公众参与不足是构建低碳社会的最大结构性缺陷"这一常规现象。另外，日本在研发低碳技术等方面还尤为重视加强与美、英、德、中等国家的交流与合作，以保证其相关技术的国际领先地位。

"封闭性"是相对的概念，指日本在践行低碳社会的整个过程中，是由"产官研"三大部门在结合本国的能源安全、经济结构、技术水平、环境容量、制度效果等状况的前提下，科学制定适合本国国情的、具有可操作性的国家战略框架与社会行动体系，并非一味接受外界的左右与干扰。

2.“融合性”与“协整性”并存的践行内容

从日本践行低碳社会两年来的经验看，构建低碳型社会是一项复杂的系统工程，不能单从资源环境系统去考虑与实施，而亦需站在政治系统、社会系统、经济系统与技术系统的高度上，综合地进行规划设计。日本践行低碳社会的内容就深度融合、协整了以下三个“隐含目标”。一是，始终把发展低碳经济、构建低碳型社会的行动路径，作为开辟、催生新的经济增长的“契合点”。二是，日本在构筑低碳社会中的机制设计与政策安排并未脱离规避和弱化能源安全与经济发展、市场机制与环境保护这“两组矛盾”的轨道，而是在舒缓能源瓶颈约束、确保能源安全的过程中“适时”发展低碳经济；在兼顾经济发展、市场原则的基础上“适度”发展低碳经济。三是，在构建低碳社会中，日本欲通过“低碳科技化”“制度低碳化”“低碳化生产”与“生活低碳化”等践行方式，实行由资源约束型国家向资源丰富型强国、由能源进口大国向能源输出大国转型。

3.“国家权力”与“市场机制”相结合的践行手段

从日本践行低碳社会的手段来看，发展低碳经济、构建低碳社会，不能仅仅倚重于制度层面的政府职能来寻求解决之道，亦不能完全放任于经济层面的市场机制自由发展，而必须通过综合性手段，进行国家整体力量的动员与教育，以期在整个国家层面形成强大的构建低碳社会的认知共识与行动共识。在向低碳社会转型过程中，民众是节能减排的主体，政府的职能是引导与激励，而市场机制则是发展低碳经济的主框架。日本在“环保积分”的机制设计上，就巧妙地将“市场机制”、追求利益的个体行为，与国家实现扩大内需、加强环保、构建低碳社会的大目标进行了深度融合，从而有效地解决了个人利益与国家利益之间的偏差甚至矛盾，使个人的低碳消费生活方式符合国家所设定的最高目标。

如前所述，日本在构建低碳社会的战略论证、战略决策及战略推行过程中“产官研三位一体”是其主体，而“交互性”与“封闭性”则是的整个践行过程的特点。在践行内容上，日本并未单独从资源环境系统去考虑与实施，而是站在政治系统、社会系统、经济系统与技术系统的高度上，把构建低碳社会与规避能源约束、培育经济增长点进行了协同和融合。在践行手段上，既非过度倚重于制度层面的政府职能，亦非完全放任于经济层面的市场机制，而是通过综合性手段发挥官民一体的“举国体制”，规避和解决“公众参与不足是构建低碳型社会中的最大结构缺陷”问题。

（三）日本构建低碳社会的经验及其借鉴

日本低碳社会的构建路径，经历了一个“高碳-稳碳-降碳-低碳”的过程。这也与中国的发展低碳经济的路径基本相同。因此，通过分析日本在构建低碳社会过程中的顶层设计，可以为我国提供可资借鉴的经验。

1. 中日两国在构建低碳社会领域的相似性

其一，在发展困境上的“能源环境双约束”。第一次石油危机的爆发使日本经济受到能源价格波动、能源地缘政治格局的衍变以及能源供应的不确定性等风险约束的同时，经济可持续性发展也遭遇“废气、废水、废物”等“环境污染”的梗阻。当时，日本经济面临着能源环境“双约束”的困境。同样，快速发展的中国经济在 21 世纪初被迫进入到“能源约束”型时代。而且，由于化石能源的大量消耗，国内自然环境也日趋恶化，并呈积重难返之势。

其二，在发展道路上的“先污染后治理”。日本作为后进的发达资本主义国家在实现现代化进程中，走的是“先污染后治理”的道路。同样，中国基本上重蹈日本的道路，现在也开始对环境问题进行深刻反思，并明确提出了“绿色经济战略”。在反思的同时，当前中国面临的贸易摩擦、贸易保护主义、人民币升值等问题也与 1970—80 年代的日本颇为相似。

其三，在发展方式上的“调结构转方式”。如何通过“调结构转方式”规避和舒缓能源环境双约束、践行“节能减排”、实现经济可持续发展则是当前中国的重大课题。事实上，1970 年代初的日本已经认识到高速经济增长受制于“双约束”的深层原因则源于化石能源的过度消费及其消费结构的过度单一性。然而，“调结构转方式”是一个复杂而系统的工程，为了通过抓住核心问题做到纲举目张，当时日本通过深度研究得出的结论是能源科技创新①是能源结构转型和改变增长方式的核心驱动力，是实现节能减排的关键环节。

2. 日本构建低碳社会的启示

其一，全面、客观地论证适合中国国情的低碳经济制度。日本在构建低碳型社会方面，并不是盲目地、一蹴而就地展开实施的，而是在组建研究团队的基础上展开充分论证的。因此，中国可以借鉴日本的经验，在发展低碳经济、构建低碳社会时，不仅要分析和考虑构建低碳型社会与国内宏观经济态势、国际贸易、国际产业转移、金融政策、税收政策、国际政治、外交等问题之间的相互作用，而且也必须在结合自身产业特点、技术条件、环境收容度等情况的基础上，从环境、资源、社会、经济、技术的综合决策入手，制定一系列适合本国国情的具有指导性、原则性、前瞻性、约束性的低碳战略规划。

其二，加快制定能源领域的创新路线图。中科院于 2009 年 10 月发表了《创新 2050：科学技术与中国的未来——中国至 2050 年能源科技发展路线图》，从时间上看该项计划的出台与日本相差整整 35 年，故在内容上与日本相比亦有进一步完善与提升的空间。首先，日本在路线图的功能设计上，极为巧妙地把路线图的指导性、宏观性、前瞻性与科技项目的具体性、可行性、现实性进行了深度融合，体现了路线图的夯实性，避免了过度“抽象”。其次，日本规定了各职能部门所负责的具体项目，从而规避了在科研中不同部门对同一技术项目研究的重复性及其风险成本。再次，日本发展能源科技路线图也是一个不断适时总结、完善、匡正的过程。作为政府机构的科技部，也应利用自己的资源与职能优势，从

① 必须强调的是，虽然低碳经济的概念是在 2003 年首次由英国提出的。但是，资源匮乏的日本自 1970 年代以来围绕“节能减排”进行的科技创新等措施，不仅正好契合了发展低碳经济的核心理念（低能耗、低污染、低排放），而且在价值取向上与构建低碳社会亦是同一路径。

国家层面结合我国实际情况，联系相关各方建设官、产、学相互协调、合作的机制，推动我国制定、出台具有较强约束性和号召力的能源科技创新路线图。

其三，鼓励民间资本投向能源科技研发项目。能源科技创新是相当复杂的社会系统，需要庞大的资金。从对能源科技的资金来源来看，日本成功地借用民间资本弥补了政府投入的不足。而在中国，民间资本对能源科技的投入则相对薄弱，因此，今后如何通过制度安排、机制设计把更多的民间资本投向能源科技创新是中国亟须解决的重要课题。

其四，做好构建低碳社会框架的顶层设计。通过分析和解读日本发展低碳社会的顶层设计，得到了以下启示：一是构建低碳型社会是个复杂的系统工程，不能单独从资源环境系统去考虑，必须站在政治系统、社会系统、经济系统和技术系统的高度上综合地进行规划和考量；二是构建和形成发展低碳型社会的国家战略框架和社会行动体系；三是构建低碳型社会需要制定清晰的中长期政策目标，在调整、整合和依托现有政策体系和手段的同时，要积极开展制度创新和机制设计，以便更快地促进科技创新；四是日本通过“官民并举机制”规避了“公众参与不足是构建低碳型社会中的最大结构缺陷”；五是西方发达国家是“发展低碳经济”命题的提出者、组织者和力推者，有着诸多条件和优势，中国绝不能完全按他们的逻辑行动，必须坚持“共同但有区别的责任”的原则。

其五，将能源科研与产业结构调整紧密地结合。石油危机后，日本选择的重点能源技术项目与产业结构调整是密切衔接的。可以说日本在产业结构调整、减少能源消费、提高能源效率的节能减排过程中，能源技术创新是关键因素。能源技术的进步不断拓展了日本能源利用的“深度”和“广度”。“深度”是指日本通过能源技术创新，促进产业升级和优化，将传统的人力、资本和能源等要素投入的外延式发展，转变为依靠技术创新的内涵式发展。“广度”是指通过能源技术创新，提高新能源与可再生能源的比重，减少化石能源的消耗。

其六，制定严格的产业标准促进节能减排。日本的官产研之所以能形成有效的"三位一体",源于日本政府的制度设计。在节能减排方面,民间业界与政府的导向保持一致,致力于从根本上改变依靠高投入、高消耗、高污染支持经济增长的发展方式,坚持走科技含量高、经济效益好、资源消耗低、环境污染少的新型工业化道路。其中最为重要的是当时日本政府制定了新的各行各业单位耗能定额、工业排放指标、环境质量标准等,并以法律的形式颁布实施。

其七,制定低碳评估框架体系。亟须制定低碳评估框架体系。"低碳"需要可量化的评估标准和认证部门。建议我国尽快从工业、农业、交通、服务业等方面制定系统、可量化的《低碳评估体系及其标准》。该体系的目标一方面是为了准确掌握我国构建低碳社会的基础条件,另一方面是为监督、治理当前滥用"低碳"的商家提供标准和依据。

其八,发展低碳经济需要融合了多个"目标"。即:(1) 始终把发展低碳经济、构建低碳型社会的行动路径,作为开辟、催生新的经济增长的"契合点"。(2) 在构建低碳社会中,我国要考虑通过"低碳科技化""制度低碳化""低碳化生产"与"生活低碳化"等方式,实现由资源约束型国家向能源输出大国转型。

其九,重视"政府权力"与"市场机制"相结合的创新政策设计。在向低碳社会转型过程中,民众是节能减排的主体,政府的职能是引导与激励,而市场机制则是发展低碳经济的重要驱动。因此,我国在发展低碳经济、构建低碳社会过程中,一定要学会"用好有形的手、激活无形的手"。对此,建议在我国实施"碳积分"制度。"碳积分"制度是指买方只要购买的产品是由政府认定的低碳商品,就能根据购买价值的大小获得相应的积分,这些积分可以作为货币购买商品。该制度能巧妙地将"市场机制"作用、追求利益的个体行为,与国家构建低碳社会的政策目标进行了深度融合。

(四) 日本构建低碳节能政策的局限性

日本构建低碳节能社会的标志性文本主要有:(1) 2007 年 6 月通过的《21 世纪环境立国战略》;(2) 2008 年 5 月,日本环境省以国立环境研究所等机构公布的《构建低碳社会的12方略》,(3) 2008年5月,综合科学技术会议发表的《环境能源技术革新计划》;(4) 2008年7月25日,日本政府正式公布了《构筑低碳社会行动计划》。2009年,本课题在申请、论争过程中也是基于上述纲领性文件而进行的。然而,课题负责人经过三次(2011年1—6月,2012年12月10—20日,2013年6月6—10日)到日本对其构建低碳社会的情况进行考察、访问,发现日本在低碳社会构建中的具体行动与客观事实并未完全受到上述纲领性文件的逻辑引导,而是对"减碳目标"及其行动越来越持消极态度,其原因主要有以下三个方面:

一是,世界经济的持续低迷"打乱了"日本构建低碳社会的步伐。从2008年开始,美国金融危机诱发了世界经济危机。受此影响,日本国内经济持续低迷,2008年度的经济增长率为负3.7%,2009年的增长率为负6.0%,成为"战后最恶"时期。对此,日本调整了"构建低碳型社会"政策,改为优先重视经济增长,并颁布刺激增长的"经济再生战略"(主要是"实体经济")。而刺激实体经济势必会消耗大量能源,这恰恰与"节能减排"取向有所"背离"。2009年日本政府虽然向国会提出了《推进建设低碳社会基本法案》(参见附件1),但至今仍未正式获得通过,其原因是日本担心会影响到实体经济的发展。

二是,日本国内政治生态的变动"背信了"日本在低碳目标上的承诺。最初,日本在减排方面的长期目标是"承诺"到2050年减排60%—80%。2009年9月22日,作为民主党的首相鸠山由纪夫,在联合国气候变化峰会上宣布"到2020年使温室气体排放量与1990年相比削减25%"的中期减排目标。然而,自民党的重新执政后,安倍政府随即放弃了民主党执政时期所承诺的25%减排目标。

三是,"福岛核事故"的风险效应"导致了"日本大量增加化石能源的利用。"福岛核事故"后,日本从2011年陆续关停了54座核发电机组(约占总发电量的30%)。然而,代替核电的只能是传统化石能源(天然气、石油和煤炭),而化石能源的消费增加也必将增加废气、废水、废物的排放,这显然与日本构建低碳社会的理念与取向发生了"背离"。

综上所述，日本虽然出台了构建低碳社会的纲领性文件，但是很快囿于美国金融危机诱发的世界经济持续低迷、日本国内政治生态动荡以及核电站的关停等原因，日本政府并没有把主要的精力投放到“如何构建低碳型社会”中，而是把“如何快速走出经济低迷的困境”置于到了重要地位，除个别制度外（如“环保积分制度”）并没有取得预期效果。

第五节　日本的节能环保积分制度

在向低碳社会转型过程中，民众是节能减排的主体，政府的职能是引导与激励，而市场机制则是发展低碳经济的重要驱动。对此，日本在发展低碳经济、构建低碳社会过程中，通过“积分制度”巧妙地将“政府权力”与“市场机制”进行了结合。“积分制度”是指买方只要购买的产品是由政府认定的低碳商品，就能根据购买价值的大小获得相应的积分，这些积分可以作为货币购买商品。该制度能巧妙地将“市场机制”作用、追求利益的个体行为，与国家构建低碳社会的政策目标进行了深度融合，其设计理念是既能“用好有形的手”，也“激活无形的手”。

一、日本发展环保产业的政策设计之一：“住宅环保积分制度”

发端于 2008 年的世界经济危机与人类历史上所发生的历次危机相比，其最大不同在于经济危机与环境气候危机“同位缠结”。世界各国运用政策工具大力刺激经济增长，却受到气候温暖化的约束。如何进行既能弱化和规避经济危机、亦能同时舒缓和治理环境气候危机的政策安排和制度设计，成为各国政府的当务之急。比邻而居的日本继成功实施“家电环保积分制度”①、汽车减税制度后，又推出“住宅环保积分制度”，

① 所谓“环保积分制度”，是通过国家财政支出支持消费者购买环保家电的制度。国民只要购买符合节能标准的家电，就能获得“环保积分”，积分又可以兑换指定的与环保有关的商品或服务。参见吉川一樹、平井良和：「エコポイント開始省エネ家電賢く選ぶ」，「朝日新聞」，2009 年 5 月 21 日，第 12 版。

这为我国发展环保产业以及应对气候变暖提供了良好借鉴。

1. “住宅环保积分制度”的设计理念

日本“住宅环保积分制度”的基本内涵是指国民在新建或改建住宅时,若使用了节能环保材料,其性能达到了政府规定标准,即可通过申请获得环保积分的制度。积分的多少,取决于工程类别及节能减排的能力,每1积分相当于1日元,最高可获得30万积分。

该制度的衍生背景源于多个复杂层面。美国次债危机依次诱发了金融危机、经济危机以及部分国家的政治危机和社会危机,致使世界经济失衡。受此影响,日本国内经济持续低迷,2008年度的经济增长率为负3.7%,2009年的增长率为负6.0%,成为“战后最恶”时期。特别是房地产业,2009年,日本新建住房仅为78万8千户,是42年来首次跌破100万户的年份。① 与此同时,人类也遇到了全球气候变暖的危机。对此,发展低碳经济已成为引领世界经济的新方向,并被多国政府提升到“国家战略”层面。上述问题并非孤立存在而是相互关联并复合叠加。日本政府在此背景下,2009年12月8日制定了“住宅环保积分制度”。

该制度的设计理念就是通过国家行政手段,巧妙运用市场机制,把刺激消费、扩大内需与构建低碳型社会、强化环保意识进行深度融合并使之发挥多元化政策目标功效。具体而言,就是在“行政驱动”和“利益驱动”下,以环保标准、节能法规为制度支撑,使政府、施工商、住宅拥有者、节能材料销售商和制造商在实现“权、责、利有机结合”和“产、供、销有机衔接”的基础上,渐趋形成多元化的制度效果。上述理念可从“住宅环保积分”的制度框架、制度内容和制度效果上得到鲜明体现。

2. 住宅环保积分的适用范围及计算方式

“住宅环保积分制度”的适用范围是所有新建的节能型住宅和改造后的环保型住宅。无论是用于个人居住还是对外租赁、也无论是单户型

① 歌野清一郎:《住宅环保积分开始申请,最高能得到30万》,朝日新闻社网站:http://www.asahi.com/eco/TKY201003070302.html。

房还是楼群式型房，都属发放环保积分的适用对象。但是，新建或改造时所使用的建筑材料必须是被环保认证机构认定的节能环保型材料，并达到日本节能法中规定的节能标准。[①] 其环保积分点数的计算是根据住宅工程种类和规模的不同进行的。

（1）新建节能住宅项目及积分点

符合发放环保积分的新建项目主要包括两种[②]，即符合节能法最高基准的住宅和节能达标的木质结构住宅。每种项目的环保积分都为 30 万点。

其一，符合节能法最高基准的住宅。所谓"节能法最高基准"是指新建住宅时所安装使用的隔热性节能材料和设备，必须同时符合两个标准，即：（1）新建住宅的外墙、窗户、热水设备、冷暖气设备、太阳能发电设备等材料和设备的一次性能源消耗量要比 2008 年普通装修设施节省 10%。（2）新建住宅的外墙、窗户、热水设备、冷暖气设备、太阳能发电设备等达到"平成 11 年节能标准"。

其二，节能达标的木质结构住宅。判断是否属于节能型木质结构住宅的认定标准是新建住宅的外墙、窗户的木质结构是否符合节能判断基准。而判断是否为木质结构住宅的依据，主要取决于在建筑工程申请书、竣工确认证书中的"主要建筑物构造"是否被认定为"木质结构"。另外，在申请积分时，需要出示已注册住宅性能评价机构等第三方出具的符合上述基准的证明。

（2）节能改造住宅工程项目及积分点

节能改造项目主要包括三项[③]，即：一是，窗户的隔热改造。二是，外墙、屋顶、天花板或地板的隔热改造。三是，无障碍房屋改造（适合残疾

---

① 参见人住宅性能评价·表示协会网站，http://www.hyoukakyoukai.or.jp/kikan/eco_point.html。

② 日本国土交通省官方网站：《住宅环保积分制度概要》，lit.go.jp/jutakukentiku/house/jutakukentiku_house_tk4_000017.html。

③ 住宅环保事务局：《积分对象范围》，http://jutaku.eco-points.jp/point/。

人生活的住宅)。

其一,窗户的隔热改造。该项目是指对不具有节能减排功效且保温隔热效果不明显的窗户进行更换改造,改造后的窗户必须达到《日本节能判断标准》中所规定的隔热性能,否则无资格获得环保积分。积分点数的计算方法是按照窗户面积大小及改造方法所规定的积分乘以施工个数(具体参见下表 4-1)。

表 4-1　窗户隔热改造项目的积分点数

大小区分	每处的积分点数			
	安装内窗※1 更新外窗※2		更新玻璃※3	
	面积※4	点数	面积※5	点数
大	2.8 m^2 以上	18 000 点	1.4 m^2 以上	7 000 点
中	1.6 m^2 以上 2.8 m^2 以下	12 000 点	0.8 m^2 以上 1.4 m^2 以下	4 000 点
小	0.2 m^2 以上 1.6 m^2 以下	7 000 点	0.1 m^2 以上 0.8 m^2 以下	2 000 点

※1. 包含更新内窗;※2. 包含扩建新安装部分;※3. 每更新一块玻璃发放积分;※4. 测量内窗及外窗的窗框外延的尺寸;※5. 测量玻璃尺寸。

其二,外墙、屋顶、天花板或地板的隔热改建。在更换改造不具备节能减排效果的外墙、屋顶、天花板或地板进行时,对其材料的"质"和"量"都有规定,即:一是,被改造的每个部分都必须使用隔热材料(限于无氟氯化碳的产品),而且所使用的导热率材料必须是得到认证机构认可(隔热材料性能符合 JIS A 9504、JIS A 9511、JIS A 9521、JIS A 9526、JIS A 9523、JIS A 5905 的认证,或被证明具有上述同等性能)。二是,更换改造后所使用的节能材料数量必须多于表 4-2 中的"最低使用量"。只有达到上述两个要求才能获得相应的环保积分,具体参见表 4-3。

表 4－2　平均每户隔热材料的最低使用量(单户住宅和楼群住宅)

隔热材料[※1]	隔热材料最低使用量〔单位：m^3〕					
	外墙		屋顶、天花板		地板	
	单户住宅	楼群住宅	单户住宅	楼群住宅	单户住宅	楼群住宅
A－1	6.0	1.7	6.0	4.0	3.0	2.5
A－2						
B						
C						
D	4.0	1.1	3.5	2.5	2.0	1.5
E						
F						

※1.“隔热材料的区分”中的 A－1、A－2、B 等是日本的隔热材料规格型号。

表 4－3　各施工部位的积分点数

各施工部位的积分		
外墙	屋顶、天花板	地板
100 000 点	30 000 点	50 000 点

其三，无障碍房屋改造。该项目是指在(1)(2)项目改造的同时，一并进行设置扶手、拆除台阶和扩展走廊等有利于残疾人生活的改造工程。环保积分点数按照以下表 4－4 中的施工内容计算，但是每户最高上限为 50 000 点。

表 4－4　无障碍房改造的施工内容及积分点数

施工内容		点数
设置扶手	○浴室扶手	不论个数，5 000 点
	○厕所扶手	不论个数，5 000 点
	○洗漱间扶手	不论个数，5 000 点
	○浴室、厕所、洗漱间之外的居室扶手	不论个数，5 000 点
	○走廊、楼梯扶手	不论个数，5 000 点

续表

施工内容		点数
拆除台阶	○拆除通向室外家门(正门、后门)的小台阶	不论个数,5 000 点
	○拆除浴室内的台阶	不论个数,5 000 点
	○拆除室内(浴室除外)台阶	不论个数,5 000 点
拓宽走廊	○拓宽通道宽度	不论个数,25 000 点
	○拓宽家门	不论个数,25 000 点

3. 节能积分的申请时间、方法及用途

(1) 积分申请时间

环保积分的申请时间根据工程种类和住宅类型有所不同,具体参加下表 4－5。值得关注的是工程开工有效期限截止都是到 2010 年 12 月 31 日,仅为 1 年①,其目的是为了加速施工建设,以便更好地刺激消费、扩大内需。

表 4－5 住宅环保积分的申请期限

工程种类	住房类型等	工程开工有效期限	积分申请期限
改造节能住宅	单户型住宅、楼群住宅	2009 年 12 月 8 日—2010 年 12 月 31 日	2011 年 3 月 31 日
新建节能住宅	单户型住宅	2010 年 1 月 1 日—2010 年 12 月 31 日	2011 年 6 月 30 日
	楼群住宅等	2010 年 1 月 1 日—2010 年 12 月 31 日	2011 年 3 月 31 日(但是,楼层为 11 层以上者可截止至 2012 年 12 月 31 日)

(2) 节能积分的申请方法

申请环保积分时,原则上由住宅所有者(也可代理)通过各都道府县设置的受理窗口或以邮寄的方法向“住宅环保积分管理机构”提出申请。

① 住宅环保事务局:《积分兑换制度》,http://jutaku.eco-points.jp/use/。

在申请时，根据施工类型的不同所提交的资料也不同①。如：申请"窗户的隔热改造"项目时，必须提交玻璃厂家或窗框厂家对每个产品出具带有产品型号与生产序号的性能证明书，并在申请书中需附加以下文件②：(1) 厂家发行的性能证明书（包含产品型号、生产序号及大小尺寸）；(2) 施工方出具的工程证明书（包括施工方的单位名称、地址、建筑许可号、施工期间、施工内容等）；(3) 施工方出具的发票复印件；(4) 施工现场照片；(5) 能够确认申请人的证明（健康保险证、驾照等的复印件）；(6)（代理申请时）能够确认代理申请人的证明（健康保险证、驾照等的复印件）。

(3) 住宅环保积分的用途

通过申请获得的住宅环保积分既可以用于交换物品，也可以用于抵充追加施工费用。用于住宅积分可交换的物品主要有③：(1) 节能环保型商品；(2) 可在全国范围内使用的商品券、消费券、旅游券、充值卡（供应商为环保捐赠的环保产品、公共交通设施的利用卡）；(3) 有利于振兴地方的商品（地区商品券、地方特产等）；(4) 捐赠给环境事业。另外，为进一步提高住宅质量，新建或改造节能住宅获得的积分，也可用于抵充因追加施工所发生的费用，最高金额为 30 万积分。

4. "住宅环保积分"的运行机制及制度效果

"住宅环保积分制度"是日本在后金融危机时代，通过国家行政手段，推出的经济紧急措置。国民在新建或改建节能住宅时，所发生的环保积分都是通过国家财政预算予以支出的。显然，"住宅环保积分"制度既非纯粹市场机制的产物，亦非传统计划经济的衍生品，而是计划体制和市场机制深度融合的复合产品。

(1) 运行主体的双重性

一般而言，在市场经济下，"住宅环保积分制度"的运行主体就是与

① 财团法人ベターリビング(Better Living for better society)：《住宅环保积分制度的活用》，2010 年 3 月。

② 住宅环保事务局：《住房环保积分制度概要》，http://jutaku.eco-points.jp/。

③ 财团法人ベターリビング(Better Living for better society)：《环保积分即时申请指南》，2010 年 3 月。

新建或改造节能住宅相关的施工建筑方、住宅改造者、节能材料销售方和制造商等相关者。但是,日本政府在“住宅环保积分制度”中发挥着设计者、组织者和推动者的作用,没有政府的存在“住宅环保积分制度”是很难在自发的市场经济环境中运行的。因此,“住宅环保积分制度”的运行主体既有政府也有市场。

(2) 驱动方式的复合性

从机制驱动方式上看,“住宅环保积分制度”是在“行政驱动”和“利益驱动”复合推动下运行的。“行政驱动”主要体现在从环保材料的配置、节能产品标准的制定、环保积分的分配,都由日本政府以行政指令或计划指令的形式进行决策实施。然而,在经济低迷时期,仅有“行政驱动”,国民很难再追加投资进行节能改造或新建节能住宅。因此,就需要以环保积分的形式,通过市场机制的“利益驱动”促进节能住宅改造和新建。

(3) 制度效果的多重性

一是刺消费、拉内需。“住宅环保积分制度”是日本促进“经济增长战略”措施之一,其目的刺激国内消费、扩大内需,从而摆脱经济危机的低迷。日本综合研究所对“住宅环保积分”的制度效果进行了预测和计算,认为政府在节能住宅上投入的 1 000 亿日元,在 2010 年就能够使节能改造工程数量增加 60%,与节能改造相关的市场规模能达到 6 500 亿日元,改造需求能达到 3 900 亿日元。此外,“住宅环保积分制度”也促进了新建节能住房的开工率。该制度在正式出台后的 1 月份,全国新建住宅的开工数较同期相比减少了 8.1%,仅为 64 951 户,但是与 2009 年的 12 月份下降的 15.7%相比,已经是大为改观了。① 显然,住宅积分可通过较小的财政支出获得巨大的经济效果。

二是拓市场、增就业。“住宅环保积分制度”因为促进了新建或改建住宅开工率的增加,因此势必带动门窗、玻璃、地板、屋顶等节能环保性

① 日本综研调查报告:《住宅版环保积分制度效果》,2010 年 2 月 23 日,第 1 页。

建材的需求增加，从而有利于形成和扩大环保建材市场。而且，根据产业关联效应原理，住宅产业不仅与建筑业直接相关，还与金融、保险业、制造业、电力、煤气及水的生产和供应业、社会服务业、交通运输、仓储及邮电通信业、批发和零售贸易、餐饮业等也有很高的关联度（其关联系数分别为 0.51、0.48、0.47、0.41、0.33、0.30）。因此，“住宅环保积分制度”的导入不仅有利于节能环保型建材市场的健康发展，还能开拓和扩大与之相关行业的市场需求，同时可以相应地创造或增加更多的就业岗位。

另外，“住宅环保积分制度”的制定和实施，还促使企业界对投入环保产品的观念发生转变。他们不再被动地将此视为对国家硬性规定的遵守或是企业的社会责任，而成为企业主动地求发展、谋生存的诉求。

三是利于构建低碳社会。“住宅环保积分制度”通过市场机制的作用，不仅起到了刺激消费、拉动内需、开拓市场、增加就业的作用，而且提高了家庭部门的节能减排能力，促进了构建日本低碳型社会的步伐。在全球气候恶化危机的情况下，日本政府承诺到 2020 年将在 1990 年的排放基础上减排 25%的目标，并制定了《构建低碳社会的行动计划》。但是，从目前来看，家庭住宅的 CO_2 排放量从 1990 年到现在增加了 40%，占总排放量的 15%左右。减少家庭部门的二氧化碳排放已成为日本政府的重要课题。而“节能住宅积分制度”的目标之一就是要通过“积分”形式，鼓励和支持国民在新建和改建住宅时，加强节能环保性材料的使用，以便尽快过上以低污染、低排放和低消耗为特征的低碳生活方式。因此，“节能住宅积分制度”既有利于降低 CO_2 排放量以实现排放目标，还有利于形成低碳型社会。

综合“住宅环保积分”的制度背景、制度框架、运行机制、制度效果等来看，日本在制定“节能住宅积分制度”的过程中巧妙地运用“市场机制”把消费者追求利益的个体行为，与国家实现扩大内需、加强环保、构建低碳社会的大目标进行了深度融合。这些过程中，“积分”方式，有效地解决了个人利益的追求与国家利益之间的偏差甚至矛盾，使个人的低碳消费生活方式符合国家所设定的最高目标。

二、日本发展环保产业的政策设计之二:"家电环保积分制度"

当今,无论是发达国家还是新型发展中国家,都面临着"双重危机"。一个是由于人性的无限贪欲引起的"急性的"世界经济危机,一个是由于人类的过度开发所带来的"慢性的"全球环境危机。由此,以市场为核心的自由主义遭到前所未有的质疑和挑战,诸多国家转而再度审视政府在市场中的作用。日本亦不例外,2009 年度日本的追加财政预算达到了 15.4 兆日元,其额度之大、力度之强则为史上首创。① "环保积分制度"是一系列追加经济政策的之一,其得到了 2 946 亿日元的政府财政支持。

"环保积分制度"的制定和实施,使企业对开发环保产品的投入已不仅是被动地为遵守国家的硬性规定,或是作为企业的社会责任,而成为企业的一种求发展、谋生存的诉求。这里从制度内容、设计理念、运作机制、制度支撑以及其效果等层面分析和探讨在双危机的背景下日本出台的"环保积分制度"及其启示。特别是日本政府通过制度设计,巧妙地运用了"市场机制"使企业主动开发、生产环保产品的思路值得我国政府借鉴。

1. "环保积分制度"及其运作机制

所谓"环保积分制度"是通过国家财政支出支持消费者购买环保家电的制度。即:国民只要购买符合节能标准的家电,就能获得"环保积分",积分又可以兑换指定的与环保有关的商品或服务。其设计理念是通过"环保积分制度",巧妙借用市场力量,把强化环保、刺激消费和鼓励节能进行深度融合并使之发挥功效。

该制度有效期限为从 2009 年 5 月 15 日至 2010 年 3 月底。适用产品范围是贴有适用于"环保积分制度产品"标签的产品。即:节能性能相当于或优于贴有"统一节能标签"的获得 4 星以上的空调、冰箱和电视。购买符合要求的商品后,根据具体的规格就能获得相应的积分。其积分一般为该商品价格的 5%—10%,一个积分相当于一日元。

---

① 「「賢い支出」危機救うか」,「朝日新聞」,2009 年 5 月 30 日,第 3 版。

用获得的积分可换购指定的节能产品或服务共计 271 项，具体为①：(1)商品券、乘车卡等 207 项；(2)地方特产 55 项；(3)达到环保标准的家电电器 9 项。此外，从 7 月 1 日起，邮政服务也加入了本次兑换服务。“环保积分制度”的具体流程及机制设计参见图 4－7。

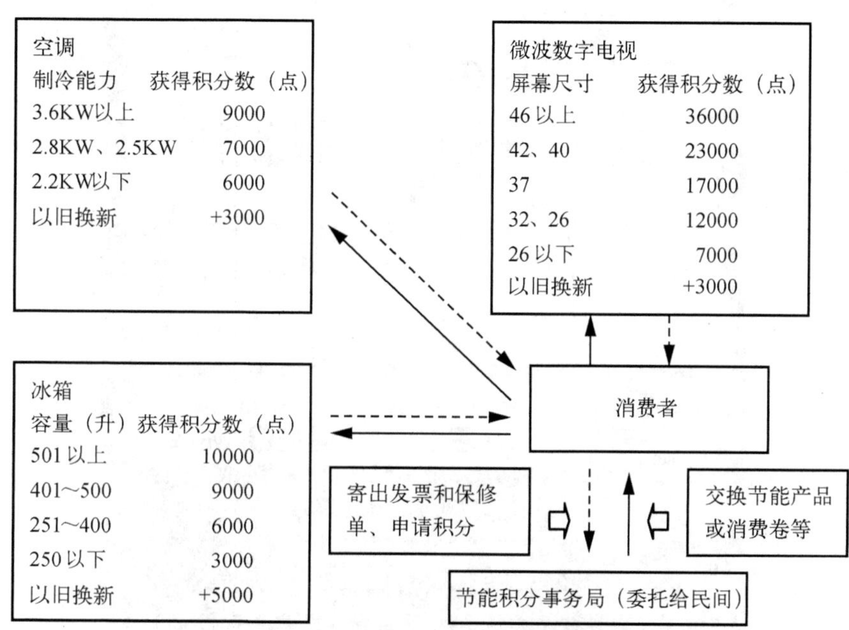

图 4－7　日本环保积分制度及运作机制

资料来源：吉川一樹、平井良和：「エコポイント開始　省エネ家電賢く選ぶ」、「朝日新聞」2009 年 5 月 21 日，第 12 版。

2. “环保积分制度”的制度支撑

“环保积分制度”由于以“统一节能标签”的 4 星作为决定商品是否符合“节能积分制度”的原则。因此，该制度不仅起到推广和宣传“统一节能标签制度”的作用。反过来，“统一节能标签制度”起到了对“环保积分”的制度支撑作用。

2006 年 4 月，日本开始实施修订后的《省能法》(全称为《使用能源合理化法》)。该法规定零售商出售商品时须承担向消费者提供有关产品节能

①「エコポイント」のサイト：http://eco-points.jp/EP/index.html。

信息的义务。作为向消费者提供产品节能性能信息的"统一节能标签制度"(参见图 4－8)可谓是修订《节能法》过程中的衍生物。"统一节能标签制度"从 2006 年 10 月开始实施,其对象商品为电视、空调和冰箱三类。①

图 4－8　统一节能标签的图示

注:

(1) 非氟电冰箱的非氟标识;

(2) 该标签作成的年份;

(3) 多级评价制度:电器的节能性能由低到高用从 1 星到 5 星来表示。星下面的箭头表示在第几颗星处达到了该类家电的节能的最高标准即日本的产品领跑者计划标准。所谓"产品领跑者计划"可以用"你好我更好"来概括,其战略思路是:将当前市场上能效最高的产品作为能效标准,在一段时间后,只许制造商生产比它还要好的产品。从 1998 年起,"产品领跑者计划"就开始实行,由此达到的节能效果非常显著。

(4) 节能分类标识制度;

(5) 为了避免贴错标签,所以明确的打印出生产厂商名和机种名;

(6) 一年大约用的电费金额:通过标出一年的电费,可以让消费者了解该电器的能量消耗功率(一年的用电量)。

资料来源:経済産業省資源エネルギー庁、省エネルギーセンター:「「統一省エネラベル」のごあんないおトク読書」,第 1 页。

① 経済産業省資源エネルギー庁、省エネルギーセンター:「「統一省エネラベル」のごあんないおトク読書」,第 1 页。

“统一节能标签制度”，可为消费者提供选择价优物美商品的信息。在促进节能产品销售的同时，又使消费者得到实惠。例如，商品 A 的价格是 152 200 日元，商品 B 的价格仅为 77 600 日元。即使消费者知道商品 A 的节能性能优于商品 B 产品，但由于商品 B 具有巨大的价格优势，所以消费者往往选购商品 B。但统一节能标签由于为消费者提供了一年间使用商品 A 和商品 B 所要支付的电费，商品 A 的节能优势就被消费者所接受。① 假定该商品使用期限为十年，通过计算，消费者就会发现，在使用到第 7 年时，由于商品 A 比较省电，支付的电费要低于使用商品 B，所以总支出已低于价格低的商品，10 年期结束后，虽然买了较贵的节能商品 A，但总费用反而减少了 3 万日元(参见图 4－9)。

图 4－9　具有同样制冷功率不同节能性能的空调的最终费用比较

资料来源：経済産業省資源エネルギー庁、省エネルギーセンター：「「統一省エネラベル」のごあんないおトク読書」，第 3 页，http://www.eccj.or.jp/labeling_program/otoku/otoku.pdf，2009－6－23。

① 経済産業省資源エネルギー庁、省エネルギーセンター：「「統一省エネラベル」のごあんないおトク読書」，第 3 页。

可见，通过让消费者对具有同样制冷功率但节能性能不同的空调费用支出比较，可让消费者切身地体会到购买节能产品的实惠。对此，“统一节能标签”所提供的信息发挥了巨大的作用。零售商和消费者可以通过节能产品专用网站①方便而准确地打印和获得有关节能产品的信息。

3. “环保积分制度”的效果及其启示

其一，创造环境经济效果。经济产业省从环境、经济两个方面对“环保积分制度”的效果进行了预测和计算。认为该制度在环保方面，可使空调、冰箱、数字电视的二氧化碳排放量每年减少 400 万吨，相当于家庭部门在电力消费时排放二氧化碳的 4%。在经济方面，能够拉动以家电为中心的相关产业 4 兆亿日元左右的生产，创造出约 12 万个就业岗位。②

“环保积分制度”的导入促进了绿色家电产品的销售。在“环保积分制度”开始实施的第一个周末，也就是 5 月 16、17 日，全国家电量贩店的销售额，适用于环保积分制度的薄型电视同比增加 40%、空调的销售量增加 50%—60%。③ 日本总务省 6 月 30 日的调查结果显示，5 月份居民消费支出同比增加 0.3%(扣除物价影响后的实际支出)，是 16 个月以来的首次增加。④

其二，树立绿色消费理念。“环保积分制度”不仅刺激消费、促进绿色家电产业的发展，而且宣传了绿色消费理念。该制度的设计和实施是崇尚自然和保护生态等为特征的新型消费行为和过程，是一种避免或减少对环境破坏的绿色消费和环保选购。在环保积分制度实施的过程中不仅推广和宣传了“统一标签制度”，还进一步提升了消费者的环保意识。该制度引导了消费者养成了把产品是否“节能”作为选购产品的决定因素之一的习惯，并向消费者宣传了如何通过“统一节能标签”上所提

① 该官方网站为：http://www.eccj.or.jp/product-info/index.html。

② 日経産業新聞：http://eco.nikkei.co.jp/news/today/article.aspx?id=MMECn2000009072009。

③「エコ需要小さな光」,「朝日新聞」,2009 年 5 月 21 日，第 2 版。

④ 朝日新闻社，http://www.asahi.com/business/update/0630/TKY200906300038.html。

供的信息，渐趋实现国民的理性购物和绿色购物。

其三，形成传导外溢效应。“环保积分制度”通过市场的力量起到了两个层面的传导外溢效果。一是，家电行业内的传导外溢。该制度是以高性能的环保产品（空调、冰箱和数字电视等）为对象，通过向消费者提供适当的信息，促进消费者购买环保产品的。因此，这种制度安排，就给同行业内相对环保性能差的家电企业造成压力，势必加大企业对产品在节能减排性能上的投入力度，从而在普及环保家电产品方面形成良性的传导外溢效果。二是，由家电行业向非家电行业的传导外溢。“环保积分制度”的宣传和实施，进一步加大了对非家电行业进行环保技术投入的市场压力，从而引导企业主动开发环保产品，使企业的可持续发展与民众环保运动形成良性循环。

其四，贯彻激励相容原则。日本考虑到在市场经济中每个理性消费者都有自利的一面，即“少花钱买好货”的意识和行为。因此，在设计“环保积分制度”的过程中，巧妙运用“市场机制”，把消费者追求个人利益的行为，与国家实现扩大内需、加强环保的大目标进行了深度融合。这一制度安排，就是“激励相容”。通过“环保积分制度”贯彻“激励相容”原则，能够有效地解决追求个人利益与国家利益之间的偏差甚至矛盾，使消费者的消费方式符合国家所设定的最大化目标，即每位消费者在“环保积分制度”的鼓励下，虽然“花钱少了”但可获得“超值产品”，同时也起到“节能环保”作用。

其五，绿色贸易壁垒效应。由于日本企业具有环保技术上的优势，加之“统一标签制度”及其对“环保积分制度”的支撑，使日本家电产品的市场竞争力得到进一步提升。因此，日本可以在环境保护的大旗下，站在“道德”的制高点上，通过“绿色”贸易壁垒，实现了防止外国产品进入日本市场的作用。由此亦可见，作为扩大内需的“环保积分制度”虽然是国内应急措施之一，但在提高环保门槛、产品设限等方面的效果则是长期的。

日本作为能源极其匮乏的后起发达资本主义国家，在能源结构、地缘政治、环境容量及社会结构等诸多方面与其他欧美发达国家相比均有所不同。而且，正值日本制定、实施低碳社会战略期间，爆发了全球经济危机。此次危机与人类历史上所发生的历次危机相比，其最大不同在于经济危机与环境气候危机"同位缠结"。运用政策工具刺激经济增长以解决经济危机的传统手段与遏制气候温暖化之间形成尖锐的矛盾。因此，如何进行既能弱化和规避经济危机、亦能同时舒缓和治理环境气候危机的政策安排和制度设计，成为日本在构建低碳社会进程中亟须解决的重要命题。

"环保积分制度"是日本在世界经济危机和全球环境危机的双重危机下制定实施的。从制度内容、运作机制以及其制度支撑等方面，可以看出日本借用市场机制，把强化环保、刺激消费和鼓励节能进行深度融合的设计理念和技巧。"环保积分制度"作为日本政府的制度设计，它促进企业主动开发、生产环保产品，在环境经济、消费理念、传导外溢、激励相容以及绿色壁垒等方面都取得了明显的效果，这也很值得我国深思与借鉴。

终章　日本构建能源安全体系的逻辑与思想

日本业已实践和臻于成熟的能源政策及其体系，既非一蹴而就的战略构想，亦非本来就有的既定方针，更非亦步亦趋的模仿，而是渐次制定、修改、调整的产物。日本国内能源虽极其匮乏，但其通过政策设计和制度安排，舒缓、规避了不同类型的能源约束，并使日本经济系统在各种能源风险的影响和冲击中保持了很强的“适应性”和“恢复力”。因此，深度分析和研究日本规避能源约束的政策策略及其效果，可为能源约束型国家提供政策借鉴。①

一、日本规避能源约束政策的历史逻辑

日本的能源政策是其为解决和应对战后分阶段出现的各种能源约束问题，逐渐制定并不断积淀的产物。日本为应对、解决不同历史阶段出现的诸多能源约束，其政策的目标、手段以及价值取向都要相应变化和调整。日本的能源政策是动态语境下的概念，其演进路径是随着能源问题和时代要求的变化而渐次发展形成的(见下图终-1)。

① 分析和研究日本能源政策，可得到经验与教训两方面的启示。这里主要从经验角度关注了日本规避能源约束的政策策略，而从教训角度对其政策的分析和解读并未涉及。

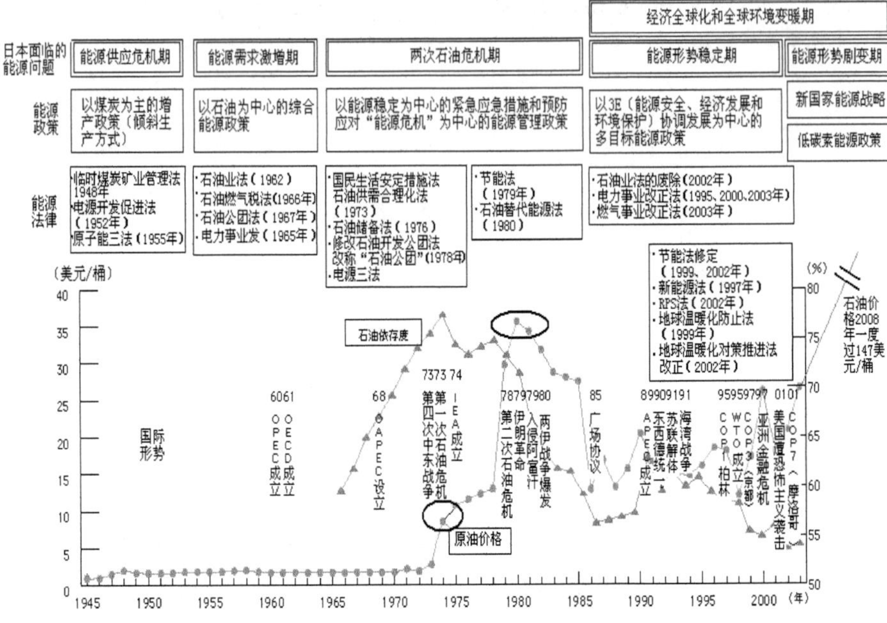

图终 1　战后日本能源政策的演进路径

注：◯是第一次石油危机和第二次石油危机时的最高价格（11.65 美元/桶、35.9 美元/桶）。

资料来源：此图是依据以下资料编制而成。

1. 尹晓亮：《战后日本研究》，北京：社科文献出版社，2011 年版。
2. 经济产业省：《能源白皮书》（2004—2008 年版），东京：行政出版社。

（一）制定以煤炭为主的增产政策应对"供应"约束

煤炭、石油和电力[①]等能源的供应危机是战后日本经济复兴中最大的"瓶颈约束"。日本为确保经济发展所需的能源动力，选择具有"国家管制"和"行政计划"特征的能源配置框架，确立优先加强能源"量"的增产和供应而非"利润"和"效益"的政策目标，运用行政约束、法律强制、精神动员等多元化的政策工具，以期解决当时日本所面临的能源供应不足、结构消费不合理、空间配置不集中等问题。日本舒缓和规避能源"瓶颈约束"的政策构想"路径依赖"于统制经济思想。

① 本书只对煤炭的应对策略进行了论述，有关石油、电力方面的应对措施，可参见尹晓亮：《战后初期日本解决能源供应危机的政策设计》，《日本问题研究》，2011 年第 2 期，第 43—48 页。

在煤炭方面，日本为突破因能源供应不足而导致的瓶颈约束，从劳动力、生产技术、资本投入、公民参与等方面入手，确立了以煤炭为中心的"官民一体"增产政策体制。一是，制定煤炭紧急增产对策。为应对煤炭的急剧下降，日本先后于1945年、1946年、1947年，制定了《煤炭生产紧急对策》①、《煤炭紧急对策》②、《煤炭非常增产对策纲要》③。二是，设置煤炭厅，促进决策效率。煤炭厅的设立标志着日本对煤炭生产的行政管理从原来的多元化管理转变为一元化，这不仅相对降低了行政管理的成本，更提高了煤炭增产的决策效率。三是，推行"倾斜生产方式"。"倾斜生产方式"是倾斜性地把钢铁优先用于发展煤炭行业，扶植恢复煤炭生产，再把煤炭资源投入到钢铁行业，以此循环扩大，最终达到扩散至其他行业。该方式作为一种产业结构调整政策，它打破了煤炭和钢铁生产互为前提的怪圈，促进了战后日本经济的复兴和重建。四是，在民间开展煤炭增产运动。日本通过教育宣传促进了各煤炭矿厂企业和民间自发开展增产运动。④ 从1946年春开始，相继在北海道州、九州出现了"祖国复兴煤炭增产运动""救国煤炭增产运动"等。战后初期涌现出的这股民间煤炭增产复兴运动，对于日本经济复兴起到了一定的积极作用。

日本战后初期的能源增产体制选择了"统制体制"和带有社会主义特征的"计划体制"，其核心思想是追求和重视能源"量"的增加，而不是重视和追求企业"利润"和"效率"。然而，"路径依赖"下的这种能源国家管制体制，随着日本封闭型经济体制的对外开放以及世界能源革命的爆

① 主要内容：紧急增加煤矿劳动力、确保煤矿用粮以及生活必需品、增加矿工工资、提高煤炭价格、扩大煤矿融资等。参见日本能源研究所：《战后能源产业史》，东洋经济新报社，1986年，第288页。

② 主要规定有：确保煤矿工人的粮食配给；确保矿工工资水平；提高煤炭价格；积极向煤矿投资；确保坑木及工人住宅木材；政府可强制调配购买煤炭等。参见内阁制度百年编纂委员会：《阁议决定内阁制度百年史》下，内阁官房，1985年，第296页。

③ 该纲要的目标是通过提高矿工的劳动时间和强度谋求增加煤炭产量。参见有沢广巳、稻叶秀三：《资料战后二十年史2(经济)》，日本评论社，1966年，第56－57页。

④ 大藏省财政史：《昭和财政史——从终战到媾和》第17卷，东洋经济新闻社，1981年，第324页。

发,转变"煤主油从"政策体制也就成了竞争中的一种挑选。

(二) 制定"油主煤从"型的能源政策应对调整"结构"约束

20 世纪 60 年代,经济高速增长与能源大量需求的矛盾,使原有"煤主油从"的能源结构及其政策体系难以存续,这就客观上要求日本亟须把"煤主油从"能源结构向"油主煤从"转变。然而,任何一次能源结构的调整和变化,都是不同行业、不同市场主体和不同人群利益此消彼长的过程。这就意味着在能源结构调整和变化的进程中,能源政策改革不可能是一蹴而就。事实上,日本转变能源消费和供应结构,推行"油主煤从"型的能源政策是在向欧洲派遣"能源政策调查团"①、实施"贸易外汇自由化"②、成立"能源讨论会"③和"综合能源部会"的基础上,渐进性地培育和发展新型石油产业的。

一是,颁布实施《石油业法》。1962 年 5 月颁布的《石油业法》标志着日本能源政策的基本发展方向已确立为"以石油为主的综合能源政策",该法"为国产原油、自主开发原油的交易,提供了制度框架"。④ 二是,组建共同石油公司。日本石油政策的最大目标是培养本国的石油资本,通过合并、重组中小规模石油企业,组建联合石油销售公司。⑤ 日本出于对能源供应方面的安全保障、改善石油流通秩序和原油进口自由化等方面的考虑,对亚洲石油、东亚石油、日本矿业三家公司合作重组进行了积极

---

① 该调查团不仅是日本能源消费结构转变的催化剂,也为日本怎样制定能源政策、制定什么样的能源政策提供了参考。有关《欧洲能源政策的要点》的详细内容可参考:1. 欧洲能源政策调查团:《欧洲能源政策的要点》(调查报告),1961 年 7 月 6 日。2. 土屋清、稻叶修三:《能源政策的新展开》,钻石社,1961 年。

②《贸易外汇自由化大纲》和《贸易外汇自由化计划》的制定和实施打破政府对商品进口的限制,取消原来的外汇配给制,为大量进口石油等能源解决资金问题,扫清制度上的障碍,标志着日本对外贸易体制由原来的保护型向自由化贸易体制过渡。

③ 日本政府于 1961 年 7 月设置了能源讨论会,该会主要成员由能源专家、与能源相关的业内人士组成,其主要职能是以石油的进口自由化为前提,以集思广益的方式,讨论和研究日本的综合能源政策,确立石油进口自由化之后的对策。

④ 松井贤一:《能源——战后 50 年检验》,电力新报社,1995 年,第 143 页。

⑤ 当时,日本本国的石油企业有:出光兴产、丸善石油、大协石油、亚细亚石油、东亚石油和日本矿业等,这些企业从资本和技术上都稍逊外国石油资本企业。

引导和协调。1965 年，三家公司的销售部门合并组建成了共同石油公司。1968 年，以共同石油为基础，三家公司又组建了共同石油集团。[①]三是，设立石油资源开发股份公司。1955 年为解决石油资源开发股份公司资金短缺的问题，政府把持有帝国石油股份公司的股份，以实物出资的形式转让给石油资源开发股份公司，其售价充作政府提供的资金。[②]四是，颁布《石油开发公团法》。1967 年，日本颁布了《石油开发公团法》。该法规定了石油公团的主要业务如下：为海外石油勘探企业所需资金进行出资或提供贷款；为海外石油勘探及冶炼企业提供债务担保；出租石油勘探所需的机械设备；为石油勘探及冶炼提供技术指导；为国内石油及天然气的勘探，进行地质结构调查。[③] 该法的颁布标志着促进石油开发的主体——石油开发公团正式成立运营。另外，必须说明的是日本除为确立“油主煤从”能源体制进行政策设计外，还对发展原子能[④]与天然气[⑤]等能源进行了政策扶植，此举为日本能源消费多元化奠定了基础。

以“油主煤从”型能源政策体制代替“煤主油从”型能源政策体制，是两种“体制竞争”的必然选择。推动“两种体制”演变，并使二者产生“体制竞争”的主要因素，是世界能源革命带来的石油全球化、市场化以及日本经济体制由统制封闭型向相对自由开放型的转变。

（三）制定能源危机管理政策应对“地缘政治”约束

1973 年爆发的石油危机对日本而言是战后第一次国家危机，整个国家特别是在“能源配置”方面，出现了政府失灵、市场失效、心理失衡的

---

① 松井贤一：《能源——战后 50 年检验》，第 147—148 页。

② 石油矿业联盟：《石油矿业联盟 20 年的历程》，石油矿业联盟，1982 年，第 2—5 页。

③ 通产省资源能源厅：《日本能源政策的历程和展望》，通商产业调查会，1993 年，第102 页。

④ 1955 年 12 月制定并颁布了《原子能基本法》和《原子能委员会设置法》，修改了《总理府设置法》，这三部法律被称作原子能三法。详见：资源能源年鉴编纂委员会：《2003 - 2004 资源能源年鉴》，通产资料出版会，2003 年，第 657 页。

⑤ 1960 年代初，日本面临着解决城市煤气的供求矛盾以及由于煤气的大量使用而带来严重的空气污染问题。作为解决方法，日本为了改变城市单一能源消费结构决定引进天然气，使之朝着多样化方向发展。

“三失”效应。对此，日本从行政、法律等方面对危机进行了相应的制度安排、政策设计，以期强化危机管理水平、提升危机管理质量。从应对石油危机的时间序列而言，日本应对危机的政策措施分为事前管理和事后管理。事前管理可视为预防性的政策，属于体制性管理，事后管理可视为应急性的对应，属于无预防性管理。

（1）应急能源管理政策

日本在处理第一次石油危机时的应急措施都是以“紧急石油对策推进本部”“国民生活安定紧急对策本部”“以资源和能源为中心的运动本部”等三大应急机构展开实施的。三大机构通过行使应急性权力，先后制定并实施了 8 项[①]紧急对策，以应对第一次石油危机带来的影响。8 项应急措施，从内容而言，主要是从石油供应、消费限制、价格控制、行政分配等角度实施的；从空间而言，既有国内应急措施又有在海外实施的紧急外交斡旋；从时间而言，虽在时间上有序次之不同，但相互之间并不具有替代性，而是叠加式的实施；从性质而言，既有政府号召及行政指导性措施、政府政令，也有法律法规措施以及外交措施。

（2）预防能源管理政策

日本为建立常态的、完备的能源危机管理体系，避免因制度缺失、决策失误和管理错位等原因导致能源危机带来灾难性的严重后果，从行政政策、法律政策等方面进行了相应的制度安排。

其一，行政政策安排主要是表现在 5 个方面。一是，制定加强与产油国的合作关系政策。20 世纪 70—80 年代，日本努力构筑与中东产油国的“良好”关系大多是在双边框架下进行的，其外交策略除了政治上公

---

① 1973 年 11 月 9 日，制定为在民间节约使用石油及电力的行政指导要领；1973 年 11 月 16 日，制定石油紧急对策纲要；1973 年 11 月 16 日，制定在政府机关对石油、电力等节约使用的实施纲要；1973 年 12 月 22 日，制定“石油二法”；1973 年 12 月 24 日，制定关于限制汽车使用的条例；1973 年 12 月 28 日发布关于当前的紧急对策的说明；1973 年 12 月至 1974 年 2 月，三木武夫特使、中曾根通产大臣、小坂特使先后三次访问了中东产油国，共承诺包括民间贷款高达 5060 亿日元，促进了日本与中东国家的经济交流；1974 年 1 月 11 日颁布石油及电力的节减要领。

开表明“亲阿拉伯”政策外①,更重要的是在经济上提供资金、技术等援助。二是,积极参与国际能源合作政策。日本参与了“能源协调小组”的筹备和组建、“国际能源计划协定”的起草和修改、“国际能源机构(IEA)”②的设置和完善等工作。此外,日本还与美、德、法等国家签署了双边能源技术合作协议。③ 三是,制定并实施节能政策。在节能管理方面,日本从中央到地方都建立了一套完备的管理机构和咨询机构,专门研究节能问题。四是,推进替代石油政策。日本早在 1973 年 12 月,就提出了以新能源技术的研究开发为核心而实施的国家级项目“阳光计划”。之后,于 1978、1989 年先后制定了“月光计划”“地球环境技术开发计划”以期“稀释”能源风险。五是,制定石油储备政策。日本的石油储备采用官民并举式的共同储备。能源储备政策起到了对能源价格风险的“舒缓”作用。

其二,法律政策安排。法律作为一种制度安排,是一个特定历史阶段的产物。日本通过各种能源立法,以强制性、权威性的手段确保了能源行政政策的有效实施,并把对能源危机的管理纳入到了法制化、常态化、长期化的轨道。纵观日本在两次石油危机期间制定并颁布的各种行政性的能源政策,可发现几乎每一个重要的行政性能源政策都对应着一部与之相关的法律。这些法律的构建既是日本能源危机管理的法理依据,又是行政能源政策顺利制定和实施的具体保障。目前,日本逐步形成了以《石油储备法》《石油替代法》《能源利用合理化法》《石油供需合理化法案》《国民生活安定紧急措施法案》以及在电力、煤炭、新能源方面的

① 宝利尚一:《日本的中东外交》,教育社,1980 年,第 26 页。

② 1974 年 11 月 15 日,经济合作与发展组织各国在巴黎通过了建立国际能源机构的决定。同年 11 月 18 日,各方签署了《国际能源机构协议》。

③ 日美间的《日美间在规制及安全研究领域内技术信息交换协定》《ROSA—IV 计划日美研究协定》《高温燃气炉研究开发协定》等;日德间的《日德轻反应堆安全合作协定》《NSRR/PNS 日德共同研究协定》《日德高温炉合作协定》《ROSA—IV 计划日美研究协定》等;日法间的《日法轻反应堆安全合作协定》《NSRR/PNS 日法共同研究协定》《ROSA—IV/BETHSY—CATHARE 计划研究协定》等。

相关立法为主要内容，相关部门的“行政实施令”等为补充的能源法律体系。①

日本通过制定与完善能源法规体系，不仅严格控制了各行业与全社会对能源需求的大幅增长，还把能源替代、能源储备、节能减排、开发新能源等纳入到了法制化、规范化和长期化的轨道，这对能源危机起到了防火墙作用。

（四）制定以3E协调为中心的能源政策应对“环境”约束

日本能源政策从战后到现在经过近60年的历练，政策目标也从未摆脱经济复兴期的能源供应约束、经济高速增长期的能源结构约束以及两次石油危机的能源“地缘政治”约束等目标，到20世纪80、90年代（国际能源形势相对稳定时期），发展变化成了既要谋求能源安全也要确保能源效率、环境保护的多元化目标。日本如何维系能源供给的安全和成本的最佳平衡、能源消费和环境保护的相互协调，即3E② 协调关系，成为日本的新课题。

在应对环境污染方面，日本为减少因大量使用化石能源而导致废气排放物的增多，提出了“新能源立国”目标，并相应制定颁布了一系列政策法规。支撑“新能源立国”战略的政策主要由《促进石油替代能源的开发以及导入的法律》（简称《能源替代法》）、《长期能源供求展望》以及《促进新能源利用的特别措施法》（简称《新能源法》）三部分构成。《新能源法》是《能源替代法》的延伸和发展，二者是新能源政策贯彻实施的法理依据，《长期能源供求展望》是新能源政策的指南、方向和目标。

《能源替代法》颁布于1980年，该法只是对石油替代能源的种类（主要包括煤炭、原子能、天然气、水利、地热以及太阳能、废弃物、余热等）进行了说明，并没有对“新能源”概念进行清晰的诠释和界定。1980年的内

① 资源能源年鉴编纂委员会：《2005—2006资源能源年鉴》，通产资料出版会，2005年，第21—774页。

② 经济发展（Economic Growth）、能源安全（Energy Security）与环境保护（Environment Protection）由于其英文字母的都有E，故称为3E。

阁会议上，日本确定了 10 年后的“石油替代能源供应目标(1990 年)”。[①] 1994 年，日本内阁会议又通过了“新能源推广大纲”，大刚第一次正式宣布日本要发展新能源及再生能源，呼吁政府全力推进新能源和再生能源，尽快使私人企业、一般民众了解该政策。《新能源法》[②]共 3 章 14 条，基本框架主要是由与新能源利用相关的“基本方针”“指导和建议”以及“促进企业对新能源利用”三大部分构成。该法明确了政府、新能源的利用方、新能源的供应方及地方公共团体等各主体所应具有的职能和范围。[③]《长期能源供求展望》是通商产业大臣(现在称为经济产业大臣)的咨询机构“综合能源调查会”从长期能源需求的角度，对日本能源的供需状况以及安全进行预测和总结，是“日本能源政策的指南”。[④]

在成本方面，日本通过采取一系列放松规制等措施促进石油、煤炭和电力等能源领域的市场化，以期建立一个低成本高效率的能源供需系统。在价格机制改革方面，日本政府在妥善处理不同利益群体的关系、充分考虑社会各方面承受能力的情况下，积极稳妥地推进能源价格改革，逐步建立能够反映资源稀缺程度、市场供求关系和环境成本的价格形成机制。日本逐步推行的石油、电力市场化改革，不仅及时反映了国际市场价格变化和国内市场的供求关系，而且还促进了能源产业的高效化。

(五) 制定《新国家能源战略》应对能源价格飙升

“9·11”后，全球能源竞争异常激烈，国际原油价格不断飙升，资源

---

① 供应目标主要包括：(1) 开发、利用石油替代能源的种类；(2) 各种替代能源的供应数量和目标；(3) 其他石油替代能源(太阳能、液化煤炭)的说明。详见：资源能源年鉴编纂委员会：《2003—2004 资源能源年鉴》，通产资料出版会，2003 年，第 657 页。

② 日本法律第 37 号《促进新能源利用的特别措施法》第 6 条，1997 年 4 月 18 日。

③ 新能源的利用方主要是指企业界、国民、政府以及公共团体。对于企业界而言要尽可能的加强对新能源的利用，并结合自身情况制定新能源导入计划；对于政府和公共团体而言，要尽最大可能为新能源创造和扩大初期需求，积极推进新能源相关设施的建设和利用；对于国民而言，要尽可能消费新能源。新能源供应方主要是指新能源的制造者以及新能源相关设备的进口者。

④ 茅阳一：《能源的百科事典》，丸善株式会社，2001 年，第 415 页。

民族主义情绪日益高涨，这让日本政府意识到只有加大在石油勘探和开发上的投资，扩大海外权益和原油保有量，才能获得能源安全。为此，日本于 2006 年 5 月制定了《新国家能源战略》，以应对国际能源形势的巨变。该战略的指导思想是“整体规划、宏观有序、目标明确、整体最优”。从宏观结构上看，新战略是由许多独立运行的诸如核能系统、节能系统、新能源开发系统、能源储备系统等子系统组成的复杂系统；从微观运行机理上看，每一个子系统都按时空序次，从不同角度运行。

日本认为能源风险主要来自三个方面：能源需求旺盛和高价位长期并存、中长期影响稳定供应石油天然气的变数增加、能源市场上的风险因素的多样化和多层次化并存。鉴于此，日本制定了以“实现日本国民可信赖的能源安全保障”“通过解决能源环境问题，构筑可持续发展的基盘”“为解决亚洲和世界的能源问题做贡献”为基本目标的新战略。新战略将这三大基本目标可细化为五个子目标值。① 为实现该目标，新战略认为应从“实现世界上最优的能源供求结构、综合强化能源外交和能源合作、完善能源危机管理”三个方面制定相关措施。

其一，为实现世界上最优的能源供求结构，日本制定了四大能源计划。② 一是，节能领先计划。其目标是到 2030 年，单位 GDP 能耗指数在 2003 年的基础上至少再下降 30%，能源消耗指数达到 70%。二是，运输能源的计划。计划运输部门到 2030 年，对石油的依赖度降至 80%。三是，新能源创新计划。计划到 2030 年，将太阳能发电成本降至与火电相同的水平，通过生物能和风能提高在当地发电当地生产促进区域能源的自给率。该计划还规定到 2030 年石油在一次能源总供给中的比率从现在的 50%左右下降至 40%。四是，核能立国计划。日本计划到 2030 年的核能发电量占到总电量 30%—40%。

---

① 五个子目标分别是：① 节能目标；② 降低海外石油依存度目标；③ 降低运输部门石油依存度目标；④ 核能发电目标；⑤ 提高海外资源开发目标。参见：经济产业省：《新国家能源战略》，经济产业省，2006 年 5 月，第 24—26 页。

② 经济产业省：《新国家能源战略》，第 24—63 页。

其二,加强与亚洲国家在能源和环境领域的合作。日本推行亚洲能源和环境合作,主要通过以下三个方面进行①,即降低亚洲能源消耗量、加强与亚洲进行新能源合作、在亚洲推广煤炭的洁净化技术。

其三,完善对紧急情况的应对机制。首先,强化以石油产品为中心的石油储备,兼顾推进天然气储备制度,根据当前的能源形势重新考虑制定更符合现有能源状况的应对措施。其次,加强天然气的紧急对应体制。开展天然气供应中断应对机制的可行性调查,探讨建立天然气的紧急状况应对体制。再次,加强危机应对措施管理,协调紧急情况下各能源产品应对方案的横向协调与合作。在2008年前,要求对各能源企业的紧急应急机制进行全面检查,并强化企业与企业之间在能源危机管理发生时的互助机制。

其四,强化能源技术战略。日本认为,安全问题和环境问题的解决必须通过科技创新才能解决,而科技创新必须要依靠官民合作完成。故此,新战略提出以政府和私营企业的共同努力为基础,在以节能为中心的能源相关技术领域力争成为世界的领先者的目标。为实现该目标,日本提出了能源技术战略②,即从2050年、2100年超长期视角出发,提出到2030年应该解决超燃烧技术、超时空能源利用技术、未来民用和先进交通节能技术、未来节能装备技术等技术课题。

概言之,战后日本应对不同能源约束形式而制定的能源政策是相当复杂的系统工程。按能源类别,可分为煤炭政策、石油政策、原子能政策、天然气政策、新能源政策等;按政策性质,可分为节能政策、石油替代政策、能源储备政策、进口多元化政策等;按照政策约束程度,可分为能源形势展望、政府报告、激励措施、能源政令和能源法规等。上述诸能源政策的叠加便构成了当前的日本能源政策体系,而这种叠加并非是一朝一夕、一蹴而就地完成的,而是根据日本国内外能源环境的变化经历了

① 经济产业省:《新国家能源战略》,第54—58页。
② 经济产业省:《能源白皮书2006年版　附件资料》,行政出版社,2006年,第62—63页。

无数次废止、增修和调整的结果。

二、日本构建能源安全政策的空间逻辑

日本的一次性能源自给率仅为16%,1973也有几乎100%的天然气和煤炭、99.4%的石油依赖进口。[①] 即使如此,日本在世界经济发展史上仍创造了两次"奇迹",其中一次就是日本比其他发达国家更为顺利地渡过了第二次石油危机。[②] 而且,21世纪初,尽管国际原油价格不断飙升,但这既没有诱发日本出现严重的通货膨胀,也没有造成企业利润的急剧下降、失业率的上升,各经济指标不但没有很大的波动,而且还走出了长期经济萧条的困境。悬在日本经济"头上"的能源"达摩克利斯之剑"并未落下,显然,日本规避能源风险的能力和实力已达到了相当的水平。

日本在空间纬度上,通过不断地整合物质资源、社会资源以及精神文化资源,渐次地打造能源安全平台。能源具有战略性和商品性的双重属性,战略性是商品性的衍生属性,商品性是其基本属性。这里拟以能源的商品性为视角,以能源的开发、生产、进口、流通、消费以及储备等环节作为研究框架,重点论述日本构筑各能源安全链条的政策选择及其价值取向。

(一)"减低、规避"能源风险政策

"减低、规避"能源风险政策主要表现在能源生产和开发环节上。日本在开发环节上的能源政策具体又主要体现在海外及国内两个层面。在海外,日本积极推进能源自主开发政策;在国内,制定新能源开发和应用政策。前者的政策取向是降低能源风险,后者的政策取向是规避能源风险。

近年,国际原油价格飙升不止、全球能源消耗的与日俱增及能源消费格局的悄然变化使能源安全问题日益凸现。在此背景下,日本通过加

---

① 资源能源厅长官官房综合政治课:《综合能源统计》,通商产业研究社,2006年,第193页。

② 另一奇迹是日本战后以两位数速度持续长达十几年的经济高速增长。

大自主开发的力度和强度，增强在海外能源生产和供应的话语权，避免因输出国单方面停止能源供应而造成的影响，从而降低能源风险。

日本为顺利推进海外能源自主开发政策，在策略上进行了以下三点考量。其一，努力构筑与资源国的合作关系。日本加强与资源国的合作主要是以"双边和多边框架"为平台，在政治、经济和文化领域，灵活运用自由贸易协定(FTA)谈判和阁僚政治对话，借助 ODA(政府开发援助)、直接投资、人才培训和技术交流等手段展开的。其二，将能源开发纳入资源国的经济建设中。在具体开发援助项目的设置上，日本是很注意研究受援国自身制定的发展战略的，在事先调查的基础上，通过精心设计，既照顾到受援国政府对基础设施建设、制度建设等领域投入的要求，又较为关注教育培训、医疗卫生等惠及普通民众的领域。此举给资源国留下了良好"形象"，从而也相应地减轻甚至屏蔽了日本在资源国进行自主开发所受到的各种阻力。其三，提升日本国内能源企业的竞争实力。在全球资源竞争日益激烈的情况下，日本把国内最大的石油资源开发商"国际石油开发公司"与"帝国石油公司"先以联合控股的形式重组成立了"国际石油开发帝石控股公司"，计划到 2008 年前将完成经营资源和资本的全面整合。① 其目的是要培育在国际石油开采领域具有强大竞争能力的骨干企业。日本政府还借助日本国际协力银行、日本贸易保险公司等机构，为石油企业对海外石油等资源进行开拓，提供保险和融资上的优惠。

经过上述政策的实施，日本海外原油自主开发率从 1970 年的 10%，到 2005 年达到了 16%左右，石油海外自主开发量也从 1970 年的 2 亿 kl，增加到了 4 亿 kl(见图终-2)。日本在 2006 年出台的《新国家能源战

① 国际石油开发公司是作为日本政府的"国策企业"于 1966 年设立的，日本经济产业省持有 36%的股份，政府控股的石油资源开发持有 12.9%的股份，属于国有控股企业。帝国石油公司是 1941 年作为日本国策企业设立的能源开发公司，但现已改组成为纯民间上市公司，是日本第三大石油资源开发企业。两家公司合并之后的公司名称为"国际石油开发帝石持股株式会社"，其资本金达 300 亿日元，每天可生产 50 万桶石油，约相当于日本每日进口原油的 10%。

略》中提出“争取到 2030 年,把原油自主开发比例由目前的 15%提高到 40%”。①

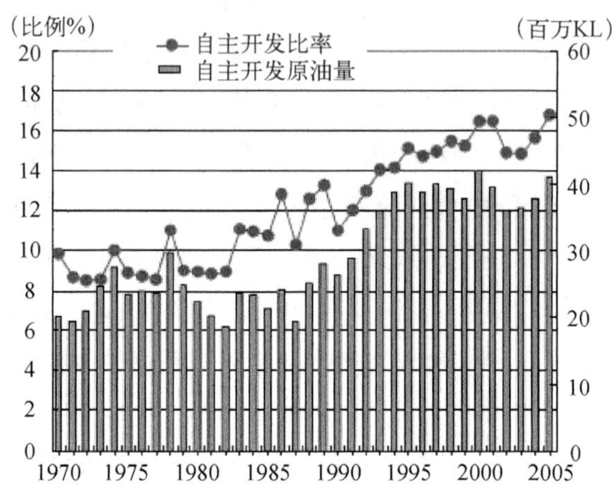

图终-2　日本自主原油开发量及其比率

注:自主开发是指通过日本企业的资本投资所开发的原油。

资料来源:经济产业省:《能源白书 2007 年版》,行政出版社,2007 年 5 月,第 14 页。

新能源的开发和利用之所以成为日本合力攻坚的举国战略,是因为新能源既是环保、清洁能源,又是传统能源的最好替代能源。更重要的是,提升新能源在能源需求结构中的比例会规避煤炭、石油等能源带来的诸多风险,进而渐次地推动日本从化石能源进口大国向新能源输出大国的转变。

石油危机在成为日本经济高速增长的桎梏的同时,也为日本步入开发新能源时代提供了契机。日本多年来对太阳能、核能、生物能、风能、潮汐能以及废弃物发电、地热发电进行了开发和利用,其成效已初见端倪。近年来,新能源的开发与利用,大幅度地降低了对传统能源的依赖,增强了日本经济抵抗风险的能力,而且,伴随新能源的产业化程度的不断升高,新能源产业的经济效益正在向扭亏为盈的趋势转变。当前,日

① 经济产业省:《新国家能源战略》,经济产业省,2006 年,第 26 页。

本新能源企业开始出现向海外扩张的新迹象。

新能源在日本得以迅速发展的主要原因有以下三点：

第一，成立专门推进机构。1974 年，日本政府为推进能源技术的研究和开发，设立了“阳光计划推进本部”①，把当时的通商产业省工业技术院（2001 年改称为独立法人产业技术综合研究所）作为新能源的推进机构，制定并实施了“阳光计划”。② 2003 年又专门成立由 1 000 人组成的新综合能源开发机构（现称独立法人新能源产业技术综合开发机构），该机构主要负责新能源技术及可再生能源研发和推广普及工作。③

第二，政策导向。为积极推进对新能源的开发和利用，日本政府在 1974 年、1978 年、1989 年和 1993 年分别制定了“阳光计划”“月光计划”“环境保护技术开发计划”以及“新阳光计划”。此外，2006 年 5 月日本出台的《新国家能源战略》，也制定了新能源开发计划。这些政策既是新能源开发的坐标指南，又是促进日本新能源普及应用的加速器。日本对于新能源开发及应用中的各种难题，都是通过政府积极引导，采取政府、企业和大学三者联合的方式，共同攻关的。

第三，培育市场。日本为了普及应用新能源，采取了政府扶植、激励等措施。政府通过有目的、有意识地积极引导并扶持新能源在初期阶段的设备引进、技术开发、试验以及示范项目来扩大新能源的“供给”，通过在政府机构率先配置新能源的相关设备，并通过制定实施《新能源利用特别措置法（RPS）》扩大新能源的“需求”。为保证“新阳光计划”的顺利实施，日本政府每年要为该计划拨款 570 多亿日元，其中约 362 亿日元用于新能源技术开发。④ 在培育新能源市场方面，对新能源消费者实施“补助”政策，通过该政策，太阳能发电用户越来越多，市场价格也随之大

---

① 田中景：《稳定增长阶段的日本经济》，《现代日本经济》，2007 年第 1 期，第 19 页。

② “阳光计划”，日本为发展新能源和可再生能源于 1974 年 7 月公布的国家计划。其目的是为了确保自身能源的稳定供给，不断扩大开发利用各种新能源，寻找可以替代石油的燃料，并缓解化石能源对于环境的污染。

③ 日本新能源综合开发机构官方网站《资料数据库》，参见：http://www.nedo.go.jp/。

④ 独立行政法人 新能源、产业技术综合开发机构网站：http://www.nedo.go.jp/。

幅下降，由此新能源市场进入良性循环阶段。

（二）“分散、防范”能源风险政策

“分散、防范”能源风险政策主要体现在进口能源环节上的两个层面。其一，实施能源进口渠道多元化政策。其二，实施进口能源多样化政策。前者是为了建立蛛网式的供应链，改变单一进口源的脆弱性，其政策取向在于是分散风险，后者是为了改变进口能源结构的单一性，其政策取向在于防范风险。

从石油进口源看，目前日本日平均石油进口量在430万桶左右，其中来自中东的占89%左右（阿联酋24.5%、沙特29%、伊朗13%、科威特7%、其他15.5%）。① 日本很清醒地认识到，能源进口渠道的多元化是分散石油进口过度集中，保障能源安全的基本条件。中东地区长期动荡不安，必将影响日本石油的稳定供应，阻碍经济发展。为避免因石油进口受阻而导致能源供应链条断裂，日本始终致力于解决石油进口源过度集中这一问题。因此，日本大搞“能源外交”，谋求进口能源的多元化，建立蛛网式的供应链，从而改变能源进口渠道单一化的脆弱性，降低能源进口源过度集中带来的风险性。石油危机后，日本能源投资的重点逐渐从海湾地区转向俄罗斯、中亚、非洲、东南亚、南美等国家和地区，以便进一步确保日本的能源供应链不发生断裂。

从能源进口结构看，天然气的进口量从1970年的977万吨到2005年增加至57.9亿吨，增长近60倍。煤炭的进口量从1970年的5.01亿吨到2005年增加至17.7亿吨，增长2倍多。② 从消费结构看③，石油所占比重在逐年下降。在城市燃气中石油所占比例从1973年的46%降至2005年的6%，而天然气则从27%提高至94%，煤炭在城市燃气中从1973年的27%，到2005年已经退出城市燃气。但是，在发电结构中煤炭所占比例则由1973年的5%到2005年上升至26%，而石油则从71%

---

① 日本能源研究所：《能源经济统计要览》，财团法人节能中心，2007年，第162页。

② 日本能源研究所：《能源经济统计要览》，第178—188页。

③ 经济产业省：《能源白皮书2007年版》，行政出版社，2007年，第14页。

降至 9%(见图终-3)。

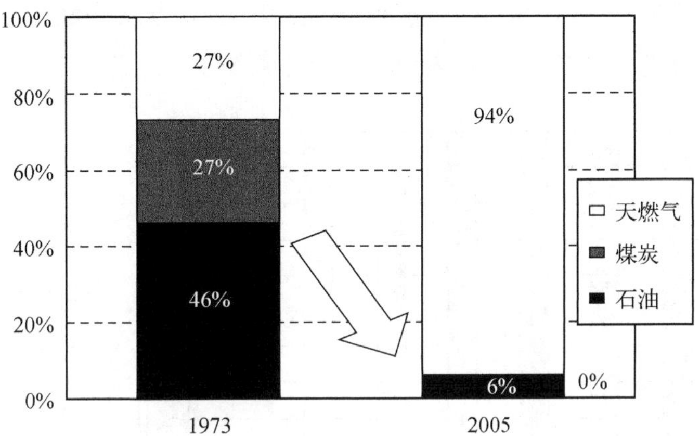

图终 3　城市燃气的结构变化图

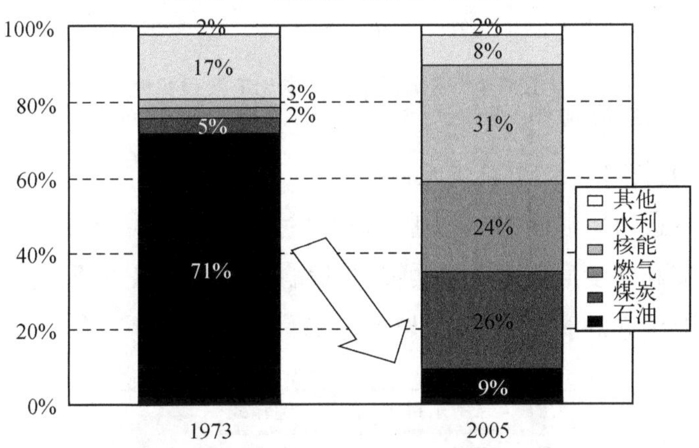

图终 3　发电能源的结构变化图

资料来源:经济产业省:《能源白皮书 2007 年版》,行政出版社,2007 年,第 14 页。

另外,石油危机后,日本非常重视原子能发电。目前,原子能发电量已占总发电量的 27%左右,计划到 2030 年将该比率提升到 30%—40%(见图终 4)。

为此,日本政府近年来加大了以铀为重点的能源外交。2006 年 8 月,日本前首相小泉纯一郎访问了哈萨克斯坦(铀矿储量位居世界第二),此次访问也是历史上日本首相对哈萨克斯坦的首次访问,双方就日本参与开发哈萨克斯坦的铀矿资源交换了合作备忘录。2007 年 4 月，日本经济产业大臣甘利明再次访问哈萨克斯坦，双方发表联合声明，确认了两国的战略伙伴关系，并表示将在核能领域加强合作。

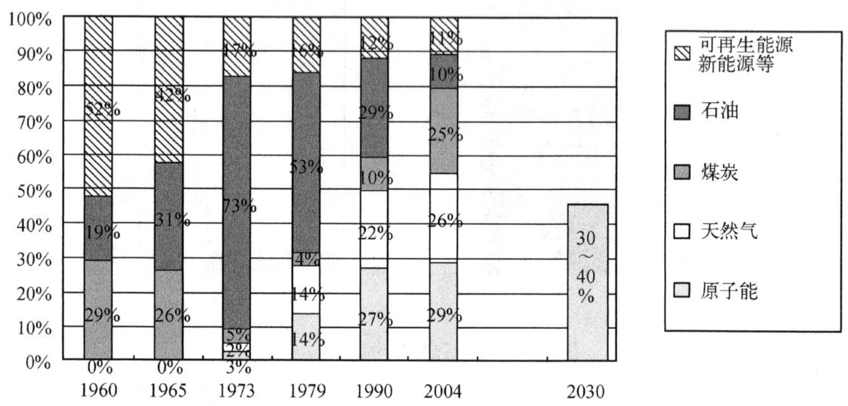

图终 4　日本原子能发电比率及目标值

资料来源：经济产业省：《能源白皮书 2006 年版》，行政出版社，2006 年 5 月，第 9 页。

（三）“预防、控制”能源风险政策

日本进口原油的 90％以上，都要经过马六甲海峡，此海峡由新加坡、马来西亚和印度尼西亚 3 国共管，其战略地位之所以重要是因为它能直接扼东亚国家的能源“咽喉”（如图终 5）。

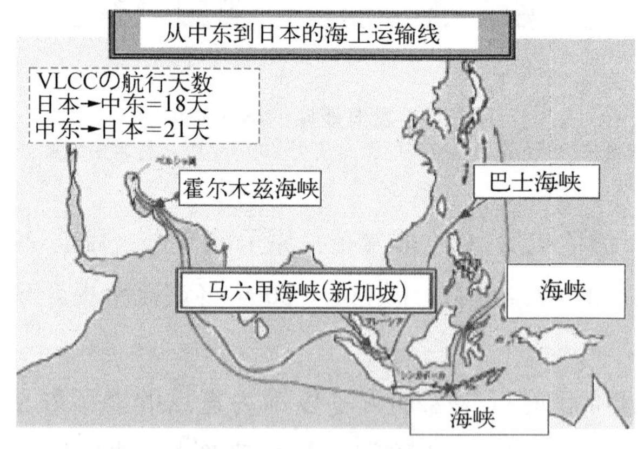

图终 5　中东石油和天然气运往日本的海路示意图

资料来源：日本资源能源厅网：http://www.enecho.meti.go.jp/。

马六甲海域近年来海盗活动猖獗，海盗劫船事件屡屡发生，经济损失惨重。仅2001年在这一带就发生了600多起海盗劫船事件，经济损失高达100多亿美元。2004年世界上共发生海盗325件中有147件发生在东南亚地区，其中在马六甲海峡发生45件、印度尼西亚93件、马来西亚9件。① 日本为“打击海盗”确保能源的稳定供应，对马六甲海域进行了军事渗透和布防，以便预防、控制海上能源风险的发生②，其具体措施有：

第一，组织签订《亚洲地区反海盗及武装劫船合作协定》。该协定是为防范海盗及持械抢劫船只活动，于2004年11月11日在东京缔结(2006年9月4日生效)的。迄今已有日本、新加坡、泰国、柬埔寨、中国等14个国家在协定上签字。协定生效以来，2007年1月至6月，亚洲地区发生的海盗与武装劫船事件共有43起，与2006年同期的79起和2005年同期的75起相比均有大幅下降。③

第二，建立“情报交换中心”。日本正在投资4 000万日元，在新加坡建立一个“情报交换中心”，与新加坡、泰国、柬埔寨等国家及时交换马六甲海峡及周边海域的反恐情报。显然，随着日本自卫队将任务范围扩大至马六甲海峡，“情报交换中心”将成为日本自卫队的“耳目”，从而提高日本对马六甲及包括中国在内的周边海域的侦察能力。

第三，2004年日本通过了“有事法制”7法案。7法案中假设了若干种“周边地区紧急事态”，其中不仅包括台湾海峡，也包括马六甲海峡。显然，日本早已相当重视马六甲海峡，并将西南远洋航线(日本经东南亚至海湾航线)称为“经济生命线”。

第四，加强武器装备。日本海上保安厅引进大型喷气式侦察机，在不用加油的情况下就能往返于马六甲海峡和新加坡海峡。2005年10

① 经济产业省:《新国家能源战略》，经济产业省，2006年，第12页。

② 日本在此海域除打击海盗外，更深层次的原因还有为防范国际冲突而作的未雨绸缪。因为谁控制了马六甲海峡，谁就扼制住了中国的能源通道，就随时能对正在迅速崛起的中国实现非常有效的遏制。

③ 张永兴:《亚洲反海盗信息交流中心强调继续加强反海盗活动》，新华网:

月，在日美防务“2+2”谈判中，在美国的要求下，日本自卫队也考虑将自卫队的任务范围扩大到马六甲海峡。另外，日本通过向印尼提供巡逻艇、派员协助指导印尼的反海盗工作等方法，致力于谋求提高对马六甲海峡的发言权和控制权。

（四）“弱化、化解”能源风险政策

“弱化、化解”能源风险政策环节上的政策安排主要是大力推动节能政策以及制定新一代运输能源计划。节能政策的价值取向是通过减少对能源的使用，从“量”上弱化能源风险。新一代运输能源计划则是通过降低对石油的依赖，从能源消费结构的角度化解能源风险。

日本在节能方面是以“人人节能、人人有责、人人受益”为指导思想、通过“立法和教育”两种约束而实施的。“立法”是对节能的硬约束，是强制行为；“教育”是对节能的软约束，是意识行为，两者相互依托、相辅相成。

首先，日本制定了《节能法》。20 世纪 60 年代，高能耗、高增长的日本经济在经历了第一次石油危机的重创后，开始厉行节能政策。1978 年日本制定了以节能为核心的“月光计划”，该计划截至 1992 年已投资 1 400 亿日元，目前在许多项目上已取得了重大突破。1979 年制定的《节能法》，要求企业每年以 1%的速度递减能源消耗，鼓励企业引进有利于节能的技术和设备，支持开发节能技术和产品，并适时加强对工厂能耗的管理和监督。

其次，制定节能技术政策。石油危机后，日本政府不断提出中、长期节能技术发展战略。为实现提升节能技术目标以及新技术的开发和应用，政府向各节能技术开发单位提供战略性支持。日本政府反复强调各企业部门要具有强烈的节能技术开发意识，要在持续、渐进地进行开发节能技术的同时，各行业各领域之间还要进行技术的互相借鉴和融合、各研发部门和需求方要进行适时的沟通和交流。

再次，制定各产业及部门的节能目标管理政策。为了最大限度地提高不同部门的能耗率，日本政府加强了对各个部门的节能目标管理，为各部门及各行业制定节能最高标准，对那些不能达到标准的部门，有选择地加强支持力度。最后，实施节能教育。从学校到机关，从家庭到厂矿，日本通过广泛地开展节能教育和宣传，唤起人们的危机意识和忧患思想。目前，节能意识已渗透并扎根到日本民众的心底，已成为日本人的思维定式和惯性行为。在生产、生活中，时时、事事、处处都折射着日本人的节能意识和节能创意。

节能政策的贯彻实施，大大降低了经济增长对能源消耗的依赖程度。20 世纪 80 年代，日本每单位 GDP 生产的能耗，低于同期的美国。在 1990 年代末，美国平均 1 万亿美元的 GDP，则消耗相当于 2.64 亿吨石油，而日本仅消耗 0.96 亿吨石油。① 从日本最终能源消费推移看，如图终 6 所示，从 1973 年到 2001 年间，日本 GDP 在近 30 年间增长 2.1 倍，而产业部门的能源消耗仅微幅增长了 3%。这表明日本摆脱了依靠能源的高投入和高消费而拉动经济增长的局面。

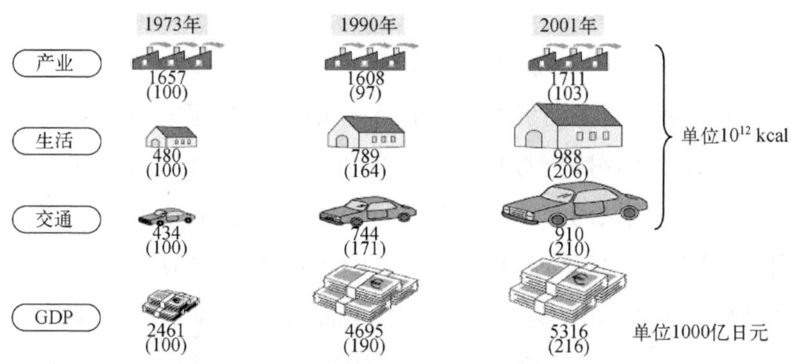

图终 6　日本最终能源推移变化

注：( )内数值是以 1973 年为指数 100 时，1990 年、2001 年与之的比较。

资料来源：依据 1. 资源能源厅编发：《关于今后的节能对策(2003 年度、2004 年度)》；2. 节能中心：《能源经济・统计要览 2003 年版》中相关数据编制而成。

1973 年以来，日本运输业所需能源对石油的依赖度不但没有下降反而上升，近乎接近 100%，直至 2001 年，能源消费才略有下降(如图终 7)。为降低运输业对石油的依存度，日本在《新国家能源战略》中提出了“新一代运输能源计划”。该计划的目标是到 2030 年，使运输部门对石油的依赖度降至 80%左右。②

① 经济产业省：《能源白皮书 2007 年版》，行政出版社，2007 年，第 149 页。

② 经济产业省网：《新国家能源战略》，http://www.meti.go.jp/。

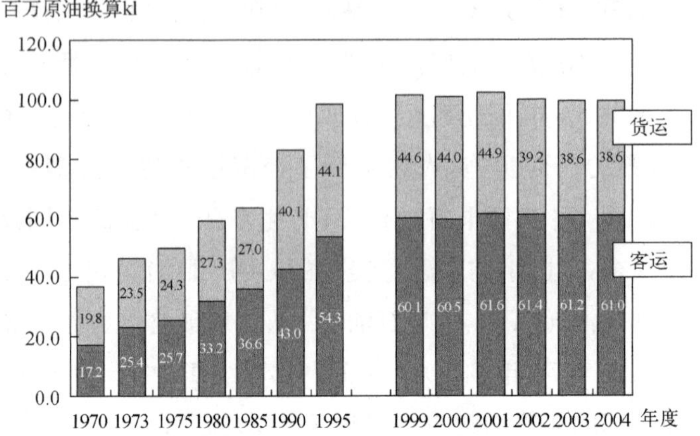

图终 7　运输部门能源消费的推移

资料来源:能源资源厅编发:《能源消费现状与节能法的实施情况》,2007 年 6 月,第 14 页。

(五)"缓解、缓冲"能源风险政策

能源储备是能源消费国应付能源危机的重要手段,各国都把建立石油战略储备作为保障能源供应安全的首要战略。日本的石油储备是以官民并举的方式共同实施的,分为国家储备和民间储备两种形式。1975 年出台的《石油储备法》是石油储备的专业化法规,该法规定国内石油企业必须储备足够 90 天消费的石油(民间储备),此目标早在 1981 年就已经实现了。1978 年开始实施的《日本国家石油公司法》规定由国家石油公司建立国家石油储备,1999 年已完成储备 8 000 万 kl 的目标,即 85 天的消费量,2005 年底,日本民间储备的石油足够国内消费 78 天,官方储备的石油足够 91 天消费(见图终 7)。这就意味着,即使日本所有进口能源链条被切断,日本的能源储备也能支撑半年左右。

目前,日本为了进一步提高储备石油管理效益,把工作的重点已转移到了增强国内外石油市场信息收集及研究上。近年来,在国际原油局势变幻莫测、原油价格不断攀升的情况下,日本国内石油市场的价格却并未出现暴涨暴跌。显然,能源储备对调节国内供需、平抑油价、保证供应等起到了缓解风险的作用。

天然气的消费约占日本最终能源消费的 5%,与日本国民生活息息

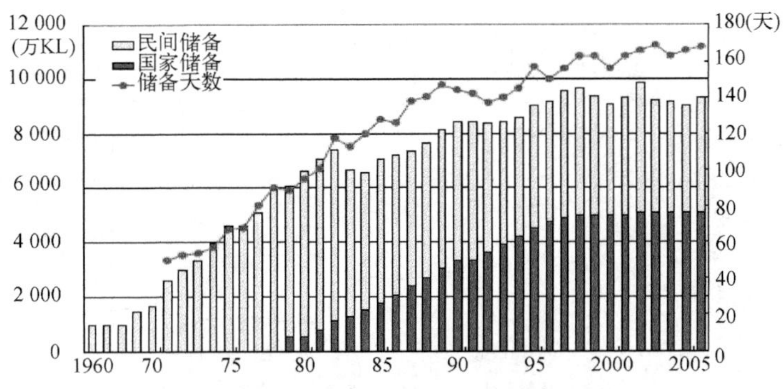

图终7　日本的石油储备量及储备天数

资料来源：经济产业省《能源白皮书2007年》，行政出版社，2007年，第73页。

相关。从供应结构看，其进口量中的84%依赖于中东地区，因此，确保天然气的稳定供应也成为日本需要解决的课题。1981年日本修改了石油储备法，把"储备天然气"以法律的形式纳入民间战略储备中，规定天然气公司每年把相当于50天的进口量作为义务储备，该目标在1988年已完成。海湾战争期间，日本在经历了因从中东进口天然气中断半月的教训之后，决定把天然气也纳入国际储备制度中。天然气储备主要是以民间为主，截至2007年1月末，民间储备量达到230万吨，约为61天的储备量，国家储备为39万吨，约为11天的储备量。①

石油危机不仅给日本经济的高速增长画上了终结符，也让日本痛心地品尝到了高能源消耗、高海外依存度所带来的恶果。之后，日本为确保所需能源的稳定供应、规避各种能源风险，从多角度、全方位、宽领域制定并实施了符合其国情的一系列的能源政策，现已在能源开发、生产、流通、消费和储备等环节上形成了独特的能源安全保障体系（如图终8）。

毋庸赘言，日本为了保障能源稳定供应所进行的政策安排，大大提高了日本的能源安全度，也为迫切需要解决能源安全问题的其他国家提供了宝贵的经验。但必须指出的是，在全球化时代，能源问题已超越国界并成为世界性的问题，规避能源风险仅靠一国的力量显然是隔靴搔

① 经济产业省：《能源白皮书2007年版》，行政出版社，2007年，第74页。

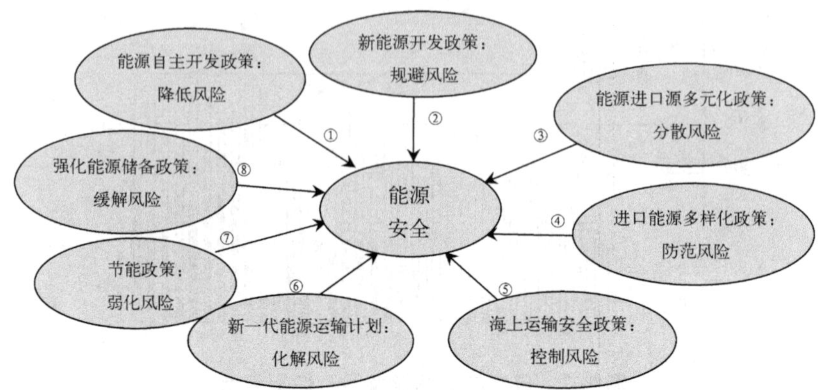

图终8　日本构筑能源安全平台的政策选择及价值取向示意图

注：日本为构筑能源安全平台所进行的政策安排，都集中体现在了能源开发和生产环节（①、②），进口环节（③、④），流通环节（⑤），消费环节（⑥、⑦），储备环节（⑧）。各环节上的能源政策效力趋向都是指向了“能源安全”。

资料来源：此图作者通过解读和研究日本能源政策史料的基础上制作而成。

痒、无济于事。日本在谋求构筑能源安全平台的过程中，应该放弃“零和”式排他性的竞争，不仅要与“资源国”合作，也要与能源“消费国”加强真诚的合作，唯有此，日本的能源安全平台才能真正地得到“稳固”和“安全”。

三、日本能源政策的效果及启示

21世纪以来，因地缘政治局势动荡、资本投机、供需矛盾、美元贬值等诸多原因的影响，致使国际原油价格攀升不止、屡创新高，严重影响着能源及其关联产业的发展。从产业关联效应理论而言①，当某一产业自身发生变化时，就会引起其他相关产业的变化，进而最终影响一个国家乃至世界的正常经济运行。原油价格的过度上涨，势必增加与其相连产业的生产成本，从而影响石油相关企业收益，而企业在转嫁因油价上升所带来的高生产成本时，也必定会波及其他产业的需求和发展，并最终影响整个经济基本面。

然而，本轮油价上涨既未诱发日本出现第一次石油危机时期那样的严重“经济衰退”和“经济滞胀”，亦未造成企业收益急剧下降、失业率大

① 苏东水：《产业经济学》，高等教育出版社，2000年，第264页。

幅上升等问题。对此，这里在比较和分析三次油价上涨对日本经济冲击的基础上，拟从能源需求和经济增长的关系系数、石油依存度、能源消费原单位、能源消费结构变化、能源弹性等相关数据，深度探究二次石油危机和本轮油价上涨所带来的不同“产业关联效果”，并以数字化方式诠释日本舒缓和规避油价上涨风险的内在逻辑机理。

（一）三次油价大幅上涨的基本情况

20 世纪 70 年代至今，人类社会共经历了多次大幅度油价上涨的冲击①，且每次都在不同程度上导致了经济的衰退或者减速。其中，第一次石油危机、第二次石油危机与 21 世纪初的油价上涨在背景、幅度、特点以及对石油供求的影响等方面都存在很大异质性，具体参见表终 1。

表终 1　三次油价大幅上涨的情况比较

上涨背景	对石油供求的影响	涨跌周期	上涨特点
因第四次中东战争导致的第一次石油危机	受战争影响，全球石油供应每天约减少 430 万桶	从 1973 年 10 月至 1974 年 3 月（共计 6 个月）	暴涨暴跌（急性）
因伊斯兰革命、两伊战争引发的第二次石油危机	伊斯兰革命导致全球石油供应每天减少 560 万桶；两伊战争导致全球原油供应每天减少 400 万桶	从 1978 年 12 月至 1979 年 3 月（共计 4 个月）	暴涨暴跌（急性）
伊拉克战争、全球经济持续增长、资本投机等因素	全球原油需求快速增长，OPEC 剩余生产能力出现明显不足	从 2002 年初到 2008 年 9 月（共 7 年多）②	缓慢上涨（慢性）

资料来源：此表示依据（1. 浩君：《石油效应：全球石油危机的背后》，2005 年 9 月，企业管理出版社；2. 植草益：《能源产业的变革》，NTT 出版社，2004 年 1 月；3 柴田明夫：《资源泡沫》，日本经济新闻社，2006 年 8 月）等相关资料制作而成。

---

① 一般认为有 5 次油价上涨：第一次石油危机的油价上涨、第二次石油危机的油价上涨、海湾战争时的第三次油价上涨、1999—2000 年时期的油价上涨、2002—2008 年时期的第 5 次油价上涨。但是，为了便于比较，本文所言及的三次油价上涨是指第一次石油危机、第二次石油危机与 21 世纪初的油价上涨。

② 需要指出的是，本轮油价上涨周期虽然是 2002 年初到 2008 年 9 月，但本文在比较三次油价上涨对日本经济影响时，对本轮油价上涨的时间设定为从 2002—2005 年左右。其原因是 2006 年以后，日本为规避油价飙升所来的影响，政府应急出台诸多紧急应对措施，而且还动用了国家能源储备库中的能源。此举，不利于反映油价上涨对产业关联效应的考察。

从上涨背景看，造成20世纪70年代两次石油危机时期油价上涨的主要原因是源于战争因素，并且出现原油供应中断现象。① 而本轮油价上涨除“战争”因素外，还有全球经济快速增长导致能源需求急增以及金融资本炒作所衍生的能源价格泡沫等因素。

从上涨幅度看，第一次石油危机的油价上涨时的最高价格为11.65美元/桶，初始价格为3美元/桶左右，每桶增幅8美元多。第二次石油危机时的最高价格为35.9美元/桶，初始价格为12.9美元/桶，每桶增幅23美元。② 两次石油危机后，原油价格开始下跌并一直在低位徘徊。但2002年以来的油价出现强势上扬趋势，到2005年原油价格从2002年初的不足20美元/桶上涨到每桶60美元，到2006年7月涨到每桶69.8美元，增长了3倍多(参见图终9)。

从涨跌周期特点看，两次石油危机时期分别为6个月和4个月，具有暴涨暴跌特点，属于典型的“急性”涨价。而本轮油价的涨跌则持续7年之久，并呈渐进式特点，属于典型的“慢性”涨价(参见表终1和图终9)

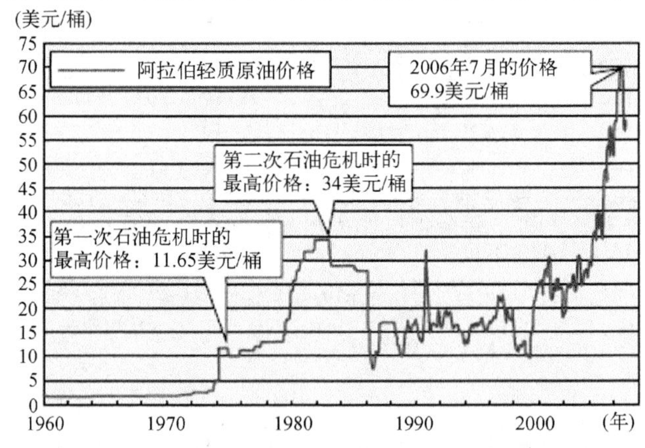

图终9　国际原油价格的上涨幅度

资料来源：经济产业省：《能源白皮书2007年》，行政出版社，2007年5月，第3页。

---

① 肖汉平：《油价上涨对全球经济的冲击：理论、经验与对策》，中国石油和化工经济分析，2006年第8期，第51页。

② 経済産業省：“エネルギー白書2007年版”，山浦印刷(株)出版部，2007年，第3頁。

三次油价上涨的背景、特点、幅度虽然不尽相同，但是作为国民经济基础物资的石油在其价格上涨后，势必会波及与之相关的诸多产业，并影响经济。IEA 在分析原油上涨对世界经济的影响中，曾认为每桶原油价格当从 25 美元涨到 35 美元(涨 10 美元、涨幅 40％)时，日本实际 GDP 增长率将减低 0.4 百分点。[①] 那么，本轮油价上涨对日本经济的冲击，果真如 IEA 所预测的那样吗？

（二）油价上涨对日本经济影响的数字化解读

20 世纪 70 年代的两次石油危机(特别是第一次石油危机)时期，由于作为产业波及源的石油价格的上涨，很快通过“价格联系”传导到其他产业，产生了严重的恶性“产业关联效应”，并造成对世界经济和金融的巨大冲击。从衡量世界经济健康发展的指标——钢铁产量以及航运贸易量看，1974—1975 年的钢产量从最高峰迅速滑落了近 15 个百分点，1975 年的世界贸易大幅下降，降幅 6 个百分点。[②] 而且，“对绝大部分发展中地区来说，石油危机意味着发展的结束，金融业和农业也无法改进，使很多地区的人们改善生活的希望落空”。[③]

但是，通过比较表终 2 中实际经济增长率、一般消费者物价指数、工矿业生产指数、完全失业率、贸易收支等指数可看出，本轮油价高涨既没有给日本经济造成严重的“经济滞胀”、引发社会混乱，也没有出现特别明显的经济衰退。相反，伴随油价上涨日本经济不仅走出了“失去的 10 年”的窘境，还出现了战后日本经济史上循环最长的景气。[④] 显然，本轮油价上涨所产生的恶性“产业关联效应”及其对日本经济的冲击与两次石油危机时相比甚是不同。

---

① “Analysis of the Impact of High Oil Prices on the Global Economy”, International Energy Agency (IEA), May 2004 , http://library. iea. org/dbtw-wpd/textbase/papers/2004/high_oil_prices. pdf。

② International Iron and Steel Institute. World Steel in Figures. Brussels, 1991; Fearnley's World Shipping(annual reports). oslo。

③ 威廉·恩道尔著，赵刚、旷野等译《石油战争》，知识产权出版社，2008 年，第 149 页。

④ 経済産業省：“エネルギー白書 2007 年版”，山浦印刷(株)出版部，2007 年，第 7 頁。

表终 2　两次石油危机与本轮油价上涨对经济影响情况的比较

	第一次石油危机 (1973.10—1974.8)	第二次石油危机 (1978.10—1982.4)	本轮油价上涨 (2002—2005)
实际经济增长率	1971—73 年度:6.6% 1974—76 年度:2.5%	1977—79 年度:5.0% 1980—82 年度:2.6%	2001—2003 年度:0.9% 2004—05 年度:1.6%
一般消费者物价指数	1972 度:5.7% 1973 年度:15.6% 1974 年度:20.9%	1978 度:3.8% 1979 年度:4.8% 1980 年度:7.6%	2003 年度:-0.2% 2004 年度:-0.1% 2005 年度:-0.1%
工矿业生产指数	1971—73 年度:8.1% 1974—75 年度平均:-7.2%	1977—79 年度:6.1% 1980—82 年度平均:1.2%	2001—2003 年度:-1.1% 2004—2005 年度:1.9%
完全失业率	1971—73 年度:1.3% 1975 年度:1.9%	1979 年度:2.0% 1982 年度:2.5%	2002 年度:5.4% 2005 年度:4.3%
贸易收支	1972 年度:1.6 兆亿黑字 1974 年度:1.9 兆亿赤字	1978 年度:3.8 百万亿黑字 1979 年度:1.7 百万亿赤字 1980 年度:2.6 兆亿赤字	2003 年度:10.2 百万亿黑字 2004 年度:12 百万亿黑字 2005 年度:8.7 兆亿黑字

资料来源:经济产业省:《能源白皮书 2007 年》,山浦印刷(株)出版部,2007 年 5 月,第 8 页。

从“经常收益”①和“消费者物价指数”②这两个“产业关联效应”指标进一步分析和研究三次油价上涨对日本经济的不同影响时可得出以下两点结论。一是,从经常收益上看,在两次石油危机时都分别出现了明显下降。1974 年比 1973 年减少了 27%,1975 年比 1974 年减少了 33%,第二次石油危机后的 1981 年、1982 年比各自的前一年分别减少了 8% 和 4%。③ 另一方面,虽然在 2002 年油价持续上涨,但经常收益却连续 4 年都呈现递增态势。2004 年比 2003 年增长 28%,2005 年比 2004 年增长 12%。2005 年度的经常收益达到了 51 兆 6926 亿日元(比前年度增加

① 日本的“经常收益”顾名思义,其意思是“经常项目的利润”,并不包括本期临时发生的利润(或亏损),因此,它不等于“利润总额”。在日本,利润总额是经常收益±(特别利益一特别损失)。

② 消费者物价指数的作用:(1) 反映通货膨胀状况。(2) 反映货币购买力变动。(3) 反映对职工实际工资的影响。CPI 稳定、就业充分及 GDP 增长往往是最重要的社会经济目标。

③ 経済産業省:“エネルギー白書 2007 年版”,山浦印刷(株)出版部,2007 年,第 13 頁。

15.6%)，刷新了泡沫景气时的最高值，成为历史上经常收益的最高点。显然，该时期日本经济受高油价的影响有限。二是，从物价上涨指数看，2003年度、2004年度和2005年度消费者物价指数分别为−0.2%、−0.1%、10.1%，[①]呈现出了不升反降的态势。相反，在两次石油危机时，消费者物价指数出现明显上升。需指出的是，虽然对消费者物价指数有限，但是国内生产物资的物价指数，因原材料价格、中间材料[②]价格以及生产成本的提高，导致在2005年7月比1990年3月上升3.8%。

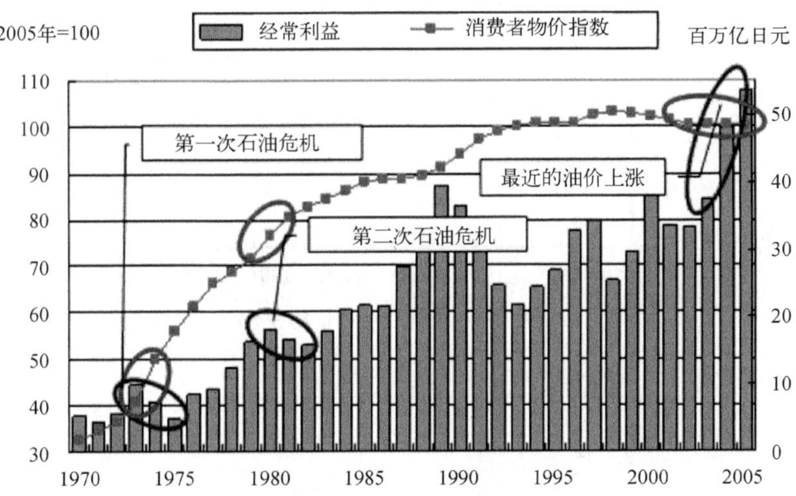

图终10　日本消费者物价指数和经常收益的推移

注：经常收益是指企业的经常收益。

资料来源：财务省调查统计部调查统计课：《法人企业统计》，财务综合政策研究所，2003年、2005年、2006年版中的相关数据制作而成。参见资源能源厅网站http://www.enecho.meti.go.jp。

若再深度分析日本的物价指数，可发现从2002年国际原油上涨以来，能源产品中除汽油价格有小幅波动外，电力价格和燃气价格(天然

① 経済産業省："エネルギー白書2007年版"，山浦印刷(株)出版部，2007年，第8頁。

② "中间材料"(Intermediate Goods)在日本是指产品在投放到消费者手中之前，稍微进行加工、就能增加附加价值的中间产品等。如建筑用建筑材料、企业用得的消耗品、包装材料、容器等。

气、煤气、沼气等)非但没有和国际市场原油价格同步上涨,相反还呈现出明显的下降趋势。在第一次石油危机和第二次石油危机期间,电力价格和燃气价格都是随着国际原油价格的上涨而上涨的,即“联动效应”。但是,从 20 世纪 80 年代初期,电力和燃气价格出现明显的拐点,下降的趋势一直持续,直到 2005 年仍呈现下降趋势(参见图终 11、12)。

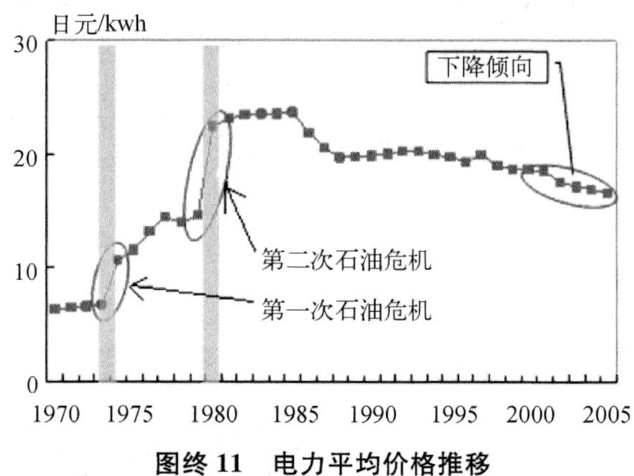

图终 11　电力平均价格推移

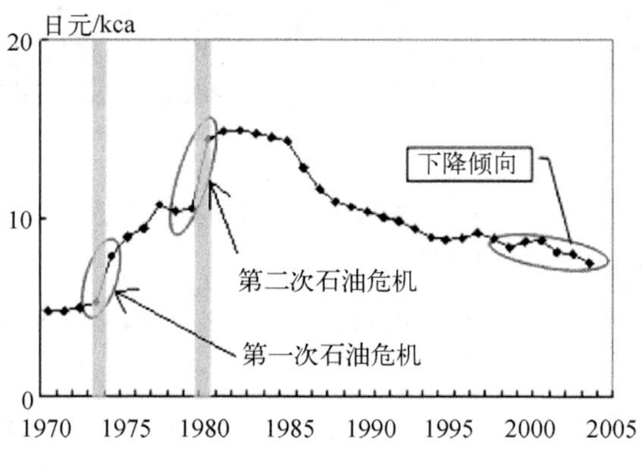

图终 12　燃气平均价格推移

资料来源:依据 1. 能源经济研究所:《EDMC/能源・经济统计要览(2007 年版)》(节能中心,2007 年 2 月,第 50—52 页);2. 经济产业省:《能源白皮书 2007 年》(山浦印刷(株)出版部,2007 年 5 月,第 6 页)相关数据制作而成。

另外,日本在本轮油价上涨中所多支付的费用并不是很多。如图终

13所示，2005年度日本多支付的费用为3.6百万日元，占同年度的GDP的0.7%。与此相对，第一次石油危机时的1974年多支付费用为GDP的2.8%(3.8百万日元)，第二次石油危机时的1980年多支付费用占GDP的1.8%(4.4百万日元)。① 可见，2005年与前两次石油危机相比较，无论是所占GDP比例，还是总金额都偏低。比较第一次石油危机和第二次石油危机，虽然1980年的多支付的费用高于1974年，但是其所占名义GDP的比例要低于第一次石油危机。

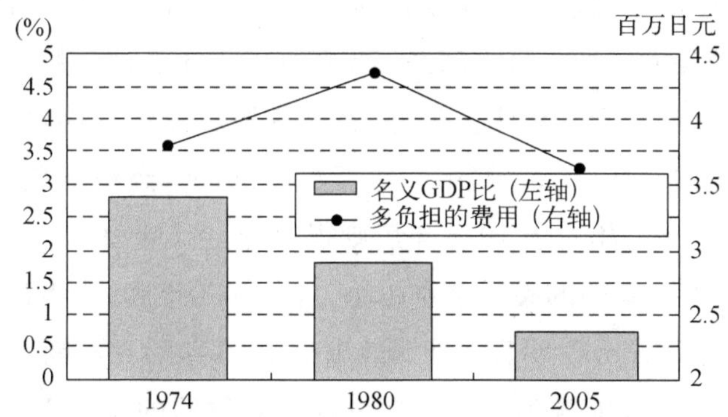

图终13　因油价上涨而多支付的费用的比较

资料来源：経済産業省："エネルギー白書2007年版"，山浦印刷(株)出版部，2007年，第11頁。

总之，上述主要经济指标表明当前国际原油价格的攀升，并没有给日本经济带来像两次石油危机时期那样"产业关联效应"和"经济停滞"。可见，日本经过两次石油危机的历练，应对能源危机的"免疫力"在不断提升，舒缓油价上涨对经济发展的"约束力"亦不断增强。

（三）日本应对油价攀升的数字化解读

当油价上涨时，作为产业波及源的石油产业的波及路线，无论是在两次石油危机还是本轮的油价上涨时，其表现都为单向波及、双向波及、逆向波及、顺向波及、直接波及和间接波及等诸多方式。因此，在解读油价上涨对日本经济不同影响时，很难从波及传导方式上进行甄别。

① 経済産業省："エネルギー白書2007年版"，山浦印刷(株)出版部，2007年，第11頁。

但是，尽管波及传导路线相同，但在其路线背后却存在能源需求和经济增长的关系系数、石油依存度、能源消费原单位、能源消费结构、能源弹性系数等可以量化的指标参数，通过比较和分析上述指标参数，是可以诠释日本是如何化解、分散、对冲和转化高油价带来的高风险。

第一，从日本的能源需求和经济增长关系看，日本的能源效率在两次石油后有大幅提升。能源消费的规模是由生活、经济活动决定的，但另一方面，生活和经济活动又受能源的制约。一般而言，经济发展必然带来能源消耗的增加。日本的经济规模（GDP）不大时，总体上能源供给和需求也小，反之则会增大。但是，经济规模和能源最终消费之间的幅度却是变化的。在 1973 年（第一次石油危机）前，经济规模和能源最终消费间的夹角度，相对于 1973 年后则很小，而且，从 1965 年开始逐渐逼近实际 GDP，二者间的夹角越来越小。而 1973 年后，二者出现背离，夹角越来越大，这充分说明日本能源效率在 1973 年后在不断提高。

另外，从最终能源消费和一次性能源总供给的夹角看，1965—2004 年间的夹角，也是在逐渐放大，即 1973 年前能源转换损失率为 35%，但在之后的 30 年间缩小到了 30%左右，[①]这体现了日本从一次性能源向消费利用的最终能源（二次能源）转化时能源损耗量在逐渐降低。

从图终 14 中，还可以看到在 1965 年到第一次石油危机结束期间，一次性能源总供应曲线和最终能源消费曲线比实际 GDP 曲线的上扬角度要大，表明日本经济的快速增长要靠大量的能源消费才能维系。该趋势在 1974 年出现拐点，一次性能源总供应曲线和最终能源消费曲线总体上出现缓慢增幅，与实际 GDP 曲线开始出现明显夹角。可见，在保持经济增长不变的条件下，能源的投入量在不断减少。能源消耗量的减少，也就意味着能源成本支出在减少，这在某种程度上部分抵消了石油价格的上涨。

---

① 経済産業省："エネルギー白書 2006 年版"，株式会社ぎょうせい，2006 年，第 150 頁。

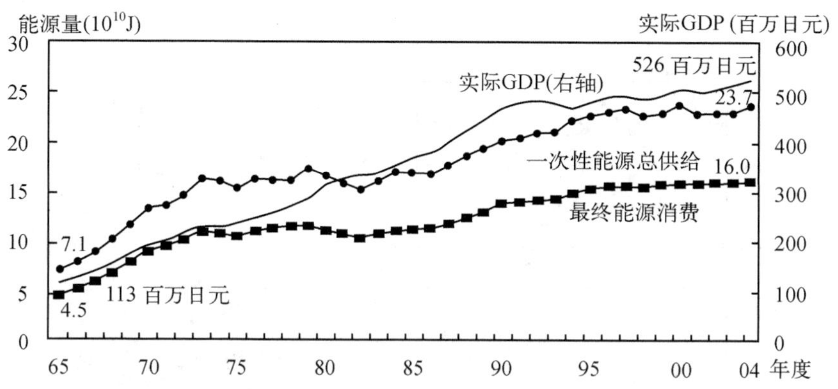

图终 14　日本能源需求和经济增长的总体趋势图

注：1965—1979 年的实际 GDP 是以 1990 年为标准、1980—1993 年度是以 1995 年为标准、1994—2004 年是以 2000 年为标准。资料来源：根据资源能源厅《综合能源统计》，内阁府《国民经济计算年报》中相关数据统计算出，具体可参见日本经济产业省资源能源厅网上的相关资料。

第二，从日本石油依存度以及能源消费原单位的推移看，石油的使用效率在不断提高，进口量比重也在逐渐下降。如图终 15 所示，在第一次石油危机时石油在能源总消费中所占比例最高值达到 77%。之后以石油危机为契机，日本大力推行“脱石油”政策，并开始大量使用煤炭、天然气、原子能，到 2005 年石油比重降至 49%，下降 28 个百分点。另外，从能源消费原单位看，1973 年度生产 1 日元的实际 GDP 需要 1.62 g，到 2005 年度降低到了 1.05 g。① 可见，在石油危机后的 35 年间，日本能源消耗的原单位减低了 35%左右。

在能源消耗原单位中，以制造业的能源消耗最为突出。如图终 16 所示，第二次石油危时的钢铁、混凝土、造纸业以及纤维的单位能源消耗与第一次石油危机相比出现大幅度的下降。到 2005 年时又比第二次石油危机有明显下降。其中，造纸业、板材业的能源效率不及第一石油危机时的 50%。

① 日本エネルギー経済研究所:「エネルギー・経済統計要覧」,省エネルギーセンター,2007：3。

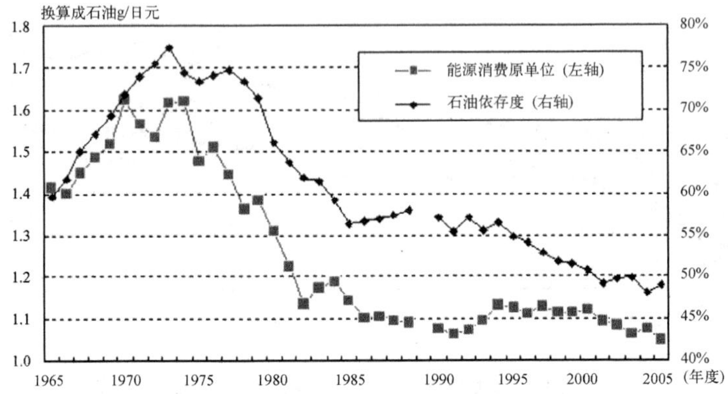

图终 15　日本石油依存度以及能源消费原单位的推移

资料来源：依据 1. 资源能源厅：《综合能源统计》（通商产业研究社，1996—2006 年版）中综合能源供需平衡表；2. 日本能源经济研究所，《能源・经济统计要览》（节能中心 2006 年版、2007 年版）中能源和经济统计篇中的数据制作而成。

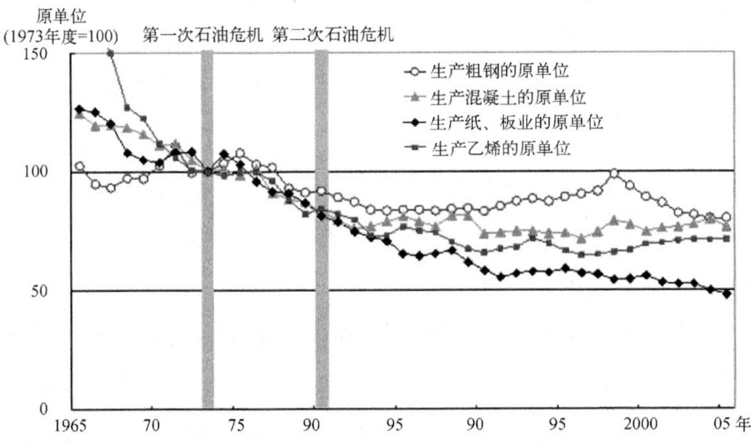

图终 16　日本制造业能源原单位的推移

资料来源：根据资源能源厅《综合能源统计》（通商产业研究社，2007 年版）中的数据制作而成。

日本的发电产业和城市燃气产业，是石油依存度明显下降的主要部门（如图终 17）。在发电产业的石油依存度从 1973 年的 71%，下降到 2005 年的 11%以下，①取代石油的煤炭、天然气和原子能的比例分别从 1973 年的 5%、2%、3%，上升到 2005 年的 26%、24%、31%，上升速度令人惊叹。同期城市燃气中的石油依存度也从 46%降到了 6%，取而代之的是天然气，从 1973 年的 27%，迅速上升到 2005 年的 94%。显然，这样的能源消费结构及其趋向，即使在高油价到来之际，因为石油的使用量很少，所以也就可以在不同程度上弱化和规避石油攀升给国民生活、产业用电成本带来的负面影响和风险。

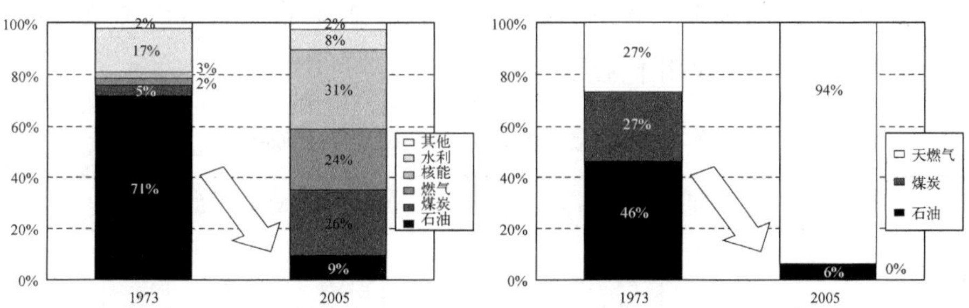

图终 17　发电原料的构成（左图）以及城市燃气原料的构成（右图）

资料来源：此图是依据经济产业省资源能源厅电力・燃气事业部（1998 年前是由资源能源厅公益事业部编写）：《电源开发概要》（澳村印刷出版社，1983—2006 年版）中的相关数据制作而成。（参见资源能源厅网站：http://www.enecho.meti.go.jp/topics/hakusho/enehaku-kaisetu/kaisetu/03.htm。

第三，日本能源自主开发比率在不断上升。日本海外原油自主开发率从 1970 年的 10%，到 2005 年达到了 16%左右，石油海外自主开发量也从 1970 年的 2 亿 KL 增加到 4 亿 KL。② 日本在 2006 年出台的《新国家能源战略》中又提出“争取到 2030 年，把原油自主开发比例由目前的 15%提高到 40%”。③ 这就意味着随着日本海外自主开发比率的增加，

① 河野敏鑑：“産業連関表から見た省エネルギー社会の姿”，Economic Review，2008 年，第 96 頁。

② 尹晓亮：《日本构筑能源安全的政策选择及其取向》，《现代日本经济》，2008 年第 2 期，第 21 页。

③ 経済産業省：“新・国家エネルギー戦略”，経済産業省，2007 年，第 26 頁。

其石油进口的话语权就会随之增强，进而不仅可提高进口石油的安全系数，还能部分对冲油价上涨所带来的风险。

第四，从能源弹性系数上看，日本节能政策的成效在日渐凸显。从某种意义上讲，能源消费弹性系数越大，意味着经济增长利用能源效率越低，反之则越高。日本的能源消费弹性系数，在1965—1970年间一直都大于1，年平均能源消费高达14.2%。其中，产业界为15%、民生部门为13.1%、运输部门10.9%。① 这表明日本在石油危机前并没有对能源效率加以足够的重视，而是一味地、尽情地消费廉价、丰富的石油等能源。以第一次石油危机为契机，1975年后的能源弹性系数越来越小，在2000—2004年间降到0.05%(参见表终3)。显然，这是日本能源效率提高和节能政策发挥效用不无关系。

表终3　日本最终能源消费的GDP弹性系数

年度	年平均增长率(%)					对GDP的弹性值			
	能源消费				实际GDP(%)	总体弹性值	产业部门	民生部门	运输部门
	总体增长率	产业部门	民生部门	运输部门					
1965—1970	14.20%	15.00%	13.10%	12.50%	10.90%	1.30	1.37	1.20	1.14
1970—1975	3.50%	1.80%	7.40%	6.20%	4.50%	0.78	0.39	1.65	1.38
1975—1980	1.00%	−0.30%	2.70%	3.50%	4.30%	0.25	−0.07	0.62	0.82
1980—1985	0.40%	−1.00%	3.10%	1.40%	3.40%	0.13	−0.29	0.92	0.41
1985—1990	3.60%	3.10%	3.70%	4.80%	4.80%	0.76	0.64	0.77	1.00
2000—2004	0.06%	0.00%	1.00%	0.00%	1.10%	0.05	0.00	0.91	0.00

注：此表省略了1991—2000年间的数据。
资料来源：资源能源厅：《能源2004》，能源论坛，2006年，第57页。

综上所述，本轮石油攀升并未给日本经济造成像石油危机时期那样的严重冲击，主要原因是日本在石油的“量”和“质”等方面与两次石油危

① 資源エネルギー庁：“エネルギー2004”，エネルギーフォーラム，2006年，第57頁。

机相比有了很大变化。"量"分为"减量"和"增量"两个层面。"减量"是指日本在石油危机后，通过调整能源消费结构，减少了对石油的使用，其表现指数是石油依存度。石油依存度越低，表明石油消费越少，进而会相应"弱化"和"缓冲"油价上涨风险；"增量"是指日本在石油危机后，通过海外能源投资，增强石油自主开发，其表现指数是石油自主开发率。自主开发比率越大，表明石油国产化量就高，从而会部分"对冲"和"转嫁"油价上涨风险。"质"是指石油危机后，日本通过提高节能技术，不断提升石油利用率，其表现指数是能源弹性系数、能源消费与经济增长的关系、石油消耗原单位等。石油利用率的提高则会减少石油消费，从而相应地"舒缓"和"稀释"油价上涨风险。

可见，上述诸石油经济指数的变化，折射出的是日本"弱化""对冲"和"稀释"油价上涨风险的过程，而该过程起到了"淡化"石油与其相关产业的"价格关联效应"的作用，同时其作用结果亦是日本在石油危机后制定和实施各种能源政策的成效积淀。因此，通过分析和研究日本应对石油价格风险及其效果的数据，可以看出"石油价格风险是可以通过制度安排和政策设计予以降低和规避的"，这为"能源约束型国家"选择适宜的制度安排和行动路径提供宝贵的理论依据和实践经验。

（四）日本能源安全保障政策的思想与启示

通过分析上述主要经济指标，可看出能源约束问题对日本经济发展的影响因其"免疫"能力的增强趋于"软化"和"弱化"。那么，战后以来日本规避能源约束的政策设计有哪些可资借鉴的地方呢？

其一，构建蛛网形状的能源供应链条。日本在经济全球化的背景下，力求能源资源在全球范围内优化组合、有效配置，从而促使本国能源的"存量约束"转向"流量约束"。日本为确保持续、稳定和安全的能源供应，以能源外交为杠杆，以能源进口源多元化政策、能源种类多样化政策和能源进口方式多渠道政策为基本方针，构筑成了能源全球化战略。目前，日本在东北亚地区，与俄罗斯达成了原油输管道铺设的协议；在东南亚地区，与马来西亚、菲律宾、印度尼西亚等国签署能源合作框架协议；

在中东地区，与沙特、科威特等主要产油国签订了能源稳定供应合同；在北美地区，日本与美国和墨西哥签订能源安全合作协议，等等。① 日本构筑蛛网形状的供应链条的全球化能源战略，对海外能源开发的深度和广度起到了重要作用。

其二，能源政策取向的“钟摆效应”。“钟摆效应”②是指战后日本为应对不同阶段的能源问题所制定和实施的能源政策取向总是在“国家管制”和“市场机制”间倚重选择、左右摆动。战后初期，日本为解决能源供应短缺的问题，没有通过“市场机制”来解决，而是运用国家权力采取“行政手段”，对煤炭、石油、电力等能源的生产、流通、价格、分配、消费等环节进行了类似战时统制经济的管制；经济高速增长期，日本能源需求量急剧增加，在可获得海外丰富、廉价石油的背景下，日本放松了对能源产业的高度管制，并制定了原油进口自由化政策谋求扩大供应量；两次能源危机期，日本重新通过倚重行政手段加强了对能源流通、价格、分配以及消费的管制，来抑制能源需求，降低能源消费量；在能源形势稳定期，日本再次通过制定和实施“规制缓和”政策，逐渐放松了对国内能源市场的国家管制，通过倚重市场化手段以提高能源消费效率，谋求资源有效配置自动平衡机制的构建。

日本应对不同能源形式约束的能源政策取向及其设计思想是多元化的，既考虑对能源市场的培育，又考虑对能源市场的驾驭，同时又兼顾对能源污染的控制，其解决方式兼用市场手段和国家管制，同时又有所倚重。因此，一国的能源政策体制不能墨守成规，要适时进行创新和变化，既不能持续停留在国家垄断经营上，亦不能追求完全放开的市场。

其三，能源政策中的“官民并举”机制。日本无论是在外交还是内政等方面都特别注重发挥民间的积极性和自主性。日本在能源政策的制定、实施过程中，通过“官民并举”方式，最大限度地整合全社会的物质资

① 经济产业省:《能源白皮书 2009 年版》,第 209—216 页。

② 本文所言及“钟摆效应”只是描述的一种状态，而且每一次“钟摆”并不是简单的重复和复制。

源、社会资源以及精神文化资源，力求形成共同应对能源风险的社会格局。日本在能源政策制定前，为了广泛吸收和采纳民间的意见，专门成立由产、官、学各界知名人士共同参加的各种能源审议会、综合能源调查会，此举既保证了政策的科学性与合理性，又得到了民间的广泛理解和支持。如日本“官民并举”式的能源储备政策，不仅将政府无力承担的庞大储备成本进行了社会化分摊，还达到了分散、舒缓能源约束风险的功效。

其四，把能源危机管理纳入常态管理中。以20世纪爆发的两次石油危机为契机，日本对能源政策内涵，有了新的诠释和解读，即必须把对能源危机的“无序”的“应急”管理纳入“有序”的“预防”管理和常态管理之中。对此，日本制定石油替代、节能、新能源开发、能源储备、调整产业结构、能源进口多元化、核电立国等行政政策，颁布实施《节能法》《能源储备法》《新能源利用法》等法律政策。上述政策法规不仅为日本应对能源危机的突发性提供了政策支持，促进了各级政府、社团和社区甚至公民个体在危机管理中能够积极参与，还能够在常态的政策运行中得到渐进式地释放和舒缓能源风险的破坏影响。

综上所述，日本国内能源虽然极其匮乏，但是在内政和外交上通过能源政策设计和制度安排，不但规避和解决各时期出现的能源问题，舒缓与释放能源“瓶颈约束”，还发展成为世界第二经济大国。这从事实上证明日本对外能源的高依存度，并未给其带来真正的、事实上的高风险。日本应对能源“约束”的政策策略及其效果不仅纠正了“能源对外依存度高则风险度高”的绝对化认识，还进一步论证了“一国的能源禀赋与其经济发展水平并不能直接等同”“能源约束是可以通过政策设计进行解决的”的观点。

附　件

《基本能源计划》①

该法案的提出背景

全球变暖对地球环境以及人类的生命健康都具有深刻的影响，实现世界上最先进的低碳社会符合增加国民利益这一目标的。在构建低碳

① 在20世纪的世界经济发展史上，资源匮乏、国土狭小、人口众多的日本创造了诸多“奇迹”。其中，最受世人所关注的是日本渐次通过国家权力的“有形之手”和市场的“无形之手”，实现经济可持续性发展的同时，成功地突破了能源和环境的“双重约束”。战后以来，日本在弱化、规避和消除能源风险、危机以及打造“能源安全战略”平台的过程中，不仅取得了世界第二经济强国的地位，而且也很好地治理和保护了本国的自然环境。80年代后期，伴随各种全球性环境问题的凸显，人类不得不开始重新审视自己的发展方式及目标。日本从国内外能源、经济和环境等实际情况出发，以可持续发展为指导思想，以“3E”协调发展为最终目标，开始对能源政策不断地进行综合性的调整和创新。1992年11月，日本产业结构审议会、综合能源调查会、产业技术审议会及各能源环境特别部会共同召开会议，讨论并确定了“三位一体”的3E能源政策。具体而言，所谓3E能源政策就是把能源安全(Energy Security)、经济发展(Economic Growth)和环境保护(Environment Protection)三者有机地整合在一起协调发展，既不偏重发展一方，也不偏废一方。之后，随着国内外能源形势的进一步变化，日本在2002年6月14日，制定并颁布了《能源基本法》，该法把3E协调发展确定为日本能源政策的基本纲领和指导方针。至此，3E能源政策完成了行政指导向法律约束的转变。

社会中，为了实现保护环境与经济社会持续发展两方面兼顾，合作尤为重要，而我国对全世界减少温室气体排放具有重要的作用，为了长期地、总体地、有计划地推进关于建设低碳社会的政策，关于建设低碳社会，有必要界定基本理念，以及明确国家、地方公共团体、实业家、独立行政法人等国民和民间组织的责任和义务，同时设定中长期的目标，制定建设低碳社会的国家战略以及制定其他关于建设低碳社会政策的基本事项。这也就是提出本法案的理由。

绪言

能源是国民生活和经济发展的物质基础。然而，人类大规模利用能源的历史并不长。18 世纪后半期，发生了工业革命。之后，煤炭作为蒸汽机的动力开始大量投入使用。19 世纪后半期，开始开采石油。20 世纪，石油、天然气等能源消费大量增加。20 世纪后半期，原子能也加入能源行列。昭和 30 年代(1955 年—1964 年)，我国(日本)进入经济高速增长时期，开始进口石油。从昭和 40 年代开始，开始进口、开发原子能。由于能源供给得到充分保障，经济快速增长，国民生活日益殷实。但是，能源消费增加过快也带来了负面作用。比如，由于能源价格波动过大、价格居高不下，致使能源供给链条断裂进而给国民生活和经济发展产生重大影响。在发生两次石油危机之后，人类对此开始有了切肤之感。

特别是在石油危机爆发时，日本由于过分单纯依赖单一能源(石油)，致使深受其害。基于这一认识，此后，日本人为了保障能源供应的稳定，一方面开始采取节能措施，另一方面开始研发替代石油的能源。经过一系列努力，日本大大降低了对石油的依赖程度。尽管如此，日本囿于资源匮乏，大部分能源需要依靠进口，其中石油占到进口能源的 5 成，而进口石油中的 9 成则来自政治动荡的中东地区。加之日本是岛国，不能够直接从国外进口电力。基于上述原因，保障能源的稳定供应对日本而言是重要命题。另外，人们普遍预测到 21 世纪中叶前，世界对能源的需求还会越来越大。因此，保障稳定的能源供应对其他国家而言，也是一个紧迫的课题。为了克服这一难题，各国业已开始付诸行动。然而，一方面世界各国对中东石油的依赖性日益增强，另一方面，冷战结束后中东等产油国的政治形势却越来越动荡。因此，进入 21 世纪以后，保障能源的稳定供应已成为世界各国的共识。

近年来，由于大量能源消耗，致使环境污染日益严重。当前，全球气候变暖问题业已成为世界性难题。燃烧化石能源产生的二氧化碳占温室效应废气排放中的比例最大，因此，控制二氧化碳的排放成为各国的重要课题。日本在京都议定书上签了字，有责任和义务控制二氧化碳的排放量。

不仅如此，近年来，经济活动日益呈现国际化的趋势，然而日本的能源成本由于高于其他发达国家。这不仅影响了国民生活，也降低了日本产业的竞争力。因此，在这种情况下需要政府进行改革，放松管制，促进公平竞争，有效地保障能源供给。为了适应形势要求，政府应该采取综合措施予以应对。2002 年 6 月制定了“能源政策基本法”(以下简称“基本法”)。日本政府在基本法中明确提出了以“确保稳定供应”“保护环境”以及“市场机制”为核心的基本方针。在该方针指引下，政府为了采取长期性、综合性措施，并且有计划地切实开展实施，制定并公布了“能源基本计划”(以下简称基本计划)。

另外，保障能源安全是能源供应和消费的前提。我们应该认识到能源在本质上具有爆炸性和可燃性，危险性极高。特别是核能，如果安全措施不到位，潜藏着重大危险。要根据能源的具体性质，研究相应的安全措施。这一点至关重要。日本政府和相关企事业单位要在充分认识到这一点的基础上，开展工作。在能源供应和消费环节，一定要按照上述基本方针保障安全，这是重要前提。因此，在具体开展工作之际，在每个具体环节上一定要对照上述基本计划展开实施。

基本计划是基本方针的具体体现。因此，政府在一定程度上对社会形势和技术体系等做了预测。政府根据各能源领域的具体情况制定了具体的措施,有效期为今后10年左右。但是,在能源的研发上,需要有长期的前瞻性,要从较为长远的视角,采取措施保障能源供应。

能源政策会受到世界能源形势、日本经济结构、国民生活方式的变化等因素的影响。不仅如此,能源政策还与环境政策、科技政策关系密切。因此,这里制定的基本计划并非是一成不变的。各能源领域要根据基本计划制定相应的措施,并对该措施的效果进行评估。一般来讲,每三年要对基本计划进行评估,如果形势有所变化,可适时适量进行修改。另外,能源政策由于关系到人民生活和国民经济,因此与其他领域相比,更需要国民的理解和支持。政府在修改能源政策时,将充分认识到这一点,会多方征求意见,集思广益。

第一章 有关能源供需政策、措施的基本方针

第一节 保障能源的稳定供给

1. 对现状的基本认识

由于日本大部分能源依靠进口,在制定能源政策时,要有战略性眼光,对国际形势有个正确认识。这一点至关重要。

纵观这些年的国际形势,2001年9月,美国发生"9·11"恐怖袭击事件。此外,世界各地恐怖事件、战争频仍。因此,可以说不稳定因素依然很多。中东地区石油储量占全世界的三分之二。这一地区依然饱受恐怖分子威胁,问题严重。不仅如此,这一地区,民族、宗教众多,纷争不断。维持这一地区的和平与稳定是国际社会的重要课题。

亚洲地区经济发展很快,对能源需求会越来越大。世界各国也是如此。而且石油依然是世界各国的主流能源。人们普遍预测其他产油国的石油供给能力日趋下降,因此,对石油开采能力很强的中东地区的依赖会越来越大。

而日本进口石油的百分之九十来自中东地区,而且石油以外的其他

能源大部分也依靠进口。因此,日本的能源结构十分脆弱,这一问题依然没有根本改观。在这种情况下,日本应该减少能源供应风险,保障稳定的能源供应。这是日本需要重点解决的难题。

2003 年夏,日本关东地区电力供需出现问题,北美洲东北地区也发生大范围停电现象。从这一事实我们不难推断,一旦日本国内能源供给链条发生问题,由此产生的停电会对国民经济和人民生活产生重大影响,危险异常。因此,一方面要保障能源的稳定进口。另一方面,在日本国内建立可信度高、稳定性强的能源供应体系,以应对自然灾害。

2. 制定基本方针,保障稳定的能源供应

上述是对日本的能源供给结构的基本认识。在这一基本认识框架下,按照以下的基本方针,采取切实措施,保障能源的稳定供给。

首先,尽可能创造条件,在民生、运输、产业等领域引进新技术,实现节能减排。通过这一措施,在不影响正常工作或生产的范围内,最大限度限制能源的消费量,在建设节能社会上走在世界前列。

其次,时下,日本的石油等能源依靠进口。我们应该制定包括自主开发在内的综合性资源战略,降低对某一特定地区的过度依赖,实现能源供给的多样化。与此同时,要搞好与主要产油国的关系,确保从主要产油国稳定进口石油。

再次,不应过度依赖某一种能源,要多动脑筋,开发利用枯竭风险较低的能源,努力实现能源供给的多样化,要提高能源的自给率。为此,要下大力气开发、引进、利用以下能源:其一,大部分属于国产的新能源;其二,核能,属于准国产能源。

第四,日本的石油和液化天然气过度依赖从中东进口,因此应在日本国内保持适当的储备水平。

第五,在日本国内建立可信度高稳定性强的能源供应体系,以满足需求。不过前提是确保安全。特别是电力,储藏困难,不能迅速用其他能源替代,因为事故或者其他原因其稳定供应受到影响。为了将这种风险降到最低,平时要注意设备检修、加强管理。

3. 能源的稳定供应和安全保障

在供应能源方面，要优先确保安全。要保障安全，就需要注意科学性、合理性和效率。与此同时，还要提高透明度。政府官员和企事业负责人必须要有清醒认识，负起安全责任来。这是稳定供应能源的前提。必须确保能源供应系统的安全，这是因为如果处理不当，即便没有发生危险，也会因事故等原因降低人们对供应系统的信任，也不能实现能源的稳定供应。众所周知，核能领域事故频发，也有人为造成的事故。一旦发生，就可能对电力的稳定供应产生影响。因此，政府官员和企事业负责人要充分认识到这一点，一定要避免因能源供给发生灾害以及供给出现障碍等事态的发生。为此，要根据能源的具体性质实施恰当的安全保障措施。这一点非常重要，要有充分认识和责任心。在此基础上，采取措施，予以应对。

现阶段，已经制定了很多能源安全规则或者法令。政府一定要根据法令对具体领域实施安全监管，确保有效监督。为此，要提高安全知识和认识，培养专业人才，不断提高安全监管质量。企事业负责人对安全负有主要责任，不仅要遵守安全监督法令，还要保证其经营活动安全可靠。为此，要不断努力，在企业内建立长效机制。政府、企事业单位不仅要确保安全，还要提高透明度。要对国民多做解释，让老国民相信项目的安全性，增强安全感，这一点至关重要。

另外，提高防灾意识，做到有备而无患。采取切实措施，保护设施周围的居民以及其他居民的安全。鉴于国际形势动荡不安，政府以及企事业单位应该采取有力措施应对可能发生的恐怖活动。

第二节　环境保护的措施

1. 现状

由于大量消费能源，对环境产生的负荷越来越大，保护环境业已提上了议事日程。迄今为止，政府不断出台了相关措施，企事业单位认真对待，在治理氮氧化合物、硫化合物等对环境的污染方面，成果斐然。近年来,地球暖化问题日趋严重,日本于2002年6月在京都议定书上签了字,并做出以下承诺:在议定书的第1阶段(从2008年到2012年),要比基准年度的温室效应废气排放总量削减6%,实现这一目标成为日本的紧迫课题。温室效应废气是造成地球暖化的重要原因,日本的温室效应废气的九成是因为消费能源而产生的二氧化碳。因此,在考虑能源供求政策时,要将防止地球暖化因素考虑在内。

2. 保护环境的基本方针

社会上要求减轻环境负荷的呼声越来越高,考虑到这一因素,应按照以下基本方针采取有力措施在能源领域进行环保。

首先,这部分与上一节有共同之处。由于能源消费造成了环境污染。为了减少环境污染,必须抑制能源的消费量。基于这一思维,要切实抓好节能减排工作。通过这一措施,在不影响正常工作或生产的范围内,最大限度限制能源的消费量。

其次,在能源消费上,要维持煤炭、石油等不可再生性能源和核能、太阳能、风力、生物等可再生性能源的合理比例。不可再生性能源种类颇多,也要维持各自合理比例。在确保稳定供应的前提下,尽量使用二氧化碳排放量较少的能源。

再次,在使用石油、煤炭等不可再生性能源时,要引进脱硫技术,对汽油、柴油等进一步实施净化措施,提高燃料本身的清洁度。与此同时,通过开发、引进新技术提高能源利用率以及发电效率。

在能源消费和能源供给方面,一定要考虑到当地的经济、社会情况,采取有效措施,保护当地的自然环境。在此基础上,为建设循环型社会创作条件,提供借鉴。

另外,能源和地球暖化关系密切。应采取切实措施,严格按照《应对地球暖化措施大纲》行事,步步为营,适时对环境政策、措施进行评估。2013年以后,世界将会就全球暖化问题框架进行讨论。为此,要建立有效框架协议,消除各国间的分歧,让美国和发展中国家也参与进来。要实现这一目标,有必要从能源政策的角度认真考虑。

第三节 灵活运用市场机制

1. 对现状的基本认识

要引进市场机制，促进能源市场的自由化。此举意义重大，具体如下：① 可以扩大能源需求一方的选择范围；② 降低能源价格，提高国民生活水平。日本产业面临着激烈的国际竞争，此举可以提高日本产业的竞争力；③ 通过提高能源产业的经营效率，加强能源产业自身的竞争力。基于上述的积极作用，各国都根据自己的国情，正在逐步引进市场机制。

由于市场机制优点诸多，日本能源领域也在进行改革，放松管制。比如，就石油领域而言，1996 年，废除了“特定石油产品进口暂定措施法”；2002 年，废除了“石油业法”，放松了管制。就电力领域而言，1995 年，在电力批发领域引进了竞争机制；2000 年，电力零售领域实现了部分自由化。就天然气领域而言，1995 年，允许部分零售自由化；1999 年，进一步扩大了自由化范围。另外，在电力、天然气两个领域，在 2003 年 6 月制定、修改了相关法律，以期增加电网、气网上的公平性、透明性。

然而，就能源领域而言，按照“保障稳定供给”“环境保护”等条款的规定，也许会发生以下诸多问题。① 要实现能源供给，需要进行基础建设，耗时较长；② 石油出口国等国家会进行干涉；③ 完全依靠市场机制，也有弊病。比如为了追逐利润，会偏重于某一能源的供给上，给能源安全和环境造成负面影响，增加能源消费量。因此，在将市场机制引进能源产业时，要考虑到不要伤害相关企事业单位的自主性以及创造性，政府也应适当进行干预。

2. 在市场机制方面应遵循的基本方针

如上所述，迄今为止，在能源领域锐意改革，放松管制，成果卓然。今后，在将市场机制引进能源领域时，要严格遵守节本法的规定：其一，“保障稳定供给”；其二，“环保”。在此基础上，在能源市场化上进行制度改革。与此同时，引进市场机制及其相关政策时，要充分考虑日本的国情。另外，切记在引进市场机制方面，不要忽视安全环节。政府相关部门和相关企事业单位要责任明确，确实保障安全。

一定要在上述思维框架内，引进市场机制。与此同时，将市场机制引进能源领域会时，为了避免发生各种问题，政府一定要根据实际内容，采取灵活多样的措施予以妥善处理。

第二章　为保障能源供应，制定长期性、综合性计划

第一节　保障能源供给的政策措施与基本框架

能源不同于一般资源，而是一种战略性资源，担负着“保障稳定供应”“环境保护”等国家使命。如果仅仅应用市场机制来处理能源问题是无法完成其自身使命的。因此，日本中央政府、地方政府、相关企事业单位以及日本国民应对能源的战略地位有足够的认识。在此基础上，各负其责，为建立合理的能源供需结构而努力。

上一章中我们谈到了“能源供需措施基本方针”。为了实现这一方针，首先应该在节能工作上下大力气，提高能源需求方的利用效率。与此同时，能源供应方也要抓好以下工作：其一，要优先考虑“能源的稳定供应”“环境保护”，因能源种类不同，“能源的稳定供应”“环境保护”的任务指标也有所不同；其二，在此基础上，保障各种能源合理搭配；其三，每种能源都有其需要解决的难题，在保证“能源的稳定供应”“环境保护”的基础上，予以妥善解决。

在开展上述工作时，日本政府应该采取以下措施：① 一些研发工作，如果交给市场去做，无法取得满意的结果。在这种情况下，政府需要主动干预并采取措施，通过支持具体的主要负责部门，促进能源技术的开发；② 如果加强公共监督对保障国民整体利益和安全有益的话，必要时，也要通过公共监督，规范技术研发部门是行动；③ 鼓励为建立合理的能源供需结构献计献策。中央政府应该在必要范围内对地方政府、相关企事业单位、非营利组织进行政策引导；④ 积极向国民公开能源供需以及

能源政策的相关信息。

迄今为止,日本中央政府描绘了日本能源供需蓝图。除此之外,还应向国民公开日本将来的能源供需结构的相关信息,并将此作为研究和评估方针政策的基础。为此,今后要适时适量地向国民公开信息。

第二节 采取切实措施,应对能源需求

能源需求及其模式并非是不变的。政府要制定合理政策措施,是能够诱导能源消费者改变原来消费模式,转向更高效的能源。这一思维方式至关重要。在这一思维模式下,采取如下节能措施,并将能源消费对环境产生的负荷平均化、标准化。

1. 出台节能措施,建设资源节约型经济社会

节能措施可以起到以下作用:① 保障能源的稳定供应;② 防止地球暖化;③ 通过开发新型机器、投资、办新型产业等搞活经济。因此,可以做到"环境保护和发展经济"的双赢。石油危机之后,日本在节能方面下了大力气,处于世界领先地位。然而,近年来,在民生和运输领域,能源消费增速明显。日本是节能国家,堪称世界楷模。因此,有必要在民生、运输领域出台切实可行的节能措施。特别是改革民生、运输领域的能源供需结构势在必行。

节能是一项综合性工作,仅仅提高能源相关机械的使用效率,兴建能源相关产业是远远不够的,必须综合考虑能源需求方面的应对措施。为此,需要开展以下工作:① 迄今为止的社会、经济模式是能源消耗性的,必须实现转型发展;② 群策群力,实现向资源节约型的社会经济结构转型。特别需要指出的是要对民生、运输领域的能源供需结构进行改革,并做好以下几项工作:① 改善机动车交通状况;② 建设环保型城市,减少能源消费给环境带来的压力[①]、③ 提高物流效率;④ 提倡尽量使用

① 现在的运输方式采用卡车长途运输(500 公里以上),要将这一运输方式切换为内河航运、轮船、铁路运输

公共交通工具；⑤ 不要浪费能源。要做到上述几点，需要各个阶层的人们养成良好的生活习惯。这是一项长期的艰巨工作。

（1）民生部门采取的方针政策

① 提高机械器具的使用效率，合理管理能源的需求

在家庭和办公场所，要尽量发挥能源的功效，抑制能源需求，具体做法如下：

首先，努力提高机械器具的功效，尽量做到节能减排。为此，① 要遵守“能源合理使用法”（以下简称“节能法”）；② 使用最高效节能法（目前节能产品很多，采用性能最好、最节能的产品）。以下以空调（制冷取暖两用）、电冰箱为例进行说明，在2007年前实现节能63％的目标；在2004年以前，电冰箱实现节能30％的目标；③ 引进标签制度（按照JIS规格指定的制度，消费者能够一目了然地看出机器是否符合节能法规定的标准。现阶段，符合节能法的特定机器1应用这一制度，比如有电视机、空调等），公开节能机器的信息，力求明白易懂；④ 鼓励购买节能效果较好的热水器，并适当给予补贴（热水器消耗的那样占家庭能源消费的约3成。因此，热水器节能工作如果做得好，可以有效抑制家庭能源消费）；⑤ 另外，在电机行业，采取有力措施，减少待机（非作业）期间的电力消耗（待机消费的能源家庭中约占1成。相关企业，正在采取措施进行改善）。

其次，改进能源的使用方法。具体做法如下：① 充分利用信息技术（IT），开发普及能源管理系统；② 利用节能法，加强对能耗大的用户进行有效监督和管理；③ 通过上述两项措施，合理管理能源需求。

再次，振兴提供专业节能服务的公共事业。近年来，能源服务公司为写字楼。工厂等提供综合性的节能服务。而且，这一服务不断普及。在这种情况下，要鼓励发展节能产业。为此，要在公共部门率先引进节能服务，承认其合法地位。

② 住宅、建筑物等的节能措施

住宅、建筑物等事关国计民生，具有深远的影响，对节能性能要求

高,因此,必须采取切实措施开展节能工作。因此,必须做好以下几项工作:其一,有效利用融资手段、税制、性能标识制度;其二,根据节能法,新建、翻修扩建房屋时,要采取节能措施,并到相关部门备案。通过上述两个措施,普及推广满足根据节能法制定的节能标准的住宅、建筑物。

(2) 运输部门的节能措施

采取措施,提高机动车的节能性能。在不改变机动车的性能和功能的前提下,尽量提高能源使用效率(省油)。日本根据节能法创造出了领头羊模式,要将这一模式广泛应用到各种机动车辆上。为了提前实现领头羊模式,需要做到以下三点:其一,将机动车税和环保挂钩;其二,适当降低机动车购置税;其三,机动车厂商自主性地采取相应措施。进而,推广使用混合燃料车、怠速熄火车等节能性能优良的机动车。

② 改善机动车的交通状况,转换模式,提高物流效率。

为了做好机动车行驶过程中的节能工作,需要采取以下措施:其一,提高机动车本身的节能性能;其二,通过缓解交通堵塞等措施,减少低速高耗油现象。为此,以下措施不可或缺:① 实际验证交通需求管理系统;② 建立高精度道路交通系统(ITS),提供道路交通信息,禁止路边乱停乱放,减少道路施工;③ 完善信号灯等交通安全设施。除此之外,还要引导机动车用户在车上配备能接受三种媒体的 VICS 系统。

另外,与机动车相比,内河航运、海运、铁路运输耗能较低,可以考虑转变以机动车为主的运输方式。与此同时,进一步提高物流效率。进一步完善公共交通设施和服务,提高便捷性。通过这一措施,在客运领域实现从私家车向公共交通工具的转换。

(3) 产业部门的节能措施

第一次石油危机之后,日本在世界上率先采取节能措施,成果斐然。尽管产量不断增加,而产业部门的耗能量几乎没有变化。

但是,产业界的能源投资暂告一段落。有鉴于此,引导企业进一步进行节能技术研发,力求保持先进水平。与此同时,进一步加大产业部门的节能投资力度。产业界业已着手解决地球暖化问题,日本经济团体联合会制定了自主性环保工作计划，很具有代表性。其中大部分措施是关于节能方面的。在产业界采取自主性环保措施过程中，日本中央政府要积极给予各方面的支持，促进该事业的健康发展，可以取得以下成效：企业在第三方机构注册登记，获得认证，以此提高相关措施的透明度和公信度，使之行之有效。进而，根据节能法，在企事业单位贯彻实施节能管理措施。

（4）跨部门的节能措施

① 采取切实措施，提高人们的节能意识

近年来，民生、家庭、运输用机动车领域对能源的需求增速明显，因此，提高每个公民的节能意识至关重要。为此，有必要提高公民的节能意识，具体措施如下：其一，加强节能宣传，积极向公众公开节能措施相关信息；其二，在学校教育环节，教给学生正确的节能和环保知识，让学生开动脑筋，积极思考。

相关企事业单位不仅要采取节能措施，还要让国民有深切体会。为此，要积极应用信息技术（IT），研究开发能够直观监测耗能量的仪器，并予以推广。与此同时，日本中央政府为这些仪器的普及积极创造条件。

② 推进多个相关企事业单位的横向合作，有效合理利用能源。

迄今为止，在节能设备开发上以及相关工厂的节能措施上，都是各自为战。今后，除了独自进行的节能努力之外，还要和其他废热处理工厂以及其他民生事业部门进行沟通，促进多个工厂、建筑物、住宅间的横向合作，共同实现能源的供需平衡。这一点至关重要。日本中央政府要为此项工作的开展创造便利条件，

2. 采取有力措施，促进电力负荷的平均化、标准化。

电力储藏困难，因此要满足用电高峰时的电力需求，供电局必须完善发电、输电、配电设施，做到万无一失。日本多数地区用电高峰集中在夏季白昼，时间较短。因此，负荷率远远低于欧美。这是日本的电费较贵的重要原因之一。电力需求负荷平均化、标准化措施意义重大：将白天的部分电力需求分流夜间，从而减少发电、输电、配电等相关设备的需

求量。这样一来,可以降低供电成本,不仅如此,可以通过减少用电高峰的耗电量减少二氧化碳的排出量。而且可以降低电力需求激增带来的风险,提高供电系统的稳定性和可信度。

现阶段,日本已经具备生产蓄热设备和燃气空调的技术,对用电钢峰的分流和减少用电高峰的耗电量大有裨益。因此,要为这些技术的普及创造条件。与此同时,大力宣传,提高公民对电力负荷平均化标准化重要意义的认识。

近来,日本在蓄电技术上突飞猛进,今后要进一步加强研发工作,力求精益求精。除此之外,放松相关管制措施,实行多梯次电费收费制度,为蓄电技术的普及创造条件。

第三节 促进多样化能源的开发、引进和利用

上一章中我们讲到了能源供需措施的基本方针问题。要从能源供给层面实现这一目标,要因地制宜,根据各类能源的特点,进行合理的开发、引进与利用。

核能是风险能源,因此需要严格进行安全管理,但是,其优点很多,详情如下:其一,能够保障稳定供应;其二,属于环保型能源,利于解决地球暖化问题。因此,在保障安全的前提下,进行核燃料的循环利用,大力发展核电,使其成为主要能源。

现阶段,新能源的缺点是发电量不稳定;发电成本高。另方面,新能源的优点是基本不受资源制约,很环保,有利于解决地球暖化问题。因此,应该积极进行技术开发,降低成本。在此基础上,引进新能源。

今后很长一段时期,能源供给仍然主要依靠石油、煤炭等不可再生能源(亦称化石燃料),而日本这些能源的大部分都要依靠进口。另方面,消费这些能源会给环境造成压力,带来地球暖化问题。有鉴于此,需要采取以下措施:其一,保障石油、天然气等气体能源的稳定供应;其二,煤炭能源对环境造成的压力太大,要采取相应的环保措施。其他类似的能源也是如此;其三,在此基础上实现能源消费的均衡化。

根据以上基本思路，具体采取以下措施：

1. 开发、引进、利用核能（或称原子能）

（1）核能在能源政策中的定位

核能发电具有以下优点：① 燃料的能源密度高，容易储存；② 填充燃料后，能够维持一年左右；③ 铀资源分布在多个国家，而且这些国家政局稳定；④ 使用后的燃料经过处理可以作为资源燃料再次使用；⑤ 核能受国际形势影响较小，能够保障稳定供给，在某种意义上说是一种依赖外国程度低、准国产的能源；⑥ 在发电过程中不排放二氧化碳，很环保，不会产生地球暖化问题。另方面，需要采取安全措施，否则非常危险。因此，日本政府为了确保安全，根据相关法律对核能发电事业监管很严。

鉴于核能既有优点又有缺点，在利用核能发电时，一个重要前提就是确保安全，今后会继续完善相关措施，将核电作为主要电源来发展。另外，确保核电站的安全至关重要，2002 年，发生了几起安全隐患。因此，核电企业应建立健全安全保障体系，确保核电的安全品牌。与此同时，日本政府应切实加强安全监管，让周围居民对核电设施放心。

（2）采取有效措施，让居民了解核核电事业

① 采取切实措施，让居民了解核电事业

在开发和利用核能方面，保障安全是大前提。不仅如此，还要取得核电社会是周围居民的谅解。为此，日本政府以及核电企业应积极提供信息，适时披露信息。与此同时，仅仅单方面提供和公开信息是不够的，还要搞清楚居民对核电的看法。在此基础上，加强宣传工作，利用听证会等形式诚心诚意倾听核电设施周围居民和日本全国国民的意见。值此之际，核电企事业单位、日本政府应耐心解释取得居民谅解。另外，在学校教育环节，认真讲解，让学生掌握正确的能源和环境知识。为此，要编写优质教材，让学生学到客观科学的核能相关知识。

② 与核电设施所在地区居民同呼吸共命运

日本政府以及相关企事业单位在进行核电站选址时，应该和当地居民磋商，取得他们的谅解。为此，虚心听取当地居民的意见，在此基础

上，进行耐心解释。今后这一环节的工作也不能有丝毫放松。核电站开始投入运营后，尽速提供或公开相关信息，打消居民的顾虑。此外，日本政府要继续为努力，振兴核电站所在地的经济。与此同时，让核电事业和地方社会同呼吸共命运。为此，日本中央政府、地方自治体和相关企事业单位三方进行工作分工，互相沟通互相合作。

另外，核电站所在地区在供电方面起着重要作用。有鉴于此，供电地区与电力消费地区要互相沟通，统一认识，加强交流。与此同时，采取各种措施促进更多的电力消费人群对核电事业的理解。

(3) 采取切实措施促进核燃料的循环利用

核电站会产生使用过的核废料，对其进行处理，回收有用资源，再用作燃料。这就是核燃料的循环利用。核能发电的优点是能源供应稳定，经过对核燃料进行循环利用，这一优点会更加突出。因此，日本将核燃料的循环利用定为国策。为了实施这一国策，要做好每个环节的工作。毋庸赘言，保障安全、执行和不扩散条约是大前提。为此，考虑核能发电整体的经济利润和取得居民的谅解不可或缺。在此基础上，积极开展核燃料循环利用工作。另外，要制定长远规划，时刻注意能源形势、铀的供需动向、核不扩散政策、钚的使用前景等要素，灵活多样、与时俱进地开展核燃料循环利用工作。

通过处理核废料，可以产生钚，可以再次用作核燃料。这是核燃料循环利用的重要前提。从核废料中回收的钚可以再次放入核反应堆中重新利用，这是今后工作的重心。因此，核能发电的相关企事业单位应在取得周围居民的谅解的基础上有计划地稳步地开展这项工作。与此同时，日本中央政府应牵头积极采取措施取得居民的谅解，开展核燃料循环利用工作。这样，政府和企业联起手来推动核燃料循环利用事业的发展。

核电站在发电过程中会产生高辐射性核废弃物，要采取以下措施进行处理：其一，现阶段，日本制定有“特定放射性废弃物处理法规”，严格按照法律，彻底公开信息，取得核电站周围的居民的理解和支持；其二，提高透明，采取切实措施选择妥善处理高辐射核废料的合适地点，建设核废料终端处理设施；其三，出台有力措施，确保核电站稳定运行；其四，提高核燃料循环利用工作的灵活性，保障核废料中间储藏设施的安全；其五，日本中央政府积极给予多方面支持，确保核电站的选址等工作的顺利进行。

（4）采取切实措施，促进电力零售自由化和核能发电、核燃料循环使用的协调发展

核能发电初期投资大，投资回收期间长。因此，虽然电力零售自由化正在稳步实施，但是，相关企事业单位对投资核电事业持谨慎态度。在核能发电过程中，会产生核废料，需要进行处理。另外，对回收的钚要进行再加工。上述各工序中都会产生核废料，都是需要妥善处理的。正是因为这个原因，核电事业投资期间过长，投资风险相应会有所增加。有鉴于此，应该出台切实措施，继续推进核电事业的发展。为此，要尽量创造条件。具体来说，出台相关措施，建设或者购置一整套配套的核电发电设备和输电设备，为此应采取以下措施：① 现行的发电事业采取的模式是进行发电、输电、零售一条龙服务，今后也要维持这一制度；② 要将核电定位为主流电源，为此，要在大力推广核电的利用和输送，有效增加核电的用户。另外，只有保障核电站长期稳定运行，才能发挥核电的优势。为此，采取以下措施：① 制定核电优先供电制度，在电力需求量低的情况下，优先让核电站供电；② 制定中立性的、公平的、透明的输电线使用规则，确保核电站长期的输电容量；③ 按照《发电用地周边地区建设法规》，重点扶持核能发电事业，使之成为长期、固定的电源。核废料处理、循环利用等耗资巨大，因此要合理安排日本政府和相关企事业单位的投资比率，改善投资环境。为此，制定相关制度，出台切实的措施。具体来讲应该采取以下措施：① 综合分析核废料处理、循环利用等的成本结构，评估核能发电的整体收益率；② 在此基础上，明确政府和民企的责任分工，与原有的相关制度进行接轨；③ 进而，在截至 2004 年末以前，出台相关经济性措施和具体的制度。

2. 保障核能安全，让国民放心

毋庸赘言，推广核能发电，保障安全是大前提。2002 年，核电站发生了一系列丑闻，在媒体上曝光。日本政府和相关企事业单位应对此反省。在此基础上，采取有力措施消除核电站周围居民和日本国民对核能安全的担忧。为此，应该采取以下措施：① 确保信息的透明度，积极做好解释工作；② 切实保障核能安全，防止类似事故再次发生。

为此，2002 年，对安全法规进行了修改。通过本次的法规修改，在内阁府设立核能安全委员会，负责严格监督行政厅的安全督导工作，建立了双重监督体制。在检查制度上也做了调整，加大监督力度，要求相关企事业单位保障产品质量，提高了效率，从 2003 年 10 月开始正式实施。

日本政府应该执行新的安全检查制度，确保安全。为此，需要做到以下几点：其一，负责安全检查和监督的部门要储备最新、最全面的相关知识，对检查监督工作适时提出建议和意见；其二，做出长远规划，积极培养和确保专业人才，做好安全监察工作；其三，通过上述措施，提高检查监督质量。

进而，今后要向核电站所在地区的相关人员详细解释上述改革的效果、进展程度。与此同时，不断交换意见，有了问题及时查处，不讲情面。日本政府也要从这一思路出发，严格执行监督检查职责。不仅如此，要积极宣传核能安全检查工作，并召开听证会。另外，相关企事业单位在新的安全检查监督制度下，切实保障产品质量。这样，如果日本政府和相关企事业单位双管齐下，竭尽全力，就能保障核能发电的安全，并让核电站周围居民放心。

核能防灾措施至关重要。2000 年 9 月，JCO 公司发生事故。要引以为戒，采取改善措施。与此同时，日本政府和地方政府以及相关企事业单位加强合作，继续进行防灾训练，购置防灾器材、物资，强化避难措施，建立健全应对机制，以防发生核灾害。2001 年 9 月，美国发生“9・11”恐怖袭击，世界各国加强了核物质安全防护工作，因此，日本也要进一步建立健全核设施防护体系。

3. 开发引进利用新能源

（1）新能源在能源政策中的定位

新能源的优点颇多，弥足珍贵，详情如下：其一，能够提高能源自给率；其二，有利于解决地球暖化问题；其三，属于分散性能源体系；其四，新能源领域技术潜力很大，可用于燃料电池等，如积极研发可搞活经济；其五，风电、太阳能发电等都属于新能源领域，每位国民都有机会参与能源供给。通过非营利组织的宣传活动可以搞活地方经济。

但是，现阶段新能源的缺点是发电两不稳定，成本较高。要克服这些缺点有必要进一步加大研发力度。因此，现阶段可将新能源定位为补充性能源，要在技术研发上下大力气，确保安全生产，降低成本，稳定系统，提高性能。在这一过程中，产业界、高效、政府相关人士通力协作，制定通盘战略进行开发利用，一定要将新能源打造成长期可靠的能源。

燃料（能源）电池是一项战略性技术，能广泛应用在机动车等领域。要生产能源电池，氢元素不可或缺，即可以通过次生性氢元素来获取，又可以将其他能源转化为氢元素。因此，需要制定综合性战略方针，具体要抓好以下几项工作：① 能源电池本身的研发；② 氢元素的生产、储藏、运输、使用；③ 将上述工作通盘考虑进行研发，提高整体效率；④ 加强相关基础建设；⑤ 修改相关法规。

（2）在新能源研发、实证阶段采取的措施

要做好新能源的引进和普及工作，积极进行研发，降低成本，提高性能不可或缺。产业界、高校和政府应该责任明确，合理分工，有效推进这项工作的实施。对于达到一定水准的新技术要在性能、收益性等方面进行验证、试验，确实提高其公信度。另方面，对于即便不能马上产生收益，但是通过加速试验过程能够提高社会效益的项目，政府也应给予积极支持。

（3）采取切实措施，促进新能源的引进

① 在新能源引进阶段要注意减轻经济负担、灵活运用市场机制

新能源只有通过规模效应才能降低价格，因此，要采取切实措施，一

方面切勿打击从事新能源相关企事业单位的削减成本的积极性，另方面减轻引进新能源单位或者个人的经济负担。2003 年 4 月，出台了《有关电力企事业单位利用新能源的特别措施法》。今后，应对这部法律带来的成效和出现的问题进行观察，如果效果很好的话，要用好这部法律。在此基础上，在电力行业也要引进新能源。

② 公共部门应率先垂范引进新能源，进而在普通国民中普及

为了支持新能源的发展，在初期阶段必须创造需求，扩大市场，向国民宣传新能源的优点，进行推广。为此，公共部门应率先使用新能源。新能源分散在各地，因此，应从地方政府和居民等基层做起，切实做好新能源的推广使用。为此，要加大宣传力度，启发地方民众，扩大新能源的认知度。与此同时，为引进新能源提供必要的信息。通过草根运动或者基层工作扩大新能源的引进和使用。为此，要创造条件，促进实施。

(4) 搞好新能源的软件和硬件设施建设，和相关行政部门合作

① 创造条件

为了进一步推广新能源，要采取以下措施：① 搞好硬件设施建设，保障供给渠道畅通；② 搞好软件设施建设，修改相关法律，制定国际标准。具体来讲，在硬件设施建设方面应做好以下工作：其一，风力发电量很不稳定，在引进这项新能源时，要出台相关措施，和电力系统通力合作，予以妥善解决；其二，搞好基础建设，购置相关设备，保质保量为使用清洁能源的机动车供应燃料。另外，在软件设施建设方面，要采取以下措施：其一，调查、了解单位面积的生物数量、风力等潜在性能源；其二，在保障机动车的安全以及适当的排气性能的基础上，使用生物混合汽油。并为此项工作创造条件，反复试验、验证；其三，制定能源电池、氢气供给系统的安全标准，建立一套性能评估办法，为此，要进行基础设施建设。

② 与相关行政部门合作

提倡利用垃圾、废热发电，推广使用生物能源至关重要。为此，要加强与垃圾处理以及农林业的相关行政部门的合作，出台有效措施。在利用垃圾或废弃物发电方面，要做好以下几项工作：其一，现阶段已经出台

了《建设循环型社会基本法》和《有关废弃物处理和清扫的法律》，其中有一个《减少废弃物的量化目标》；其二，要认真理解上述法律法规的内容实质，在实施过程中要注意通盘考虑不能偏执。2002 年 12 月，在日本内阁会议上通过了“日本生物能源综合战略”，在引进生物能源时，要按照这一战略的要求进行。

4. 气态能源的开发、引进及利用

(1) 天然气的开发、引进及利用

① 天然气在能源政策中的定位

中东地区天然气储量最为丰富，除此之外，还广泛分布在世界各地。不仅如此，与其他不可再生性燃料（或称化石燃料）相比，天然气环境污染较小，属于清洁能源，而且能源供应稳定，还比较环保。日本能源构成中有石油、煤炭、核能等其他能源，在综合考虑能源比例平衡的基础上，推广使用天然气。

② 采取切实措施促进天然气的流通和调配工作的顺利实施

与国外相比，日本国内的天然气供气基础设施建设明显落后。而且有必要在日本进一步推广使用天然气。基于这一考虑，要充分调动各方积极性，投资铺设天然气管道。和相关行政部门通力协作，共商在道路上埋设天然气管道的具体方法。在此基础上，促进日本国内天然气管网的对接，增加用户。

另外，确保从国外稳定进口廉价天然气至关重要。为此，要参考进口石油的做法：其一，搞好资源开发工作；其二，和天然气出口国搞好关系，互惠互利。在此基础上，相关企事业单位以及日本中央政府下大力气增加天然气用户的多样性，以加强和供气商的定价话语权，促进长期合同的交易条件的弹性化。通过这些措施，下调液化天然气的进口价格，保障稳定供气。日本民企正在讨论从萨哈林铺设管道向日本供气事宜。假如这一做法能够带来良好的经济效益的话，就会大大增加用户对供气商的选择余地。迄今为止，日本在长距离海底天然气管道安全措施方面的工作做得不够充分，因此，中央政府需要创造条件，加强这方面的工作。

③ 扩大天然气需求的措施

引导电厂、工厂、写字楼等商业设施换用天然气。为此，除了让相关企事业单位自主升级换代外，日本政府要出台相关补贴措施。在城市用气方面，采取以下措施，降低销售价格：其一，采取切实措施，促进电力能源的多样化，比如利用天然气发电、燃料电池等；其二，引进竞争机制。在运输部门，通过以下措施引进燃气机动车：其一，研发引进天然气液化技术；其二，采取特例措施，灵活运用机动车税杠杆，降低成本。

④ 加快研发天然气利用技术和可燃冰的开发利用步伐

液化天然气属于新型燃料，其原料是天然气，不含硫黄成分，非常环保，今后可以替代柴油、汽油等石油产品。为此，加强与国外厂商的联系，拓宽天然气相关原料供给渠道，降低成本，并进行相关的研发，积极开发、引进液化天然气。可燃冰可作为国产能源来使用。现阶段的目标是用十年时间实现可燃冰和商业化、实用化。为此，要切实做好可燃冰的生产、勘探技术的研发工作，并就其对环境的负面影响进行评估。

（2）液化石油气的开发、引进以及利用

① 液化石油气在能源政策中的定位

液化石油气和天然气一样，是一种清洁能源，不排放微粒污染物，环境污染较小。液化石油气与人民生活息息相关，能够分散能源风险，尤其是在自然灾害发生时，保障能源的稳定供应。为此，要将液化石油气和城市居民用气同等对待，都是弥足珍贵的气体能源，进而引进竞争机制，进一步给天然气用户带来实惠。

② 液化石油气清洁环保，适于推广

为了提高液化石油气的经营效率，采取以下措施：其一，整合换气站；其二，分流加气；其三，普及液化气罐的使用。另外，要促进液化天然气的有效利用，增加其用途。为此，积极出台相关措施，鼓励企事业单位将其广泛利用在集中供暖、供热、燃料电池等领域。与此同时，积极引进较为环保的燃气机动车。为了进一步给天然气用户带来实惠，要公平交易。为此，要规范商品标签，力求价格透明。

③ 采取措施，积极储备，保障能源稳定供应

日本的液化天然气八成依靠从中东进口，保障稳定供应至关重要。采取切实措施，鼓励民企储备液化天然气，力争在2010年度建立国家液化天然气储备制度。为此，提高运营效率，为储备制度的建立做准备。

5. 煤炭的开发、引进以及使用

煤炭可采储量可采200年以上，分布广泛，世界各国都有一定储量，与其他不可再生性能源（化石燃料）相比，能够确保稳定供应，经济实惠。因此，今后一段时期内依然是人类的重要能源。另方面，与其他不可再生性能源（化石燃料）相比，煤炭能源有以下缺点：① 在燃烧过程中，二氧化碳的单位排放量很大，在环保方面受到诸多约束。为此，要通过研发、普及清洁煤技术，克服上述缺点。与此同时，搞好与产煤国的关系，保障从国外稳定进口煤炭，科学环保地利用煤炭资源。尤其是日本拥有世界最先进的煤炭开采技术和利用技术，理应为亚洲等发展中国家提供清洁煤利用技术。这既有利于解决全球环境问题又能够保障日本的煤炭能源的稳定供应，互利互惠。今后要加强这方面的工作。

6. 水力、地热的开发、引进、利用

水力以及地热属于国产能源，有助于提高能源自给率。不仅如此，再发点过程中不排放二氧化碳，对解决地球暖化问题大有裨益。其中，水力发电今后会出现以下趋势：水坝的选址地点逐渐向内地转移，而且规模越来越小，开发成本不断上升。因此，今后要提高水力发电的经济效益。与此同时，采取以下措施：其一，引进适应低落差、小流量的相关技术，盘活未利用部分的水力落差；其二，在开发引进水电时，要顾及水电开发会对河流生态等区域环境造成的负面影响。

地热发电和水力发电所采取的措施大同小异，要考虑到对区域环境的负面影响，同时提高经济利益，降低研发风险。在此基础上，开发引进。

第四节 采取有效措施,保障石油的稳定供应

石油约占日本初级能源供应量的约五成,从经济效益和方便性上来说,今后也是重要能源。石油还是石化产品的原料,从这一角度来说,也是弥足珍贵的资源。另方面,亚洲各国石油需求猛增,日本所需原油的大部分要从中东进口。然而,这一地区政局不稳,社会动荡,因此,石油供给链条极为脆弱。国际社会经常因政局动荡等原因影响到石油的正常供应,对日本影响颇大。所以,要采取适当措施,将这一负面影响降到最低程度,保障石油的稳定高效供应。

1. 有效储备石油,确保石油的稳定供应

日本石油依靠进口,因国外政局动荡等原因,经常发生石油供应短缺的情况。为了避免因这一事态的发生而蒙受经济损失,日本应该储备石油,以保障人民生活的稳定和国民经济的顺利运营。此外,日本应和主要石油消费国通力合作储备石油。这一措施不仅保障了石油消费国的稳定供应,还可以加强和产油国的合作。因此,石油储备是日本能源安全政策的重要支柱。

为此,进一步提高工作效率,由日本政府主导实施石油储备的维护、管理工作。在发生紧急事态时,就是否动用石油储备事宜,和国际能源机构成员国进行协商适时作出准确判断。如果有必要的话,可以动用石油储备。为此,平时要从国内国外两方面建立健全相关制度。

亚洲各国石油需求量不断增加,但是石油储备远远不够,一旦发生紧急事态会陷入极度恐慌。为此,和亚洲各国进行合作,加强这一地区的石油储备工作。

2. 制定综合资源战略,保障是石油的稳定供应

制定综合性资源战略对保障石油的稳定供应至关重要。综合战略的主要内容如下:迄今为止,日本的石油进口过分依靠中东,应该调整比率,拓宽石油进口渠道。为此,在中东地区内部增加进口石油的渠道,日本通过直接出资,或合资或自主开采石油等措施,搞好和主要产油国的

关系。

日本要实施上述石油战略，建立健全自主开发石油制度是当务之急。为了在国际竞争中生存下来，要具备一定的资产规模，获取优质石油权益，进行研发、生产。为此，要培养一批具有经营能力和技术实力的从事石油开发的核心企业，具体来说，采取以下三项措施：① 石油开发企业要独立自主，自负盈亏；② 日本政府积极开展资源外交；③ 独立行政法人进行战略性支援。三项措施相互补充，三位一体。

其中不少项目在战略上、地理上、政治上非常重要，日本政府要开展资源外交，从金融上重点支持。以下举一个实际案例进行说明。为了在俄罗斯斯伯利亚、远东地区开发石油、天然气资源，日本相关企业正在和俄罗斯方面合作，商讨将管道铺到 Nahodka。

3. 夯实石油产业的经营基础

石油产业包括石油冶炼、销售等，主要职能是将进口原油进行处理，按照用户要求的质量和规格，生成出各种各样的产品，对日本国内的石油的稳定供应起着决定性作用。石油产业多位于河流下游，因为柴油、汽油中含有硫黄，因此，应采取切实措施进一步降低硫黄。不仅如此，今后，石油产业还担负着以下使命：其一，加强流通领域的基础建设；其二，进一步开展技术研发，供应液化天然气和液化石油气，燃料电池用的氢气。

除此之外，还要搞好环保工作。现阶段，整个能源产业竞争日趋激烈，石油产业也应积极进军上游产业、其他能源产业。因此，需要夯实石油产业的基础。为此，释放过剩产能，将经营资源进行有效整合，可以将收益率恢复到正常的水平。

另外，石油销售业担负着稳定供应石油产品的使命。为此，要建立高效、透明的市场秩序；夯实经营基础，提高收益率；努力改善冶炼、批发、经销环节；销售网点也要努力改善经营机制。保障石油的稳定供应至关重要。为此，高效利用石油不可或缺。将石油残渣气化，进而发电是高效利用石油的有效方法。除此之外，还可以发展石油火力发电事业。值此之际,一定要综合考虑是与依赖程度和环保问题。

第五节　电力事业和天然气事业的相关制度

1. 电力事业制度

(1) 今后,根据新的电力事业法,灵活应用电力制度

电力行业进行了以下两项改革:其一,1995 年,电力批发行业引进了竞争机制;其二,2000 年,电力零售行业实行了部分放开(自由化)。通过竞争提高了效率。2003 年,修改了“电力事业法”,主要内容如下:其一,继续执行发电、输电一体化制度;其二,保障电网部门的调节功能;其三,扩大供电区域;其四,改革相关制度,通过错开用电高峰,分流供电,提高供电效率;其五,阶段性扩大电力零售自由化范围。

今后,要根据修改后的“电力事业法”,灵活实施。为此,应指定以下基本方针:其一,保障电力的稳定供应;其二,环保措施;其三,引进市场机制。按照这一方针采取以下措施。

第 1,一般电力企事业单位是供电主体,有责任保障电力的稳定供应,实施从发电到输电、配电的一条龙服务。保障输电、配电网络的公平性和透明性,对任何单位一视同仁。为此,通过中立性机构制定相关规则,禁止信息用于相关目的之外。

第 2,修改委托输电制度,由中立机构制定相关规则,保障入网、使用电力系统的公平性、透明性,建立全国规模的电力批发交易市场。通过上述措施,建立健全电力流通体制,保障电力的稳定供应。迄今为止,将电力输送给终端用户,需要经过几个电力公司的电网,每次都要雁过拔毛,导致电价居高不下。因此,今后要废除这一制度。与此同时,公平回收输电线路建设资金,核算输电费用,保障电力供应系统整体的效率等也不能忽视。因此,在偏远地区建立电厂时要考虑到这三点。因此,在废除上述制度后,要注意相关情况的变化。如果有问题,要及时叫停废除措施,重新考虑借用其他电力公司的电网输电并支付未用这一制度的合理性。

第 3，增加供电渠道，进一步保障稳定供电。为此，要通过多种途径、多种能源、多种方法发电。但与此同时需要注意以下弊端：其一，通过各种途径所发的电接入电网时，互相会产生影响；其二，重复投资会造成社会资本的浪费。

第 4，今后，阶段性放开电力零售行业，争取在 2007 年全部放开电力零售业。值此之际，要确保电力用户选择的多样性，在此基础上采取以下措施：① 确保供电的可信度；② 既要保障能源安全又要考虑环保问题；③ 电力企事业单位要保障偏远地区、用电量小的地区的电价和其他地区一样；④ 规避长期投资，长期合同带来的风险；⑤ 在处理实际问题时要慎重行事。

（2）提高供电系统的可信度

2002 年，核电站的一系列丑闻曝光。因为这个原因，2003 年夏，日本关东地区电力供需状况开始趋紧。鉴于这一教训非常惨痛，政府和相关企事业单位为避免重蹈覆辙，开始集思广益，商讨对策，具体情况如下：

第 1，要确保核电站的安全，让周围居民放心。相关企事业单位要着力打造核电安全品牌。为了实现这一目标，日本政府要制定安全法规，确实让居民恢复对核电的信任。

第 2，为了进一步建立健全稳定的供电系统，采取以下必要措施：积极引进其他类型的能源，限制用电高峰的用电需求，制定县官制度，扩大电力公司的供电范围。

2003 年夏，北美东北部发生大规模停电，具体原因正在调查当中。日本应该引以为戒，有则改之，无则加勉。为了进一步提高供电系统的稳定性和可靠性，要杜绝一切纰漏。

2. 天然气事业制度的实施情况

1995 年、1999 年，对天然气事业相关制度进行了改革，通过部分放开天然气零售业，促进竞争，提高了效率。另外，2003 年，修改《天然气事业法》，为了扩大供气范围，进行了相关制度改革，进一步放开天然气零售业。

要严格执行修改后的“天然气事业法”,为此出台了一下基本方针:保障稳定供应;做好环保工作;灵活运用市场机制。为了实施这一基本方针,采取了以下措施:

第1,保障入(天然气)网公平、透明,禁止将信息用于其他目的。为了天然气企事业单位是供气主体,为了保障稳定供气,河流上下游要采取相同措施。

第2,对天然气管道企事业单位在法律上有明确定位,因此,要将管道投资权限优先下放给这些单位。天然气管道企事业单位要和相关行政机构通力合作,铺设天然气管道。与此同时,修改委托输气制度。加强委托输气义务,做到物尽其用。

第3,阶段性放开天然气零售业,将来是否全部放开要考虑以下因素,慎重行事:其一,保障以同样价格给偏远地区、用气较少地区送气;其二,有时会频繁更换送气公司,带来安全隐患,给消费者带来负面影响;其三,调查摸底有多少天然气公司想给小型用户、家庭供气。除此之外,还要考虑对液化天然气的长期合同以及供气基础设施产生的影响。

第4,为了促进天然气企事业单位之间相互竞争,制定气体能源竞争政策,创造竞争条件。

第六节　采取切实措施,描绘能源供需结构的蓝图

1. 针对日本将来的能源供需结构,制定长期规划

能源行业周期较长,要制定十年至三十年的长期计划,采取切实措施。日本生育率低,今后,人口会有所减少,人口结构也会发生变化,国民的生活方式也会相应发生变化。因此,日本在考虑将来的能源供需结构时,要考虑到上述社会经济环境的变化。另方面,能源生产、流通、储藏技术日新月异,日本要采取政府、产业、高校三方合作体制,进一步推动这一领域的技术革新。这些都会给将来的能源供需结构带来影响。

在上述情况下,估计多样化能源体系会进一步普及,氢气能源会成

为将来的主流能源，下面就此进行详细说明。

2. 采取措施促进能源多样化的发展

现阶段，日本采用的是集中供电、供气系统，占整体能源供给的大半。这一体系可以避免相关基础设施的重复投资，能够高效大量供应能源，意义重大。另方面，这一能源供应系统也有缺点：其一，在输送能源方面，会产生能源消耗；其二，建设相关基础设施需要巨额投资，具有成本风险；其三，由于地震等自然灾害，输气输电网络受损，会给大范围的用户带来影响。

能源的多样化是解决上述难题的一个重要手段。其他能源对集中供电、供气形成互补，有必要进行普及，是一种理想的能源供给模式。电力、天然气以外的其他能源要在用户集中地选址，这样做的好处是可以有效利用在发电时产生的废热。这样一来，根据当地的具体条件，可以切换能源，提高综合利用效率。让周围居民直接接触能源技术，加深他们对能源有效利用的理解。另外，因地震等自然灾害输电、输气线路中断时，会影响到很多地区的用户。而能源的多样化可以避免这一事态的发生。因此，采取切实措施推进能源的多样化至关重要。比如，在电力领域，可以采用燃料电池、同时发热发电、太阳能发电、风力发电、生物发电等方式发电。与此同时，研发、普及新型电力储藏装置至关重要。

另方面，现阶段，太阳能发电、风电发电等环保型发电方式的缺点是发电量不稳定，需要有备份电源。不仅如此，技术研发还不充分，其成本要高于传统能源。另外，一些能源不够环保，问题颇多。因此，应下大力气，在克服新能源的缺点的基础上，实现能源的多样化。为此，要采取以下措施：其一，出台支持政策和相关制度，研发、普及相关装置和技术，克服新能源的缺点；其二，要注意环保问题；其三，确定核电等传统能源与新能源的利用比例。

3. 制定相关措施，实现氢气能源社会

氢气在燃烧阶段污染零排放，从理论上来讲可以从非化石燃料中提取，属于环保型清洁能源。现阶段，正在开发使用氢气的燃料电池，如果技术开发进展顺利的话，可以同时供热、供电，效率很高。另方面，正在开发燃料电池机动车。如果进展顺利的话，不会产生微粒污染物，减少二氧化碳排放，会给运输行业带来革命，提高能源利用效率。除此之外，还可以在电脑、手机等电子产品上使用燃料电池。

今后，氢气有望成为主流能源。为此，要采取以下措施：其一，要在燃料电池本身的技术研发上，下大力气，大幅降低成本，增加电池寿命；其二，要搞好供应氢气的硬件基础设施建设；其三，要修改相关法律，搞好生产、储藏、输送、使用氢气的软件设施。

氢气在燃烧阶段污染零排放，从理论上来讲可以从非化石燃料中提取，属于环保型清洁能源。因此，可以通过敢删化石燃料质量来提高氢气制造技术。另外，炼钢厂会产生次生性气体，可以从中提取氢气。将来要下大力气研发二氧化碳零排放技术，从核能、太阳光、生物中提取制造氢气，不再从化石燃料中提取氢气。

第三章　为了制定长期性、综合性、有计划的能源供需政策、措施，提高研发能力和相关技术

第一节　能源技术研发的意义以及政府的参与方式

1. 能源技术研发的意义

日本国内资源匮乏，与其他国家相比，确保能源稳定供应尤为重要，因此，能源技术研发对解决能源问题极为重要。世界各地正在出台措施解决地球暖化问题，日本积极进行能源技术研发可在解决地球暖化问题上做出贡献，因此，能源技术开发意义重大。

（1）能源技术开发对确保能源稳定供应意义重大

日本国内几乎没有能源资源，绝大部分依靠进口。然而，日本拥有尖端技术，可进行能源技术开发，不断开发利用新能源，解决世界能源问题，日本责无旁贷。为此，搞好和资源出口国的外交关系，提高日本在国家社会的外交地位不可或缺。

(2) 能源技术开发对环保意义重大

防止地球暖化是人类的一项长期任务。与此同时,为了搞活、发展经济,要保障廉价能源的稳定供应。发展经济和防止地球暖化协调进行。温室效应废气的大部分是二氧化碳,是在消费能源过程中排放出来的。因此,进行能源技术研发可以解决发展经济和防止地球暖化的矛盾,真正有效地解决地球暖化问题。

日本拥有节能技术等先进的能源技术,将这一技术向国外普及意义重大:其一,可以减少世界各国的二氧化碳排放量;其二,按照京都议定书的相关规定,削减日本的二氧化碳排放量。

(3) 能源技术开发对降低能源成本意义重大

能源技术开发可以通过降低传统能源生产成本和提高利用效率,降低能源成本。不仅如此,还能够降低新能源的价格,提高其竞争力,为新能源的实用化廓清道路。除此之外,通过开发某种特定的能源生产、利用技术可以抑制与其处于竞争关系的其他能源的价格上涨。

(4) 能源技术开发对搞活经济意义重大

如上所述,能源技术开发对能源政策的制定意义重大。不仅如此,还可以通过增加技术研发和相关基础设施建设的投资,搞活日本经济,提高日本的国际竞争力。

2. 日本政府参与能源技术开发

如上所述,能源技术开发对能源政策的制定意义重大,但是尚有一些问题需要解决:其一,新开发的能源技术的实用化还尚需时日;其二,不仅进行能源技术开发者,其他人也能从中受益,因此仅以民企为主体进行投资是远远不够的,需要日本政府参与,进行重点能源技术开发。

日本政府在参与能源技术开发方面,要最大限度有效使用可利用资金。为此,要出台以下措施:其一,要有目的性地选择需解决的重要课题,明确每个课题需要实现的目标、具体成果;其二,在项目开始实施时,在每个阶段要做出评估,监督其完成进度,做到有计划的开发,并对其实际效果进行验证;其三,将能源技术实用化至关重要。值此之际,保障安全，让设施周围居民能够接受，得到他们谅解。为此，要通过试验对技术进行验证。与此同时，为制定技术标准搜集必要的数据。

新能源和节能技术等到达使用阶段后，需要进行一定程度的普及。在此基础上才能进行规模生产。在这一过程中，机器价格会下降，进入独立自主普及阶段。因此，在引进新技术的初期阶段需要政府的必要支持。

另外，考虑到能源技术的特性，可以对传统技术进行改良。这样一来，会对节能技术开发产生重大影响。有鉴于此，要将传统技术改良和新技术开发结合起来进行，会事半功倍。

第二节　采取措施，搞好重点研发，并为此给予技术支持

1. 出台相关措施，促进核能技术开发

“核能研究、开发以及利用长期计划”中对核能的技术研发做了定位：“核能是日本的主干能源，要大力推广使用。”为此，要采取以下措施：① 确保安全；② 核燃料的循环利用；③ 重点进行核反应堆相关研发。改进检查技术，改善检查手段，切实提高安检质量，加强安全措施。加强核燃料循环利用技术研发，长期稳定使用核能，研发高速核反应堆“文殊”，下大力气研发放射性废弃物的处理办法，在日本早日实现核燃料的循环利用。出台相关措施，加强新一代核燃料循环利用的研究开发，提高经济效益、增加安全性和抗核扩散性。与此同时，重点进行核反应堆相关技术研发，为该项技术的实用化提供技术支持。

2. 出台有力措施，促进电力相关技术开发

下大力气进行电力技术开发，提高天然气涡轮转数，提高发电效率。通过这一措施，减少环境污染。与此同时，大力进行相关技术开发，并进行验证，建立健全电网系统，调整系统电力和新能源电力的使用比例，降低成本，加强储电技术的研发。

3. 出台有力措施，促进新能源相关技术开发

要促进新能源的技术研发，需采取以下措施：其一，将相关技术研发

和支持新能源的引进有机结合；其二，大力进行技术研发，削减新能源相关机器、系统的成本，提高其便利性和性能。在氢气利用、燃料电池的技术研发上，采取以下措施：其一，开发普及燃料电池机动车，住宅用燃料电池；其二，为此，集中实施技术开发和实证性试验。在太阳能发电方面，要加强技术研发，进一步降低成本。在生物能源技术研发方面，采取以下措施：其一，制定“日本生物能源综合战略”；其二，按照这一战略，将生物资源转化为高效、有用的能源。另外，在大规模引进新能源时，会对电力质量产生负面影响，为此要进行相关技术开发，解决这一难题。

4. 出台有力措施，促进节能相关技术开发

节能技术属于跨行业的综合性技术，可以应用到能源以外的各个领域，意义重大。因此，要将技术研发和支持引进有机结合来进行。节能技术的社会效应非常显著，进行投资节能技术研发收益性很好。另外，在技术研发时，要结合节能法中的领头羊方式予以实施。

5. 出台有力措施，促进石油相关技术开发

在石油相关技术开发上，采取以下措施：其一，开发环保型的新型石油燃料（硫分超低汽油、柴油）；其二，为有效利用石油残渣，进行技术研发；其三，为了提高日本的国际竞争力和进行环保，进行石油冶炼相关技术的研发；其四；为降低石油成本，进行技术开发；其五，为降低开采成本，提高原油回收、省超效率进行相关的技术开发。

6. 出台有力措施，促进气体能源相关技术开发

气体能源中包括天然气制油和甲醚。为了促进这两种能源的生产和使用，要降低生产成本，开发相关机器。为此，要进行相关技术研发。可燃冰的实用化和商业化需要很长一段时间，为此要制定中长期计划。对日本的能源稳定供应意义重大，因此，加强相关技术研发，促进可燃冰的商业化和实用化。

7. 出台有力措施，促进煤炭相关技术开发

研发清洁技术、减少环境污染是煤炭相关技术研发的重要课题。特别是将煤炭气化，提高燃烧效率，从煤炭中提取氢气至关重要。为此，要

进行相关技术开发。

8. 制定长期计划,进行技术研发的重大课题

国际热核聚变实验堆(ITER)、宇宙太阳光的利用等项目要经过长期的技术开发和阶段性的技术验证才能投入实际应用。尽管如此,将来肯定是能源供应的一个选择。要综合考虑该技术的成熟程度以及在能源技术政策上的具体定位的基础上,进行商讨,并制定长期计划。

9. 人才培养措施

从长远角度看,要搞好能源的研究开发及其利用工作,需要培养优秀人才。能源技术开发意义重大,因此,要根据能源技术开发的意义和具体特征,推进基础研究。为此,要做好以下工作:其一,培养从事核能事业的人才,维持这一领域的技术力量;其二,培养和保障人才,支持核能研发和利用。为此,大学、研究机构、核能产业界要通力合作,培养人才,尤其是在核能相关设施第一线从事运行管理、检修等工作的技术人员,将积蓄的技术传递给下一代。为此,日本政府要创造必要条件。

第四章 为了制定长期性、综合性、有计划的能源供需政策、措施所应注意的事项

第一节 促进信息公开和知识的普及

为加深日本国民对能源的理解,让他们更加关心能源事业,日本政府有责任和义务向国民进行宣传和解释。为此,应积极公开能源信息。值此之际,所公开的信息一定要客观,否则会折损人们对政府的信任。

政府应动用各类媒体,适时地向国民传达能源的重要性,日本的能源现状等。与此同时,普及相关知识,让每个日本人都积极考虑能源问题。特别是,孩子们是日本的希望,将来必须就能源问题做出正确判断并采取正确措施。为此,他们需打下坚实的能源知识基础。与此同时,还要培养从事能源技术开发的接班人。这些都需要自幼关心能源问题,加深理解。因此,必须加强能源相关知识教育。为此,要采取以下措施:

其一，相关行政机构、教育机构和产业界通力合作；其二，编写能源知识教材，组织学生参观能源设施，让他们对能源有感性和理性认识；其三，在学校教育环节，加强能源知识教育。除此之外，在终身教育环节也要实施能源教育，为此要提供相关信息，提供参观机会。

在普及能源知识，实施能源教育时，不能填鸭式地灌输，应提供各种各样的能源相关信息，让学生们对能源形势有正确认识和见解。另外，在普及能源知识方面，要传递正确知识。为此，要通过非营利组织开展相关活动。

第二节　地方政府、相关企事业、非营利组织的角色分担和国民的努力

1. 地方政府的作用

地方政府发挥本地区的主观能动性，积极引进新能源，采取措施确保能源供给，其所起作用可圈可点。不仅如此，地方政府还要在以下工作中发挥作用：其一，出台相关措施，率先实施节能；其二，为此制定发展蓝图，解决交通拥挤，建设宜居城市；其三，和当地居民通力合作。

地方政府在就能源供需采取措施时，① 应遵守基本法中规定的基本方针；② 遵守日本政府的相关措施；③ 根据当地的实际情况制定相关措施。日本政府要充分尊重地方自治原则，在此基础上，采取以下措施：其一，要将日本政府的政策措施明确化、具体化；其二，将日本政府的政策措施充分地传达给地方政府，让他们理解政策实质；其三，将地方的意见反映在能源政策中；其四，积极召开听证会，广泛进行宣传；其五，让地方公共团体积极参与能源政策的制定。另方面，地方公共团体也要采取切实措施推进节能、新能源的引进工作。日本中央政府积极予以支持。

2. 相关企事业单位所起的作用

能源相关企事业单位应放眼未来，描绘将来的能源蓝图，按照基本计划的既定方针采取行动。具体来说，能源相关企事业单位要采取以下措施：其一，要发挥主观能动性和创造性；其二，高效利用能源，保障能源的稳定供应；其三，与此同时搞好当地的环保工作；其四，保护地球环境；

其五，要和日本中央政府、地方公共团体通力协作，搞好能源供需工作。

另外，负责供应能源的企事业单位要做好以下几项工作：其一，保障能源的稳定供应；其二，在提高经营效率的同时，注意环保问题；其三，主动公开信息，按照相关法令进行企业内部管理。

3. 非营利性组织所起的作用

非营利性组织主要从事以下活动：① 在国民中普及能源知识，加深其对能源的理解；② 启发日本国民节能，积极应用新能源。为此，非营利组织要严格按照基本法以及基本计划中的既定方针行动。与此同时，日本政府和地方政府对非营利组织的活动予以各方面支持。

4. 能源设施周围居民所起的作用

能源供需以及能源政策与每位国民的生活息息相关。居民要在认识到这一点的基础上工作生活。要求每个居民在使用能源时要注意以下事项：其一，能源是弥足珍贵的资源，要不断调整自己的生活方式；其二，合理使用能源，积极使用新能源；其三，时刻关注能源的供需状况以及能源政策；其四，积极参与能源政策的制定与实施；其五，积极按照经过民主决策指定的能源政策，为建设新型能源社会增砖添瓦。

5. 相互合作

日本中央政府、地方公共团体、企事业单位、非营利组织、居民等都要关心和理解能源供需状况，互相理解各自所起的作用，在此基础上，通力合作。

第二节　促进国际合作

国际形势依然动荡不安，今后世界各国对能源的需求有增无减。而日本能源资源的大部分依靠进口，因此，应出台以下政策措施：其一，在注意环保问题的同时，确保日本国内的能源的稳定供应；其二，日本要为解决世界各国都在犯愁的能源问题积极做出贡献；其三，为此，在石油、天然气、煤炭、节能、新能源、核能等领域和国际能源机构、国际环保机构积极合作；其四，日本研究人员要积极进行国际交流，积极参加国际性研发活动，为各国采取一致行动献言献策；其五，积极开展两国间、多国间能源开发合作，开展能源生产国和能源消费国之间的对话。在此基础上，制定日本的能源政策。

石油、天然气依然是日本最重要的能源，要时刻关注能源生产国的形势，加强与这些国家的合作。今后，亚洲各国能源需求会不断增长，在这一背景下，保障能源的稳定供应和保护地球环境至关重要。在充分认清这些形势的基础上，采取以下措施：① 储备石油，强化石油市场的功能；② 积极开发利用天然气，推进节能，引进新能源；③ 在上述领域，与亚洲各国合作。石油危机以后，日本积累了大量的节能技术和知识，应将这些技术和知识在亚洲各国推广。

第三节　今后应解决的课题

能源与经济活动、国民生活、生活方式、城市、地方的经济结构关系密切。能源供需结构及其相关政策直接反映了日本的社会状况，关系着日本将来的发展方向，至关重要。

迄今为止，随着日本经济的增长，对能源的需求也相应增加。为了满足能源需求，日本政府不断制定相关政策，以保障能源的稳定供应。然而，日本经济高度增长时期已经结束，泡沫经济崩溃后，经济持续低迷、经济成熟度日益提高。另一方面，日本的人口结构（生育率低，老龄化严重，人口减少）、城市和地方的结构，与以往相比，都发生了重大变化。在这一社会背景下，要努力构建一个让每为国民都能实现自己人生价值的社会。

日本国民要充分理解日本的能源供需状况和能源政策，每个人要积极改变自己在生活方式上存在的诸多问题，通过合理选择能源消费的方式来参与能源政策的制定。

放眼世界，亚洲地区对能源的需求尤其旺盛。因此，对能源的稳定供应和地球环境带来了巨大压力，这一问题日益凸显。日本在处理能源供需问题和环境保护问题时，应将亚洲的情况考虑在内。

21 世纪，能源领域的技术日新月异，将会不断应用到实际生活。以技术创新为核心，解决“经济发展和环境保护”间的矛盾，实现两者双赢，构建新型能源社会，为世界做出表率，才是日本制定能源政策中的重要命题。世界各国能源问题和环境问题日益突出，日本将为解决这些问题做出贡献。

要解决能源问题，应该制定长远规划，不仅要考虑到我们这一代，也要考虑到下一代的能源负担和能源带来的便利。制定合理的能源政策，重要的是能够适应未来的经济社会环境。基于此，政府有必要制定基本计划，实时对整个能源政策体系进行验证、修改，使之符合社会发展形势。

参考文献

一　中文资料

杨栋梁:《日本后发型资本主义经济政策研究》,中华书局,2007 年。

李卓:《从家训看日本人的节俭传统》,《日本学刊》,2006 年第 4 期。

宋志勇、王振所:《全球化与东亚政治、行政改革》,天津人民出版社,2003 年。

徐寿波:《能源经济》,人民出版社,1994 年。

柯武刚、史满飞著,韩朝华等译:《制度经济学——社会秩序与公共政策》,商务印书馆,2004 年。

通商产业政策史编纂委员会著,中国日本通商产业政策史编译委员会:《日本通商产业政策史(第 1—17 卷)》,中国青年出版社,1995 年。

张健、王金林:《日本两次跨世纪的变革》,天津社会出版社,2000 年。

杨栋梁:《日本战后复兴期经济政策研究——兼论经济体制改革》,南开大学出版社,1994 年。

保罗 · A. 萨缪尔森、威廉 · D. 诺德豪斯编,杜月升等译:《经济学》第 12 版,中国发展出版社,1992 年。

保罗 · A. 萨巴蒂尔编,彭宗超、钟开斌等译:《政策过程理论》,三联书店,2004 年。

冈崎哲二著、何平译:《经济史上的教训》,新华出版社,2004 年。

杨栋梁:《"倾斜生产方式"辨析》,《财经论坛》,1993 年第 4 期。

林伯强:《现代能源经济》,中国财政经济出版社,2007 年。

青木昌彦:《政府在东亚经济发展中的作用——比较制度分析》,中国经济出版社,1998 年。

阿兰. V. 尼斯:《自然资源与能源经济学手册》,经济科学出版社,2007 年。

谢明:《政策透视——政策分析的理论与实践》,中国人民大学出版社,2004 年。

新华词典编纂组:《新华词典》,商务印书馆,1997 年。

何建坤主编:《国外可再生能源法律译编》,人民法院出版社,2004 年。

哈尔 · R. 范里安著、费方域等译:《微观经济学:现代观点》,上海三联书店,2003 年版。

董瑞华、傅尔基:《经济学说方法论》,中国经济出版社,2001 年。

杨栋梁、江瑞平:《近代以来日本经济体制变革研究》,人民出版社,2003 年。

周大地等:《2003 年中国能源问题研究》,中国环境科学出版社,2005 年。

成金华、吴巧生:《中国工业化进程中的环境问题与"环境成本内化"发展模式》,《管理世界》,2007 年。

林伯强:《电力消费与中国经济增长:基于生产函数的研究》,《管理世界》,2003 年。

吴巧生、成金华、王华:《中国工业化进程中的能源消费变动——基于计量模型的实证分析》,《中国工业经济》,2005 年。

霍雅勤:《化石能源的环境影响及其政策选择》,《中国能源》,2000 年。

赵媛:《可持续能源发展战略》,社会科学文献出版社,2001 年。

刘天纯:《略论日本争夺能源之战——剖析日本对外扩张的新动向》,《中国社会科学院研究生院学报》,2004 年第 6 期。

杜伟:《中日双方能源合作的契机》,《学习月刊》,2006 年第 21 期。

段琼:《中日石油管线之争背后的思索》,《周末文汇学术导刊》,2006 年第 1 期

王珊:《从东海油气田争端看日本对华能源政策》,《现代国际关系》,2005 年第 12 期。

吴藕珍:《中、俄、日、印的战略博弈与合作》,《世纪桥》,2005 年 10 期。

周先龙、瞿信柏:《中日韩油气安全合作初探》,《石油天然气学报》,2005 年第 5 期。

子彬:《国家的选择安全》,上海三联书店,2005 年。

王乐:《日本的能源政策与能源安全》,《国际石油经济》,2005 年第 2 期。

马克思、恩格斯:《马克思恩格斯选集》第一卷,人民出版社,1972 年。

郝晓云、李作双:《日本能源战略动向》,《国际石油经济》,2004 年第 11 期。

何一鸣:《日本的能源战略体系》,《现代日本经济》,2004 年第 1 期。

丁敏:《透视日本能源战略》,《中国党政干部论坛》,2004 年第 4 期。

姜鑫民、周大地:《日本:竭力保障能源安全》,《瞭望》,2004 年第 15 期。

卞学光、王珂:《日本石油战略的六大特点》,《当代世界》,2003 年第 12 期。

周海洋:《从伊朗看日本中东能源外交》,《科教文汇(下旬刊)》,2007 年第 12 期。

刘宏杰:《美、日能源安全战略及对我国的借鉴》,《经济纵横》,2005 年第 11 期。

贺冰清:《日本的能源安全战略及调整》,《国土资源》,2004 年第 5 期。

王能全:《石油与当代国际经济政治》,时事出版社,1993 年。

中国现代国际关系研究院经济研究中心:《全球能源大棋局》,时事出版社,2005 年。

戴晓芙译、桥本寿郎等:《现代日本经济》,上海财经大学出版社,2001 年。

杨栋梁,江瑞平:《近代日本经济体制变革研究》,人民出版社,2003 年。

白雪洁:《当代日本产业结构研究》,天津人民出版社,2002 年。

李凡:《战后日本对中东政策研究》,天津人民出版社,2000 年。

任海平:《东北亚地区石油消费与进口现状》,《中国科技财富》,2004 年第 4 期。

冯昭奎:《能源:中日并非水火不容》,《国际先驱导报》,2004 年 7 月 5 日。

陈忠伟:《国际战略与安全形势评估》,时事出版社,2004 年。

陈宣圣:《日本紧跟 德法不随——美国"协调对华政策"的回应》,《世界知识》,2005 年第 9 期。

王冲:《中日石油战火一触即发》,《青年参考》,2004 年 6 月 30 日。

王铁崖:《国际法》法律出版社,1981 年版。

舒先林:《中日石油博弈与竞争下的合作》,《东北亚论坛》,2004 年。

国家科技图书文献中心(NSTL):《全球科技人才工作要览》(内部发行),2007 年。

(美)德内拉. 梅多斯(DONELLA H. MEADOWS)等著,李涛、王智勇译:《增长的极限》,机械工业出版社,2006 年。

钟沈军:《解读日本新能源战略》,《中国石化报》,2007 年 8 月 23 日,第一版。

大野木升司:《日本清洁能源与能源政策》,在 2007 年 9 月 15 日"首届中国科技创新国际论坛"的发言文稿。

黄顺康:《公共危机管理与危机法制研究》,中国检察出版社,2006 年。

王茂涛:《政府危机管理》,合肥工业大学,2005 年。

陈富良:《放松规制与强化规制》,上海三联书店,2001 年。

张克生:《国家决策 机制与舆情》,天津社会科学院出版社,2004 年。

罗豪才:《软法与公共治理》,北京大学出版社,2006 年。

薛澜、张强、钟开斌:《危机管理 转型期中国面临的挑战》,清华大学出版社,2003 年。

陈振明:《公共管理学》,中国人民大学出版社,2005 年 12 月;

朱立言、孙健等:《政府组织适度规模研究》,中国人民大学出版社,2007 年。

曾峻:《公共管理新论——体系、价值与工具》,人民出版社,2006 年。

中国现代国际关系研究院经济安全研究中心:《全球能源大棋局》,时事出版社,2005 年。

中国现代国际关系研究所危机管理中心与对策研究中心编:《国际危机管理概

论》,时事出版社,2004 年。

徐小杰:《新世纪的油气地缘政治》,社会科学文献出版社,1998 年。

陈凤英:《国际能源安全的新变局》,《现代国际关系》,2006 年第 6 期。

房照增:《日本国家能源战略》,《中国煤炭》,2007 年第 1 期。

何一鸣:《日本的能源战略体系》,《现代日本经济》,2004 年第 1 期。

安维华、钱雪梅:《海湾石油新论》,社会科学文献出版社,2000 年。

丁敏、管窥:《日本石油战略》,《中国石油企业》,2003 年第 9 期。

丁敏:《日本产业结构研究》,世界知识出版社,2006 年。

世界能源会议(伦敦)编:《能源术语词汇编(第二版)》,能源出版社,1989 年。

董秀成:《能源管理体制呼唤集中统一》,《人民日报海外版》,2007 年。

岳鹏:《国际原油价格之 2007 与 2008》,《国际石油经济》,2008 年。

娄晓琪主编:《文明》,文明杂志社,2005 年。

安维华、钱雪梅:《海湾石油新论》,社会科学文献出版社,2000 年。

崔健、张志宇:《战后日本产业结构调整及对我国的启示》,《现代日本经济》,1999 年第 11 期。

赵爱玲:《中日角力俄罗斯能源合作》,《中国对外贸易》,2005 年第 5 期。

罗丽:《日本能源政策动向及能源法研究》,《法学论坛》,2007 年第 1 期。

董全庚、董晓南:《从能源结构调整看日本经济的发展》,《山西能源与节能》,2004 年第 4 期。

林华生:《东亚经济圈 增补版》,世界知识出版社,2005 年。

蔡建国主编:《东亚区域合作》,同济大学出版社,2007 年。

迈克尔·T. 克莱尔著,童新耕 之也译:《资源战争》,上海译文出版社,2001 年。

二 日文资料

総務庁行政監察局:“石油及び石油代替エネルギー対策に関する現状と問題点”、大蔵省 印刷局、1987 年。

馬野周二:“石油危機の解決”、ダイヤモンド社、1980 年。

枝廣淳子:“エネルギー危機からの脱出”、ソフトバンククリエイティブ、2008 年。

浜松照秀:“誤解だらけのエネルギー問題”、日刊工業新聞社、2006 年。

資源エネルギー庁:“エネルギー白書　2004 年版”、行政出版社、2004 年。

資源エネルギー庁:“エネルギー白書　2005 年版”、行政出版社、2005 年。

資源エネルギー庁:“エネルギー白書　2006 年版”、行政出版社、2006 年。

資源エネルギー庁:“エネルギー白書　2007 年版”、行政出版社、2007 年。

省エネルギー総覧編集委員会:“省エネルギー総覧(2000—2001)”、通産資料出版会、2000 年。

省エネルギー総覧編集委員会:“省エネルギー総覧(2004—2005)”、通産資料出版会、2004 年。

省エネルギー総覧編集委員会:“省エネルギー総覧(2006—2007)”、通産資料出版会、2006 年。

省エネルギー総覧編集委員会:“省エネルギー総覧(2000—2001)”、通産資料出版会、2004 年。

資源エネルギー年鑑編集委員会:“資源エネルギー年鑑”、通産資料出版会、1997—1998 版、1999—2000 版、2003—2004 版、2006—2005 版、2007—2008 版。

渡辺幸子:“政策年鑑 2002 年版、2003 版”、政策調査会、2002—2003。

通商産業政策史編纂委員会:“通商産業政策史(1—17 巻)”、通商産業調査会、1990—1992 年。

日本産業学会:“戦後日本産業史”、東洋経済新報社、1984 年。

松井 賢一:“エネルギー戦後 50 年の検証”、電力新報社、1995 年。

エネルギー産業研究会:“石油危機から30 年　エネルギー政策の検証”、エネルギーフォーラム、2003 年。

資源エネルギー庁:“エネルギー政策の歩みと展望”、通商産業調査会、1993 年。

黒岩 郁雄:“国家の制度能力と産業政策”、アジア経済研究所、2004 年。

科学技術庁:“科学技術庁年報　平成 6 年度”、大蔵省印刷局、1994 年。

石井彰、藤和彦:“世界を動かす石油戦略”、ちくま書店、2003 年。

文部科学省:“科学技術白書　平成 17 年”、ぎょうせい、2005 年。

日本石油編:“日本石油史”、日本石油株式会社、1958 年。

日本銀行百年史編纂委員会:“日本銀行百年史”、日本銀行、1986 年。

日本経済研究所:“石炭国家統制史”、日本経済研究所、1958 年。

日本エネルギー経済研究所:“戦後エネルギー産業史”、東洋経済新報社、1986 年。

林雄二郎:“日本の経済計画:戦後の歴史と問題点”、統計経済新報社、1957 年。

原郎:“復興期の日本経済”、東京大学出版会、2002 年。

有沢広巳監修・中村隆英:“傾斜生産方式と石炭小委員会(資料・戦後日本の経済政策構想　第 2 巻)”、東京大学出版会、1990 年。

正村公宏、山田節夫:“日本経済論”、東洋経済新報社、2002 年。

松井賢一:“エネルギー戦後 50 年の検証”、電力新報社、1995 年。

日本統計協会:“統計で見る日本”、荒井工芸印刷局、2003 年。

小嶌正稔:“石油流通システム”、文真堂、2003 年。

佐藤千景等:“エネルギー国際経済”、晃洋書房、2004 年。

呉 錫畢:“環境政策の経済分析”、日本経済評論者、1999 年。

石炭増産協力会:“石炭増産協力会要覧”、石炭増産協力会、1948年。

総合研究開発機構(NIRA)戦後経済政策資料研究会:“経済安定本部　戦後経済政策資料　第1巻　経済一般・経済政策(1)”、日本経済評論社、1995年。

総合研究開発機構(NIRA)戦後経済政策資料研究会:“経済安定本部——戦後経済政策資料　第8巻　経済計画(1)”、日本経済評論社、1995年。

総合研究開発機構(NIRA)戦後経済政策資料研究会:“経済安定本部　戦後経済政策資料　第5巻　経済統制(2)”、日本経済評論社、1994年。

総合研究開発機構(NIRA)戦後経済政策資料研究会:“経済安定本部　戦後経済政策資料　第4巻　経済統制(1)”日本経済評論社、1994年。

佐々木隆爾:“昭和史の事典”、東京堂出版、1995年。

総合研究開発機構(NIRA)戦後経済政策資料研究会:“経済安定本部　戦後経済政策資料　第9巻　経済計画(2)”日本経済評論社、1995年。

総合研究開発機構(NIRA)戦後経済政策資料研究会:“経済安定本部　戦後経済政策資料　第28巻　産業(1)”日本経済評論社、1995年。

総合研究開発機構(NIRA)戦後経済政策資料研究会:“経済安定本部　戦後経済政策資料　第29巻　産業(2)”日本経済評論社、1995年。

総合研究開発機構(NIRA)戦後経済政策資料研究会:“経済安定本部　戦後経済政策資料　第30巻　産業(3)”日本経済評論社、1995年。

東亜燃料工業株式会社:“東燃15年史”東亜燃料工業株式会社、1956年。

十市勉:“石油産業”、日本経済新聞社、1987年。

内閣制度百年史編纂委員会:“閣議決定内閣制度百年史　下”、内閣官房、1985年。

内閣官房編:“内閣制度九十年資料集”、大蔵省印刷局、1976年。

中村隆英:“傾斜生産方式と石炭小委員会”、東京大学出版会、1990年。

日本経済新聞社:“日経社説に見る戦後経済の歩み”、日本経済新聞社、1985年。

水沢周:“石炭　昨日 今日 明日”、築地書館、1980年。

石油連盟:“戦後石油産業史”、石油連盟、1985年。

産業計画会議:“日本産業エネルギー構造”、東京研文社、1961年。

佐藤武男:“日本の石油精製”、石油春秋社、1961年。

産業政策史研究所:“産業政策史研究資料”、産業政策史研究所、1977年。

産業学会“戦後日本産業史”、東洋経済新報社、(1995)。

小宮隆太郎・奥野正寛・鈴村興太郎“日本の産業政策”、東京大学出版会、(1988)、

経済安定本部:“経済情勢報告書—回顧と展望—”、日本経済評論社、1948年。

経済安定本部:「太平洋戦争によるわが国の被害総額報告書」、経済安定本部

総裁官房企画部調査課、1949 年。

岡崎哲二:“日本の工業化と鉄鋼生産—経済発展の比較制度分析—”、東京大学出版会、1993 年。

原朗編著:“復興期の日本経済”、東京大学出版会、2002 年。

加藤誠一:“経済政策総論”、税務経理協会、1979 年。

経済企画庁戦後経済史編纂室:“戦後経済史(財政金融編)”、大蔵省印刷局、1959 年。

経済企画庁戦後経済史編纂室:“戦後経済史(経済安定本部史)”、大蔵省印刷局、1964 年。

経済企画庁戦後経済史編纂室:“戦後経済史(総括編)”、大蔵省印刷局、1957 年。

経済企画庁:“現代日本経済の展開:経済企画庁 30 年史”、大蔵省印刷局、1976 年。

経済企画庁:“平成 12 年度次経済報告”、経済企画庁、2000 年。

河原俊雄:“電気事業の創始から公益事業体制の確立——九電力会社の誕生まで”(http://www.kcat.zaq.ne.jp/ynakase/rept3/r3den.htm)。

通商産業省大臣官房調査統計部:“産業関連表による日本経済の産業関連分析　昭和 30 年”、創文社、1962 年。

田中紀夫:“エネルギー環境史Ⅲ”、株式会社 ERC 出版、2002 年。

通産大臣官房調査課:“戦後経済十年史”、商工会館出版部、1954 年。

富舘孝夫:“最新エネルギー経済入門”、東洋経済新報社、1994 年。

大蔵省財政史室:“昭和財政史　終戦から講和まで　第 17 巻”、東洋経済新報社、1981 年。

大森とく子:“戦後物価統制資料　第 1・2 巻”、日本経済評論社、1996 年。

池尾愛子:“日本の経済学と経済学者—戦後の研究環境と政策形成”、日本経済評論社、1999 年。

池尾愛子:「統制経済」、藤井隆至編著:“経済思想”、東京堂出版、1998 年。

アメリカ合衆国戦略爆撃調査団・石油・化学部報告、奥田英雄・橋本啓子訳:“日本における戦争と石油—アメリカ合衆国戦略爆撃調査団・石油・化学部報告”、石油評論社、1986 年。

日本弁護士連合会:“孤立する日本のエネルギー政策　エネルギー政策に関する調査報告”、七ツ森書館、1999 年。

環境省:“環境白書　平成 16 年版”、ぎょうせい、2004 年。

植草益:“エネルギー産業の変革”、NTT 出版、2002—2006 年。

資源エネルギー庁:“新エネルギー便覧”、東京官書普及、2003 年。

資源エネルギー庁:“エネルギー 1993 — 2006 年版”、エネルギ・フォ・ラム、

1993 — 2006 年版。

資源エネルギー庁:“’02　省エネルギー便覧”、省エネルギーセンター、2003 年。

資源エネルギー庁電力:“’01　電気事業法の解説”、東京官書普及、2002 年。

資源エネルギー庁長官:“総合エネルギー統計”、通商産業研究社、2001 — 2006 年版。

資源エネルギー庁原子能:“電気設備の技術基準とその解釈”、オーム社、2006 年。

資源エネルギー庁省エ:“省エネ法の解説——工場・事業場編”、省エネルギーセンター、2005 年 。

資源エネルギー庁省エ:[省エネ法　法令集]、省エネルギーセンター、2006 年。

資源エネルギー庁公益“電力構造改革・改正電気事業法とガイドライ”、東京官書普及、2000 年。

資源エネルギー庁:“電気事業法令集”、東京官書普及、2000 年。

資源エネルギー庁“省エネルギー総覧　2000・2001”、通産資料調査会、2000 年。

資源エネルギー庁“平成 10 年度版　新エネルギー便覧 ”、東京官書普及、1999 年。

石油開発公団:“ 石油用語辞典”、日本石油コンサルタント、1986 年。

山地憲治:“エネルギー・環境・経済システム”、岩波書店、2006 年。

小野里荘次:“資源・エネルギーの経済分析”、白桃書房、1983 年。

エネルギー基礎問題研究会:“エネルギー政策への提言を目指して”、日本研究センター、1981 年。

資源エネルギー年鑑編集委員会:“資源エネルギー年鑑　2003－2004”、通商資料出版会、2003 年。

資源エネルギー年鑑編集委員会:“資源エネルギー年鑑　2001－2002”、通商資料出版会、2001 年。

資源エネルギー年鑑編集委員会:“資源エネルギー年鑑　1999－2000”、通商資料出版会、1999 年。

資源エネルギー年鑑編集委員会:“資源エネルギー年鑑　1997－1998”、通商資料出版会、1997 年。

資源エネルギー年鑑編集委員会:“資源エネルギー年鑑　1995－1996”、通商資料出版会、1995 年。

ダグラス・C・ノース著、竹下公視訳:“制度　制度変化　経済成果”、晃洋書房、1994 年。

茅 陽一:"エネルギーの百科事典"、丸善(株)出版、2001年。

日本エネルギー経済研究所:"エネルギー経済データの読み"、省エネルギーセンター、2004年

武井満男:"エネルギー経済"、共立出版、1981年。

富舘孝夫・木船久雄:"最新・エネルギー経済入門"、東洋経済新報社、1994年。

鈴木 茂:"日本のエネルギー開発政策"、ミネルヴァ書房、1985年。

茅陽一:"エネルギーシステムの新しい展開"、大蔵省印刷局、1986年。

柴田明夫:"資源インフレ"、日本経済新聞社、2006年。

政策調査会:"政策年鑑 1992—2006"、日本政策調査会、1992—2006年。

宮田幸吉:"戦後エネルギー関係法の展開"、成文堂、1971年。

木村滋:"21世紀エネルギービジョン"、通商産業省、1986年

総合エネルギー調査会:"21世紀へのエネルギー戦略——総合エネルギー調査会基本問題懇談会報告"、通商産業省、1979年。

真継隆:"エネルギー問題と経済政策　日本・西ドイツ共同研究"、東洋経済新報社、1983年。

久保田宏:"選択のエネルギー"、日刊工業新聞社、1987年。

鈴木篤之:"90年代のエネルギー"、日本経済新聞社出版局、1990年。

槌田敦:"石油文明の次は何か"、農山漁村文化協会、1981年。

総合研究開発機構:"80年代におけるエネルギー弾性値の日米欧の比較・分析"、総合研究開発機構、1983年。

ピーター・チャップマン:"天国と地獄　エネルギー消費の三つの透視図"、みすず書房、1981年。

日刊工業新聞社:"省エネ・脱石油に賭ける"、日刊工業新聞社、1982年。

東洋経済新報社:"エネルギー経済学　エネルギー資源の効率的配分"、東洋経済新報社、1982年。

富館孝夫:"エネルギー産業"、東洋経済新報社、1980年。

矢野俊比古:"エネルギーの安全保障と経済性"、第一法規出版、1984年。

崎川範行:"エネルギーに関する12章"、全国出版、1983年。

向坊隆:"選択・エネルギーを考える　世界の中の日本の選択"、三修社、1987年。

垣花秀武:"エネルギー資源"、共立出版、1985年。

長洲一二:"ソフト・エネルギー・パスを考える"、学陽書房、1981年。

国際エネルギー機関:"新エネルギーの国際戦略　IEA諸国にみる再生可能エネルギー政策"、環境新聞社、2001年。

エネルギー・資源研究会:"エネルギーと未来社会"、省エネルギーセンター、

1990年。

村岡俊三:“エネルギーの政治経済学”、有斐閣、1985年。

吉田総夫:“文献にみる省エネルギー技術研究”、省エネルギーセンター、1988。

P・チャップマン:“天国と地獄　エネルギー消費の三つの透視図”、みすず書房、1981年。

エネルギー管理技術:“エネルギー管理技術”、省エネルギーセンター、1989年。

向坊隆:“エネルギー問題についての基礎知識”、講談社、1988年。

宮嶋信夫:“大量浪費社会　大量生産・大量販売・大量廃棄の仕組み”、技術と人間、1990年。

茅陽一:“エネルギー新時代”、省エネルギーセンター、1988年。

スウェーデン未来研究事務局:“21世紀の産業社会像”、ハイライフ出版、1984年。

鶴蒔靖夫:“消費文明の落日危機時代の選択”、IN通信社、1990年。

NHK「ラジオ日本」:“もう一つのエネルギー危機”、日本放送出版協会、1984年。

鈴木茂:“日本のエネルギー開発政策”、ミネルヴァ書房、1985年。

オーエン・フィリップス:“21世紀にエネルギーはあるか”、共立出版、1983年。

槌田敦:“石油文明の次は何か”、農山漁村文化協会、1990年。

河合正栄:“電気エネルギー管理士試験必携”、弘文社、1984年。

通商産業省工業技術院サンシャイン:“新エネルギー技術開発ビジョン”、通商産業調査会、1985年。

日本エネルギー経済研究所:“日中両国のエネルギー需給構造の現状と将来展望”、総合研究開発機構、1986年。

総合研究開発機構:“1990年代の日米欧のエネルギー安全保障”、総合研究開発機構、1987年。

太田時男:“エネルギー・システム 多様化時代への提言”、日本放送出版協会、1976年。

日本科学者会議:“日本のエネルギー問題”、大月書店、1980年。

総務庁行政監察局:“石油及び石油代替エネルギー対策に関する現状と問題点”、大蔵省印刷局、1987年。

太田時男:“新・エネルギー論　タテ型思考からヨコ型思考へ”、日本放送出版協会、1979年。

茅陽一:“エネルギーと人間”、東京大学出版会、1983年。

向坂正男:“エネルギー科学大事典”、講談社、1983年。

橋本尚:“省エネルギーの知恵　倹約の科学”、講談社、1980年。

ジョン・P・ホルドレン:“環境とエネルギー危機　明日の人類のために”、講談社、1982年。

日本エネルギー経済研究所計量分析部:“EDMC/エネルギー・経済統計要覧2006年版”、省エネルギーセンター、2006年。

日本エネルギー経済研究所計量分析部:“EDMC/エネルギー・経済統計要覧2005年版”、省エネルギーセンター、2005年。

日本エネルギー経済研究所計量分析部:“EDMC/エネルギー・経済統計要覧2004年版”、省エネルギーセンター、2004年。

日本エネルギー経済研究所計量分析部:“EDMC/エネルギー・経済統計要覧2003年版”、省エネルギーセンター、2003年。

日本エネルギー経済研究所計量分析部:“EDMC/エネルギー・経済統計要覧2002年版”、省エネルギーセンター、2002年。

日本エネルギー経済研究所計量分析部EDMC/エネルギー・経済統計要覧2001年版省エネルギーセンター、2001年。

十市勉:“21世紀のエネルギー地政学”、産經新聞出版、2007年。

通商産業省資源エネルギー庁:“エネルギー新潮流への挑戦”、通商産業調査会、1990年。

通商産業省:“エネルギー生産・需給統計年報　石油・石炭　(昭和58年)”、経済産業調査会、1984年。

資源エネルギー庁:“石油代替エネルギー便覧　昭和59年版”、通商産業調査会、1984年。

通商産業省:“エネルギー生産・需給統計年報　石油・石炭”、経済産業調査会、1985年。

資源エネルギー庁省エネルギー石油:“石油代替エネルギー便覧　昭和60年版”、通商産業調査会、1985年。

通商産業大臣官房調査統計部:“エネルギー生産・需給統計年報　平成元年”、通商産業調査会、1990年。

ESCO推進協議会:“ESCO導入ガイド本格的導入事例126”、省エネルギーセンター、2008年。

日本規格協会:“JISハンドブック　省・新エネルギー　2006”、日本規格協会、2006年。

日本科学者会議:“日本のエネルギー問題”、大月書店、1980年。

中村武美:“エネルギー管理士熱/電気共通課目問題集 エネルギー総合管理及び法規”、電気書院、2007年。

田辺靖雄:“アジアエネルギーパートナーシップ　新たな石油危機への対応”、エネルギーフォーラム、2004年。

井出亜夫:“アジアのエネルギー・環境と経済発展”、慶応義塾大学出版会、2004年。

山家公雄:“エネルギー・オセロゲーム　独占時代の終焉”、エネルギーフォーラム、2006年。

京都大学大学院エネルギー科学研究科:“エネルエネルギー・環境・社会　現代技術社会論”、丸善、2004年。

谷口博:“エネルギー・環境への考え方　その提言と問いかけ”、養賢堂、2008年。

交通エコロジー・モビリティ財団:“改正省エネ法　輸送事業者の手引き”大成出版社、2006年。

ジャン・マリー・シュヴァリエ:“世界エネルギー市場　石油・天然ガス・電気・原子力・新エネルギー・地球”、環作品社、2007年。

井熊均:“図解でわかる京都議定書で加速されるエネルギービジネス”、日刊工業新聞社、2006年。

武石礼司:“石油エネルギー資源の行方と日本の選択”、幸書房、2007年。

経済産業省資源エネルギー庁:“石油新世紀　対立から協調へ”、エネルギーフォーラム、2003年。

経済産業省経済産業政策局調査統計部:“石油等消費動態統計年報　平成15年”、経済産業調査会、2004年。

ポール・ロバーツ:“石油の終焉　生活が変わる、社会が変わる、国際関係が変わる”、光文社、2005年。

内田盛也:“石油文明を越えて　歴史的転換期への国家戦略”、オフィス、2007年。

資源エネルギー庁長官官房総合政策課:“総合エネルギー統計　平成15年度版”、通商産業研究社、2005年。

資源エネルギー庁長官官房総合政策課:“総合エネルギー統計　平成14年度版通商産業”、研究社、2004年。

資源エネルギー庁長官官房総合政策課:“総合エネルギー統計　平成16年度版”、通商産業研究社、2006年。

鈴木達治郎:“エネルギー技術の社会意思決定”、日本評論社、2007年。

大沢正治:“エネルギー社会経済論の視点　問い直すエネルギーの価値エネルギー”、フォーラム、2005年。

柴田明夫:“エネルギー争奪戦争”、PHP研究所、2007年。

新井光雄:“「エネルギー」を語る33の視点・論点”、エネルギーフォーラム、

2005年。

山下真一:"オイル・ジレンマ"、日本経済新聞出版社、2007年。

吉田邦夫:"クリーンエネルギー社会のおはなし"、日本規格協会、2008年。

新井光雄:"激動エネルギーの10年"、ERC出版、2006年。

OECD:"国際エネルギー機関〈IEA〉国別詳細審查　日本のエネルギー政策2003"、エネルギーフォーラム、2005年。

新井光雄:"危機後30年　石油ショックから日本は何を学んだか"、日本電気協会新聞部、2004年。

総合研究開発機構、全国官報販売協:"韓国の環境とエネルギー　21世紀北東アジアの持続的成長に向けて総合研究開発機構"、全国官報販売協、2004年。

省エネルギーセンター:"省エネルギー便覧　日本のエネルギー有効利用を考える資料集　2006年度版"、省エネルギーセンター、2007年。

エネルギー庁省エネルギー対策課:"省エネ法の解説　エネルギーの使用の合理化に関する法律　工場・事業場編資源"、省エネルギーセンター、2003年。

田中俊六省:"エネルギーシステム概論—21世紀日本のエネルギーシステムの選択"、オーム社、2004年。

高田秋一:"省エネ対策の考え方・進め方"、オーム社、2007年。

松井賢一:"国際エネルギー・レジームエネルギー"、フォーラム、2006年。

高坂節三:"国際資源・環境論"、都市出版、2005年。

小森敦司:"資源争奪戦を超えて　アジア・エネルギー共同体は可能か?"、かもがわ出版、2007年。

日本エネルギー経済研究所計量分析ユニット:"図解エネルギー・経済データの読み方入門"、省エネルギーセンター、2004年。

吉川暹:"新エネルギー最前線　環境調和型エネルギーシステムの構築を目指して"、化学同人、2006年。

駒橋徐:"新エネルギー・創造から普及へ"、日刊工業新聞社、2004年。

経済協力開発機構:"日本のエネルギー政策　世界から見た日本の挑戦技術"、経済研究所、2001年。

国際エネルギー機関:"新エネルギーの国際戦略　IEA諸国にみる再生可能エネルギー政策"、環境新聞社、2001年。

"世界"、岩波書店、2005年特集、NO. 736。

井熊均:"だから日本の新エネルギーはうまくいかない!"、日刊工業新聞社、2007年。

一本松幹雄:"地球温暖化とエネルギー戦略"、南雲堂、2005年。

中嶋誠一:"中国のエネルギー産業　危機の構造と国家戦略"、重化学工業通信社、2005年。

張宏武:“中国の経済発展に伴うエネルギーと環境問題　部門別・地域別の経済分析”、渓水社、2003年。

日本貿易振興機構:“中国のエネルギー動向　海外石油・天然ガス獲得の現状/中国のエネルギー産業”、日本貿易振興機構、2006年。

井熊均:“中国エネルギービジネス”、日刊工業新聞社、2006年。

藤井秀昭:“東アジアのエネルギーセキュリティ戦略”、NTT出版、2005年。

経済産業省資源エネルギー庁:“日本のエネルギー光と影文化工房、”、星雲社、2004年。

リンダ・マクウェイグ:“ピーク・オイル　石油争乱と21世紀経済の行方”、作品社、2005年。

ジェレミー・レゲット:“ピーク・オイル・パニック　迫る石油危機と代替エネルギーの可能性”、作品社、2006年。

資源エネルギー庁省エネルギー対策課:“平成15年度改正「省エネ法」法令集　エネルギーの使用の合理化に関する法律”、省エネルギーセンター、2003年。

舛添要一:“20世紀エネルギー革命の時代”、中央公論社、1998年。

エネルギー・資源学会:“21世紀社会の選択省エネルギー”、センター、2000年。

総合エネルギー調査会受給部会:“21世紀、地球環境時代のエネルギー戦略”、通商産業調査会出版部、1998年。

シンビオ社会研究会:“明日のエネルギーと環境　京都からの提言”、日工フォーラム社、1998年。

坂本吉弘:“エネルギー、いまそこにある危機”、日刊工業新聞社、2002年。

新井光雄:“エネルギーが危ない”、中央公論事業出版、2000年。

大山耕輔:“エネルギー・ガバナンスの行政学”、慶応義塾大学出版会、2002年。

浜川圭弘:“エネルギー環境学”、オーム社、2001年。

松井賢一:“エネルギー経済・政策論”、嵯峨野書院、2000年。

日本エネルギー経済研究所:“エネルギエネルギー・経済統計要覧　1997年版”、省エネルギーセンター、1997年。

日本エネルギー経済研究所:“エネルギエネルギー・経済統計要覧　1998年版”、省エネルギーセンター、1998年。

日本エネルギー経済研究所:“エネルギー・経済統計要覧　1999年版”、省エネルギーセンター、1999年。

笹生仁:“エネルギー・自然・地域社会　戦後エネルギー地域政策の一史的考察”、ERC出版、2000年。

矢島正之:“エネルギー・セキュリティー　理論・実践・政策”、東洋経済新報社、2002年。

東洋経済新報社:"エネルギー経済学　エネルギー資源の効率的配分"、東洋経済新報社、1982年。

十市勉:"エネルギーと国の役割　地球温暖化時代の税制を考える"、コロナ社、2001年。

省エネルギーセンター:"エネルギー需給構造改革投資促進税制の解説　新訂2版"、省エネルギーセンター、1998年。

省エネルギーセンター:"エネルギー需給構造改革投資促進税制の解説　新訂3版"、省エネルギーセンター、2000年。

経済産業省経済産業政策局調査統計部:"エネルギー生産・需給統計年報　石油・石炭・コークス　平成13年"、経済産業調査会、2002年。

中村政雄:"エネルギーニュースから経済の流れが一目でわかる"、青春出版社、2001年。

西村隆夫:"日本のエネルギー産業　政治経済学の視点から見た規制緩和と環境への影響"、同友館、2002年。

新田義孝:"演習資源エネルギー論"、慶応義塾大学出版会、2001年。

加納時男:"崖っぷち日本　経済・環境・エネルギー起死回生の処方箋"、ミオシン出版、2000年。

通商産業省資源エネルギー庁企画調査課:"エネルギー・未来からの警鐘"、通商産業調査会出版部、1997年。

中井毅:"エネルギーリスク時代の中国　海と陸のエネルギー"、ロードジェトロ、2001年。

アジア・エネルギー共同体特別取材:"海峡の世紀が終わる日"、講談社、1998年。

化学工学会東海支部:"環境調和型エネルギーシステム"、槇書店、2002年。

河千田健郎:"新エネルギー革命"、雲母書房、2000年。

鴨志田晃:"規制緩和とITで加速するエネルギービジネス革命"、日刊工業新聞社、2001年。

日本科学者会議:"日本のエネルギー問題"、大月書店、1980年。

舛添要一:"完全図解日本のエネルギー危機　データで読む国民の常識"、東洋経済新報社、1999年。

日本エネルギー経済研究所計量分析部:"図解エネルギー・経済データの読み方入門"、省エネルギーセンター、2001年。

エネルギー需要最適マネジメント検討委員会:"新世紀のエネルギーマネジメントシステム"、省エネルギーセンター、2001年。

后　记

人类社会的发展历史与人类认识、利用能源的历史是同步前行的。在工业文明社会，能源以直接或间接的方式，推动或制约着人类社会的发展，如果没有能源，一切现代物质文明也将随之消失。能否规避能源风险是一个关系国家发展、民族生存的重大命题。战后日本弱化、稀释、纾缓、破解与规避能源风险的策略选择，既非一蹴而就的战略构想，亦非本来就有的既定方针，更非亦步亦趋的模仿，而是渐次制定和实施能源政策后，其功效积渐“发酵”所致。因此，通过对日本业已实践且臻于成熟的能源政策及其管理体系进行综合性、多角度、多层面的研究，有利于为资源约束性国家提供可资借鉴的经验与教训。

拙著是作者自 2003 年以来在日本能源政策史方面研究与发表的相关学术成果的积淀、总结与提升。然而，由于日本能源安全保障战略是一个相当复杂的系统工程，加之个人能力、资料挖掘等方面的不足，书中有失偏颇、错误之处尚希批评指正。

最后，感谢江苏人民出版社编辑史雪莲，正是她认真负责的态度才使拙稿得以顺利出版。

作者

2019 年 7 月 26 日